"十二五"职业教育国家规划教材
经全国职业教育教材审定委员会审定
高等职业院校精品教材系列

电子测量与仪器应用

赵文宣　主　编
陈运军　张德忠　副主编

電子工業出版社
Publishing House of Electronics Industry
北京·BEIJING

内 容 简 介

本书按照教育部最新的职业教育教学改革要求，结合示范院校专业建设和精品课程项目成果进行编写，主要以测量对象为主线，介绍各种电子测量基础理论及通用电子测量仪器的组成原理、技术指标和操作方法。内容包括：电子测量技术基础、常用信号发生器的使用、电流和电压的测量方法、频率和时间的测量技术、万用电桥和Q表的使用、晶体管特性图示仪的使用、信号时域特性的测量技术、信号失真度的测量技术、信号频谱与电路频率特性的测量技术、数据信号的测量技术、智能化测量仪器与自动测量系统、虚拟测量技术及电子测量在电子产品检测、调试与维修中的应用。结合每章内容，安排了相应的典型仪器仪表介绍和实验课题及现代电子测量仪器的应用等，内容新颖实用，可操作性强，方便教学。

本书为高等职业本专科院校相应课程的教材，以及开放大学、成人教育、自学考试、中职学校及培训班的教材，同时也是电子工程技术人员的参考书。

本书配有免费的电子教学课件、练习题参考答案和**精品课网站**，详见前言。

图书在版编目（CIP）数据

电子测量与仪器应用 / 赵文宣主编. —北京：电子工业出版社，2012.8（2024.7 重印）
高等职业院校精品教材系列
ISBN 978-7-121-18048-4

Ⅰ.①电… Ⅱ.①赵… Ⅲ.①电子测量技术－高等学校－教材 ②电子测量设备－高等学校－教材
Ⅳ.①TM93

中国版本图书馆 CIP 数据核字（2012）第 200800 号

策划编辑：陈健德（E-mail：chenjd@phei.com.cn）
责任编辑：徐　萍
印　　刷：北京七彩京通数码快印有限公司
装　　订：北京七彩京通数码快印有限公司
出版发行：电子工业出版社
　　　　　北京市海淀区万寿路 173 信箱　邮编 100036
开　　本：787×1 092　1/16　印张：21　字数：537.6 千字
版　　次：2012 年 8 月第 1 版
印　　次：2024 年 7 月第 15 次印刷
定　　价：53.00 元

凡所购买电子工业出版社图书有缺损问题，请向购买书店调换。若书店售缺，请与本社发行部联系，联系及邮购电话：（010）88254888，88258888。

质量投诉请发邮件至 zlts@phei.com.cn，盗版侵权举报请发邮件至 dbqq@phei.com.cn。

本书咨询联系方式：chenjd@phei.com.cn。

职业教育　继往开来（序）

自我国经济在 21 世纪快速发展以来，各行各业都取得了前所未有的进步。随着我国工业生产规模的扩大和经济发展水平的提高，教育行业受到了各方面的重视。尤其对高等职业教育来说，近几年在教育部和财政部实施的国家示范性院校建设政策鼓舞下，高职院校以服务为宗旨、以就业为导向，开展工学结合与校企合作，进行了较大范围的专业建设和课程改革，涌现出一批示范专业和精品课程。高职教育在为区域经济建设服务的前提下，逐步加大校内生产性实训比例，引入企业参与教学过程和质量评价。在这种开放式人才培养模式下，教学以育人为目标，以掌握知识和技能为根本，克服了以学科体系进行教学的缺点和不足，为学生的顶岗实习和顺利就业创造了条件。

中国电子教育学会立足于电子行业企事业单位，为行业教育事业的改革和发展，为实施"科教兴国"战略做了许多工作。电子工业出版社作为职业教育教材出版大社，具有优秀的编辑人才队伍和丰富的职业教育教材出版经验，有义务和能力与广大的高职院校密切合作，参与创新职业教育的新方法，出版反映最新教学改革成果的新教材。中国电子教育学会经常与电子工业出版社开展交流与合作，在职业教育新的教学模式下，将共同为培养符合当今社会需要的、合格的职业技能人才而提供优质服务。

近期由电子工业出版社组织策划和编辑出版的"全国高职高专院校规划教材·精品与示范系列"，具有以下几个突出特点，特向全国的职业教育院校进行推荐。

（1）本系列教材的课程研究专家和作者主要来自于教育部和各省市评审通过的多所示范院校。他们对教育部倡导的职业教育教学改革精神理解得透彻准确，并且具有多年的职业教育教学经验及工学结合、校企合作经验，能够准确地对职业教育相关专业的知识点和技能点进行横向与纵向设计，能够把握创新型教材的出版方向。

（2）本系列教材的编写以多所示范院校的课程改革成果为基础，体现重点突出、实用为主、够用为度的原则，采用项目驱动的教学方式。学习任务主要以本行业工作岗位群中的典型实例提炼后进行设置，项目实例较多，应用范围较广，图片数量较大，还引入了一些经验性的公式、表格等，文字叙述浅显易懂。增强了教学过程的互动性与趣味性，对全国许多职业教育院校具有较大的适用性，同时对企业技术人员具有可参考性。

（3）根据职业教育的特点，本系列教材在全国独创性地提出"职业导航、教学导航、知识分布网络、知识梳理与总结"及"封面重点知识"等内容，有利于老师选择合适的教材并有重点地开展教学过程，也有利于学生了解该教材相关的职业特点和对教材内容进行高效率的学习与总结。

（4）根据每门课程的内容特点，为方便教学过程对教材配备相应的电子教学课件、习题答案与指导、教学素材资源、程序源代码、教学网站支持等立体化教学资源。

职业教育要不断进行改革，创新型教材建设是一项长期而艰巨的任务。为了使职业教育能够更好地为区域经济和企业服务，殷切希望高职高专院校的各位职教专家和老师提出建议和撰写精品教材（联系邮箱:chenjd@phei.com.cn,电话:010-88254585），共同为我国的职业教育发展尽自己的责任与义务！

中国电子教育学会

电子测量技术是电子信息系统的基础环节。在电子信息技术快速发展的背景下，市场上出现了各式各样的电子产品，推动了现代经济的迅速增长。随着行业企业的不断壮大，对电子测量人才的需求在数量和层次上都日益提高，高职院校肩负着培养本行业高技能型人才的重任。在教育部教指委有关领导的指导下，结合示范院校专业建设和精品课程项目成果，我们在课程组工学结合经验的基础上编写了本书。

在编写过程中，力求落实“突出应用性、强调技能培训、体现先进性”的原则，尽量使书中内容能够融传授知识、发展能力、提高素质为一体，从内容与方法、教与学、做与练等方面，多角度、全方位地体现高职教育的教学特色。在理论与实践的关系上，注意主辅协调、合理搭配，既注重基本测量原理的讲解，又突出基本操作技能的训练。另外，为使学生在毕业后能够尽快胜任电子测量方面的工作，还对一些常规的、具有代表性的典型仪器仪表的工作原理、技术指标和使用方法进行了介绍。本书的主要编写特点如下。

(1) 以案例分析引导教学。每章由案例入手引入相关的知识和理论，通过案例学习有关概念和仪器设备原理与使用方法，体现做中学、学中练的教学思路。以培养高技能应用型人才为目的，理论联系实际，注重课程内容与岗位技能相结合。

(2) 理论教学以够用、适度为原则。全书对仪器工作原理通过组成框图进行讲解，对电子测量仪器本身突出正确使用和应用方法，培养学生的实践能力。

(3) 注重理论和设计充分结合。除每章开始的实际案例外，文中设置一个或多个操作实验，尤其是在第 10 章中把电子测量技术、电子调试技术和电子产品的质量检测技术，通过功放电路和语言复读机有机地结合在一起，加强学生的动手能力。

(4) 为了与行业技术紧密结合，本书介绍了电子测量仪器的新产品，如 UT2102 型数字存储示波器、DS8831Q 型频谱分析仪、Flyto L-100 逻辑分析仪等典型仪器的使用方法等。

(5) 为了学生学习和归纳方便，书中设有教学导航、知识分布网络、知识梳理与总结及多种形式的练习题。

本书内容包括电子测量技术基础、常用信号发生器的使用、电流和电压的测量方法、频率和时间的测量技术、万用电桥和 Q 表的使用、晶体管特性图示仪的使用、信号时域特性的测量技术、信号失真度的测量技术、信号频谱与电路频率特性的测量技术、数据信号的测量技术、智能化测量仪器与自动测量系统、虚拟测量技术及电子测量在电子产品检测、调试与维修中的应用。

本书由四川信息职业技术学院赵文宣主编，陈运军、张德忠任副主编。其中，张德忠编写第 2～3 章，陈运军编写第 4～7 章并绘制相关图形，赵文宣编写第 1 章、第 8～10 章及附录 A。在编写过程中参考了扬州电子仪器有限公司、优利德电子仪器厂、安捷伦科技有限公司等单位的相关产品技术资料，在此表示感谢。

由于编者水平和时间有限，不当和错误之处在所难免，敬请各位读者批评指正。

为了方便教师教学，本书还配有电子教学参考资料包（包括电子教案、习题答案），请有此需要的教师登录华信教育资源网（www.hxedu.com.cn）免费注册后下载，有问题请在网站留言板留言或与电子工业出版社联系。读者也可通过该精品课网站（http://jpkc.scitc.com.cn/jpkc/2010/JPKC_DZCLYYQ/ShowTitle.php?TitleID=214）浏览和参考更多的教学资源。

编 者

职业导航

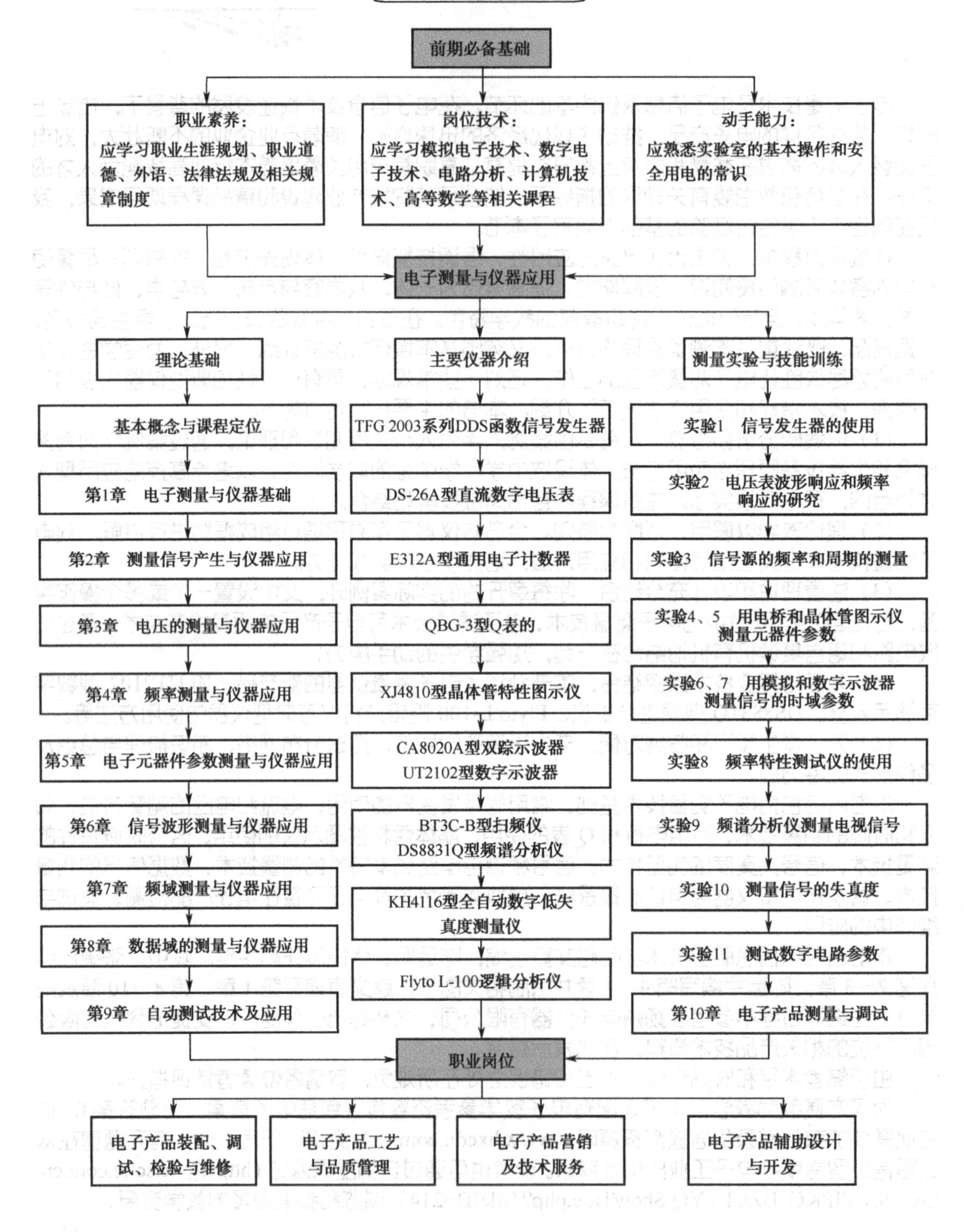

前期必备基础
职业素养：
应学习职业生涯规划、职业道德、外语、法律法规及相关规章制度
岗位技术：
应学习模拟电子技术、数字电子技术、电路分析、计算机技术、高等数学等相关课程
动手能力：
应熟悉实验室的基本操作和安全用电的常识
电子测量与仪器应用
理论基础
主要仪器介绍
测量实验与技能训练
基本概念与课程定位
第1章　电子测量与仪器基础
第2章　测量信号产生与仪器应用
第3章　电压的测量与仪器应用
第4章　频率测量与仪器应用
第5章　电子元器件参数测量与仪器应用
第6章　信号波形测量与仪器应用
第7章　频域测量与仪器应用
第8章　数据域的测量与仪器应用
第9章　自动测试技术及应用
TFG 2003系列DDS函数信号发生器
DS-26A型直流数字电压表
E312A型通用电子计数器
QBG-3型Q表的
XJ4810型晶体管特性图示仪
CA8020A型双踪示波器
UT2102型数字示波器
BT3C-B型扫频仪
DS8831Q型频谱分析仪
KH4116型全自动数字低失真度测量仪
Flyto L-100逻辑分析仪
实验1　信号发生器的使用
实验2　电压表波形响应和频率响应的研究
实验3　信号源的频率和周期的测量
实验4、5　用电桥和晶体管图示仪测量元器件参数
实验6、7　用模拟和数字示波器测量信号的时域参数
实验8　频率特性测试仪的使用
实验9　频谱分析仪测量电视信号
实验10　测量信号的失真度
实验11　测试数字电路参数
第10章　电子产品测量与调试
职业岗位
电子产品装配、调试、检验与维修
电子产品工艺与品质管理
电子产品营销及技术服务
电子产品辅助设计与开发

目录

绪　论

1. 电子测量的概念

测量的目的是准确地获取被测参数的值。通过测量能使人们对事物有定量的概念，从而发现事物的规律性。因而，测量是人们认识事物不可缺少的手段。离开测量，人们就不能真正准确地认识世界。物理定律是定量的定律，只有通过精密的测量才能确定它们的正确性。光谱学的精密测量帮助人们揭示了原结构的秘密，对 X 射线衍射的研究揭示了晶体的结构，用射电望远镜发现了类星体和脉冲星……这类例子不胜枚举。

另一方面，科学技术的发展也推动了测量技术的发展。像时间这样的基本量，在以前很长一段时间内一直用沙钟和滴漏进行极其粗略的测量，直到伽利略对摆的观察才启发人们用计数周期的谐振系统（如钟表）来测量时间。目前，使用铯原子谐振和氢原子谐振来测量时间，其准确度相当于在 3 万年内误差小于 1s。可见，现代测量仪器是科学研究的成果之一，而测量仪器又促进了科学技术的发展，两者的关系是相辅相成的。

电子测量是指利用电子技术进行的测量。在电子测量中采用的仪器称为电子测量仪器，简称电子仪器。电子测量分为两类：一类是测电压、电容或场强之类的电子量；另一类是运用电子技术来测量压力、温度或流量之类的非电物理量。

2. 电子仪器与测量技术的发展

本课程主要讨论第一类电子测量仪器。近 20 多年来，电子技术特别是微电子技术和计算机技术的迅猛发展促进了电子仪器技术的飞跃发展。电子仪器与计算机技术相结合使功能单一的传统仪器变成先进的智能仪器和由计算机控制的模块式测试系统。微电子技术及相关技术的发展，不断为电子仪器提供各种新型器件，如 ASIC 电路、信号处理器芯片、新型显示器件及新型传感器件等，不仅使电子仪器变得“灵巧”、功能强、体积小、功耗低，而且使过去难以测试的一些参数变得容易测试，调制域仪器的出现就是一例。

电子仪器及测量技术的发展又是其他技术发展的保证。微型计算机采用总线结构，信号多路传输，信息在某些指定时刻有效，因而采用传统示波器、电压表之类的仪器对计算机系统进行测试难以奏效，必须采用如逻辑分析仪、特征分析仪、仿真器及计算机开发系统之类的新型数据域测试仪器进行测试、调试和故障诊断。微电子技术的飞跃发展，使数字电路的集成度和工作速度不断提高，在一个芯片内可包含数百万个器件，但芯片的引脚数是有限的，为了通过有限的引脚对高度复杂的芯片进行全面测试，不仅要求研究新的测试理论和测试算法，开发大型先进的测试系统，而且要求采用新的电路设计，即数字电路的可测性设计技术、内建自测试技术及边界扫描设计技术。

以前，数字电路的设计者所追求的目的是实现要求的逻辑功能。现在，除了逻辑功能外，还要求设计的电路可测和易测，若设计时不考虑测试问题，则可能面临这样的情况，即采用当今世界上最先进的测试设备也无法对电路进行全面测试，因而不能投产。包括协议分析仪在内的新型通信仪器的出现，保证了计算机网络和通信产业的迅速发展；光纤测试仪器的出现则促进了光纤通信的发展。

20 世纪 70 年代以来，计算机技术和微电子技术的惊人发展对电子仪器及自动测试领域产生了巨大的影响。20 多年来在仪器和测试领域产生了 4 项重大发明，它们是智能仪器、GPIB 接口总线、个人仪器及 VXI 总线系统。这些技术的采用，改变了并且将继续改变仪器和测试领域的发展进程，使之朝着智能化、自动化、小型化、模块化和开放式系统的方向发展。

杰出科学家门捷列夫曾说过，“没有测量，就没有科学。”电子信息科学是现代科学技术的象征，它的三大支柱是：信息的获取技术（测试/测量技术）、信息的传输技术（通信技术）、信息的处理技术（计算机技术）。三者中信息的获取是首要的，因为电子测量是获取信息的重要手段。因此，国内高校的许多工科专业，尤其是电子信息类专业，都把“电子测量”作为一门十分重要的基础课程。“电子测量与仪器应用”课程建设紧随学科建设的步伐，不断适应电子测量技术发展的规律，近几年来取得了丰硕的成果。

3．课程定位

“电子测量与仪器应用”是应用电子、电子信息工程、通信技术等专业不可缺少的专业课，培养学生具备电子测量技术方面的基础能力，使学生掌握有关电子测量的基本知识，具备正确选择测量方案和使用电子测量仪器的能力，同时也为后续有关课程学习和进行相关测量打下基础。

4．课程内容与要求

1）知识结构

本课程的知识结构分解如下图所示。

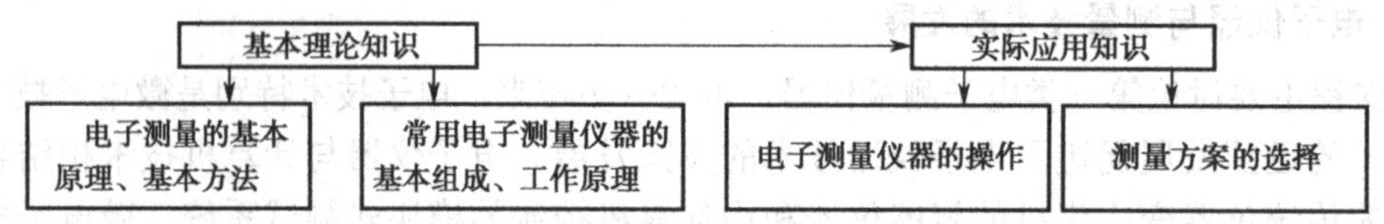

本课程的主要内容包括：电子测量和仪器的基本知识、测量信号产生与仪器应用、电压测量与仪器应用、频率测量与仪器应用、电子元器件参数测量与仪器应用、信号波形测量与仪器应用、频域测量与仪器应用、数据域测量与仪器应用、自动测量技术及应用、电子产品测试与调试等。

2）课程要求

课程要求分为以下两方面。

（1）知识教学要求

① 了解电子测量技术的基本知识；

② 了解常用电子测量仪器的用途、性能及主要技术指标；

③ 掌握常用电子测量仪器的基本组成和工作原理。

（2）能力培养要求

① 能根据被测对象正确地选择测量方案和仪器；

② 熟练掌握常用电子测量仪器（通用电子示波器、信号源、电子电压表、计数器、扫频仪、晶体管特性图示仪等）的正确操作；

③ 能对测量结果进行正确的处理；

④ 能对电子测量仪器进行基本维护和简单维修。

第1章 电子测量与仪器基础

教学导航

教	知识重点	1．电子测量的内容 2．电子测量方法的分类 3．测量误差的表示方法、来源及分类 4．测量结果的表示 5．电子测量仪器的分类及误差
	知识难点	1．测量误差的表示方法 2．测量结果的表示 3．有效数字的处理
	推荐教学方式	1．从测量误差的实际应用入手，通过对应用的分析，加深对测量误差的感性认识 2．另举一实例，进行案例分析，介绍测量误差，巩固理论知识，将理论与实际结合起来，同时拓展学生知识面
	建议学时	4学时
学	推荐学习方法	1．本章注重对概念、各种测量仪器分类、误差等的理解 2．通过案例掌握测量误差，并对其进行实际应用 3．查有关资料，加深理解，拓展知识面
	必须掌握的理论知识	1．测量误差的表示方法、来源及分类 2．测量结果的表示
	必须掌握的技能	能够熟练认识各种测量仪器并能正确表示测量结果

1.1 测量及其意义

测量是人们对客观事物取得数量概念的认识过程。在这种认识过程中，人们依据一定的理论，借助于专门的设备，通过实验的方法求出被测量的量值或确定一些量值的依从关系。

通常，测量结果的量值由两部分组成：数值（大小及符号）和相应的单位名称。没有单位的量值是没有物理意义的。

一般来说，测量是一种比较过程，把被测量与同种类的单位量通过一定的测量方法进行比较，以确定被测量是该单位的若干倍。被测量的数值与所选单位成反比。

在科学技术发展过程中，测量结果不仅用于验证理论，而且是发现新问题、提出新理论的依据。历史事实证明：科学的进步、生产的发展与测量理论技术手段的发展和进步是相互依赖、相互促进的。测量手段的现代化，已被公认是科学技术和生产现代化的重要条件和明显标志。

1.2 电子测量的内容和特点

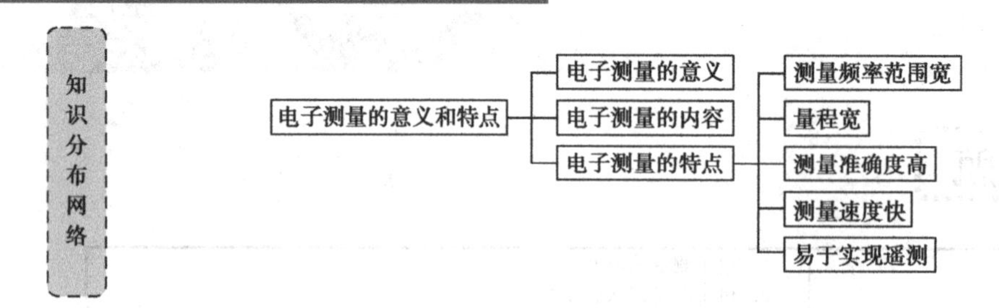

1. 电子测量的意义

随着测量学的发展和无线电电子学的应用，诞生了以电子技术为手段的测量，即电子测量。

电子测量涉及极宽频率范围内所有电量、磁量及各种非电量的测量。目前，电子测量不仅因为其应用广泛而成为现代科学技术中不可缺少的手段，同时也是一门发展迅速、对现代科学技术的发展起着重大推动作用的独立学科。从某种意义上说，近代科学技术的水平是由电子测量的水平来保证和体现的。电子测量的水平是衡量一个国家科学技术水平的重要标志之一。

2. 电子测量的内容

本课程中，电子测量的内容是指对电子学领域内电参量的测量，主要有以下几项。

（1）电能量的测量，如电流、电压、功率等的测量。

（2）电路、元器件参数的测量，如电阻、电感、电容、阻抗的品质因数、电子器件参数等的测量。

（3）电信号特性的测量，如频率、波形、周期、时间、相位、谐波失真度、调幅度及逻辑状态等的测量。

（4）电路性能的测量，如放大倍数、衰减量、灵敏度、通频带、噪声指数等的测量。

（5）特性曲线的显示，如幅频特性、器件特性等的显示。

上述各种待测参数中，频率、电压、时间、阻抗等是基本电参数，对它们的测量是其他许多派生参数测量的基础。

另外，通过传感器可将很多非电量，如温度、压力、流量、位移等转换成电信号后进行测量，但这不属于本书讨论的范围。

3. 电子测量的特点

同其他测量相比，电子测量具有以下几个突出优点。

1）测量频率范围宽

电子测量除可以测量直流电量外，还可以测量交流电量，其频率范围可低至 10^{-4}Hz，高至 10^{12}Hz 左右。但应注意，在不同的频率范围内，即使测量同一种电量，所需要采用的测量方法和使用的测量仪器也往往不同。

2）量程宽

量程是仪器所能测量各种参数的范围。电子测量仪器具有相当宽广的量程。例如，一台数字式电压表可以测出从纳伏（nV）级至千伏（kV）级的电压，其量程达 9 个数量级；一台用于测量频率的电子计数器，其量程可达 17 个数量级。

3）测量准确度高

电子测量的准确度比其他测量方法高得多，特别是对频率和时间的测量，误差可减小到 10^{-13} 量级，是目前人们在测量准确度方面能达到的最高指标。电子测量的准确度高是它在现代科学技术领域得到广泛应用的重要原因之一。

4）测量速度快

由于电子测量是通过电磁波的传播和电子运动来进行的，因此可以实现测量过程的高速化，这是其他测量所不能比拟的。只有测量的高速度，才能测出快速变化的物理量。这对于现代科学技术的发展具有特别重要的意义。例如，原子核的裂变过程、导弹的发射速度、人造卫星的运行参数等的测量，都需要高速度的电子测量。

5）易于实现遥测

电子测量的一个突出优点是可以通过各种类型的传感器实现遥测。例如，对于遥远距离或环境恶劣的、人体不便于接触或无法到达的区域（如深海、地下、核反应堆内、人造卫星等），可通过传感器或通过电磁波、光、辐射等方式进行测量。

6）易于实现测量自动化和测量仪器微机化

由于大规模集成电路和微型计算机的应用，使电子测量出现了崭新的局面，如在测量中能实现程控、自动量程转换、自动校准、自动诊断故障和自动修复，对于测量结果可以自动记录，自动进行数据运算、分析和处理。目前已出现了许多类型带微处理器的自动化示波器、数字频率计、数字式电压表及受计算机控制的自动化集成电路测试仪、自动网络分析仪和其他自动测试系统。

电子测量的一系列优点，使它获得了极其广泛的应用。今天，几乎找不到哪一个科学技术

领域没有应用电子测量技术。大到天文观测、宇宙航天，小到物质结构、基本粒子，从复杂的生命、遗传问题到日常的工农业生产、商业部门，越来越多地采用电子测量技术与设备。

1.3 电子测量方法的分类

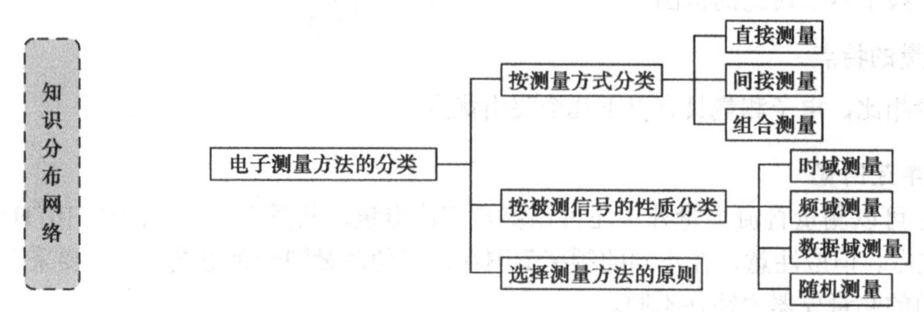

一个电参量的测量可以通过不同的方法来实现。电子测量方法的分类形式有多种，这里仅就最常用的分类形式作简要介绍。

1.3.1 按测量方式分类

1）直接测量

用预先按已知标准量定度好的测量仪器对某一未知量直接进行测量，从而得到被测量值的测量方法称为直接测量。例如，用通用电子计数器测频率，用电压表测量电路中的电压，都属于直接测量。

2）间接测量

对一个与被测量有确定函数关系的物理量进行直接测量，然后通过代表该函数关系的公式、曲线或表格，求出被测量值的方法称为间接测量。例如，要测量已知电阻 R 上消耗的功率，先测量加在 R 两端的电压 U，然后再根据公式 $P=U^2/R$，求出功率 P 的值。

3）组合测量

在某些测量中，被测量与几个未知量有关，测量一次无法得出完整的结果，则可改变测量条件进行多次测量，然后按被测量与未知量之间的函数关系组成联立方程，求解得出有关未知量。此种测量方法称为组合测量，它是一种兼用直接测量与间接测量的方法。

上面介绍的三种方法中，直接测量的优点是测量过程简单迅速，在工程技术中采用比较广泛。间接测量多用于科学实验，在生产及工程技术中应用较少，只有当被测量不便于直接测量时才采用。组合测量是一种特殊的精密测量方法，适用于科学实验及一些特殊的场合。

1.3.2 按被测信号的性质分类

1）时域测量

时域测量是测量被测对象在不同时间的特性，这时把被测信号看成时间的函数。例如，使用示波器显示被测信号的瞬时波形，测量它的幅度、宽度、上升沿和下降沿等参数。时域测量还包括一些周期性信号的稳态参量测量，如正弦交流电压，虽然它的瞬时值会随时间变化，但是交流电压的振幅值和有效值是稳态值，可用指针式仪表测量。

2）频域测量

频域测量是测量被测对象在不同频率时的特性，这时把被测对象看成频率的函数。信号通过非线性电路会产生新的频率分量，能用频谱分析仪进行分析。放大器的幅频特性可用频率特性图示仪予以显示。放大器对不同频率的信号会产生不同的相移，可使用相位计测量放大器的相频特性。

3）数据域测量

数据域测量是对数字系统逻辑特性进行的测量。利用逻辑分析仪能够分析离散信号组成的数据流，可以观察多个输入通道的并行数据，也可以观察一个通道的串行数据。

4）随机测量

随机测量是利用噪声信号源进行动态测量，如各类噪声、干扰信号等。这是一种比较新的测量技术。

电子测量技术还有许多分类方法，如动态与静态测量技术、模拟和数字测量技术、实时与非实时测量技术、有源与无源测量技术等。

1.3.3　选择测量方法的原则

根据被测量本身的特性、所需要的精确程度、环境条件及所具有的测量设备等因素，综合考虑，选择合适的测量方法。只有选择正确的测量方法，才能使测量得到精确的测量结果；否则，可能会出现下列问题。

（1）出错误的测量数据，测量结果不能信赖。

（2）损坏测量仪器、仪表或被测设备、元器件。

在选择测量方法时，如果必要，还要制订正确的测量方案。

错误的测量方法会导致某些不良后果，这可以通过下例来说明：测量某高内阻（如 500kΩ）电路的电压，应该使用高输入电阻的数字式电压表，才能使测量结果较为准确。如果使用普通的模拟式电压表，则会产生很大的误差，得到偏离实际的测量结果。

由此可以看出，选择正确的测量方法、仪器设备及编制准确的测试程序是十分重要的。

1.4　测量误差的基本概念

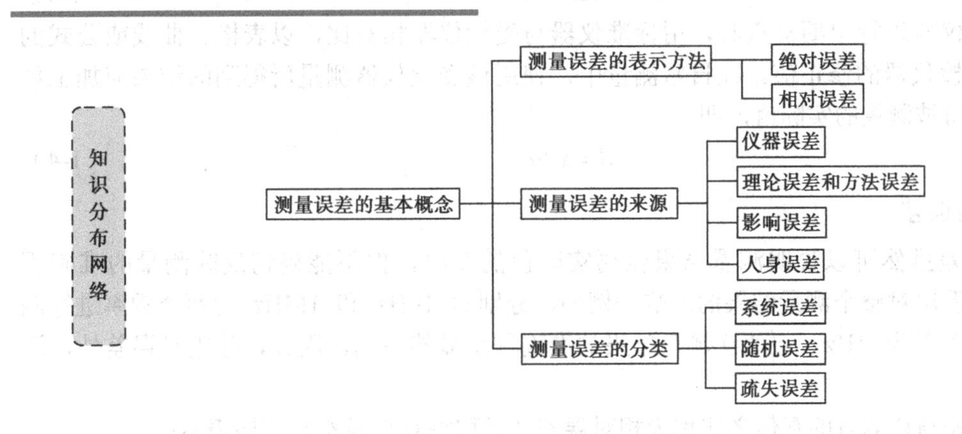

测量的目的就是希望获得被测量的实际大小，即真值。所谓真值，就是在一定时间和环境的条件下，被测量本身所具有的真实数值。实际上，由于测量设备、测量方法、测量环境和测量人员的素质等条件的限制，测量所得到的结果与被测量的真值之间会有差异，这个差异就称为测量误差。测量误差过大，可能会使测量结果变得毫无意义，甚至会带来坏处。人们研究误差的目的，就是要了解误差产生的原因和发生的规律，寻求减小测量误差的方法，使测量结果精确可靠。

1.4.1 测量误差的表示方法

测量误差有两种表示方法：绝对误差和相对误差。

1. 绝对误差

1）定义

由测量所得到的被测量值 x 与其真值 A_0 之差，称为绝对误差，即

$$\Delta x = x - A_0 \tag{1-1}$$

式中，Δx 为绝对误差。

由于测量结果 x 总含有误差，x 可能比 A_0 大，也可能比 A_0 小，因此 Δx 既有大小，又有正、负。其量纲和测量值相同。

要注意，这里说的被测量值是指仪器的示值。一般情况下，示值和仪器的读数有区别。读数是指从仪器刻度盘、显示器等读数装置上直接读到的数字，示值是该读数表示的被测量的量值，常常需要加以换算。

式（1-1）中，A_0 表示真值。真值是一个理想的概念，一般来说，是无法精确得到的。因此，实际应用中通常用实际值 A 来代替真值 A_0。

实际值又称为约定真值，它是根据测量误差的要求，用精度高一级及以上的测量仪器或计量工具测量所得之值作为实际值。

$$\Delta x = x - A \tag{1-2}$$

2）修正值

与绝对误差的绝对值大小相等，但符号相反的量值称为修正值，用 c 表示：

$$c = -\Delta x = A - x \tag{1-3}$$

对测量仪器进行定期检查时，用标准仪器与受检仪器相对比，以表格、曲线或公式的形式给出受检仪器的修正值。在日常测量中，使用该受检仪器测量所得到的结果应加上修正值，以求得被测量的实际值，即

$$A = x + c \tag{1-4}$$

2. 相对误差

绝对误差虽然可以说明测量结果偏离实际值的情况，但不能确切反映测量的准确程度，不便于看出对整个测量结果的影响。例如，分别对 10Hz 和 1MHz 的两个频率进行测量，绝对误差都为+1Hz，但两次测量结果的准确程度显然不同。因此，除绝对误差外，还有相对误差。

绝对误差与被测量的真值之比称为相对误差（又称相对真误差），用 γ 表示：

$$\gamma = \frac{\Delta x}{A_0} \times 100\% \tag{1-5}$$

相对误差量纲为一，有大小及符号。由于真值是难以确切得到的，通常用实际值 A 代替真值 A_0 来表示相对误差，用 γ_A 表示：

$$\gamma_A = \frac{\Delta x}{A} \times 100\% \tag{1-6}$$

式中，γ_A 称为实际相对误差。

在误差较小、要求不严格的场合，也可以用测量值 x 代替实际值 A，由此得出示值相对误差，用 γ_x 来表示：

$$\gamma_x = \frac{\Delta x}{x} \times 100\% \tag{1-7}$$

式中，Δx 由所用仪器的准确度等级定出。由于 x 中含有误差，所以 γ_x 只适用于近似测量。当 Δx 很小时，有 $\gamma_x \approx \gamma_A$。

经常用绝对误差与仪器满刻度值 x_m 之比来表示相对误差，称为引用相对误差（又称满度相对误差），用 γ_m 表示：

$$\gamma_m = \frac{\Delta x}{x_m} \times 100\% \tag{1-8}$$

测量仪器使用最大引用相对误差来表示它的准确度，这时有：

$$\gamma_m = \frac{\Delta x_m}{x_m} \times 100\% \tag{1-9}$$

式中，Δx_m 为仪器在该量程范围内出现的最大绝对误差；x_m 为满刻度值；γ_m 为仪器在工作条件下不应超过的最大相对误差，它反映了该仪器综合误差的大小。

电工测量仪表按 γ_m 值分为 0.1、0.2、0.5、1.0、1.5、2.5、5.0 共 7 个等级。1.0 级表示该仪表的最大引用相对误差不超过 ±1.0%，但超过 ±0.5%，也称准确度等级为 1.0 级。准确度等级常用符号 S 表示。

相对误差也可用对数的形式进行表达。以分贝来度量误差大小的表达方式称为分贝误差。

如果被测量是网络的电流或电压传输函数，把它表示为分贝的形式，则为：

$$A_{dB} = 20\lg A(\text{dB}) \tag{1-10}$$

设 A 的测量值为 x，它含有误差，即 $x = A + \Delta x$，它的分贝形式 x_{dB} 会偏离 A_{dB} 一个数值 γ_{dB}，即

$$x_{dB} - A_{dB} = \gamma_{dB}$$

$$x_{dB} = 20\lg(A + \Delta x) = 20\lg A\left(1 + \frac{\Delta x}{A}\right)$$

$$= 20\lg A + 20\lg(1 + \gamma_A)$$

所以

$$\gamma_{dB} = 20\lg(1 + \gamma_A) \approx 20\lg(1 + \gamma_x) \tag{1-11}$$

式中，γ_{dB} 是只与相对误差有关的量，由于 γ_A 有正、负号，γ_{dB} 也有正、负号。

当 A 为功率传输函数时，相对误差的分贝形式为：

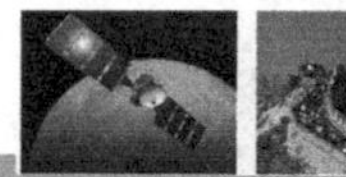

$$\gamma_{dB}=10\lg(1+\gamma_A)\approx 20\lg(1+\gamma_x)\text{dB} \tag{1-12}$$

实例 1-1 两个电压的实际值分别为 $U_{1A}=100V$，$U_{2A}=10V$；测量值分别为 $U_{1x}=98V$，$U_{2x}=9V$。求两次测量的绝对误差和相对误差。

解：

$$\Delta U_1=U_{1x}-U_{1A}=(98-100)V=-2V$$

$$\Delta U_2=U_{2x}-U_{2A}=(9-10)V=-1V$$

$|\Delta U_1|>|\Delta U_2|$。两者的相对误差分别为：

$$\gamma_{A1}=\frac{\Delta U_1}{U_{1A}}=-\frac{2}{100}\times 100\%=-2\%$$

$$\gamma_{A2}=\frac{\Delta U_2}{U_{2A}}=-\frac{1}{10}\times 100\%=-10\%$$

$|\gamma_{A_1}|<|\gamma_{A_2}|$，说明 U_2 的测量准确度低于 U_1。

实例 1-2 已知某被测电压为 80V，用 1.0 级、100V 量程的电压表测量。若只做一次测量就把该测量值作为测量结果，可能产生的最大绝对误差是多少？

解：在实际生产过程中，经常将一次直接测量的结果作为最终结果，所以讨论这个问题非常具有实践意义。仪表的准确度等级表示该仪表的最大引用相对误差，该仪表可能出现的最大绝对误差为：

$$\Delta x_m=\pm 1.0\%\times 100V=\pm 1V$$

由式（1-9）可知，测量的绝对误差满足：

$$\Delta x\leqslant x_m\cdot S\%$$

$$\gamma_x\leqslant(x_m\cdot S\%)/x$$

式中，S 为仪表的准确度等级。

测量中总要满足 $x\leqslant x_m$，可见当仪表的准确度等级确定后，x 越接近 x_m，测量的示值相对误差越小，测量准确度越高。因此，在测量中选择仪表量程时，应使指针尽量接近满偏，一般最好指示在满度值 2/3 以上的区域。应该注意，这个结论只适用于正向线性刻度的电压表、电流表等类型的仪表。对于反向刻度的仪表即随着被测量数值增大而指针偏转角度变小的仪表，如万用表的欧姆挡，由于在设计或检定仪表时均以中值电阻为基准，故在使用这类仪表进行测量时应尽可能使表针指在中心位置附近区域，因为此时测量准确度最高。

实例 1-3 被测电压的实际值在 10V 左右，现有量程和准确度等级分别为 150V、0.5 级和 15V、1.5 级两只电压表，问用哪只电压表测量比较合适？

解：若用 150V、0.5 级电压表，由式（1-9）可求得测量的最大绝对误差为：

$$\Delta x_{m1}=\pm 0.5\%\times 150V=\pm 0.75V$$

示值范围为（10±0.75）V，则测量的相对误差为：

$$\gamma_{A1}=-\frac{\pm 0.75}{10}\times 100\%=\pm 7.5\%$$

用 15V、1.5 级电压表测量，则最大绝对误差为：

$$\Delta x_{m2}=\pm 1.5\%\times 15V=\pm 0.225V$$

示值范围为（10±0.225）V，则测量的相对误差为：

$$\gamma_{A2}=-\frac{\pm 0.225}{10}\times 100\%=\pm 2.25\%$$

显然，应选用 15V、1.5 级电压表测量。由此例可见，测量中应根据被测量的大小，合理选择仪表量程并兼顾准确度等级，而不能片面追求仪表的准确度级别。

1.4.2　测量误差的来源

如前所述，在一切实际测量中都存在一定的误差，下面来讨论误差的来源。

1）仪器误差

由于仪器本身及其附件的电气和机械性能不完善而引入的误差称为仪器误差。仪器仪表的零点漂移、刻度不准确和非线性等引起的误差及数字式仪表的量化误差都属于此类。

2）理论误差和方法误差

由于测量所依据的理论不够严密或用近似公式、近似值计算测量结果所引起的误差称为理论误差。例如，峰值检波器的输出电压总是小于被测电压峰值所引起的峰值电压表的误差就属于理论误差。由于测量方法不适宜而造成的误差称为方法误差，如用低内阻的万用表测量高内阻电路的电压时所引起的误差就属于此类。

3）影响误差

由于温度、湿度、振动、电源电压、电磁场等各种环境因素与仪器、仪表要求的条件不一致而引起的误差称为影响误差。

4）人身误差

由于测量人员的分辨力、视觉疲劳、不良习惯或缺乏责任心等因素引起的误差称为人身误差，如读错数字、操作不当等。

1.4.3　测量误差的分类

根据性质，可将测量误差分为系统误差、随机误差和疏失误差。

1）系统误差

在一定条件下，误差的数值（大小及符号）保持恒定或按照一定规律变化的误差称为系统误差。系统误差决定了测量的准确度。系统误差越小，测量结果越准确。

2）随机误差

在相同条件下进行多次测量，每次测量结果出现无规律的随机变化的误差，这种误差称为随机误差或偶然误差。在足够多次的测量中，随机误差服从一定的统计规律，具有单峰性、有界性、对称性、相消性等特点。

随机误差反映了测量结果的精密度。随机误差越小，测量精密度越高。

随机误差和系统误差共同决定测量结果的精确度，要使测量的精确度高，两者的值都要求很小。

3）疏失误差

疏失误差是指在一定条件下，测量值明显偏离实际值时所对应的误差。疏失误差又称粗大误差，简称粗差。

疏失误差是由于读数错误、记录错误、操作不正确、测量中的失误及有不能允许的干扰等原因造成的误差。

疏失误差明显地歪曲了测量结果，就其数值而言，它远远大于系统误差和随机误差。

对于上述三类误差，应采取适当措施进行防范和处理，减小以至消除它们对测量结果的影响。对于含有疏失误差的测量值，一经确认，应首先予以剔除。对于系统误差，在测量前应细心做好准备工作，检查所有可能产生系统误差的来源，并设法消除；或决定它的大小，在测量中采用适当的方法引入修正值加以抵消或削弱。例如，为了消除或削弱固定的系统误差，可采用零示法、替代法、补偿法、交换法等测量方法。对于随机误差，可在相同条件下进行多次测量，通过对测量结果求平均值来减小它的影响。

1.5 测量结果的表示及有效数字

1.5.1 测量结果的表示

这里只讨论测量结果的数字式表示，它包括一定的数值（绝对值的大小及符号）和相应的计量单位，如7.1V、465kHz等。

有时为了说明测量结果的可信度，在表示测量结果时，还要同时注明其测量误差值或范围，如（4.32±0.01）V，（465±1）kHz等。

1.5.2 有效数字及有效数字位

测量结果通常表示为一定的数值，但测量过程总存在误差，多次测量的平均值也存在误差。如何用近似数据恰当地表示测量结果，就涉及有效数字的问题。

有效数字是指从最左面一位非零数字算起，到含有误差的那位存疑数字为止的所有数字。在测量过程中，正确地写出测量结果的有效数字，合理地确定测量结果位数是非常重要的。对有效数字位数的确定应掌握以下几方面的内容。

（1）有效数字位与测量误差的关系，原则上可以从有效数字的位数估计出测量误差，一般规定误差不超过有效数字末位单位的一半。如1.00A，则测量误差不超过±0.005A。

（2）“0”在最左面为非有效数字。如 0.03kΩ，两个零均为非有效数字。“0”在最右面或两非零数字之间均为有效数字，不得在数据的右面随意加“0”。如将 1.00A 改为 1.000A，则表示已将误差极限由0.005A改成0.000 5A。

（3）有效数字不能因选用的单位变化而改变。如测量结果为 2.0A，它的有效数字为两位。如改用 mA 做单位，将 2.0A 改写成 2 000mA，则有效数字变成四位，是错误的，应改写成 2.0×10^{3}mA，此时它的有效数字仍为两位。

1.5.3　数字的舍入规则

测量数据中超过保留位数的数字应予删略。删略的原则是“四舍五入”，其具体内容如下：若需保留 n 位有效数字，n 位以后位余下的数，若大于保留数字末位（即第 n 位）单位的一半，则舍去的同时在第 n 位加 1；若小于该位单位的一半，则第 n 位不变；若刚好等于该单位的一半，如第 n 位原为奇数则加 1 变为偶数，原为偶数不变，此即“求偶数法则”。

实例 1-4　将下列数字保留三位：（1）25.53；（2）33.46；（3）53.45；（4）68.450 1；（5）43.35。

解：（1）25.53→25.5；（2）33.46→33.5；（3）53.45→53.4；（4）68.450 1→68.5；（5）43.35→43.4。

由上述可见，经过数字舍入后，末位是欠准数字，末位以前的数字为准确数字。末位欠准的程度不超过该位单位的一半。

决定有效数字位数的标准是误差范围，并不是位数写得越多越好，写多了会夸大测量的准确度。

在写带有绝对误差的数字时，有效数字的末位应和绝对误差取齐即两者的欠准数字所在的数字位必须相同。如（6 500±1）kHz 是正确的，也可写成 6.500MHz±1kHz，但不能写成 6.5MHz±1kHz。当前面有效数字的单位和误差所用单位相同时，前面有效数字可以不再标出单位名称。

1.5.4　数字近似运算法则

在数据处理过程中，常常要对数据进行近似运算，运算时要遵循一定的规则。

（1）在加、减法运算中，准确度最差的项就是小数点后有效数字位数最少的那一项，计算结果有效数字的取舍以该项为准。

（2）在乘、除法运算中，所得结果的有效数字位数与参加运算各项中有效数字位数最少者相同，而与小数点无关。

在对参加运算的数据取舍时，可多留一位，否则会引起积累误差。

实例 1-5　进行下列运算：（1）13.44+20.382+4.6；（2）$\dfrac{603.21\times0.32}{4.011}$。

解：（1）$13.44+20.382+4.6=13.44+20.38+4.6=38.42\approx38.4$

（2）$\dfrac{603.21\times0.32}{4.011}\approx\dfrac{603\times0.32}{4.01}\approx48.1\approx48$

1.6　电子测量仪器的分类与误差

知识分布网络

电子测量仪器的基本知识
- 电子测量仪器的分类
- 电子测量仪器的误差

电子测量仪器是利用电子元器件和线路技术组成的装置，用于测量各种电磁参量或产生供测量用的电信号或能源。

1.6.1　电子测量仪器的分类

电子测量仪器一般分为专用仪器和通用仪器两大类，本课程主要讨论后者。通用仪器是为了测量某一个或某一些基本电参量而设计的，它能用于各种电子测量。通用仪器按照功能，可进行如下分类。

1）信号发生器

信号发生器主要用来提供各种测量所需的信号。根据用途的不同，有各种波形、各种频率和各种功率的信号发生器。如调频调幅信号发生器、脉冲信号发生器、扫频信号发生器、函数发生器等。

2）电平测量仪器

电平测量仪器主要用于测量电信号的电压、电流、电平，如电流表、电压表、电平表、多用表等。

3）信号分析仪器

信号分析仪器主要用来观测、分析和记录各种电量的变化，如各种示波器、波形分析仪和频谱分析仪等。

4）频率、时间和相位测量仪器

频率、时间和相位测量仪器主要用来测量电信号的频率、时间间隔和相位差。这类仪器有各种频率计、相位计、波长表及各种时间、频率标准等。

5）网络特性测量仪

网络特性测量仪有阻抗测试仪、频率特性测试仪及网络分析仪等，主要用来测量电气网络的各种特性，这些特性主要指频率特性、阻抗特性、功率特性等。

6）电子元器件测试仪

电子元器件测试仪主要用来测量电子元器件的各种电参数是否符合要求。根据测试对象的不同，可分为晶体管测试仪、集成电路（模拟、数字）测试仪和电路元件（电阻、电感、电容）测试仪等。

7）电波特性测试仪

电波特性测试仪是主要用于对电波传播、干扰强度等参量进行测量的仪器，如测试接收机、场强计、干扰测试仪等。

8）逻辑分析仪

逻辑分析仪是专门用于分析数字系统的数据域测量仪器。利用它可对数字逻辑电路和系统在实时运行过程中的数据流或事件进行记录和显示，并通过各种控制功能实现对数字系统的软、硬件故障分析和诊断。面向微处理器的逻辑分析仪，则用于对微处理器及微型计算机的调试和维护。

9）辅助仪器

辅助仪器主要用于配合上述各种仪器对信号进行放大、检波、隔离、衰减，以便使这些仪器更充分地发挥作用。各种交/直流放大器、选频放大器、检波器、衰减器、记录器及交/直流稳压电源等均属于辅助仪器。

10）微机化仪器

微机化仪器是上述各种仪器和微计算机相结合的产物，可分为智能仪器和虚拟仪器两类。智能仪器是在仪器内加入微计算机芯片，对仪器的工作过程进行控制，使其具有一定智能，自动完成某些工作。

虚拟仪器是在计算机上配备一定的软、硬件，使其具有仪器的功能。虚拟仪器的功能主要由软件来定义，因此对于同一个硬件设备，可通过编制不同的软件，使其实现不同的功能。

由于智能仪器、虚拟仪器和计算机紧密相连，使得它们可以很容易地构成自动测试系统。所谓自动测试系统，就是若干测量仪器通过总线和主控计算机的相连，各仪器在主控计算机的统一指挥下完成一系列测量任务。

智能仪器和虚拟仪器还可以与网络相连接，形成所谓的网络化仪器。网络化仪器的最大优点是可以实现远程控制和资源共享。

1.6.2　电子测量仪器的误差

在电子测量中，由于电子测量仪器本身性能不完善所产生的误差称为电子测量仪器的误差，它包括以下几类。

1）固有误差

固有误差指在基准工作条件下测量仪器的误差。

基准工作条件是指一组有公差的基准值［如环境温度（20±2）℃等］或有基准范围的影响量（如温度、湿度、气压、电源等环境条件）。

2）工作误差

工作误差是在额定工作条件下任一值上测得的某一性能特性的误差。在影响量的工作范围内，各影响量最不利的组合点上产生工作误差的最大值。

3）稳定误差

由于测量仪器稳定性不好引起性能特性的变化产生的误差称为稳定误差。例如，由于元器件老化，使仪器性能对供电电源或环境条件敏感，造成零点漂移或读数变化等现象。

4）变动量

变动量是反映影响量所引起的误差。当同一个影响量相继取两个不同值时，对于被测量的同一数值，测量仪器给出的示值之差，称为电子测量仪器的变动量。

知识梳理与总结

本章讨论了电子测量和电子测量仪器的基本知识。

（1）介绍了电子测量的意义、内容、特点和分类，以及电子测量方法的分类。

（2）测量误差的表示方法有绝对误差和相对误差。绝对误差表明测量结果偏离实际值的情况，它有大小、符号及量纲。相对误差能确切反映测量的准确程度，只有大小及符号，是量纲为一的量。可以用最大引用相对误差确定电子测量仪表的准确度等级。

（3）根据性质，可将测量误差分为系统误差、随机误差和疏失误差。系统误差在一定的条件下，其数值（大小及符号）保持恒定或按照一定的规律变化，它决定测量的准确度。随机误差（又称偶然误差）指在相同条件下进行多次测量时，每次测量结果出现无规律的随机变化的误差，它反映了测量结果的精密度。疏失误差指在一定条件下，测量值明显偏离实际值时所对应的误差，它歪曲了测量结果。为了提高测量结果的可依赖程度，应针对各种误差的来源和特点，采取适当的措施进行防范，并对测量结果进行必要的处理，尽可能减小误差对测量结果的影响。

（4）用数字方式表示测量结果时，要根据要求确定有效数字位。不可随意更改测量结果的有效数字位。在对多余数字位进行删略时，必须遵循数字的舍入规则——“四舍五入”；对数据进行近似运算也要遵循一定的规则。

（5）介绍了通用电子测量仪器的分类方法及电子测量仪器的误差——固有误差、工作误差、稳定误差等。

练习题 1

1. 什么是电子测量？下列两种情况是否属于电子测量？为什么？

（1）用水银温度计测量温度；

（2）利用传感器将温度变为电量，通过测量该电量来测量温度。

2. 电子测量的主要内容有哪些？电子测量有什么特点？

3. 在测量电流时，若测量值为 100mA，实际值为 98.7mA，则绝对误差和修正值各为多少？若测量值为 99mA，修正值为 2mA，则实际值和绝对误差又各为多少？

4. 用量程为 10mA 的电流表测量实际值为 8mA 的电流，若读数是 8.15mA，试求测量的绝对误差、示值相对误差和引用相对误差。

5. 若测量 8V 左右的电压，有两只电压表，其中一只量程为 100V、0.5 级；另一只量程为 10V、2.5 级。问选用哪一只电压表测量比较合适？

6. 用 0.2 级 100mA 的电流表和 2.5 级 100mA 的电流表串联测量电流，前者示值为 80mA，后者示值为 77.8mA。

（1）如果把前者作为标准表校验后者，则被校表的绝对误差是多少？应当引入的修正值是多少？测得值的实际相对误差为百分之几？

（2）如果认为上述结果是最大绝对误差，则被校表的准确度应定为几级？

7. 根据误差的性质可将误差分为哪几类？各有何特点？分别可以采取什么措施减小这些误差对测量结果的影响？

8. 将下列数据进行舍入处理，要求保留三位有效数字。

86.372 4；3.175；0.000 312 5；58.350；54.79；210 000；19.99；33.650 1

9. 改正下列数据的写法：

480kHz±2.6kHz；318.43V±0.4V

10. 根据数据近似运算法则，计算：

$\dfrac{4.32\times 6.328\,4}{2.786}$；$\dfrac{8.26\times 51.349\,6}{31.462}$

11. 通用电子测量仪器大致可分为哪几类？

12. 电子测量仪器有哪些误差？

第2章 测量信号产生与仪器应用

教学导航

教	知识重点	1．信号源的分类和基本组成 2．低频信号发生器、高频信号发生器的基本组成、工作原理和功能 3．合成信号发生器主要技术指标及其分类与用途 4．模拟直接合成法的工作原理，理解间接合成法、数字直接频率合成法的工作原理 5．函数信号发生器的组成框图及其工作原理与用途
	知识难点	1．信号发生器的基本组成、工作原理和功能 2．信号发生器基本操作使用
	推荐教学方式	1．从信号发生器的实际应用入手，通过对应用的分析，加深对信号发生器的感性认识 2．另举一实用的信号发生器使用进行案例分析，巩固理论知识，将理论与实际结合起来，同时拓展学生的知识面
	建议学时	6学时
学	推荐学习方法	1．本章注重对概念、信号发生器中各种仪器分类、组成及功能的理解 2．通过案例掌握各种信号发生器的组成、工作原理和功能，并对其进行操作 3．查有关资料，加深理解，拓展知识面
	必须掌握的理论知识	1．信号源的分类和基本组成 2．各种信号发生器的基本组成、工作原理和功能
	必须掌握的技能	能够熟练掌握各种信号发生器的基本操作

案例 1　函数信号发生器在测量放大电路中的应用

信号发生器通常称为信号源，在科研、生产、使用、测试和维修各种电子元件、部件及整机设备时，都需要信号源提供激励信号。由信号发生器产生不同频率、不同波形的电压和电流信号加到被测器件、设备上，然后用其他仪器观测其输出响应。

信号发生器提供符合一定电子技术要求的电信号，其波形、频率和幅度都是可以调节的，并可准确读出数值。在电子测量中，信号发生器是最基本、应用最广泛的测量仪器。其功能主要如下。

（1）作为电气设备的激励信号源。

（2）作为仿真信号，用于在设备测量中产生模拟实际环境特性的信号，如对于干扰信号进行仿真。

（3）作为校准信号源，产生一些标准信号，用于对一般信号源进行校准或对比。

下面通过信号发生测试电路的放大倍数引入本章课题。

在电子电路实验中，经常使用的电子测量仪器有信号发生器、示波器、直流稳压电源、电子毫伏表和放大电路等。它们和万用表一起完成对放大电路的静态和动态工作情况的调试和测试。实验中要对各种电子仪器进行综合使用，可按照信号流向，以连线简捷、调节顺手，观察和读数方便等原则进行合理布局，各仪器与被测实验装置之间的布局和连接如图 2-1 所示。

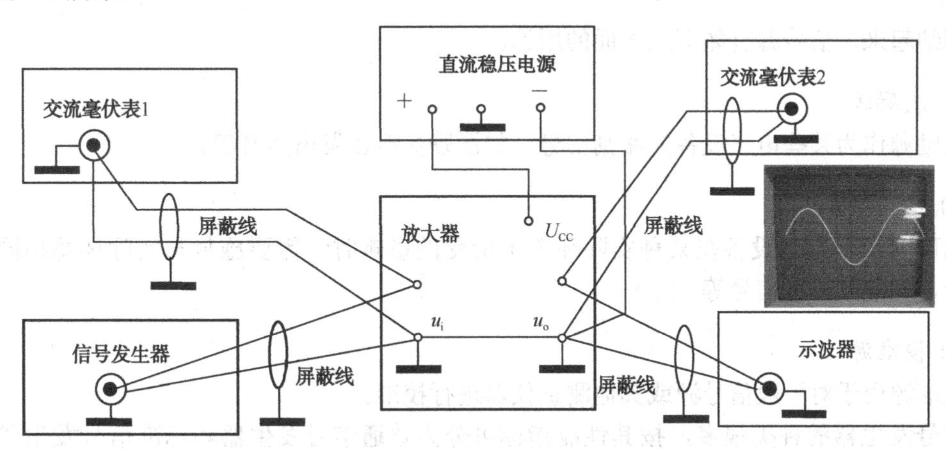

图 2-1　信号发生器的应用连线图

（1）按图连接好电路，如图 2-1 所示。

（2）打开放大器的稳压电源，用电压表调试好放大器的静态工作点。

（3）打开信号发生器，调节信号发生输出需要的信号（这里输出正谐波）及其相应的参数。

（4）微调放大器的静态工作点和输出信号的幅度值，使放大波形没有失真。

（5）读出两个毫伏表的度数，即输入和输出信号的电压数值。

（6）根据两个毫伏表的度数，由 $A_V = \dfrac{u_o}{u_i}$ 计算出放大电路的放大倍数。

这里只是介绍了信号发生器的一个简单应用，在实际中信号发生器的应用极为广泛，希望大家认真学习本章内容。

2.1 信号源的用途、种类、性能指标

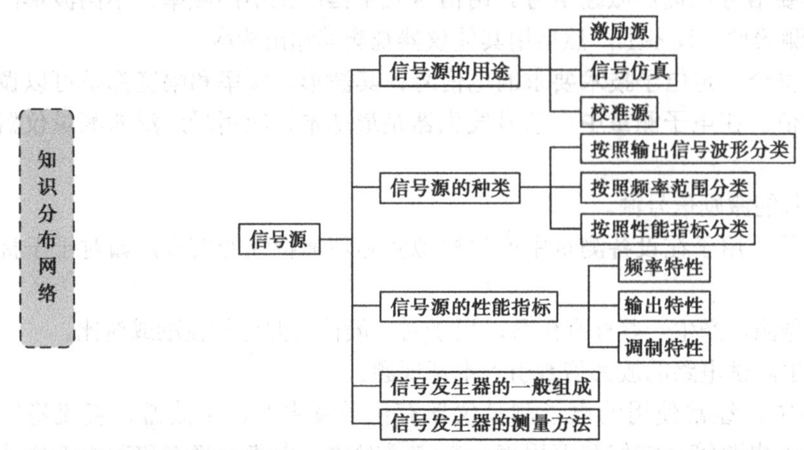

信号源又称信号发生器，它能产生不同频率、不同幅度的规则或不规则的波形信号，负责提供测量所需的各种电信号，是最基本、应用最广泛的电子测量仪器之一。

2.1.1 信号源的用途

归纳起来，信号源有如下三方面的用途。

1）*激励源*

激励源作为某些电气设备的激励信号，如激励扬声器发出声音等。

2）*信号仿真*

当研究一个电气设备在某种实际环境下所受的影响时，需要施加与实际环境相同特性的信号，如高频干扰信号等。

3）*校准源*

校准源用于对一般信号源或其他测量仪器进行校准。

信号发生器的种类很多，按其性能指标可分为普通信号发生器和标准信号发生器。前者用于对输出信号的频率、幅度的准确度、稳定度及波形失真度等要求不高的场合；后者对上述参数要求较为严格，并且要求读数准确，屏蔽良好。信号发生器按输出波形又可分为正弦信号发生器和非正弦信号发生器。非正弦信号发生器可进一步分为脉冲信号发生器、函数信号发生器、扫频信号发生器、数字信号发生器、图形信号发生器、噪声信号发生器、任意波形发生器等。

2.1.2 信号源的种类

信号发生器的用途广泛、种类繁多，它可分为通用信号发生器和专用信号发生器两大类。专用信号发生器是为某种特殊要求提供专用的测量信号，如调频立体声信号发生器、

电视信号发生器等，其灵活性好。信号发生器可以根据以下几点进行分类。

1．按照输出信号波形分类

按照信号发生器输出信号波形的不同，信号发生器可分为正弦信号发生器、函数信号发生器、脉冲信号发生器和随机信号发生器，应用最普遍的是正弦信号发生器。函数信号发生器也比较常用，这是因为它不仅可以输出多种波形，而且信号频率范围宽；脉冲信号发生器主要用于测量数字电路的工作性能和模拟电路的瞬态响应；随机信号发生器即噪声信号发生器，用来产生实际电路与系统中的模拟噪声信号，借以测量电路的噪声特性。

2．按照频率范围分类

按照信号发生器输出信号频率范围的不同，信号发生器通常分为超低频、低频、视频、高频、甚高频、超高频信号发生器，如表 2-1 所示。

表 2-1　信号发生器的频率范围

类　型	频 率 范 围
超低频信号发生器	0.000 1Hz～1kHz
低频信号发生器	1Hz～1MHz
视频信号发生器	20Hz～10MHz
高频信号发生器	200kHz～30MHz
甚高频信号发生器	30MHz～300MHz
超高频信号发生器	300MHz 以上

注意，随着科学技术的发展和应用场合的不同，信号发生器的频率范围会发生变化。

3．按照性能指标分类

按照信号发生器性能指标的不同，信号发生器分为一般信号发生器和标准信号发生器。前者是指对输出信号的频率、幅度的准确度和稳定度，以及波形失真等指标要求均不高的一类信号发生器；后者是指输出信号的频率、幅度、调制系数等在一定范围内连续可调，并且对读数要求准确、稳定、屏蔽良好的中、高档信号发生器。

2.1.3　信号源的性能指标

信号发生器的性能指标主要包括以下几项。

1．频率特性

频率特性指标主要包括频率范围、频率准确度和频率稳定度。

1）频率范围

频率范围即有效频率范围，是指其他指标均能得到保证的输出信号的频率范围。

2）频率准确度

频率准确度是指频率实际值 f_0 与其标称值 f_x 的相对偏差，实为输出信号频率的工作误差。设频率准确度为 α，则表达式为：

$$\alpha=\frac{f_0-f_x}{f_x}=\frac{\Delta f}{f_0}$$

式中，f_x 为输出信号的标称值，又称为预调值，是信号发生器频率调节装置上的频率指示值。

3）频率稳定度

信号发生器在一定时间内维持其输出信号频率不变的能力称为频率稳定度，用一定时间内的相对频率偏移来表示。由于信号发生器的频率稳定度是频率准确度的基础，所以要求信号发生器的频率稳定度应该比频率准确度高 1～2 个数量级。频率稳定度分为长期稳定度和短期稳定度。长期稳定度是指信号发生器经规定的预热时间后，信号频率在任意 3h 内发生的最大变化。频率短期稳定度是指信号发生器经规定的预热时间后，信号频率在任意 15min 内发生的最大变化，表达式为：

$$\partial=\frac{f_{\max}-f_{\min}}{f_x}$$

式中，$f_{\max}$ 和 $f_{\min}$ 是在任意15min 内输出信号频率的最大值和最小值，∂ 为短期频率稳定度。

2. 输出特性

输出特性指标主要包括输出阻抗、输出电平及其平坦度、输出形式、输出波形和谐波失真度等。

1）输出阻抗

信号发生器的输出阻抗因信号发生器的类型不同而异。低频信号发生器电压输出端的输出阻抗一般为600Ω 或1kΩ，功率输出端根据输出匹配变压器的设计而定，通常有50Ω、75Ω、150Ω、600Ω 和 5kΩ 等挡。高频信号发生器一般仅有50Ω 或75Ω 挡。使用高频信号发生器时要注意阻抗匹配。

2）输出电平及其平坦度

输出电平是指输出信号幅度的有效范围，即由产品标准规定的信号发生器的最大输出电压和最大输出功率，以及其在衰减范围内所得到的输出幅度的有效范围。输出信号的幅度可用电压有效值或绝对电平表示。

输出电平平坦度一般是指在有效频率范围内调节频率时，输出电平随频率变化的程度。

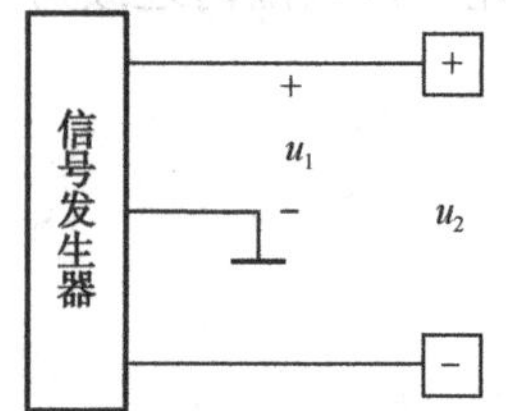

图 2-2　信号发生器的输出形式

3）输出形式

输出形式包括如图 2-2 所示的平衡输出（即对称输出 u_2）和不平衡输出（即不对称输出 u_1）两种形式。

4）输出波形和谐波失真度

输出波形是指信号发生器所能输出信号的波形。由于非线性失真、噪声等原因，正弦信号发生器的输出信号并不是单一频率的正弦信号，还含有谐波等其他成分，即信号的频谱不纯。

表征正弦信号频谱纯度的性能指标为谐波失真度。谐波失真度即非线性失真度，指的是信号中所有谐波能量之和与基波能量之比的百分数。表达式为：

$$\gamma=\frac{\sqrt{U_2^2+U_3^2+\cdots+U_n^2}}{U_1}\times100\%$$

式中，γ 为谐波失真度，U_2、U_3、…、U_n 为基波的二次、三次、…、n 次谐波电压有效值，U_1 为基波电压有效值。

3．调制特性

1）调制信号

调制用的调制信号可以由内调制振荡器产生，也可以由外部输入。调制信号的频率可以是固定的，也可以是连续调节的。

2）调制类型

调制类型一般有调幅（AM）、调频（FM）、脉冲调制（PM）等。

3）调制系数的有效范围

信号发生器的各项指标都能得到保证的调制系数的范围称为调制系数的有效范围。调幅时的调制系数（调幅度）一般为 0%～80%，调频时的最大频偏不小于 75kHz。

2.1.4　信号发生器的一般组成

如图 2-3 所示为信号发生器的一般组成。

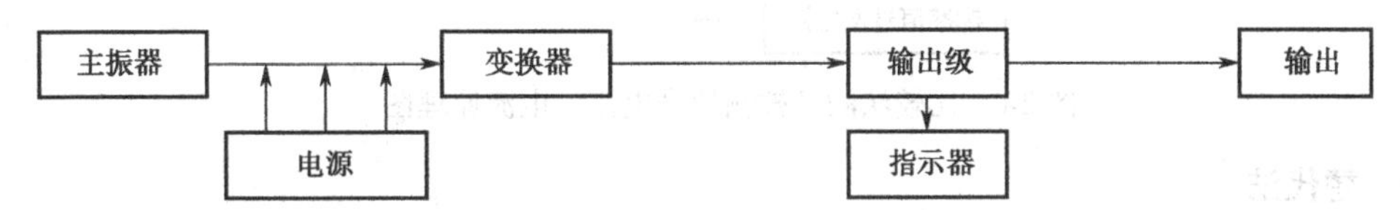

图 2-3　信号发生器的一般组成

由图 2-3 可知，信号发生器包括以下几部分：主振器是信号发生器的核心部分，它产生不同频率、不同波形的信号；变换器用来完成对主振信号进行放大、整形及调制等工作；输出级的基本任务是调节信号的输出电平和变换输出阻抗；指示器用以监测输出信号的电平、频率及调制度；电源为仪器各部分提供所需的工作电压。

2.1.5　信号发生器的测量方法

在电子测量中，用到信号发生器的测量方法主要包括以下几种。

1．谐振法

图 2-4 为谐振法测量集中参数元件工作原理图，调谐信号发生器输出频率，当该频率与 LC 谐振电路谐振频率相等时电压表指示最大，LC 谐振电路谐振，依据此时 LC 谐振电路的谐振特性可以测量集中参数元件。

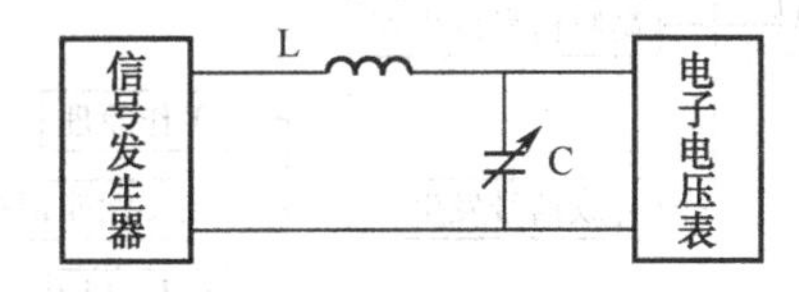

图 2-4　谐振法测量集中参数元件工作原理图

2. 二次测量法

图 2-5 为二次测量法测量放大器输出阻抗的原理图，其测量过程如下：开关 S_1 闭合，S_2 断开，不接负载 R_2，调节信号发生器使其输出符合要求的信号，并且使示波器观测到的放大器输出信号波形不失真，用电压表测出此时放大器开路电压，设开路电压为 U_o；然后保持信号发生器、放大器状态不变，闭合 S_2，接通负载 R_2，测出此时放大器输出电压，设输出电压为 U_i。则式中，R_o 为放大器输出阻抗。如果 R_2 为可调电阻器，还可以采用“半电压法”测量放大器输出阻抗。

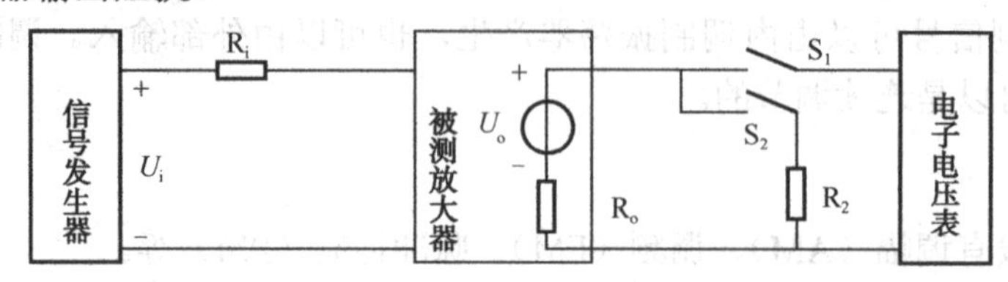

图 2-5　二次测量法测量放大器输出阻抗原理图

3. 比较法

图 2-6 为比较法测量被测信号电压、电流等的原理图。变换开关 S 的位置，调节标准信号发生器使前后两次指示器指示不变或保持一定关系，即可测出被测量来。

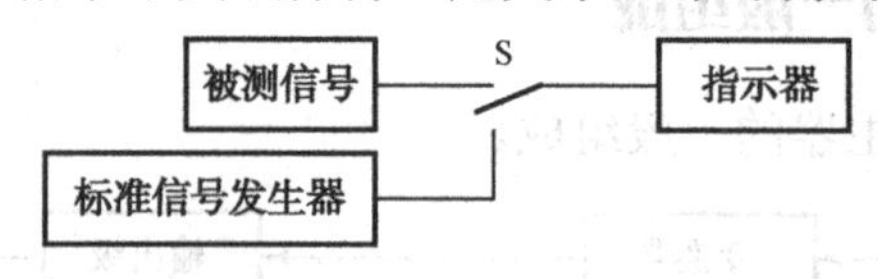

图 2-6　比较法测量被测信号电压、电流原理图

4. 替代法

图 2-7 为替代法测量场强的原理图，变换开关 S 的位置，调节标准信号发生器使前后两次指示器指示不变，则标准信号发生器产生信号的场强等于被测信号场强。

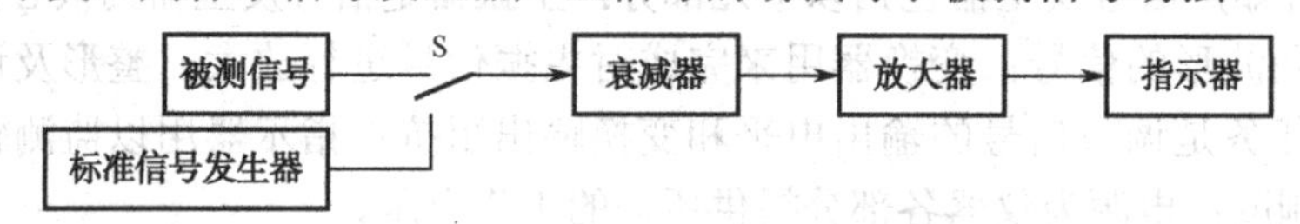

图 2-7　替代法测量场强原理图

2.2　正弦信号发生器

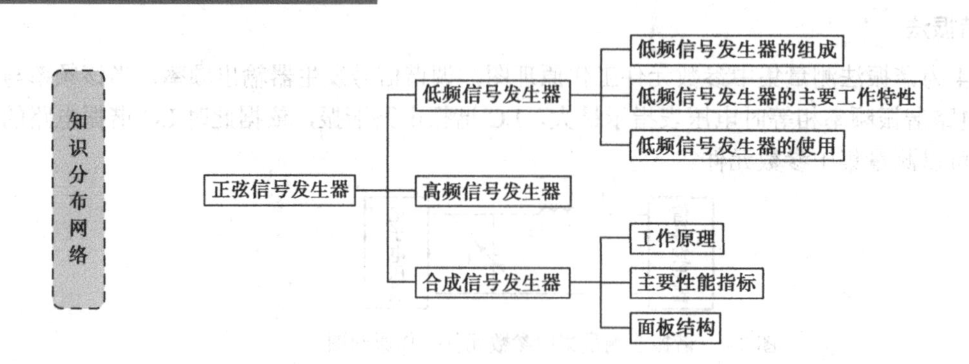

正弦信号发生器包括低频、高频、甚高频、超高频信号发生器等，低频、高频信号发生器的使用很广泛。

2.2.1 低频信号发生器

低频信号发生器又称为音频信号发生器，用来产生频率范围为 1Hz～1MHz 的低频正弦信号、方波信号及其他波形信号。它是一种多功能、宽量程的电子仪器，在低频电路测试中应用比较广泛，还可以为高频信号发生器提供外部调制信号。

1. 低频信号发生器的组成

图 2-8 为低频信号发生器组成框图。它主要包括主振器、电压放大器、输出衰减器、功率放大器、阻抗变换器和指示电压表等。

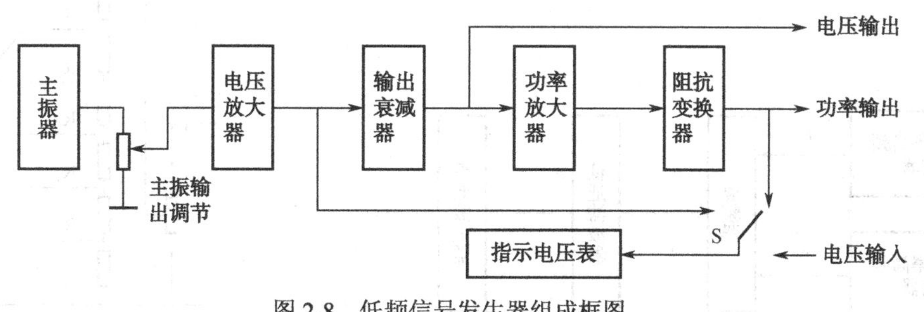

图 2-8　低频信号发生器组成框图

1）主振器

RC 文氏桥式振荡器具有输出波形失真小、振幅稳定、频率调节方便和频率可调范围宽等特点，故被普遍应用于低频信号发生器主振器中。主振器产生与低频信号发生器频率一致的低频正弦信号。

文氏桥式振荡器每个波段的频率覆盖系数（即最高频率与最低频率之比）为 10，因此，要覆盖 1Hz～1MHz 的频率范围，至少需要 5 个波段。为了在不分波段的情况下得到很宽的频率覆盖范围，有时采用差频式低频振荡器，图 2-9 为其组成框图。假设 $f_2=3.4\text{MHz}$，f_1 可调范围为 3.399 7～5.1MHz，则振荡器输出差频信号频率范围为 300Hz（3.4MHz－3.399 7MHz）～1.7MHz（5.1MHz－3.4MHz）。

差频式振荡器的缺点是对两个振荡器的频率稳定性要求很高，两个振荡器应远离整流管、功率管等发热元件，彼此分开，并且屏蔽良好。

2）电压放大器

电压放大器兼有缓冲与电压放大的作用。缓冲是为了使后级电路不影响主振器的工作，一般采用射极跟随器或运放组成的电压跟随器。放大是为了使信号发生器的输出电压达到预定技术指标。为了使主振输出调节电位器的阻值变化不影响电压放大倍数，要求电压放大器的输入阻抗较高；为了在调节输出衰减器时不影响电压放大器，要求电压放大器的输出阻抗低，有一定的带负载能力；为了适应信号发生器宽频带等的要求，电压放大器应具有宽的频带、小的谐波失真和稳定的工作性能。

3）输出衰减器

输出衰减器用于改变信号发生器的输出电压或功率，分为连续调节和步进调节。低频信号发生器中采用连续衰减器和步进衰减器配合进行衰减。图 2-10 为常用输出衰减器原理图，图中电位器 R_P 为连续调节器（细调），电阻 R_1～R_8 与开关 S 构成步进衰减器，开关 S 为步进调节器（粗调）。调节 R_P 或变换开关 S 的挡位，实现输出衰减器改变信号发生器的输出电压或功率。步进衰减量的表示方法有两种：一种是用步进衰减器的输出电压 U_o 与其输入电压 U_i 之比来表示，即 U_o/U_i；另一种是用 U_o/U_i 的分贝值来表示，即 20lg（U_o/U_i），单位为 dB（分贝）。

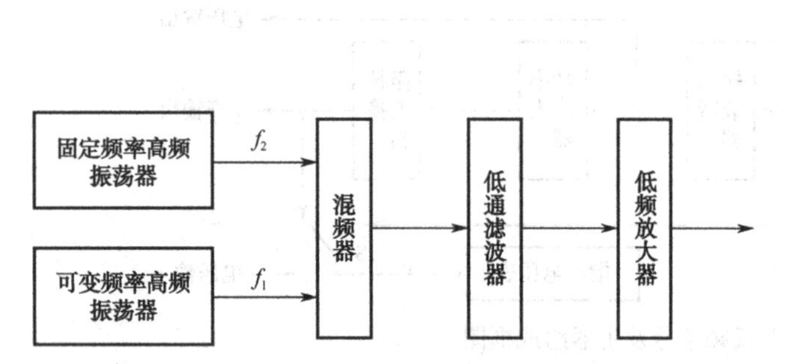

图 2-9　差频式低频振荡器组成框图

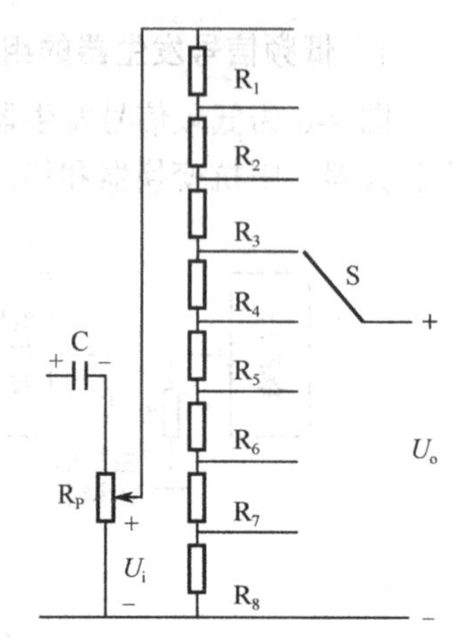

图 2-10　常用输出衰减器原理图

4）功率放大器及阻抗变换器

功率放大器用来对衰减器输出的电压信号进行功率放大，使信号发生器达到额定功率输出。为了实现与不同负载匹配，功率放大器之后与阻抗变换器相接，这样可以得到失真小的波形和最大的功率输出。

阻抗变换器只有在要求功率输出时才使用，电压输出时只需衰减器。阻抗变换器即匹配输出变压器，输出频率为 5Hz～5kHz 时使用低频匹配变压器，以减少低频损耗，输出频率为 5kHz～1MHz 时使用高频匹配变压器。输出阻抗通过利用波段开关改变输出变压器的次级圈数来改变。

2．低频信号发生器的主要工作特性

目前，低频信号发生器的主要工作特性如下。

（1）频率范围：一般为 20Hz～1MHz，且连续可调。

（2）频率准确度：±（1%～3%）。

（3）频率稳定度：一般为（0.1%～0.4%）/小时。

（4）输出电压：0～10V，连续可调。

（5）输出功率：0.5～5W，连续可调。

（6）非线性失真范围：0.1%～1%。

（7）输出阻抗：50Ω、75Ω、150Ω、600Ω、5kΩ 等几种。

（8）输出形式：平衡输出与不平衡输出。

3. 低频信号发生器的使用

低频信号发生器的型号很多，但它们的使用方法基本类似。

1）了解面板结构

使用仪器之前，应结合面板文字符号及技术说明书对各开关旋钮的功能及使用方法进行耐心细致的分析了解，切忌盲目猜测。信号发生器面板上有关部分通常按其功能分区布置，一般包括波形选择开关、输出频率调谐部分（包括波段、粗调、微调等）、幅度调节旋钮（包括粗调、细调）、阻抗变换开关、指示电压表及其量程选择、电源开关及电源指示、输出接线柱等。

2）注意正确的操作步骤

信号发生器的使用步骤如下。

（1）准备工作：正确选择符合要求的电源电压，把幅度调节旋钮置于起始位置（最小），开机预热 2～3min 后方可投入使用。

（2）选择频率：根据需要选择合适的波段，调节频率度盘（粗调）于相应的频率点上，而频率微调旋钮一般置于零位。

（3）输出阻抗的配接：根据负载阻抗的大小，拨动阻抗变换开关于相应挡级以获得最佳负载输出，否则信号发生器的输出功率小、输出波形失真大。

（4）输出电路形式的选择：根据负载电路的输入方式，用短路片变换信号发生器输出接线柱的接法以选择相应的平衡输出或不平衡输出。

（5）输出电压的调节和测读：调节幅度调节旋钮可以得到相应大小的电压输出。在使用衰减器（除 0dB 挡外）时，电压表测量的是未经衰减器衰减的电压大小，所以输出电压的大小为电压表的示值除以电压衰减倍数。例如，信号发生器指示电压表示值为 20V，衰减分贝数为 60dB 时，实际输出电压应为 0.02V（即$20\text{V} \div 10^{60/20} = 0.02\text{V}$）。当信号发生器为不平衡输出时，电压表示值即为输出电压值；当信号发生器平衡输出时，输出电压为电压表示值的两倍。

2.2.2 高频信号发生器

高频信号发生器和甚高频信号发生器统称为高频信号发生器，它们在高频电路测试中应用比较广泛。高频信号发生器通常用来产生 200kHz～30MHz 的正弦波或调幅波信号，若无特别说明，均特指此种高频信号发生器。甚高频信号发生器用来产生 30～300MHz 的正弦波、调幅波或调频波信号。

高频信号发生器的组成框图如图 2-11 所示，主要包括主振级、缓冲级、调制级、输出级、衰减器、内调制振荡器、调频器等部分。

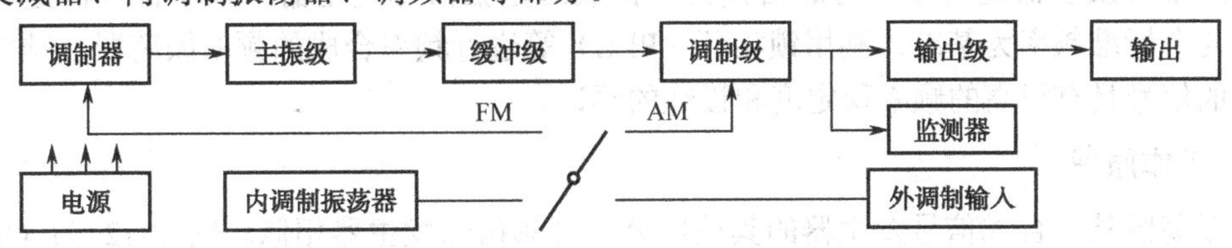

图 2-11　高频信号发生器的组成框图

1）主振级

主振级是信号发生器的核心，一般采用可调频率范围宽、频率准确度高、稳定度好的LC振荡器，它用于产生高频振荡信号。为了使信号发生器有较宽的工作频率范围，可以在主振级之后加入倍频器、分频器或混频器。主振级的电路结构简单，输出功率不大，一般在几毫瓦到几十毫瓦的范围内。

2）缓冲级

缓冲级主要起阻抗变换的作用，用来隔离调制级对主振级产生的不良影响，以保证主振级稳定工作。否则，由于调制级输入阻抗不高且在调幅过程中不断变化，会使主振级振荡频率不稳定并产生寄生调频。

3）调制级

调制级实现调制信号对载波的调制，它包括调频、调幅和脉冲调制等调制方式。在输出载波或调频波时，调制级实际上是一个宽带放大器；在输出调幅波时，实现振幅调制和信号放大。

4）可变电抗器

可变电抗器与主振级的谐振回路相耦合，在调制信号作用下，控制谐振回路电抗的变化而实现调频。

5）内调制振荡器

内调制振荡器用于为调制级提供频率为400Hz或1kHz的内调制正弦信号，该方式称为内调制。当调制信号由外部电路提供时称为外调制。

6）输出级

输出级主要由放大器、滤波器、输出微调器、输出倍乘器等组成，对高频输出信号进行调节以得到所需的输出电平，最小输出电压可达μV数量级。输出级还用来提供合适的输出阻抗。

7）监测器

监测器用于监测输出信号的载波幅度和调制系数。

8）电源

电源用来供给各部分所需要的电压和电流。

2.2.3 合成信号发生器

合成信号发生器是用频率合成器代替主振级的正弦信号发生器。频率合成器是以一个或少量几个标准频率为基准，利用锁相环（PLL）等进行频率合成的频率振荡器，频率合成器产生的信号具有很高的频率稳定度和极纯的频谱。

1. 工作原理

除振荡器外，合成信号发生器的其他部分与高频信号发生器相似。图2-12为QF1050型信号发生器原理框图，它由射频部分、锁相部分、调制部分和控制部分等组成。

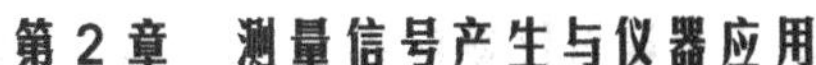

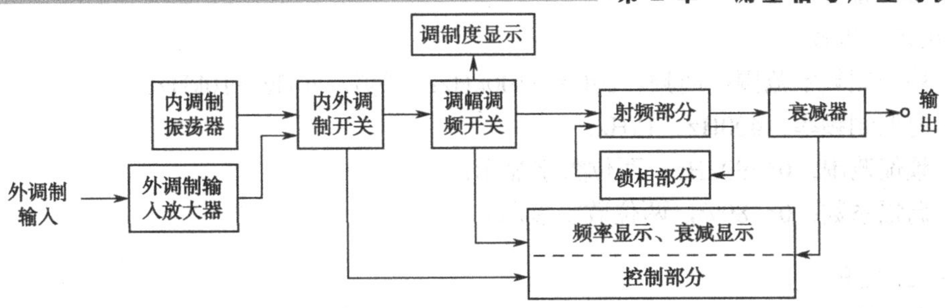

图 2-12　QF1050 型信号发生器原理框图

1）射频部分

该部分主要由压控振荡器、调制器、放大器、晶体振荡器和混频器等组成。压控振荡器可直接输出 75～110MHz 的频率信号，也可与 80MHz 晶体振荡信号混频后，得到 0.3～30MHz 的差频信号输出。输出信号经缓冲、放大，以及调制信号经电容分压后加到压控振荡器中的变容二极管上实现调频。调幅时，调制信号经放大后控制调制器中的 PIN（Positive Intrinsic Negative）二极管实现调幅。

2）锁相部分

锁相部分由可变倍频器、鉴相器、滤波器和压控振荡器（在射频部分）等组成。来自射频部分的输出信号经倍频、鉴相、滤波后，反馈到压控振荡器中的变容二极管达到锁相的目的。

3）调制部分

调制部分由内调制振荡器、内外调制开关、调幅调频开关、调制度显示和外调制输入放大器等组成。内调制振荡器产生 400Hz 或 1kHz 的低频正弦信号，经内外调制开关、调幅调频开关加到射频部分，实现调幅或调频。调制度显示器通过测量调制信号的振幅来显示调制度的大小。

4）控制部分

控制部分包括频率控制器、输出电平的置定及其码组变换电路、存储器及其外围电路、显示电路。该部分主要用于实现输出频率与电平的置定、调制状态的选择、数据的存储与调用等功能。

2．主要性能指标

QF1050 型信号发生器是采用锁相技术制成的标准信号发生器，它可提供载频、调频、调幅信号，并可接收立体声调制，主要用于调频、调幅接收机的检验和维修，也可用于移动通信和其他接收设备的调试与维修。其主要性能指标如下。

1）载频

（1）频率范围：0.3～30MHz 和 75～110MHz 两个频段。

（2）频率显示位数：6 位。

（3）显示分辨率：0.3～30MHz 和 75～110MHz 两个频段的分辨率分别为 100Hz、1kHz。

（4）频率稳定度：短期，经 30min 预热后，为 5.0×10^{-6}/15min+30Hz；长期，5.0×10^{-6}/3h＋30Hz。

2）调频、调幅

（1）外调制频率范围：调频，20Hz～100kHz；调幅，20Hz～10kHz。

（2）内调制频率：400Hz、1kHz。

（3）频偏范围：0～99kHz，两位数字显示。

（4）调幅系数：0～80%，两位数字显示。

3）输出电平

（1）有效输出电平：-19～99dB（终端开路），1dB 步进（0dB=1μV）。

（2）输出电平总误差：输出电平≥0dB 时，为±2.5dB；输出电平<0dB 时，为±3dB。

（3）输出阻抗：50Ω。

4）预置功能

（1）载频（F）、输出电平（L）和调制功能（M）组合存储与调用（32 组数据）。

（2）输出电平单独预置，输出电平（L）可独立存储与调用（4 组数据），此时，F-L-M 组合预置的数据减少到 28 组。

3．面板结构

QF1050 型信号发生器的面板结构如图 2-13 所示，其使用方法参见产品说明书。

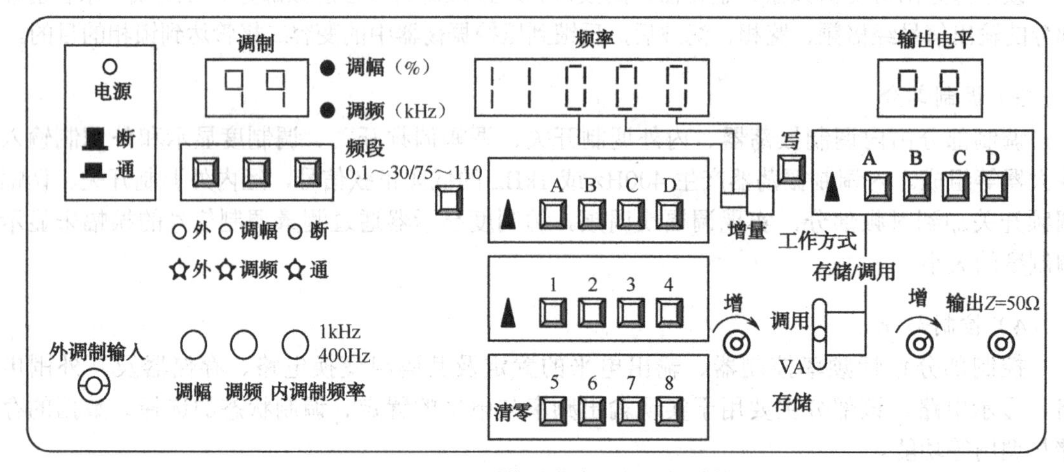

图 2-13 QF1050 型信号发生器的面板结构

2.3 函数信号发生器

知识分布网络

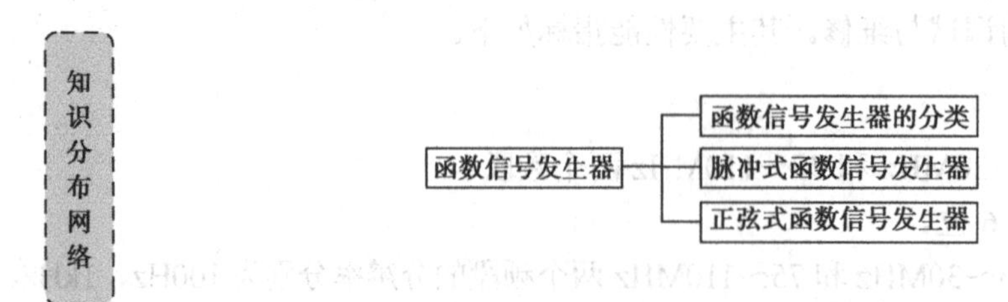

函数信号发生器是一种产生正弦波、方波、三角波等函数波形的仪器，其频率范围为几毫赫至几十兆赫。现代函数信号发生器一般具有调频、调幅等调制功能和压控频率

（Voltage Control the Frequency，VCF）特性，被广泛应用于生产测试、仪器维修等工作中。

2.3.1　函数信号发生器的分类

函数信号发生器产生信号的方法有三种：

第一种是先由施密特电路产生方波，然后经变换得到三角波和正弦波形；

第二种是先产生正弦波再得到方波和三角波；

第三种是先产生三角波再变换为方波和正弦波。

在此主要介绍第一种方法，即脉冲式函数信号发生器。

2.3.2　脉冲式函数信号发生器

脉冲式函数信号发生器的组成如图 2-14（a）所示。它包括双稳态触发器、积分器和正弦波变换电路等部分，双稳态触发器通常采用施密特触发器，积分器则采用密勒积分器。密勒积分器即反向型负反馈积分器，因具有良好的线性而得到广泛的应用。

脉冲式函数信号发生器的工作过程如图 2-14（b）所示，假设开关 S_1 悬空，当双稳态触发器输出为 $u_1=U_1$ 时，积分器输出 u_2 将开始线性下降，当 u_2 下降到等于参考电平 $-U_r$ 时，比较器使双稳态触发器翻转，u_1 由 U_1 变为 $-U_1$，同时，u_2 将开始以与线性下降相等的速率线性上升。当 u_2 上升到等于参考电平 U_r 时，双稳态触发器又翻转回去，于是完成一个循环周期。不断重复上述过程，即得到方波信号 u_1、三角波信号 u_2，以及由 u_2 经过正弦波成形电路变换成的正弦波。三种波形再经过输出级放大后即可在输出端得到所需的波形。图 2-14 中 A、B 点波形极性相反。

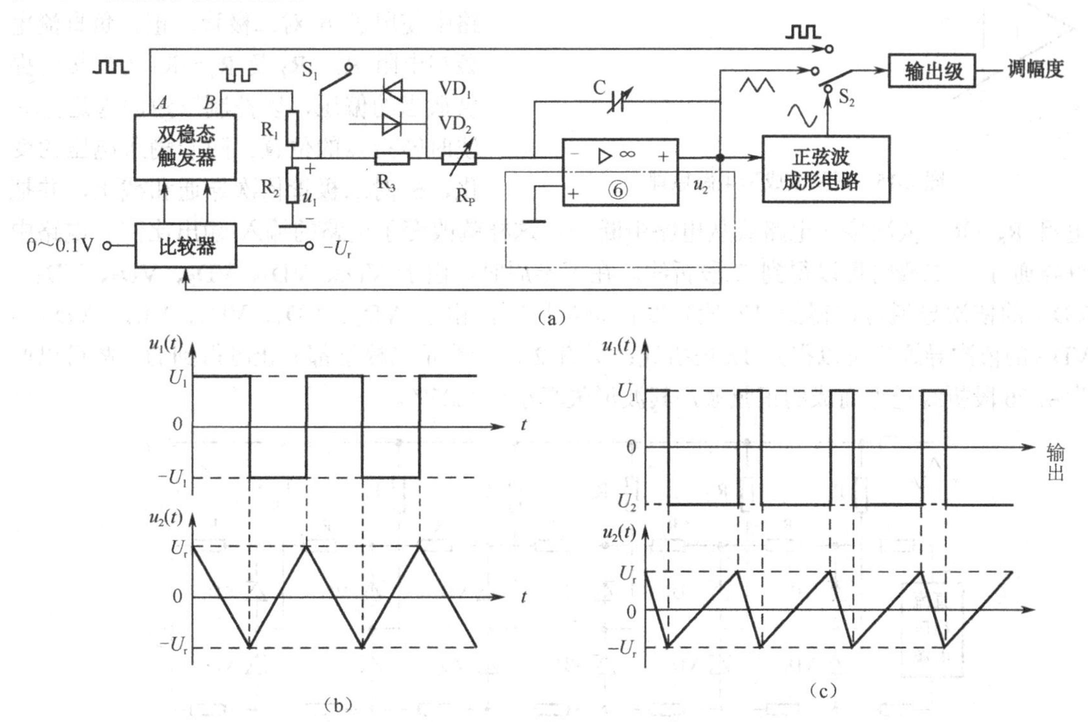

图 2-14　脉冲式函数信号发生器组成框图及工作过程

如果 S_1 与 VD_2 相接，当触发器输出为 U_1 时，VD_2 导通，电阻 R_3 被短路，积分器很快下降，当下降到 $-U_r$ 时，触发电路翻转，触发器输出为 $-U_1$，VD_2 截止，R_3 接入电路，积分器输出缓慢上升，形成正向锯齿波 $u_2(t)$，触发器输出为矩形波 $u_1(t)$，如图 2-14（c）所示。如果 S_1 与 VD_1 相接，将得到反向锯齿波和极性相反的矩形波。如果再用电位器代替 R_3，调整该电位器可以改变矩形波的占空比。占空比等于脉宽与周期之比。

由上述分析得出：脉冲式函数信号发生器无独立的主振级，而是由施密特触发器、积分器和比较器构成的闭合回路组成自激振荡器，它产生的最基本波形是方波和三角波。调换积分电容或改变电位器 R_p 阻值可以改变输出信号的频率。如果用压控元件（如场效应管）代替电阻 R_2，可使振荡电路成为压控振荡器，实现调频或脉宽调制。如果在电阻 R_3 两端并接一只二极管 VD_1（或 VD_2），可使积分器充放电时间常数不等，由此得到矩形波和反向锯齿波（或正向锯齿波），如果再改用电位器调整比较器参考电压，调整该电位器可以改变矩形波的占空比。

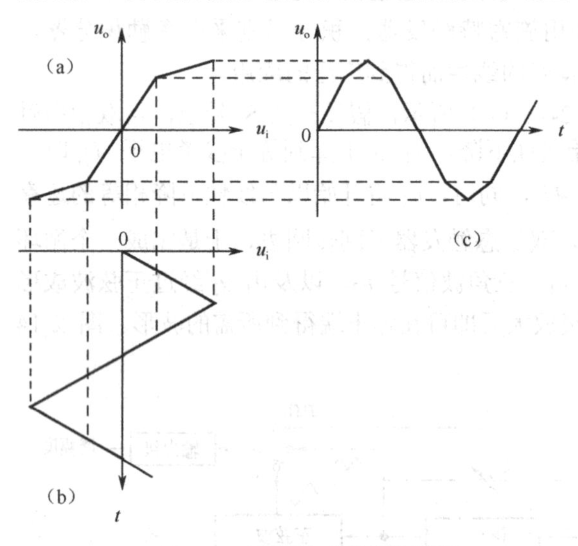

图 2-15　正弦波成形电路原理

正弦波成形电路一般采用分段折线逼近的方法将三角波变换成正弦波。图 2-15 中（a）、（b）和（c）分别为电路输出特性、输入波形和输出波形，由于该网络对信号的衰减随三角波幅度的加大而增加，因而使输出波形向正弦波逼近。如果折线段选得足够多，并适当选择转折点的位置，将会得到非常逼真的正弦波。

图 2-16 为正弦波成形电路实例，电路中使用了 6 对二极管。正、负直流电源和电阻 R_1～R_7 及 R_1'～R_7' 为二极管提供适当的偏压，以控制三角波逼近正弦波时转折点的位置。随着输入电压的变化，6 对二极管依次导通和截止，并把电阻 R_8～R_{13} 依次接入电路或从电路中断开，这样就改变了电路的输入/输出比例。电路中每导通 1 个二极管可以得到 2 段折线。在正半周时，由于 VD_1、VD_3、VD_5、VD_7、VD_9、VD_{11} 的依次导通可以得到 12 段折线；负半周时，由于 VD_2、VD_4、VD_6、VD_8、VD_{10}、VD_{12} 的依次导通也可以得到 12 段折线；另有 2 段折线是二极管都截止时得到的。故可以产生由 26 段折线逼近而成的正弦波，其波形失真小于 0.25%。

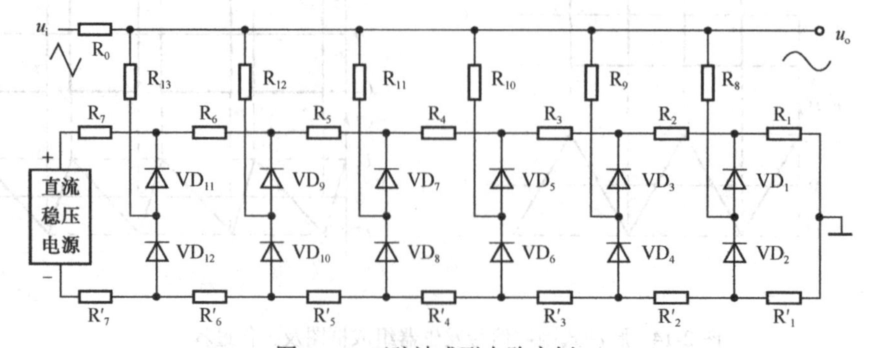

图 2-16　正弦波成形电路实例

2.3.3 正弦式函数信号发生器

图 2-17 为正弦式函数信号发生器原理框图，它包括正弦振荡器、缓冲级、方波形成器、积分器、放大器和输出级等部分。其工作过程是：正弦振荡器输出正弦波，经缓冲级隔离后，分为两路信号，一路送放大器输出正弦波，另一路作为方波形成器的触发信号。方波形成器通常是施密特触发器，它输出两路信号，一路送放大器，经放大后输出方波；另一路作为积分器的输入信号。积分器通常为密勒积分器，积分器将方波变换为三角波，经放大后输出。三个波形的输出均由选择开关控制。

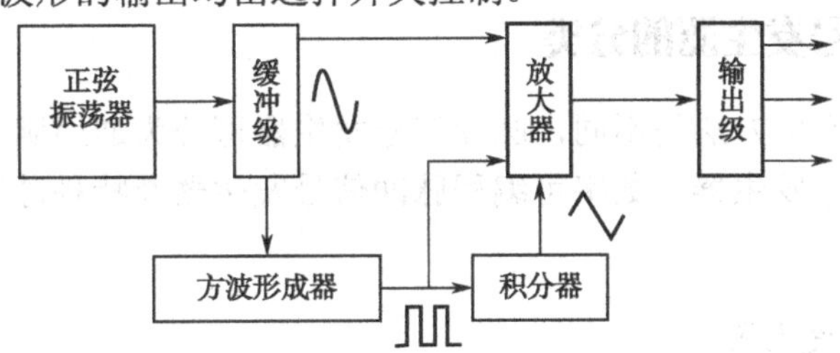

图 2-17　正弦式函数信号发生器原理框图

2.4 脉冲信号发生器

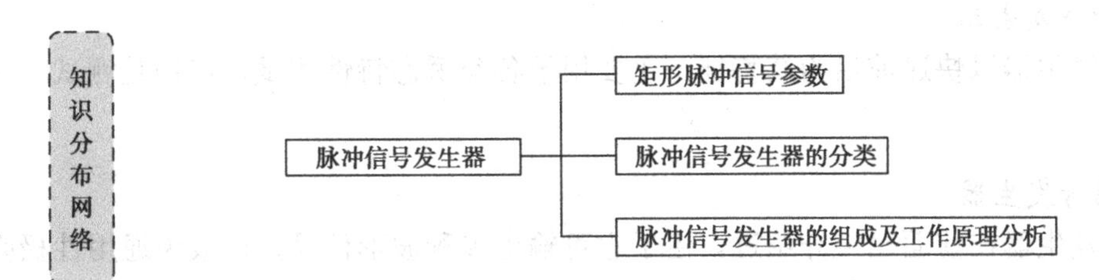

脉冲信号发生器是专门用来产生脉冲波形的信号源，它广泛应用于电子测量系统及数字通信、雷达、激光、航天、计算机技术、自动控制等领域。

2.4.1 矩形脉冲信号参数

脉冲信号通常指持续时间较短、有特定变化规律的电压或电流信号。常见的脉冲信号波形有矩形、锯齿形、钟形、阶梯形、数字编码序列等。其中，最基本的脉冲信号是矩形脉冲信号，如图 2-18 所示，下面对其主要参数进行简要介绍。

（1）脉冲幅度 U_A：脉冲顶量值和底量值之差。

（2）脉冲周期和重复频率：周期性脉冲相邻两脉冲相同位置之间的时间间隔称为脉冲周期，用 T 表示；脉冲周期的倒数称为重复频率。

（3）脉冲宽度 t_W（或 τ）：脉冲前、后沿 50%处的时间间隔称为脉冲宽度。

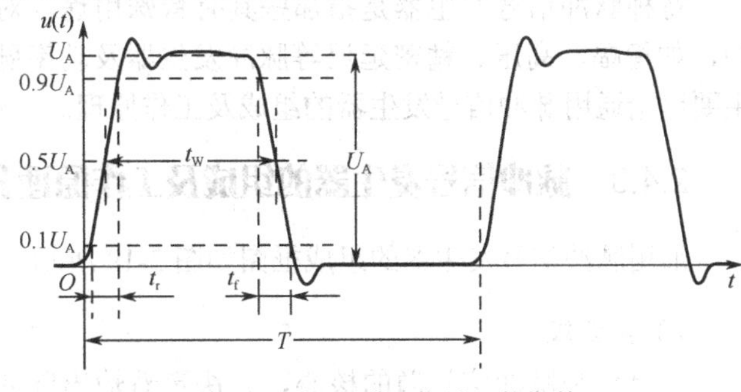

图 2-18　矩形脉冲信号及其参数

（4）脉冲的占空比ε：脉冲宽度t_w与脉冲周期T的比值称为占空比或空度系数。即

$$\varepsilon = \frac{t_w}{T}$$

（5）上升时间t_r：指由脉冲 10%U_A 电平处上升到 90%U_A 电平处所需的时间，也称为脉冲前沿。

（6）下降时间t_f：指由脉冲 90%U_A 电平处下降到 10%U_A 电平处所需的时间，也称为脉冲后沿。

2.4.2 脉冲信号发生器的分类

按照脉冲用途和产生方法的不同，脉冲信号发生器可分为通用脉冲信号发生器、快沿脉冲发生器、函数信号发生器、数字可编程脉冲信号发生器及特种脉冲信号发生器等，下面分别简单介绍。

1）通用脉冲信号发生器

通用脉冲信号发生器是最常用的脉冲信号发生器，其输出脉冲频率、延迟时间、脉冲宽度、脉冲幅度均可在一定范围内连续调节，一般输出脉冲都有“+”“-”两种极性，有些还具有前/后沿可调、双脉冲、群脉冲、闸门、外触发及单次触发等功能。

2）快沿脉冲发生器

快沿脉冲发生器以快速前沿为其特征，主要用于各类瞬态特性测试，特别是测试示波器的瞬态响应。

3）函数信号发生器

函数信号发生器在前面已经介绍过。由于它可输出多种波形信号，已成为通用性极强的一种信号发生器。但作为脉冲信号源，它的上限频率不够高（50MHz 左右），前后沿也较长，因此不能完全取代通用脉冲信号发生器。

4）数字可编程脉冲信号发生器

数字可编程脉冲信号发生器是随着集成电路技术、微处理器技术的发展而产生的一种脉冲发生器，可通过编程控制输出信号。

5）特种脉冲信号发生器

特种脉冲信号发生器是指那些具有特殊用途，对某些性能指标有特定要求的脉冲信号源，如稳幅、高压、精密延迟等脉冲发生器及功率脉冲发生器和数字序列发生器等。本节主要讨论通用脉冲信号发生器的组成及工作原理。

2.4.3 脉冲信号发生器的组成及工作原理分析

通用脉冲信号发生器的组成框图如图 2-19 所示，其各部分功能如下。

1）主振级

该单元是脉冲信号源的核心，它决定着输出脉冲的重复频率。主振级应具有较高的频率稳定度、较宽的频率范围、陡峭的前沿和足够的幅度，通常采用恒流源射极耦合多谐振

荡器产生矩形波。调节振荡器中的电容和钳位电压可进行振荡频率粗调（频段）和细调。

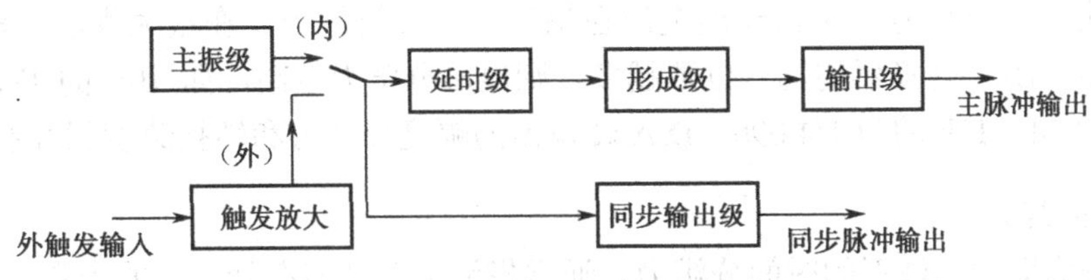

图 2-19　通用脉冲信号发生器组成框图

2）延时级

该单元对主振级输出脉冲进行延时，使仪器输出的同步脉冲略超前于主脉冲。一般采用单稳态电路来延时，延迟时间可以调节。

3）形成级

该单元在延时脉冲的作用下，产生宽度准确、波形良好的矩形脉冲。脉冲宽度应能独立调节，具有较高的稳定性。

4）输出级

本级用于调节输出脉冲的幅度、选择输出脉冲的极性、进行阻抗变换等。

5）同步输出级

本级输出供测试用的同步信号。该信号由于在时间上超前于主脉冲，能用于提前触发某些观测用仪器（如示波器），所以该脉冲又称为前置脉冲。

2.5　任意波形发生器

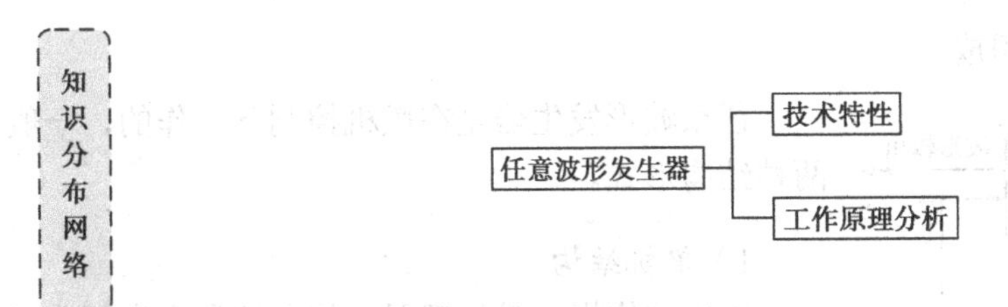

自然界有很多无规律的现象，如雷电、地震、动物的心脏跳动及机器运转时的振动现象等都是无规律的。为了对这些问题进行研究，就要模仿这些信号的产生。过去，由于信号源只能产生正弦波、脉冲波或介于这两者之间的函数波形，因此只能采用等效或模拟的手段进行研究。20 世纪 70 年代后期，由于直接数字合成技术（DDFS）的发展，产生了一种新型的信号源，即任意波形发生器（AFG），它现在广泛应用于通信测试、汽车工业、医用仪器、材料测试等领域。

2.5.1　任意波形发生器技术特性

1）输出幅度

输出幅度指在波形不失真时的输出峰-峰值，在最小输出时应该符合信噪比的要求。通常输出幅度为 1mV～5V，负载为 50Ω。

2）幅度分辨力

幅度分辨力是指信号发生器输出电压在幅度上的分辨能力，在很大程度上取决于 D/A 转换器的性能。D/A 转换器的输入位数越多，则电压分辨力越高，如 10b 的 D/A 转换器的分辨力为 1/1 024，12b 的为 1/4 096。D/A 转换器的幅度分辨力和转换速度相互制约。

3）相位分辨力

相位分辨力即输出波形的时间分辨力，通常指波形存储器存储样点的个数，也可定义为存储器的深度或容量。一个波形样点越多，所产生波形的失真越小，即相位分辨力越高。

4）最高取样率

在任意波形发生器中最高取样率是指输出波形样点的速率，它表征任意波形发生器输出波形的最高频率分量。按照取样定理，取样率达到信号中最高频率分量频率的 2 倍以上时，即可还原出原信号。但实际应用中，通常取 4～10 倍以上。

5）输出通道数

任意波形发生器可以是单通道输出，也可以是双通道或多通道输出，还可以是模拟信号通道及数字信号通道输出。

6）频谱纯度

频谱纯度指在输出正弦波的情况下，谐波和噪声比基波小的程度。

7）直流偏移

直流偏移指给信号波形叠加直流电压，一般为 0～±5V。

2.5.2 任意波形发生器工作原理分析

1．任意波形发生器的组成

任意波形发生器是在微机控制下工作的，一般有两种结构形式。

1）单机结构

单机结构指由微处理器系统和信号产生部分组成独立仪器。

2）插卡结构

插卡结构指任意波形发生器以板卡形式插入 PC 插槽，或将 PC 总线引出机外与插卡相连。

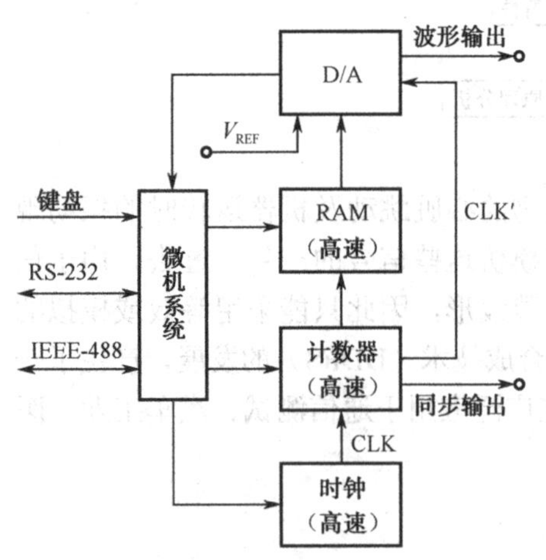

图 2-20 单机结构任意波形发生器组成框图

图 2-20 是单机结构任意波形发生器的组成框图。微机系统将波形数据送至波形存储器 RAM（高速）。当输出波形时，由高速时钟发生器和高速计数器产生 RAM 地址信号，并从 RAM 中读出数据，经 D/A 转换器转换后得到输出波形。

2. 任意波形的产生方法

从前述可知，任意波形发生器的输出波形取决于波形存储器（RAM）中的数据，因此，产生波形的方法取决于向波形存储器提供数据的方法，有如下几种。

1）表格法

表格法将波形数据（经量化编码）按顺序存入波形存储器中。对于经常使用的波形，可将其数据固化于 ROM 或非易失性 RAM 中，以便反复使用。表格法还可将不同波形存入 RAM 的不同区域中，以产生多种波形。

2）数学方程法

该方法先将描述波形的数学方程（算法）存入计算机，在使用时输入方程中的有关参数，由计算机运算得到波形数据。

3）折线法

折线法用若干线段来逼近任意波形。只要知道每一段线段的起点和终点的坐标位置就可以计算出中间各点的数值。

4）作图法

作图法通过移动显示屏上的光标作图，生成所需的波形数据，并将此数据送入波形存储器。

5）输入法

输入法将其他仪器（数字存储示波器、数据记录仪等）获得的波形数据通过微机系统总线或 GPIB 总线传输给波形数据存储器。这种方法很适合于复现单次的信号波形。

2.6 典型仪器——TFG 2003 型 DDS 函数信号发生器

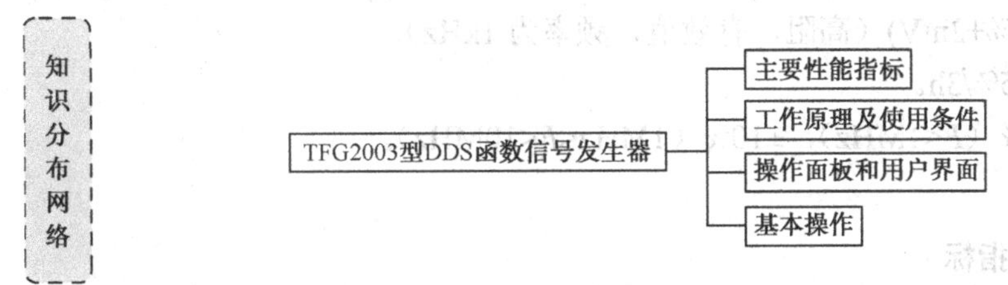

TFG 2000 系列 DDS 函数信号发生器采用直接数字合成技术（DDS），具有快速完成测量工作所需的高性能指标和众多的功能特性。其简单而功能明晰的前面板及液晶汉字或荧光字符显示功能更便于操作和观察，选装的扩展功能模块可使用户获得增强的系统功能。

1）操作特性

按键输入，菜单显示，手轮调节。

2）显示方式

液晶显示 LCD，黄绿背光，中文菜单；廉价实用的荧光显示 VFD，蓝绿字符，英文菜单；显示清晰，亮度高。

3）电源条件

电压：AC 220V（1±10%）；频率：50Hz（1±5%）；功耗：<30VA。

2.6.1 主要性能指标

1. A路主要技术指标

1）波形特性

波形种类：正弦波，方波，直流。

波形长度：4～16 000 点。

波形幅度分辨率：10b。

采样速率：180MSa/s。

杂波谐波抑制度：≥50dBc（$F<1$MHz）；≥40dBc（1MHz$<F<$20MHz）。

正弦波总失真度：≤0.5%（20Hz～200kHz）。

方波升降时间：≤20ns；方波过冲：≤5%。

方波占空比范围：20%～80%（频率<1MHz）。

2）频率特性

频率范围：40mHz～（3MHz，6MHz，15MHz，30MHz，50MHz）。

频率分辨率：40mHz。

频率准确度：$\pm(5\times10^{-5}+40\text{mHz})$。

频率稳定度：$\pm5\times10^{-6}$/3h。

3）幅度特性

幅度范围：2m$V_{p\text{-}p}$～20$V_{p\text{-}p}$（高阻，频率<1MHz）。

分辨率：20m$V_{p\text{-}p}$（$A>2$V），2m$V_{p\text{-}p}$（0.2V$<A<$2V），0.2m$V_{p\text{-}p}$（$A<0.2$V）。

幅度准确度：±(1%+2mV)（高阻，有效值，频率为 1kHz）。

幅度稳定度：±0.5%/3h。

幅度平坦度：±5%（$F<1$MHz），±10%（1MHz$<F<$10MHz）。

输出阻抗：50Ω。

2. B路主要技术指标

1）波形特性

波形种类：正弦波，方波，三角波，锯齿波，阶梯波等 32 种波形。

波形长度：256 点。

波形幅度分辨率：8b。

2）频率特性

频率范围：正弦波 10mHz～1MHz；其他波形 10mHz～50kHz。

分辨率：10mHz。

频率准确度：$\pm(1\times10^{-4}+10\text{mHz})$。

3）幅度特性

幅度范围：$100mV_{p\text{-}p}$～$20V_{p\text{-}p}$（高阻）。

分辨率：$80mV_{p\text{-}p}$。

输出阻抗：50Ω。

2.6.2　工作原理及使用条件

TFG 2003 型 DDS 函数信号发生器的结构框图如图 2-21 所示。

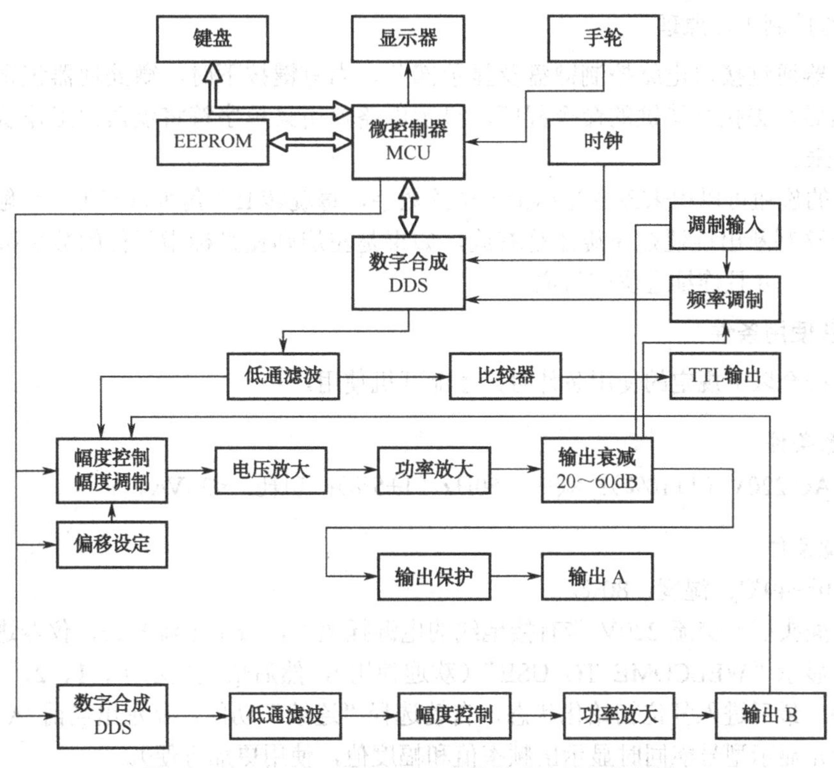

图 2-21　TFG 2003 型 DDS 函数信号发生器结构框图

1．直接数字合成工作原理（输出 A、B，输出 TTL）

要产生一个电压信号，传统的模拟信号源是采用电子元件以各种不同的方式组成振荡器，其频率精度和稳定度都不高，而且工艺复杂，分辨率低，频率设置和实现计算机程控也不方便。直接数字合成技术（DDS）是最新发展起来的一种信号产生方法，它完全没有振荡器元件，而是用数字合成方法产生一连串数据流，再经过数模转换器产生一个预先设定的模拟信号。

例如，要合成一个正弦波信号，首先将函数 $y=\sin x$ 进行数字量化，然后以 x 为地址，以 y 为量化数据，依次存入波形存储器。DDS 使用了相位累加技术来控制波形存储器的地址，在每一个采样时钟周期中，都把一个相位增量累加到相位累加器的当前结果上，通过改变相位增量即可改变 DDS 的输出频率值。根据相位累加器输出的地址，由波形存储器取出波形量化数据，经过数模转换器和运算放大器转换成模拟电压。由于波形数据是间断的取样数据，所以 DDS 发生器输出的是一个阶梯正弦波形，必须经过低通滤波器将波形中所含的

高次谐波滤除掉，输出即为连续的正弦波。数模转换器内部带有高精度的基准电压源，因而保证了输出波形具有很高的幅度精度和幅度稳定性。

幅度控制器是一个数模转换器，根据操作者设定的幅度数值，产生一个相应的模拟电压，然后与输出信号相乘，使输出信号的幅度等于操作者设定的幅度值。偏移控制器是一个数模转换器，根据操作者设定的偏移数值，产生一个相应的模拟电压，然后与输出信号相加，使输出信号的偏移等于操作者设定的偏移值。经过幅度偏移控制器的合成信号再经过功率放大器进行功率放大，最后由输出端口 A 输出。

2．操作控制工作原理

微处理器通过接口电路控制键盘及显示部分，当有键按下时，微处理器识别出被按键的编码，然后转去执行该键的命令程序。显示电路使用菜单字符将仪器的工作状态和各种参数显示出来。

面板上的旋钮可以用来改变光标指示位的数字，每旋转 15° 角可以产生一个触发脉冲，微处理器能够判断出旋钮是左旋还是右旋，如果是左旋则使光标指示位的数字减一，如果是右旋则加一，并且连续进位或借位。

3．准备使用条件

仪器在符合以下规定的使用条件时，才能开机使用。

1）电源条件

电压：AC 220V（1±10%）；频率：50Hz（1±5%）；功耗：<30VA。

2）环境条件

温度：0～40℃；湿度：80%。

将电源插头插入交流 220V 带有接地线的电源插座中，按下电源开关，仪器进行自检初始化，首先显示“WELCOME TO USE”（欢迎使用），然后依次显示 0、1、2、3、4、5、6、7、8、9，最后进入复位初始化状态，自动选择“连续”功能，显示出当前 A 路波形和频率值（荧光显示型号能同时显示出频率值和幅度值，使用更加方便）。

2.6.3 操作面板和用户界面

1．前面板总览（如图 2-22 所示）

① 菜单、数据、功能显示区　　② 功能键
③ 手轮　　④ 输出通道 A
⑤ 按键区　　⑥ 上档键（Shift）
⑦ 选项键　　⑧ 触发键
⑨ 程控键　　⑩ 输出通道 B

2．后面板总览（如图 2-23 所示）

① GPIB 接口　　② 调制/计数器外测输入
③ TTL 输出　　④ 熔断器
⑤ RS-232 接口　　⑥ 电源接口

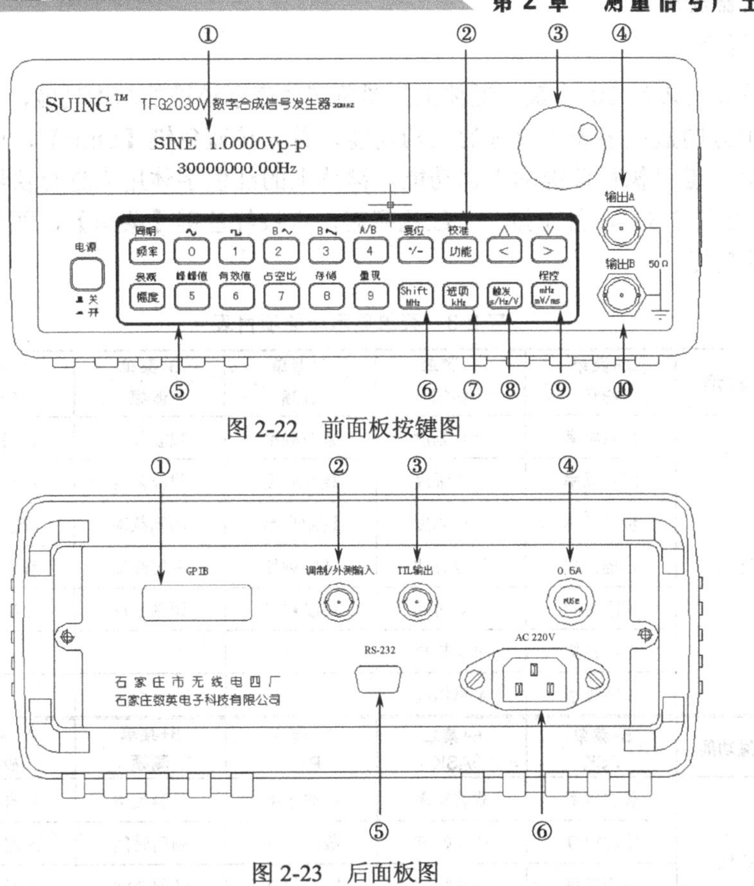

图 2-22　前面板按键图

图 2-23　后面板图

3. 屏幕显示说明

显示屏上面一行为功能和选项显示，左边两个汉字显示当前功能，在“A 路频率”和“B 路频率”时显示输出波形。右边四个汉字显示当前选项，在每种功能下各有不同的选项，如表 2-2 所示。表中带阴影的选项为常用选项，可使用面板上的快捷键直接选择，仪器能够自动进入该选项所在的功能。不带阴影的选项比较不常用，需要首先选择相应的功能，然后使用【菜单】键循环选择。

显示屏下面一行显示当前选项的参数值及调节旋钮的光标。

表 2-2　功能选项表

按键功能	A 路（A 路正弦波形）		B 路（B 路正弦波形）
选项	A 路频率	参数存储	B 路频率
	A 路周期	参数调出	B 路幅度
	A 路幅度	峰峰值	B 路波形
	A 路偏移	有效值	B 路谐波
	A 路衰减	步进频率	
	A 路占空比	步进幅度	

4. 键盘说明

仪器前面板上共有 20 个键，键体上的黑色字体表示该键的基本功能，直接按键执行基本功能。键上方的蓝色字表示该键的上档功能，首先按蓝色键【Shift】，屏幕右下方显示“S”，再按某一键可执行该键的上档功能。键体上的红色字体用来选择仪器的 10 种功能（见功能选项表表 2-3），首先按一个红色字键，再按红色键【菜单】，即可选中该键上红色字所表示的功能。

表 2-3 菜单显示功能项目表

按键功能	0+菜单 扫频	1+菜单 扫幅	2+菜单 调频	3+菜单 调幅	4+菜单 触发
选项	始点频率	始点幅度	载波频率	载波频率	B 路频率
	终点频率	终点幅度	载波幅度	载波幅度	B 路幅度
	步进频率	步进幅度	调制频率	调制频率	猝发计数
	扫描方式	扫描方式	调频频偏	调幅深度	猝发频率
	间隔时间	间隔时间	调制波形	调制波形	单次猝发
	单次扫描	单次扫描			
	A 路频率	A 路幅度			
按键功能	5+菜单 FSK	6+菜单 ASK	7+菜单 PSK	8+菜单 测频	9+菜单 校准
选项	载波频率	载波频率	载波频率	外测频率	校准关闭
	载波幅度	载波幅度	载波幅度	闸门时间	A 路频率
	跳变频率	跳变幅度	跳变相移	低通滤波	调频载波
	间隔时间	间隔时间	间隔时间		调频频偏

下面先介绍 20 个按键的基本功能，有关蓝色的上档功能和红色的功能选择将在后面介绍。

【频率】【幅度】键：频率和幅度选择键。

【0】【1】【2】【3】【4】【5】【6】【7】【8】【9】键：数字输入键。

【MHz】【kHz】【Hz】【mHz】键：双功能键，在数字输入之后执行单位键功能，同时作为数字输入的结束键。直接按【MHz】键执行“Shift”功能，直接按【kHz】键执行“A 路”功能，直接按【Hz】键执行“B 路”功能，直接按【mHz】键可以循环开启或关闭按键时的声音。

【./-】键：双功能键，在数字输入之后输入小数点，为“A 路偏移”功能时可输入负号。

【<】【>】键：光标左、右移动键。

2.6.4 基本操作

下面举例说明 TFG 2003 型 DDS 函数信号发生器的常用操作方法，可满足一般使用的需要，如果遇到疑难问题或较复杂的使用，可以仔细阅读用户指南中的相应部分。

开机后，仪器进行自检初始化，进入正常工作状态，自动选择“连续”功能、A 路输出。

1．A 路功能设定

（1）A 路频率设定：设定频率值为 3.5kHz。

【频率】【3】【.】【5】【kHz】。

A 路频率调节：按【<】或【>】键使光标指向需要调节的数字位，左右转动手轮可使数字增大或减小，并能连续进位或借位，由此可任意粗调或细调频率。

（2）A 路周期设定：设定周期值为 2.5ms。

【Shift】【周期】【2】【.】【5】【ms】。

（3）A 路幅度设定：设定幅度值为 3.2V。

【幅度】【3】【.】【2】【V】。

（4）A 路幅度格式选择：有效值或峰峰值。

【Shift】【有效值】或【Shift】【峰峰值】。

（5）A 路波形选择：在输出路径为 A 路时，选择正弦波或方波。

【Shift】【0】选择正弦，【Shift】【1】选择方波。

（6）A 路方波占空比设定：在 A 路选择为方波时，设定方波占空比为 65%。

【Shift】【占空比】【6】【5】【Hz】。

（7）A 路衰减选择：选择固定衰减为 0dB（开机或复位后选择自动衰减 AUTO）。

【Shift】【衰减】【0】【Hz】。

（8）A 路偏移设定：在衰减选择 0dB 时，设定直流偏移值为-1V。

按【选项】键，选中“A 路偏移”，按【-】【1】【V】。

（9）A 路频率步进：设定 A 路步进频率为 12.5Hz。

按【菜单】键选择“步进频率”，按【1】【2】【.】【5】【Hz】，再按【A 路】键选择“A 路频率”，然后每按一次【Shift】【∧】键，A 路频率增加 12.5Hz，每按一次【Shift】【∨】键，A 路频率减少 12.5Hz，A 路幅度步进与此类似。

（10）恢复初始化状态：【Shift】【复位】。

（11）存储参数调出：调出 15 号存储参数。

【Shift】【调出】【1】【5】【Hz】。

2．B 路功能设定

（1）B 路波形选择：在输出路径为 B 路时，选择正弦波，方波，三角波，锯齿波。

【Shift】【0】，【Shift】【1】，【Shift】【2】，【Shift】【3】。

（2）B 路多种波形选择：B 路可选择 32 种波形。

按【选项】键，选中“B 路波形”，按【<】或【>】键使光标指向个位数，使用手轮可从 0～31 选择 32 种波形（见表 2-4）。

表 2-4　B 路 32 种波形表

序号	波　形	提　示	序号	波　形	提　示
00	正弦波	Sine	03	升锯齿波	Up-ramp
01	方波	Square	04	降锯齿波	Down-ramp
02	三角波	Triang	05	正脉冲	Pos-pulse

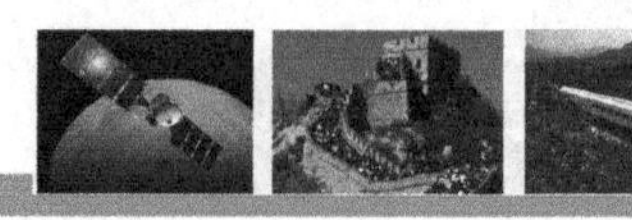

续表

序号	波　形	提　示	序号	波　形	提　示
06	负脉冲	N-pulse	19	正切函数	Tangent
07	三阶脉冲	Tri- pulse	20	Sinc 函数	Sin（x）/x
08	升阶脉冲	Up-starir	21	随机噪声	Noise
09	正直流	Pos-DC	22	10%脉冲波	Duty-10%
10	负直流	Neg-DC	23	90%脉冲波	Duty-90%
11	正谐全波整流	All-sine	24	降阶梯波	Down-stair
12	正谐半波整流	Half-sine	25	正双脉冲	Po-bipulse
13	限幅正谐波	Limit-sine	26	负双脉冲	Ne-bipulse
14	门控正谐波	Gate-sine	27	梯形波	Trapezia
15	平方根函数	Squar-root	28	余谐波	Cosine
16	指数函数	Exponent	29	双向晶闸管	Bidir-SCR
17	对数函数	Logarithm	30	心电波	Cardogram
18	半圆函数	Half-round	31	地震波	Earthquake

（3）B 路谐波设定：设定 B 路频率为 A 路频率的三次谐波。

【Shift】【谐波】【3】【Hz】。

（4）B 路相差设定：设定 A、B 两路的相差为 90°。

【Shift】【相差】【9】【0】【Hz】。

3．A 路其他调整

1）A 路频率扫描

按【0】【菜单】键，A 路输出频率扫描信号，使用默认参数。

扫描方式设定：设定往返扫描方式。

按【菜单】键选中“扫描方式”，按【2】【Hz】键。

2）A 路幅度扫描

按【1】【菜单】键，A 路输出幅度扫描信号，使用默认参数。

间隔时间设定：设定扫描步进间隔时间为 0.5s。

按【菜单】键选中“时间间隔”，按【0】【.】【5】【s】键。

扫描幅度显示：按【菜单】键选中“A 路幅度”，幅度显示数值随扫描过程同步变化。

3）A 路频率调制

按【2】【菜单】键，A 路输出频率调制（FM）信号，使用默认参数。

调频频偏设定：设定调频频偏为 5%。

按【菜单】键选中“调频频偏”，按【5】【Hz】键。

4）A 路幅度调制

按【3】【菜单】键，A 路输出幅度调制（AM）信号，使用默认参数。

调幅深度设定：设定调幅深度为 50%。

按【菜单】键选中“调幅深度”，按【5】【0】【Hz】键。

5）B 路计数猝发

按【4】【菜单】键，B 路输出计数猝发信号，使用默认参数。

计数猝发设定：设定猝发计数 5 个周期。

按【菜单】键选中“猝发计数”，按【5】【Hz】键。

6）A 路 FSK

按【5】【菜单】键，A 路输出频偏键控（FSK）信号，使用默认参数。

跳变频率设定：设定跳变频率为 1kHz。

按【菜单】键选中“跳变频率”，按【1】【Hz】键。

7）A 路 ASK

按【6】【菜单】键，A 路输出幅移键控（ASK）信号，使用默认参数。

载波幅度设定：设定载波幅度为 2Vp-p。

按【菜单】键选中“幅移键控”，按【2】【V】键。

8）A 路 PSK

按【7】【菜单】键，A 路输出相移键控（PSK）信号，使用默认参数。

跳变相移设定：设定跳变相移为 180°。

按【菜单】键选中“跳变相移”，按【1】【8】【0】【Hz】键。

4. 初始化状态

开机或复位后仪器的工作状态如下。

1）A 路

波形：正弦波	频率：1kHz	幅度：1Vp-p
衰减：AUTO	偏移：0V	方波占空比：50%
脉冲波占空比：30%	始点频率：500Hz	终点频率：5kHz
步进频率：10Hz	始点幅度：0Vp-p	终点幅度：1Vp-p
步进幅度：0.02Vp-p	扫描方式：正向	时间间隔：10ms
调制载波：50kHz	调制频率：1kHz	调频频偏：5%
调幅深度：100%	猝发计数：3 个	猝发频率：100Hz
跳变频率：5kHz	跳变幅度：0Vp-p	跳变相位：90°

2）B 路

波形：正弦波　　频率：1kHz　　幅度：1Vp-p

实验 1　信号发生器的使用

1. 实验目的

- 熟悉低频信号发生器与函数信号发生器的组成和工作原理。
- 明确低频与函数信号发生器各开关旋钮的作用，学会使用两种信号发生器。

➢ 了解低频与函数信号发生器常用技术指标。

➢ 了解示波器的简单使用。

2．实验仪器设备

低频信号发生器（1 台）；函数信号发生器（1 台）；示波器（1 台）；交流毫伏表（1 台）；计数器（1 台）；测试线若干。

3．实验原理

信号发生器即信号源，在电子测量中用来为其他设备或电路提供测试用的信号。按照信号发生器提供的信号波形不同，信号发生器分为正谐波信号源、函数信号源、脉冲信号源、随机信号源（即噪声信号源）和扫频信号源。通常将低频正谐波信号源称为低频信号源或音频信号源，低频信号源主要由主振器、电压放大器、输出衰减器、功放、阻抗变换器等组成。在测量工作中，低频信号发生器用来提供 1～10MHz 正谐波信号。函数信号发生器是一种多波形信号源，能够产生某些特定的周期性时间函数波形，可以产生正谐波、方波、三角波，通过调整波形的占空比等参数还可以产生锯齿波、矩形波（宽度和周期可调）、正负尖脉冲等波形。函数信号发生器是利用波形变换电路将方波、正谐波或三角波变换成其他波形的。

4．实验内容和步骤

1）低频信号发生器的使用

（1）熟悉低频信号发生器、示波器面板的开关旋钮，了解其作用。

（2）如图 2-24 所示连接仪器。选择交流毫伏表量程为最大。

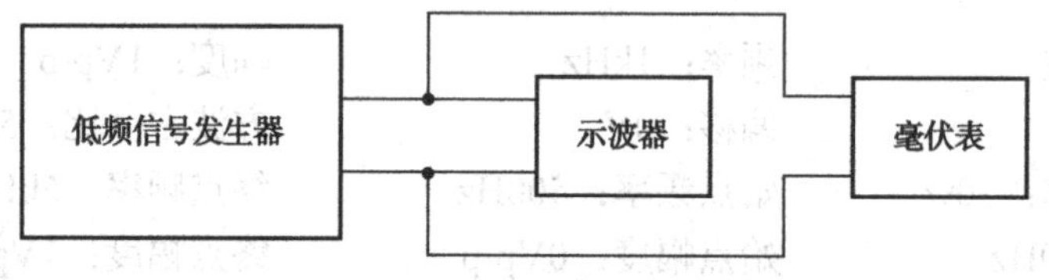

图 2-24　低频信号发生器的使用

（3）调整低频信号发生器的开关旋钮，输出 1kHz 的正谐波，再适当调整示波器的开关旋钮使其显示出稳定的波形；观察示波器上显示的波形有无变化，记录后加以说明；观察波形的同时，适当调整交流毫伏表量程，并记录下交流毫伏表指示的数值，看有无变化。

（4）调整低频信号发生器的幅度调节和衰减开关，用交流毫伏表估测信号发生器输出 1kHz 正谐波的电压范围是多少。

（5）（可选）了解电子计数器各开关旋钮的使用，利用计数器估测低频信号发生器输出 1kHz 正谐波时的实际频率是多少，计算此时的频率准确度$\left(\dfrac{f_{计数器}-f_{信号源}}{f_{信号源}}\right)$。

（6）调整信号发生器的开关旋钮，使之输出 1kHz 方波，重复实验步骤（3）、（4）的内容。

（7）调整信号发生器的开关旋钮，使其分别输出 10kHz 正谐波和方波，重复实验步骤（3）、（4）的内容。

（8）实验完毕，整理试验设备及器材，填写实验记录。

2）函数信号发生器的使用

（1）熟悉函数信号发生器、示波器面板的开关旋钮，了解其作用。

（2）如图 2-25 所示连接仪器。

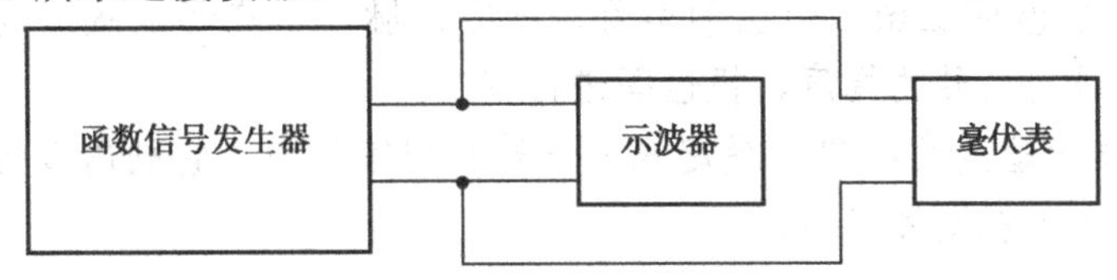

图 2-25　函数信号发生器的使用

（3）调整函数信号发生器的开关旋钮，输出 1kHz 的正谐波，再调整示波器的开关旋钮使其显示出稳定的对应波形；调整函数信号发生器的各个开关旋钮，并适当调节示波器旋钮，观察示波器上显示的波形有无变化，有什么变化？记录后加以说明。观察波形的同时，适当调整交流毫伏表量程，并记录下交流毫伏表指示的数值，看有无变化。

（4）调整函数信号发生器的幅度调节旋钮，用交流毫伏表估测信号发生器输出 1kHz 正谐波的电压范围是多少。

（5）（可选）利用计数器估测函数信号发生器输出 1kHz 正谐波时的实际频率是多少，计算此时的频率准确度$\left(\dfrac{f_{计数器}-f_{信号源}}{f_{信号源}}\right)$。

（6）调整信号发生器的开关旋钮，使其输出 1kHz 方波，重复实验步骤（3）、（4）的内容。

（7）用示波器观测，调整信号发生器的开关旋钮，使其输出占空比为 1∶5 的矩形波。

5．实验报告要求

（1）根据实验任务及步骤完成实验。

（2）根据实验现象及测量结果，简要分析低频信号发生器和函数信号发生器各开关旋钮的作用是什么。

（3）画出低频信号发生器和函数信号发生器的组成简图，并说明各部分的作用。

知识梳理与总结

1．各种信号发生器根据要求输出各种频率范围、各种波形、各种幅度的波形信号，是时域测量和频域测量不可缺少的设备。

2．信号发生器最基本的组成为振荡器、变换器和输出电路，其中振荡器是其核心。

3．正弦信号发生器的性能指标包括频率特性、输出特性和调制特性三个部分。低频信号发生器主振级主要采用文氏桥振荡器，电路中常采用负温度系数的热敏电阻以促进振荡器起振和稳定输出信号幅度。高频信号发生器也称为射频信号发生器，它为高频电子线路调试提供所需的各种模拟射频信号，其输出正弦波频率范围部分或全部覆盖 300kHz～1GHz 以上调制或调制组合（调幅、调频、脉冲调制）。

4. 函数信号发生器是一种多波形信号发生器，一般可输出正弦波、方波和三角波。函数信号发生器有三种产生信号的方法：先产生正弦波，再产生方波和三角波；先产生方波，再产生三角波和正弦波；先产生三角波，再产生方波和正弦波。

5. 脉冲信号发生器可为电路测试提供各种脉冲信号，其中最常用的是矩形脉冲信号。基本的脉冲信号发生器由主振级产生频率可调的方波脉冲，在形成级形成脉宽可调的矩形脉冲，再通过输出级对信号的幅度、极性等进行调节。

6. 任意波形发生器是近年来发展起来的一种新型信号源，它利用直接数字合成技术，可以生成各种规则或不规则的波形。

练习题 2

1. 填空题

（1）基本锁相环包括三个组成部分，它们是________、________与________。

（2）正弦信号源的频率特性指标主要包括________、________和________。

2. 判断题

（1）锁相式频率合成技术是一种直接式的频率合成技术。(　　)

（2）混频式锁相环可以实现频率的加减运算。(　　)

（3）频率稳定度又分为短期频率稳定度和长期频率稳定度，其中长期频率稳定度是指在任意 24h 内信号频率发生的最大变化。(　　)

3. 选择题

（1）能够输出多种信号波形的信号发生器是________。

A. 锁相频率合成信号源　　B. 函数发生器

C. 正弦波发生器　　D. 脉冲发生器

（2）锁相环锁定条件下，输入频率允许的最大变化范围称为________。

A. 环路带宽　　B. 捕捉带宽　　C. 输入带宽　　D. 同步带宽

（3）一般的锁相频率合成信号源为了实现较宽的频率覆盖，通常采用________。

A. 倍频环　　B. 分频环

C. 多环合成单元　　D. 混频环

（4）直接数字合成（DDS）技术的优点不包括________。

A. 频率分辨力高　　B. 输出频率范围大

C. 切换速度快　　D. 便于集成化

4. 简答题

锁相环有哪几个基本组成部分？各起什么作用？

第3章 电压的测量与仪器应用

教学导航

教	知识重点	1. 交流电压的基本参数 2. 模拟交流电压表的结构类型、基本原理、正确操作方法 3. 数字电压表的主要技术指标 4. 数字电压表中的自动功能 5. 数字多用表的特点、自动功能
	知识难点	1. 模拟交流电压表的结构类型、基本原理、正确操作方法 2. 数字电压表的主要技术指标、基本操作使用
	推荐教学方式	1. 从万用表的实际应用入手，通过对应用案例的分析，加深对万用表的感性认识 2. 另举一实用的万用表使用案例进行分析，巩固理论知识，并将理论与实际结合起来，同时拓展学生的知识面
	建议学时	6学时
学	推荐学习方法	1. 本章注重对概念、万用表中各种仪器分类、组成及功能的理解 2. 通过案例，掌握各种万用表的组成、工作原理和功能，并对其进行操作 3. 查有关资料，加深理解，拓展知识面
	必须掌握的理论知识	1. 万用表的分类和基本结构组成 2. 各种万用表的工作原理和功能
	必须掌握的技能	熟练掌握各种电压表的选择和正确使用

案例 2　毫伏表的简单应用

电压、电流和功率是表征电信号的三个基本参量。在实际测量中，测量的主要参数是电压。信号波形的参数如电源纹波系数、放大器的放大倍数、调幅度、非线性失真等都是以电压形式描述的。电子设备的许多工作特性如电源的纹波系数、放大器的增益、幅频特性等也是以测量电压为依据的。同时，电压测量还是许多非电量测量的基础。可见，电压测量是电子测量的重要任务之一。下面通过几个测量电压在实际中的应用案例说明其应用。

1．稳压电源纹波系数的测量

整流的目的是要得到平稳的直流电，要求输出的直流电中的交流成分越小越好，衡量整流电源的好坏，可用纹波系数δ来表示。δ= 交流分量/直流分量，δ越小越好。如早期的 12 英寸黑白电视机稳压电源输出直流分量为 12V，要求其交流分量小于 10mV（一般为 1～3mV)，测量方法如图 3-1 所示。在稳压电源输出端接上一只 10Ω 25W 的假负载电阻 R_L，用晶体管毫伏表的两接线端接在假负载 R_L 的两端，测得电压即为交流分量。将交流分量除以直流量 12V，即得纹波系数δ。

2．低频放大器电压增益 *K* 的测量

在放大器的输入端加上一个交流信号 U_i，在其输出端就可以得到一个经放大后的输出信号 U_o。输出信号电压 U_o与输入信号电压 U_i之比，称为放大器的电压放大倍数 *K*，又称电压增益：$K = U_o/U_i$，它反映了放大器放大能力的强弱。测量方法如图 3-2 所示，在放大器输入端接一低频信号发生器，放大器输出端接至示波器的输入端。适当调节信号发生器，输出电压 U_i，示波器显示出经放大后的输出电压。如果波形失真，可减小 U_i 的幅度或调整放大器工作点。直至波形不失真，即可用毫伏表分别测量放大器输入电压 U_i 和输出电压 U_o。

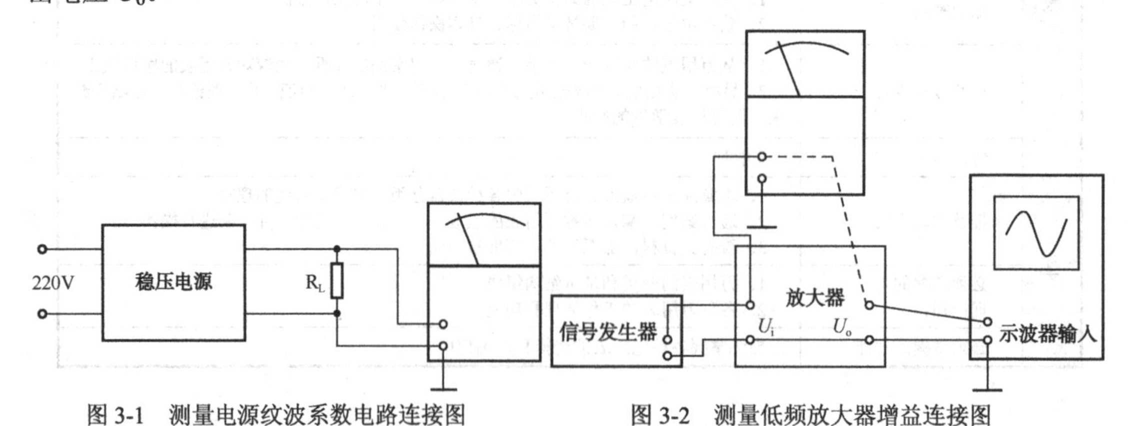

图 3-1　测量电源纹波系数电路连接图　　　　图 3-2　测量低频放大器增益连接图

3．毫伏表在收音机调试时的应用

超外差式收音机的灵敏度和选择性与中频变压器的调试有很大的关系，通常不具备调中频变压器的专用仪器，即中频图示仪。往往借用简易高频信号源，凭耳朵听音频调制声

来调中频变压器。事实上，人耳对声音强弱的分辨能力较迟钝，如果在收音机扬声器两端跨接一只毫伏表，当各级中频变压器都调谐在 465kHz 时，收音机除声音最响外，毫伏表指示也将最大。耳听再加眼观，则效果更佳。调整频率覆盖范围及三点跟踪同样也可用毫伏表来监视，连接方法如图 3-3 所示。

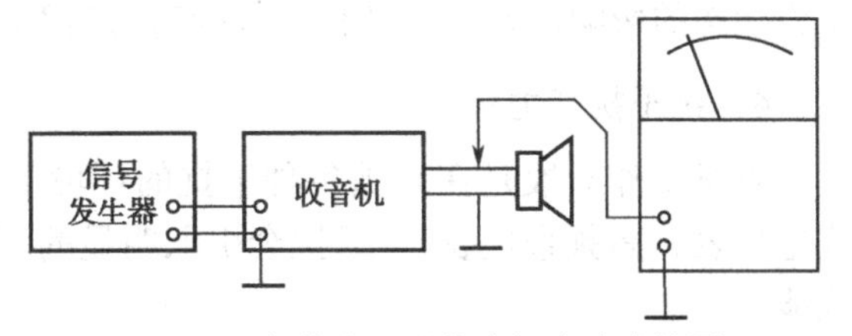

图 3-3　毫伏表调试收音机电路连接图

3.1　电压测量的分类与基本参数

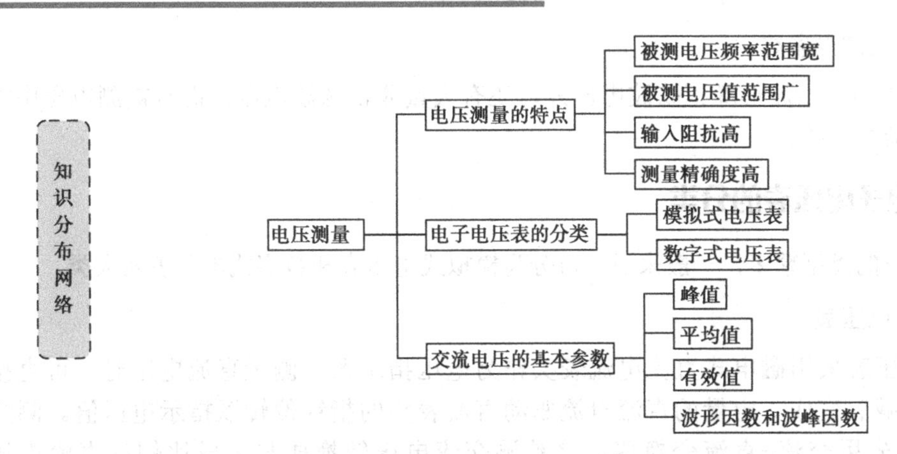

在电子学领域中，电压量是基本参数之一。许多参数，如频率特性、谐波失真度、调制度等，都可视为电压的派生量；各种电路的工作状态，如饱和、截止、谐振、平衡等都可用电压的形式反映出来；电子设备的各种信号主要以电压量来表现；很多电子测量仪器都用电压量来指示。所以电压量的测量是许多电参数测量的基础，电压测量是电子测量的基本任务之一。

电子电压表是最常用的电压测量仪器。本章将讨论模拟式和数字式两种电子电压表的工作原理。

3.1.1　电压测量的特点

1. 被测电压频率范围宽

电子电路中，电压的频率可以在零赫（直流）到数百兆赫，甚至数十吉赫的范围内变化。

2. 被测电压值范围广

被测电压值范围是选定电压表量程范围的依据。通常，待测电压的上限值高至数十千伏，下限值低至零点几微伏。随着超导器件的应用，已能测出皮伏（pV）级的电压。

3. 输入阻抗高

电压测量仪器的输入阻抗是被测电路的额外负载。为了减小电压表接入时对被测电路

工作状态的影响，要求它具有尽可能高的输入阻抗，即输入电阻大、输入电容小。

4．抗干扰能力强

测量工作一般是在充满各种干扰的环境下进行的，特别是对于高灵敏电压表（如数字式电压表、高频毫伏表），干扰会引入明显的测量误差，这就要求电压表具有相当强的抗干扰能力。

5．测量精确度高

这是所有测量仪器的共性问题，没有一定的精确度保证，测量便失去了意义。目前数字式电压表测量直流电压的精确度可达10^{-7}数量级，测量交流电压只能达到10^{-2}～10^{-4}数量级。一般模拟式电压表的精确度均在10^{-2}数量级以下。

6．被测电压波形多样

电子电路中的电压波形除正弦波电压外，还有大量非正弦波电压，而且被测电压中往往是交流与直流并存的。

3.1.2 电子电压表的分类

电子电压表的类型繁多，一般来说，可分为模拟式电压表和数字式电压表两大类。

1．模拟式电压表

模拟式电压表采用磁电式直流电流表头作为电压指示器。测量直流电压时，可直接或经放大、衰减后变成一定量的直流电流驱动直流表头的指针偏转以指示电压值。测量交流电压时，先用交流-直流变换器，将被测交流电压转换成与之成比例的直流电压后，再进行直流电压的测量。检波器是应用较为普遍的交流-直流变换器。另外，还有热电转换法和公式法：热电转换法是利用热电偶将交流电压有效值转换为直流电压，公式法是利用模拟乘法器、积分器、开方器等电路将输入交流电压变换为与其有效值成比例的直流电压。

根据被测电压的大小、频率及精确度要求不同，检波器在电压表中所处的位置也不同，从而形成了不同的模拟式交流电压表组成方案。

1）放大-检波式电压表

放大-检波式电压表组成方框图如图 3-4 所示，被测电压先经宽带放大器放大，然后再检波。由于信号首先被放大，在检波时已有足够的幅度，可以避免小信号检波时的非线性影响，因此灵敏度较高，一般可达毫伏级。其工作频率范围因受放大器带宽的限制而较窄，典型的频率范围为 20Hz～10MHz，所以这种电压表也称为低频毫伏表。

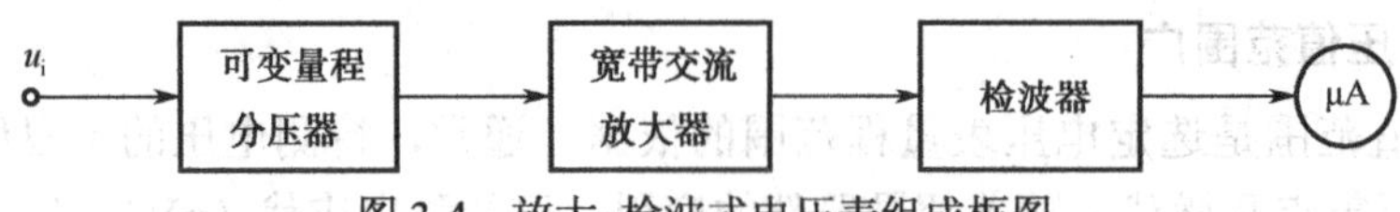

图 3-4　放大-检波式电压表组成框图

2）检波-放大式电压表

检波-放大式电压表组成框图如图 3-5 所示。它先将被测交流电压变换成直流电压，然

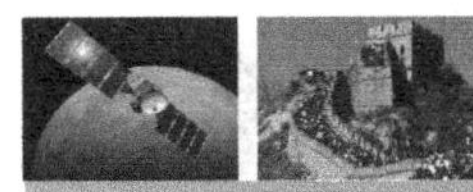

后经直流放大器放大，最后驱动直流表头指针偏转。这种电压表的频带宽度主要取决于检波电路的频率响应，若把特殊的高频检波二极管置于探极内，并减小连接分布电容的影响，工作频率上限可达吉赫（GHz）级。因此，这种组成方案的电压表一般属于高频电压表或超高频电压表。但电压表灵敏度受检波器的非线性限制，若采用一般直流放大器，灵敏度只能达到 0.1V 左右；若采用调制式直流放大器，灵敏度可提高到毫伏级。

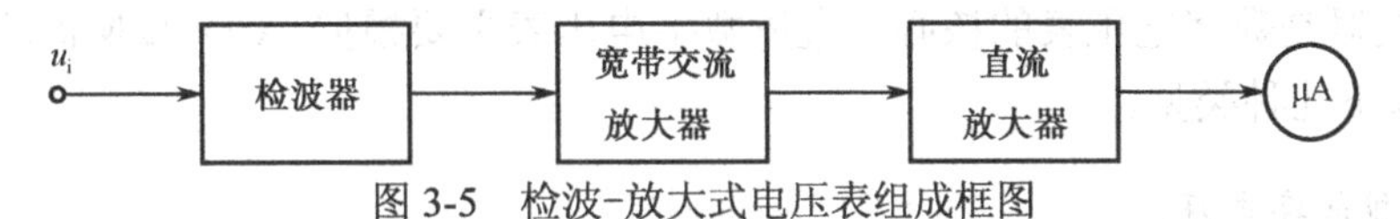

图 3-5　检波-放大式电压表组成框图

3）外差式电压表

检波-放大式电压表虽然频率范围较宽，但灵敏度不高；放大-检波式电压表灵敏度较高，而频率范围又较窄。频率响应和灵敏度互相矛盾，很难兼顾。外差式电压表有效地解决了上述矛盾，其组成框图如图 3-6 所示，被测信号通过输入电路后，在混频器中与本机振荡器的振荡信号混频，输出频率固定的中频信号，经中频放大器放大后进入检波器变换成直流电压，驱动直流表头指针偏转。

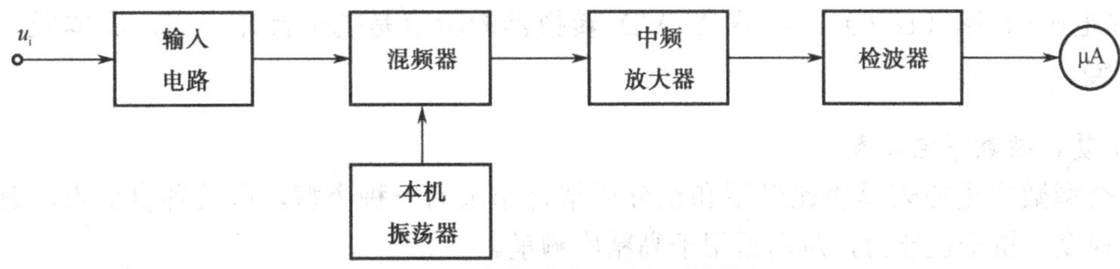

图 3-6　外差式电压表组成框图

由于外差式电压表的中频是固定不变的，中频放大器具有良好的频率选择性和相当高的增益，从而解决了放大器带宽与增益的矛盾。又因中频放大器通带极窄，在实现高增益的同时，可以有效地削弱干扰和噪声的影响，使电压表的灵敏度提高到微伏级，故这种电压表又称为高频微伏表。

2. 数字式电压表（DVM）

数字式电压表首先对被测模拟电压进行处理、量化，再由数字逻辑电路进行数据处理，最后以数码形式显示测量结果。其组成框图如图 3-7 所示。

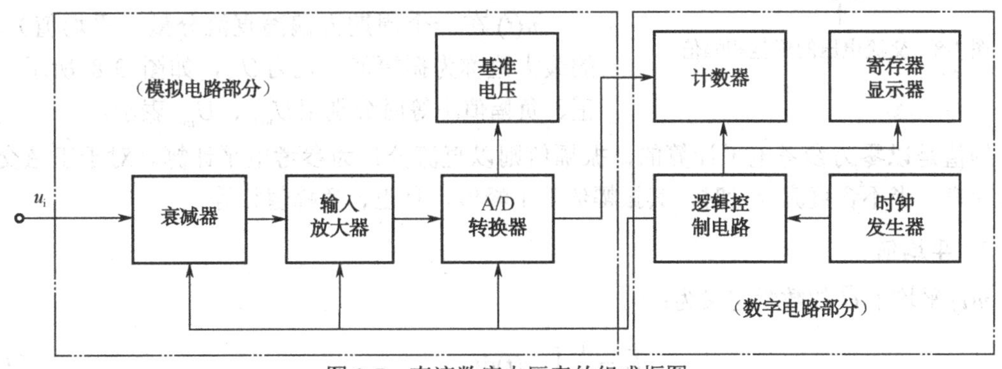

图 3-7　直流数字电压表的组成框图

图示 DVM 只能测量直流电压，要测量交流电压需附加一个交流-直流变换器。这里只讨论直流数字电压表的工作原理。如图 3-7 所示，电路组成可分为模拟和数字两部分。模拟部分包括衰减器、输入放大器和 A/D 转换器，用于模拟信号的电平转换，并将模拟被测量转换为与之成正比的数字量；数字部分包括计数器、寄存器、显示器、逻辑控制电路和时钟发生器，其作用是完成整机逻辑控制、计数和显示等任务。

A/D 转换器是数字电压表的核心。直流数字电压表主要根据 A/D 转换器的转换原理不同，可分为以下几种类型。

1）比较型数字电压表

比较型数字电压表把被测电压与基准电压进行比较，以获得被测电压的量值，是一种直接转换方式。这种电压表的特点是测量精确度高、速度快，但抗干扰能力差。根据比较方式的不同，又分为反馈比较式和无反馈比较式。

2）积分型数字电压表

积分型数字电压表利用积分原理首先把被测电压转换为与之成正比的中间量——时间或频率，然后再利用计数器测量该中间量。根据中间量的不同又分为电压-时间（U-t）式和电压-频率（U-f）式。这类 A/D 转换器的特点是抗干扰能力强，成本低，但转换速度慢。

3）复合型数字电压表

复合型数字电压表是将比较型和积分型结合起来的一种类型，取其各自优点，兼顾精确度、速度、抗干扰能力，从而适用于高精度测量。

3.1.3 交流电压的基本参数

交流电压的大小可用其峰值、平均值、有效值来表征，而各表征值之间的关系可用波形因数、波峰因数来表示。

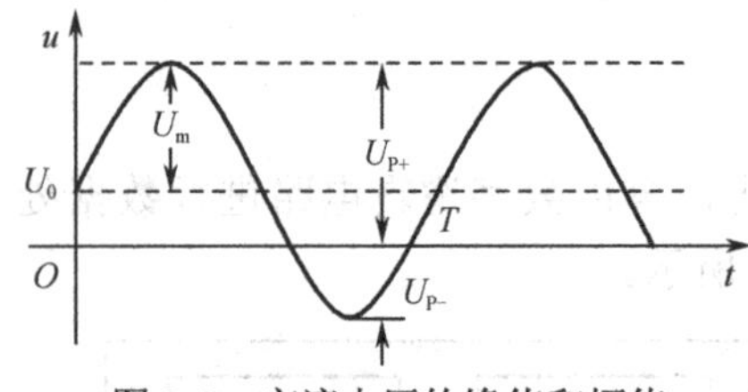

图 3-8 交流电压的峰值和幅值

1．峰值

峰值是交变电压 $u(t)$ 在所观察的时间内或一个周期内偏离零电平的最大值，记为 U_p，正、负峰值不等时分别用 U_{p-} 和 U_{p+} 表示，如图 3-8 所示。

$u(t)$ 在一个周期内偏离直流分量（平均值）U_0 的最大值称为振幅值，记为 U_m，如图 3-8 所示。当正、负幅值不等时分别用 U_{m+}、U_{m-} 表示。

峰值是以零为参考电平计算的，振幅值则以直流分量为参考电平计算。对于正弦交流信号而言，当不含直流分量时，其振幅值等于峰值，且正、负峰值相等。

2．平均值

$u(t)$ 平均值 $\bar{U}$ 的数学定义为：

$$\bar{U}=\frac{1}{T}\int_0^T u(t)\mathrm{d}t \tag{3-1}$$

$\bar{U}$ 对周期性信号而言，积分时间通常取该信号的一个周期。当 $u(t)$ 为纯交流电压时，$\bar{U}=0$；当 $u(t)$ 包含直流分量 U_0 时，$\bar{U}=U_0$，如图 3-8 中虚线所示。这样，平均值将无法表征交流（分量）电压的大小。在电子测量中，通常所说的交流电压平均值是指经过检波后的平均值。根据检波器种类的不同又可分为全波平均值和半波平均值。

1）全波平均值

交流电压经全波检波后的平均值称为全波平均值，用 $\bar{U}$ 表示为：

$$\bar{U}=\frac{1}{T}\int_0^T |u(t)\mathrm{d}t| \tag{3-2}$$

本书中提到的平均值若没有特别指明，均指全波平均值。

2）半波平均值

交流电压经半波检波后剩下半个周期，正半周在一个周期内的平均值称为正半波平均值，用 $\bar{U}_{+\frac{1}{2}}$ 表示；负半周在一个周期内的平均值称为负半波平均值，用 $\bar{U}_{-\frac{1}{2}}$ 表示。

$$\bar{U}_{+\frac{1}{2}}=\frac{1}{T}\int_0^T u(t)\mathrm{d}t \qquad u(t)\geqslant 0 \tag{3-3}$$

$$\bar{U}_{-\frac{1}{2}}=\frac{1}{T}\int_0^T u(t)\mathrm{d}t \qquad u(t)\leqslant 0 \tag{3-4}$$

$$\bar{U}_{-\frac{1}{2}}=\frac{1}{T}\int_0^T |u(t)|\mathrm{d}t \qquad 0\leqslant t<T \tag{3-5}$$

对于纯交流电压，有 $\bar{U}_{+\frac{1}{2}}=\bar{U}_{-\frac{1}{2}}=\frac{1}{2}\bar{U}$。

3．有效值

有效值又称为均方根值，其数学定义为：

$$U=\sqrt{\frac{1}{T}\int_0^T u^2(t)\mathrm{d}t} \tag{3-6}$$

有效值的物理意义是：交流电压 $u(t)$ 在一个周期内施加于一纯电阻负载上所产生的热量与直流电压在同样情况下产生的热量相等时，这个直流电压值就是交流电压有效值。

作为表征交流电压的一个参量，有效值比峰值、平均值的应用更为普遍。通常所说的交流电压的量值就是指它的有效值。

4．波形因数和波峰因数

为了表征同一信号的峰值、有效值及平均值的关系，引入波形因数和波峰因数。

波峰因数 K_p 定义为交流电压的峰值与有效值之比，即

$$K_\mathrm{p}=\frac{U_\mathrm{p}}{U} \tag{3-7}$$

波形因数 K_F 定义为交流电压的有效值与平均值之比，即

$$K_F=\frac{U}{\overline{U}} \tag{3-8}$$

表 3-1 列出了几种常见电压波形的参数。

表 3-1　几种常见电压波形的参数

名　称	峰　值	波　形	U	$\overline{U}$	K_F	K_p
正弦波	A	0	$\frac{A}{\sqrt{2}}$	$0.637A$	1.11	$\sqrt{2}=1.414$
全波整流波形	A	0	$\frac{A}{\sqrt{2}}$	$0.637A$	1.11	$\sqrt{2}=1.414$
三角波	A	0	$\frac{A}{\sqrt{3}}$	$\frac{A}{2}$	1.15	$\sqrt{3}=1.732$
方波	A	0	A	A	A	A
脉冲	A	τ　0　T	$\sqrt{\frac{\tau}{T}}A$	$\frac{\tau}{T}A$	$\sqrt{\frac{T}{\tau}}$	$\sqrt{\frac{T}{\tau}}$

3.2　模拟交流电压表

知识分布网络

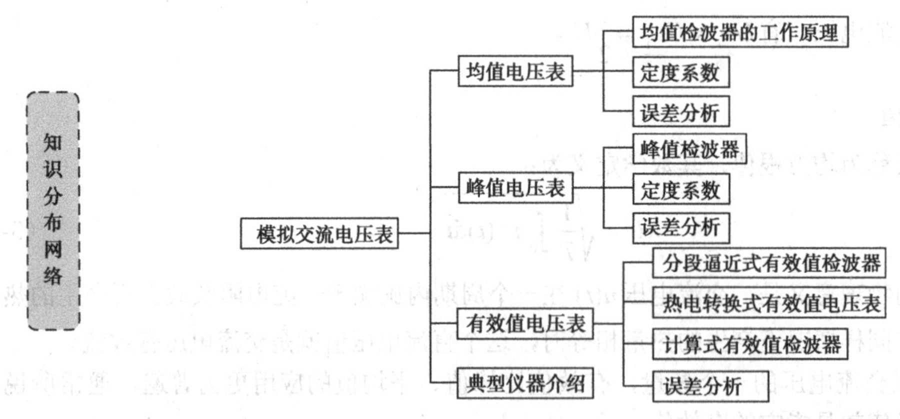

模拟式交流电压表根据其内部所使用的检波器不同，可分为均值电压表、有效值电压表和峰值电压表三种。

3.2.1　均值电压表

1．均值检波器的工作原理

均值电压表使用均值检波器检波，其输出直流电压正比于输入交流电压的平均值。常用的均值检波器电路如图 3-9 所示。其中图 3-9（a）为由四个检波特性相同的二极管组成的

桥式电路，图 3-9（b）中使用了两只电阻代替两只二极管，称为半桥式电路。

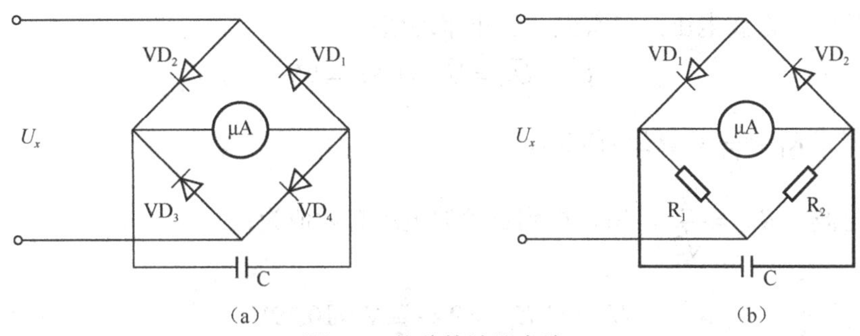

图 3-9　均值检波器电路

均值检波器输出的平均电流 $\bar{I}$ 正比于输入电压平均值，而与波形无关。由于电流表头动圈偏转的惯性，其指针将指示 $\bar{I}$ 的值。为了使指针稳定，在表头两端跨接滤波电容，滤去检波器输出电流中的交流分量。

均值检波器的输入阻抗可以等效为一个电阻和一个电容相并联。输入阻抗的电容部分主要取决于元件及检波器的结构，一般可以小到 1～3pF；其输入电阻较低，为 1～3kΩ。因此，通常在均值检波器前加入放大器等高输入阻抗电路构成放大-检波式电压表。

2. 定度系数

由于正弦波是最基本、应用最普遍的波形，有效值是使用最广泛的电压参量，所以几乎所有交流电压表都是按照正弦波有效值定度的。显然，如果检波器不是有效值响应，则其标称值（即示值 α）与实际响应值之间存在一个系数，即定度系数，记为 K。

对于均值检波器，在额定频率下加任意波形电压时的示值为：

$$\alpha = K\bar{U}_x \tag{3-9}$$

式中，α 为均值电压表示值；$\bar{U}_x$ 为被测电压的平均值；K 为定度系数，反映电压表示值与被测电压平均值之间的比例关系。

由于测正弦波时 $U_{\sim} = \alpha = K\bar{U}_{\sim}$，所以：

$$K = \frac{U_{\sim}}{\bar{U}_{\sim}} = K_{F\sim} = 1.11 \tag{3-10}$$

根据定度系数的含义，可以得出以下结论：用均值电压表测量正弦波电压，其示值 α 就是被测电压的有效值；测量非正弦波电压，其示值并无直接的物理意义，只知道被测电压的平均值为：

$$\bar{U}_x = \frac{\alpha}{K} = \frac{\alpha}{1.11} = 0.9\alpha \tag{3-11}$$

若被测电压的波形已知，可根据平均值求出其他有效值。

实例 3-1　用均值电压表分别测量正弦波、三角波和方波电压，若电压表示值均为 10V，问被测电压的有效值各为多少？

解：对于正弦波电压，由于电压表本来就是按其有效值定度的，所以电压表的示值就是正弦波的有效值，即

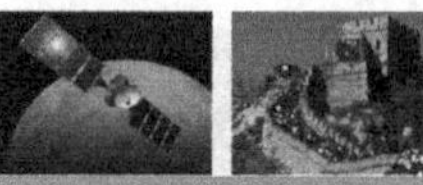

$$U_{\sim} = \alpha = 10\text{V}$$

对于三角波、方波电压，可首先计算出平均值：

$$\bar{U}_{\vartriangle} = \bar{U}_{\Pi} = \bar{U}_{\sim} = 0.9\alpha = 9\text{V}$$

然后根据式 $K_{\text{F}} = \dfrac{U}{\bar{U}}$ 计算出有效值。

对于三角波，$K_{\text{F}\vartriangle} = \dfrac{2}{\sqrt{3}}$，所以得到三角波电压有效值为：

$$U_{\vartriangle} = \bar{U}_{\vartriangle} K_{\text{F}\vartriangle} = 9 \times \frac{2}{\sqrt{3}} \text{V} = 10.39\text{V}$$

对于方波，$K_{\text{F}\Pi} = 1$，所以得到方波电压有效值为：

$$U_{\Pi} = \bar{U}_{\Pi} K_{\text{F}\Pi} = 9 \times 1\text{V} = 9\text{V}$$

显然，如果被测电压不是正弦波时，直接将电压表示值作为被测电压的有效值，必然带来较大的误差，通常称为波形误差。波形误差的计算公式为：

$$\begin{aligned}\gamma_x &= \frac{\alpha - U}{\alpha} \times 100\% \\ &= \frac{\alpha - 0.9K_{\text{F}}\alpha}{\alpha} \times 100\% \\ &= (1 - 0.9K_{\text{F}}) \times 100\%\end{aligned}$$

仍以实例 3-1 中的三角波和方波为例，如果直接将电压表示值 $\alpha = 10\text{ V}$ 作为其有效值，可以得到波形误差分别为：

三角波 $\gamma_{\vartriangle} = (1 - 0.9K_{\text{F}\vartriangle}) \times 100\% = \left(1 - 0.9 \times \dfrac{2}{\sqrt{3}}\right) \times 100\% = -3.9\%$

方波：$\gamma_{\Pi} = (1 - 0.9K_{\text{F}\Pi}) \times 100\% = (1 - 0.9 \times 1) \times 100\% = 10\%$

3．误差分析

除了上面讲到的波形误差外，均值电压表还会产生如下误差。

1）*频响误差*

若输入信号频率很低，直流表头的指针由于其时间常数的限制，不能稳定于检波器输出的平均值，而有一定的波动，产生低频误差。

当输入信号频率较高时，检波二极管的结电容及电路分布参数的影响越来越严重，从而引起高频误差。

2）*检波特性变化引起的误差*

由于检波电流及检波管的正向电阻、电流表内阻等参数发生变化，也会产生一定的误差，但一般可忽略。

3）*噪声误差*

当输入信号较弱时，检波器固有噪声的影响较大而引起一定的误差。

3.2.2　峰值电压表

1．峰值检波器

峰值电压表使用的检波器为峰值检波器，其输出直流电压正比于输入的交流电压的峰值。常用的峰值检波电路如图 3-10 所示，其中图 3-10（a）为串联式峰值检波器原理电路，图 3-10（b）为并联式峰值检波器原理电路。

图 3-10 中元件参数必须满足下式：

$$R_{D}C << T_{min}\text{，}\quad RC >> T_{max}$$

式中，T_{min}、T_{max} 分别表示被测信号的最小周期和最大周期；R_D 为二极管正向导通电阻，包括被测电压的等效信号源内阻。

这样的电路参数使检波器输出电压平均值 $\bar{U}_R$ 近似等于输入电压 u_i 的峰值。对于串联式峰值检波器，在被测电压 $u_x(t)$ 的正半周，二极管 VD 导通。$u_x(t)$ 通过它对电容 C 充电。由于充电时间常数 R_DC 非常小，电容 C 上的电压迅速达到 $u_x(t)$ 的峰值 U_p。当 $u_x(t)$ 从正峰值下降到小于电容两端电压 U_{Cmax} 时，二极管 VD 截止，电容 C 通过电阻 R 放电。由于放电时间常数 RC 很大，因此电容上的电压 U_C 在一个周期内下降很少。当 $u_x(t)$ 下一个周期的正半周电压大于此时电容上的电压 U_{Cmin} 时，二极管 VD 又导通，$u_x(t)$ 再次对电容 C 充电，如此反复。这样，便可在电容 C 两端保持接近于 $u_x(t)$ 的正峰值 U_p，即

$$\bar{U}_R = \bar{U}_C \approx U_{P+} \tag{3-12}$$

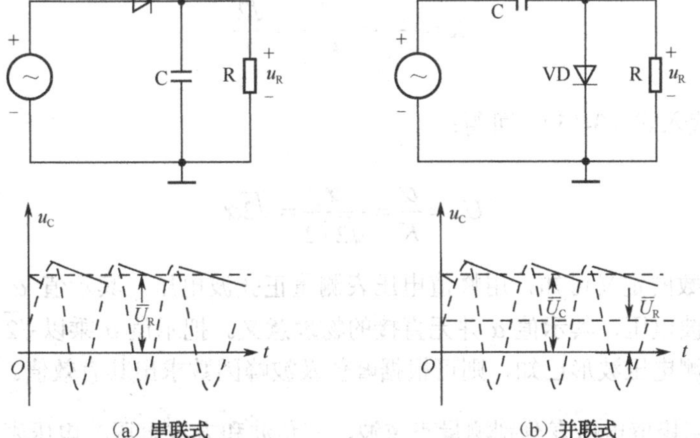

（a）串联式　　（b）并联式

图 3-10　峰值检波电路及其工作波形（稳态时）

对于并联式峰值检波器，电路中的电容 C 有隔直流作用，即检波器的输出只能正比于输入信号中交流电压分量的振幅值 U_m，此时 R 两端的电压为：

$$u_R(t) = -u_C(t) + u_x(t) \tag{3-13}$$

对该电压积分并滤波后，可得到平均电压：

$$\begin{aligned}\bar{U}_R &= \frac{1}{T}\int_0^T u_R(t)\mathrm{d}t \\ &= \frac{1}{T}\int_0^T [-u_C(t)+u_x(t)]\mathrm{d}t \\ &= -\bar{U}_C + \bar{U}_x \\ &\approx -U_{p+} + U_0 \\ &= -U_{m+}\end{aligned} \tag{3-14}$$

式中，U_0为被测信号中的直流分量，等于信号一个周期内的平均值；U_{p+}为被测信号的正峰值，即电容两端电压的平均值；U_{m+}为被测信号的正幅值，即负载电阻两端的平均电压。

检波后的直流电压要用直流放大器放大。若采用一般的直流放大器，则增益不高。为了提高电压表的灵敏度，目前普遍采用斩波式直流放大器，它可以解决一般直流放大器的增益与零点漂移之间的矛盾。斩波式直流放大器先利用斩波器把直流电压变换成交流电压，然后用交流放大器放大，最后再把放大后的交流信号恢复为直流电压，因此这种放大器又称为直-交-直放大器。它的增益很高，而噪声和零点漂移都很小。

2．定度系数

峰值电压表与均值电压表类似，一般也按正弦波的有效值进行定度。即

$$\alpha = KU_P \tag{3-15}$$

式中，α为峰值电压表的示值；U_P为被测电压峰值；K为定度系数。

对于正弦波，$U_\sim = \alpha = KU_{P\sim}$，于是可得：

$$K = \frac{U_\sim}{U_{P\sim}} = \frac{1}{K_{P\sim}} = \frac{\sqrt{2}}{2} \tag{3-16}$$

将$K = \frac{\sqrt{2}}{2}$代入式（3-15），可得：

$$U_P = \frac{\alpha}{K} = \frac{\alpha}{\sqrt{2}/2} = \sqrt{2}\alpha \tag{3-17}$$

根据定度系数的定义可知，用峰值电压表测量正弦波电压，其示值α就是正弦波有效值；测量非正弦波电压，其示值α并无直接的物理意义。把示值α乘以$\sqrt{2}$，可得到被测电压的峰值。若被测电压波形已知，则可根据峰值及波峰因数求出其有效值。

实例 3-2 用峰值电压表分别测量正弦波、三角波和方波电压，电压表示值均为 10V，问三种波形被测信号的峰值和有效值各为多少？

解：三种波形的峰值均为

$$U_{P\sim} = U_{P\triangle} = U_{P\Pi} = \sqrt{2}\times 10\text{V} = 14.14\text{V}$$

正弦波的有效值即为电压表示值，即

$$U_\sim = \alpha = 10\text{V}$$

三角波、方波的有效值根据式 $K_P = \frac{U_P}{U}$ 计算得到：

$$U_{\triangle} = \frac{U_{P\triangle}}{K_{P\triangle}} = \frac{14.14}{\sqrt{3}}\text{V} = 8.17\text{V}$$

$$U_{\Pi} = \frac{U_{P\Pi}}{K_{P\Pi}} = \frac{14.14}{1}\text{V} = 14.14\text{V}$$

显然，如果被测电压不是正弦波，直接将峰值电压表示值作为被测电压的有效值，必将带来较大的误差，即波形误差。波形误差的计算公式为：

$$\gamma_x = \frac{\alpha - U}{\alpha} \times 100\% = \frac{\alpha - \frac{\sqrt{2}}{K_P}\alpha}{\alpha} \times 100\% = \left(1 - \frac{\sqrt{2}}{K_P}\right) \times 100\% \tag{3-18}$$

仍以实例 3-2 中的三角波和方波为例，如果直接将电压表示值 α=10V 作为其有效值，可以得到波形误差分别为：

三角波　$$\gamma_{\triangle} = \left(1 - \frac{\sqrt{2}}{3}\right) \times 100\% \approx 18\%$$

方波　$$\gamma_{\Pi} = \left(1 - \frac{\sqrt{2}}{1}\right) \times 100\% \approx -41\%$$

3．误差分析

除了上面讲到的波形误差外，峰值电压表还会产生如下误差。

1）理论误差

从峰值检波器的工作波形可以看出，检波器输出电压的平均值总是略小于被测电压的峰值。而在讨论过程中，认为 $U_R = U_P$，此时产生的误差即为理论误差。对正弦波电压而言，其理论误差为：

$$\gamma_{\sim} = \frac{\bar{U}_C - U_P}{U_P} \times 100\% \approx -2.2\left(\frac{R_D}{R}\right)^{\frac{2}{3}} \tag{3-19}$$

2）低频误差

峰值电压表通常用来测量高频电压，如果用它测量低频信号，则由于被测信号的周期大，放电时间加长，$\bar{U}_C$ 下降较多，会造成低频误差，其误差可用下式表示：

$$\gamma_L = -\frac{1}{2\pi fRC} \tag{3-20}$$

式中，f 为被测信号频率。

3）高频误差

由于检波器的高频特性及电路中各种高频参数的影响也会引起一定的误差。

4）非线性误差

当输入信号幅度较小时，检波器工作于特性曲线的非线性区，出现明显的非线性，导致测量误差。

3.2.3 有效值电压表

有效值电压表内部所使用的检波电路为有效值检波器，其输出直流电压正比于输入交流电压的有效值。目前常用下述三种有效值检波器。

1．分段逼近式有效值检波器

有效值的定义为$U=\sqrt{\frac{1}{T}\int_0^T u^2(t)\mathrm{d}t}$，二极管正向特性曲线的起始部分和平方律特性比较接近，可实现平方律检波，但这种方案动态范围较窄，只能测量较小的输入电压。若采用分段逼近法，则可得到动态范围较大的平方律特性曲线。如图 3-11（a）所示，一条理想的平方律曲线可用若干条不同斜率的线段来逼近，并要求随输入电压增大，线段斜率也要增大，即电路的负载电阻应随之减小。图 3-11（b）所示电路就是实现折线平方律特性的一种方案。

该电路由两部分组成：左边是由变压器 T 和二极管 VD_1、VD_2 构成的检波电路，右边是由$R_2 \sim R_{10}$、$VD_3 \sim VD_6$构成的可变电阻网络，它与R_1并联后，作为检波电路的负载。由于电源电压 U 为$VD_3 \sim VD_6$提供的反向偏置电压依次升高，即$U_1<U_2<U_3<U_4$，所以随着输入电压$u_x(t)$增大，起开关作用的二极管$VD_3 \sim VD_6$逐次导通，从而控制$R_3 // R_4$、$R_5 // R_6$、$R_7 // R_8$、$R_9 // R_{10}$等电阻依此接入电路，使检波器负载电阻逐渐变小，于是便形成由折线逼近的一条平方律曲线。二极管越多，曲线越光滑。

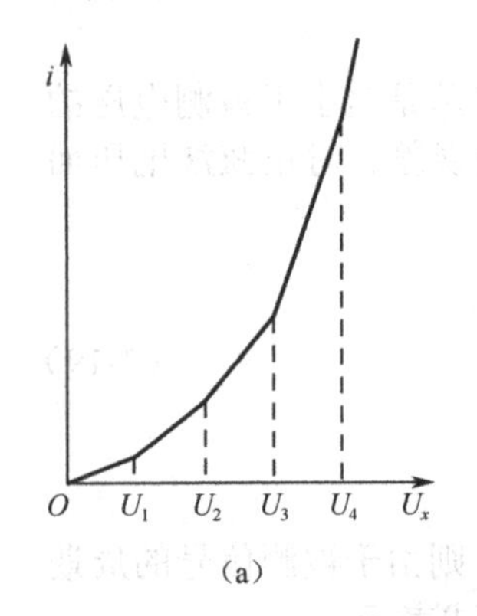

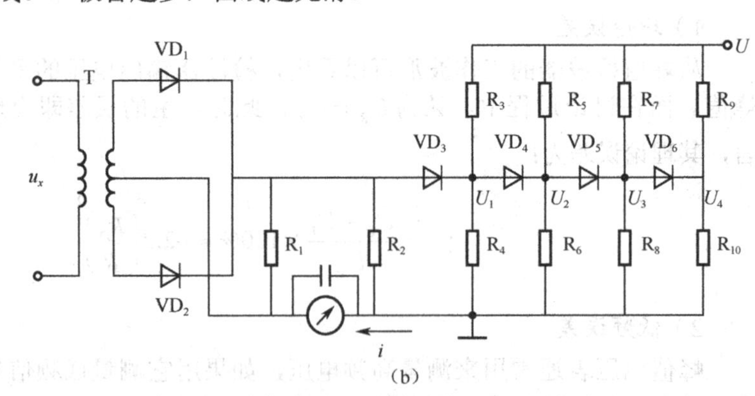

图 3-11 分段逼近式平方律检波电路

2．热电转换式有效值检波器

热电转换式有效值检波器利用热电效应及热电偶的热电转换功能来实现有效值变换。

图 3-12 是热电转换原理图，图中 MN 为不易熔化的金属丝，称为加热丝。B 为热电偶，它由两种不同材料的导体连接而成，结合点 C 通常与加热丝耦合，故称为“热端”，D、E 则称为“冷端”。当加热丝上通以被测交流电压$u_x(t)$时，将对 C 点加热，使热端 C 点温度高于冷端 D、E，于是在 D、E 两点间产生热电动势，有直流电流流过微安表。由于热

端温度正比于被测电压有效值U_x的平方，热电动势又正比于热、冷端的温度差，所以通过电流表的电流 I 正比于U_x^2。这就完成了被测交流电压有效值到直流电流之间的转换，不过这种转换是非线性的，即 I 不是正比于U_x，而是正比于U_x^2。因此必须采取措施使表头刻度线性化。

实际构成热电偶式电压表时，为了克服表头刻度的非线性，利用两个性能相同的热电偶构成热电偶桥，称为双热电偶变换器。如图 3-13 所示，B_1 为测量热电偶，B_2 为平衡热电偶，两个热电偶的特性和所处环境完全相同。

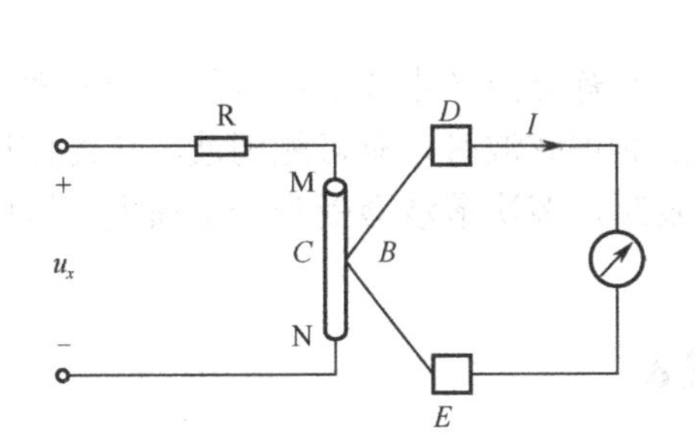

图 3-12　热电转换原理

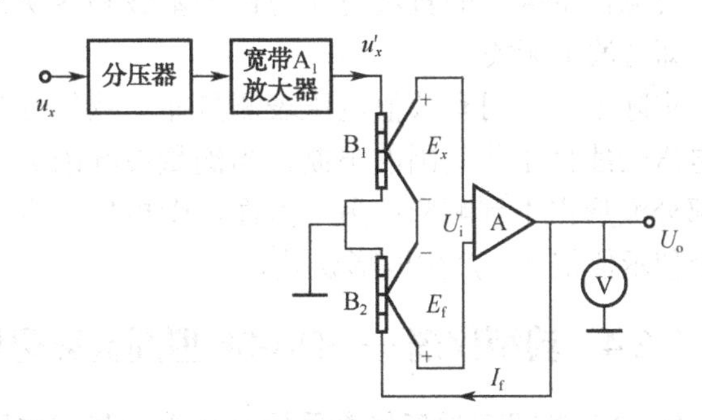

图 3-13　热电转换式有效值电压表原理框图

被测电压$u_x(t)$经宽带放大器放大后加到测量热电偶 B_1 的加热丝上，使 B_1 产生热电动势$E_x = K(A_1U_x)^2$。式中A_1为宽带放大器的放大倍数，K 为热电偶转换系数。

在放大后的被测电压加到 B_1 的同时，经直流放大器放大的输出电压加到平衡热电偶 B_2 上，产生热电动势$E_f = KU_o^2$。当直流放大器的增益足够高且电路达到平衡时，其输入电压$U_i = E_x - E_f \approx 0$，即$E_x = E_f$，所以$U_o = A_1U_x$。由此可知，若两个热电偶特性相同，则通过图示反馈系统，输出直流电压正比于$u_x(t)$的有效值U_x，所以表头示值与输入电压有效值呈线性关系。

这种电压表的灵敏度及频率范围取决于宽带放大器的带宽和增益。表头刻度线性，基本没有波形误差。其主要缺点是热惯性，使用时要等指针偏转稳定后方可读数；过载能力差，容易烧坏，使用时也应注意。

3. 计算式有效值检波器

交流电压的有效值即其均方根值，根据这一概念，利用模拟集成电路对信号进行乘方、积分、开平方等运算即可得到其有效值。

图 3-14 是计算式有效值检波电路。第一级为模拟乘法器，第二级为积分器，第三级执行开方运算，使输出电压的大小与被测电压有效值成正比，从而得到测量结果。

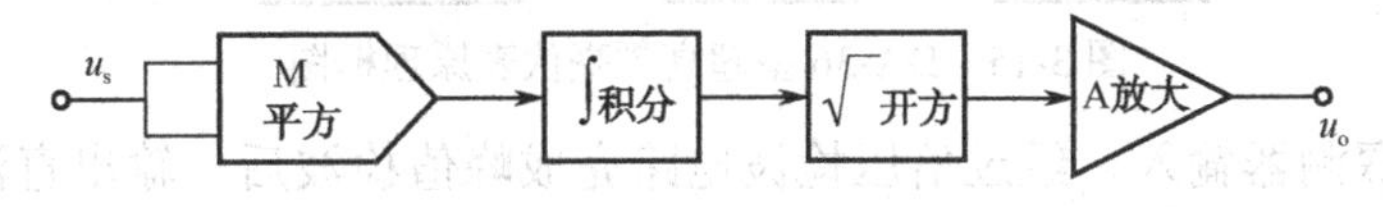

图 3-14　计算式有效值检波电路

综上所述，无论用哪种方案构成有效值电压表，表头刻度总为被测电压的有效值，而与被测电压波形无关，这也是有效值电压表的最大优点。

4．误差分析

以正弦波有效值刻度的有效值电压表测量非正弦信号时，理论上不会产生波形误差。因为非正弦波可分解为基波和一系列谐波。于是，有效值响应的电压表，其有效值/直流变换器输出的直流电流可写为：

$$\overline{I}=KU_x^2=K(U_1^2+U_2^2+\cdots) \tag{3-21}$$

式中，K 为转换效率；U_1、U_2…为基波和各次谐波的有效值。

可见，变换后的直流电流正比于基波和各次谐波有效值的平方和，而与它们的相位无关，即与波形无关。

实际上，利用有效值电压表测量非正弦信号时，是有可能产生波形误差的。一方面，受电压表线性工作范围的限制，当测量波峰因数大的非正弦波时，有可能削波，从而使这一部分波形得不到响应；另一方面，受电压表带宽限制，多次谐波会受到一定损失，这些都会使示值偏低，产生波形误差。

3.2.4 典型仪器——DA-36 型超高频毫伏表

DA-36 型超高频毫伏表采用晶体管和集成电路混合结构，由固体斩波器和振荡器构成调制式直流放大器，整个电路以检波/放大的方式工作。其主要技术性能如下。

1．主要性能

（1）电压测量范围：1mV～10V。

（2）被测电压频率范围：10kHz～1GHz。

（3）固有误差：测量频率为 100kHz 时，不超过满度值的±3%，其中 3mV 量程不超过满度值的±10%；频响误差：10kHz～100MHz±4%，100～200MHz±6%，200～500MHz±8%，500～800MHz±10%，800～1GHz±15%。

（4）输入特性：在 100kHz、30mV 量程下，输入阻抗大于 30kΩ，输入电容小于 2pF。

2．工作原理

DA-36 型超高频毫伏表由探测器、分压器、输入放大器、负反馈电路、校准器和稳压电源等组成，其原理框图如图 3-15 所示。

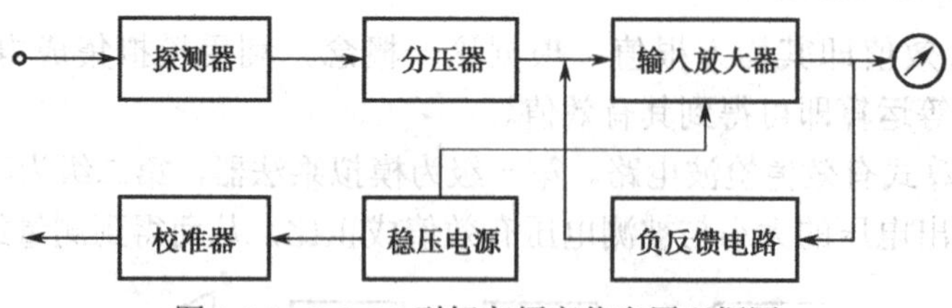

图 3-15　DA-36 型超高频毫伏表原理框图

被测电压从探测器输入，经过倍压检波电路完成峰值检波后，输出直流电压沿电缆传送到分压器，再由分压器送到双通道输入放大器完成直-交-直放大，经放大后的直流电压推动仪表指示电压读数。负反馈电路为调节不同量程的增益而设计。校准器提供 3mV、10mV、30mV、100mV、300mV、1V、3V 和 5V 八种校准电压，供本仪器在使用前作为满度校准。

3.3 数字电压表

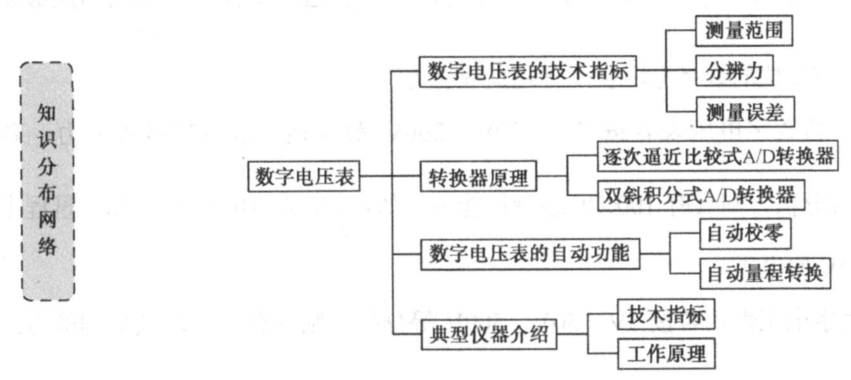

数字电压表（DVM）是把模拟电压量转换成数字量并以数字形式直接显示测量结果的一种仪表。与模拟电压表相比，数字电压表具有精确度高、测量速度快、输入阻抗大、数字显示读数准确、抗干扰能力和抗过载能力强、便于实现测量过程自动化等特点。目前，数字电压表在电压测量领域中已得到广泛应用。

A/D 转换器是数字电压表的核心，各类 DVM 的主要区别也在于 A/D 转换方法的不同。本节主要讨论几种常用直流 A/D 转换器的工作原理。交流电压测量需另外加入 AC/DC 转换器。

3.3.1 数字电压表的主要技术指标

1．测量范围

测量范围包括量程、显示位数和超量程能力。

1）量程

量程表示电压表所能测量的最小电压到最大电压范围。与模拟电压表一样，数字电压表也是借助于衰减器和输入放大器来扩大量程的。其中不经衰减器和输入放大器的量程称为基本量程，它是测量误差最小的量程。基本量程通常为 1V 或 10V，也有是 2V 或 5V 的。

2）显示位数

显示位数是指数字电压表能够完整显示 0～9 这十个数码的位数，称满位（完整显示位）。因此，最大显示数字为 9 999 和 19 999 的数字电压表均为四位数字电压表。但为区分起见，也常把只能显示 0 和 1 两个数码的显示位称为 $\frac{1}{2}$ 显示位，只能显示 0～5 的显示位称为 $\frac{3}{4}$ 显示位，这两种都是非满位（非完整显示位），位于最高位。于是，最大显示数字为 19 999 的数字电压表又称为 $4\frac{1}{2}$ 位数字电压表，最大显示数字为 59 999 的数字电压表又称为 $4\frac{3}{4}$ 位电压表。

3）超量程能力

超量程能力是数字电压表的一项重要指标，它是指数字电压表能测量的最大电压超过其量程值的能力。一台数字电压表有无超量程能力，决定于它的量程分挡情况和能够显示的最大数字情况。

显示位数全是完整位的数字电压表没有超量程能力。

带有 $\frac{1}{2}$ 显示位的数字电压表若按 2V、20V、200V 等分挡，没有超量程能力；若按 1V、10V、100V 等分挡，则具有 100%的超量程能力。如 $4\frac{1}{2}$ 位数字电压表在 10V 量程上，最大可测得 19.999V 的电压。

带有 $\frac{3}{4}$ 位的数字电压表，若按 5V、50V、500V 等分挡，则具有 20%的超量程能力。如 $4\frac{3}{4}$ 位电压表在 5V 量程上最大可测量 5.999 9 的电压。

2．分辨力

分辨力是指数字电压表能够显示被测电压最小变化值的能力，即显示器末位跳变一个字所需的最小电压变化值。在不同量程上，数字电压表的分辨力不同。在最小量程上数字电压表具有最高的分辨力。

3．测量误差

数字电压表的测量误差包括固有误差和工作误差，这里只讨论固有误差。

固有误差是指在基准条件下的误差，常为如下形式：

$$\Delta U = \pm(\alpha\% \cdot U_x + \beta\% \cdot U_{\mathrm{m}}) \tag{3-22}$$

式中，U_x 为被测电压示值；U_{m} 为该量程的满度值；α 为误差的相对项系数；$\alpha\% \cdot U_x$ 为读数误差，随被测电压而变化；β 为误差的固定项系数；$\beta\% \cdot U_{\mathrm{m}}$ 为满度误差，对于给定量程，该值不变。

满度误差有时也用与之相当的末位数字的跳变个数来表示，记为±n 个字，即在该量程上末位跳 n 个字时的电压值恰好等于 $\beta\% \cdot U_{\mathrm{m}}$。

4．输入电阻和输入偏置电流

数字电压表输入级多采用场效应晶体管电路，所以有比较高的输入电阻，一般不小于 10MΩ，高准确度的可达到 1 000MΩ。

输入偏置电流是指仪器内部元件受温度等影响而表现于输入端的电流。为提高测量精确度，应尽量减小此电流。

5．测量速率

测量速率表示数字电压表在单位时间内以规定的准确度完成的最大测量次数，它主要取决于 A/D 转换器的转换速率。积分型数字电压表速率较低，比较型数字电压表速率较高。

6．抗干扰能力

外部干扰按其在仪器输入端的作用方式可分为串模干扰和共模干扰两种。一般串模干

扰抑制比可达 50～90dB，共模干扰抑制比可达 80～150dB。

3.3.2　转换器原理

A/D 转换器是数字电压表的核心，它在很大程度上决定着数字电压表的性能。A/D 转换的方法很多，下面分析几种具有代表性的 A/D 转换器基本原理。

1．逐次逼近比较式 A/D 转换器

逐次逼近比较式 A/D 转换器是一种反馈比较式 A/D 转换器，其原理框图如图 3-16 所示。它由比较器、A/D 转换器、比较寄存器（即比较控制逻辑电路）、时钟脉冲发生器和基准电压源等组成。

逐次逼近比较式 A/D 转换器的工作原理类似于天平。天平在称物体的质量时使用一系列的砝码，根据称量过程中天平的平衡情况，逐次增加或减少砝码，使天平最终趋于平衡。而逐次逼近比较式 A/D 转换器在转换过程中，用被测电压与已知的标准电压（A/D 转换器输出电压）进行比较，并用比较结果控制 A/D 转换器的输入，使其输出电压大小向被测电压靠近，直到两者趋于相等为止。此时 A/D 转换器的输入量（也就是比较寄存器的输出量）即为 A/D 转换器的输出数字量。图 3-17 是一个四位逐次比较式 A/D 转换器转换过程流程图。

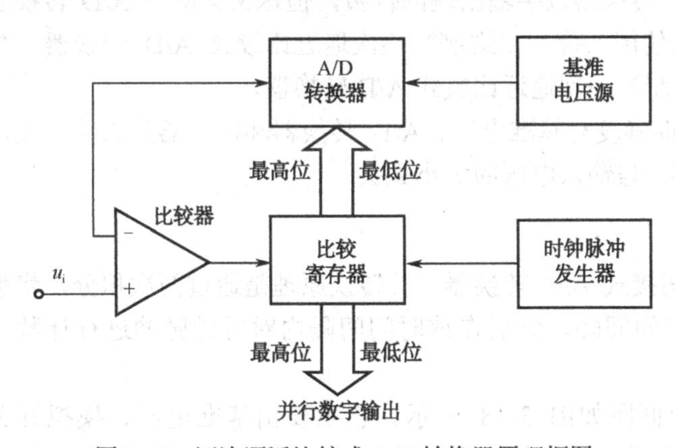

图 3-16　逐次逼近比较式 A/D 转换器原理框图

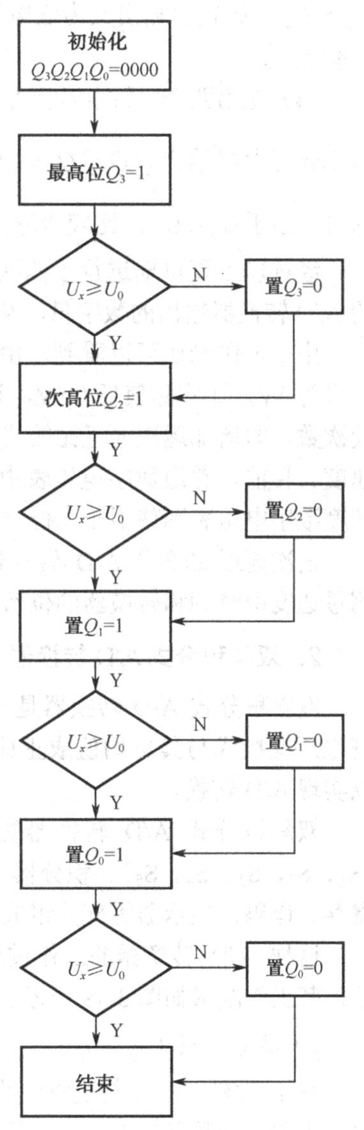

图 3-17　四位逐次比较式 A/D 转换器转换过程流程图

实例 3-3　当 $U_x = 5.5\text{V}$，$E_\Gamma = 16\text{V}$ 时，转换过程如下。

（1）第一个时钟脉冲使比较寄存器最高位 Q_3 置 1，即 $Q_3Q_2Q_1Q_0 = 1000$，经 A/D 转换器输出标准电压 $U_0 = \frac{1}{2}E_\Gamma = 8\text{V}$，加至比较器与 U_x 进行比较。由于 $U_0 > U_x$，比较器输出为低电平。所以，当第二个时钟脉冲到来时，比较

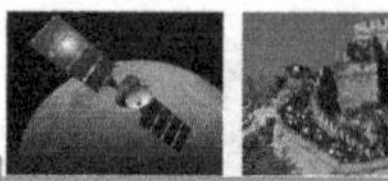

寄存器最高位复位。

（2）第二个时钟脉冲到来时，比较寄存器最高位回到 0 的同时，其下一位（次高位 Q_2）被置 1，故比较寄存器输出 $Q_3Q_2Q_1Q_0=0100$，经 A/D 转换器输出标准电压 $U_0=\frac{1}{4}E_{\rm r}=4{\rm V}$，这时，由于 $U_0<U_x$，比较器输出为高电平，使得比较寄存器次高位的 1 被保留。

（3）第三个时钟脉冲到来时，比较寄存器的 Q_1 位被置 1，即比较寄存器输出 $Q_3Q_2Q_1Q_0=0110$，经 A/D 转换器输出标准电压 $U_0=\left(\frac{1}{4}+\frac{1}{8}\right)E_{\rm r}=6{\rm V}$，现在，由于 $U_0>U_x$，比较器输出又为低电平。所以，当第四个时钟脉冲到来时，比较寄存器的 Q_1 位返回到 0。

（4）在第四个时钟脉冲到来时，比较寄存器的 Q_1 位被复位为 0 的同时，使 Q_0 位置 1，即比较寄存器输出 $Q_3Q_2Q_1Q_0=0101$，经 A/D 转换器输出标准电压 $U_0=\left(\frac{1}{4}+\frac{1}{16}\right)E_{\rm r}=5{\rm V}$，这时，由于 $U_0<U_x$，比较器输出为低电平，使得比较寄存器最低位的 1 被保留。

经过以上逐位地进行了四次比较之后，最后比较寄存器输出为 0101，这就是最终得到的 A/D 转换器输出的数字量，从而完成一次 A/D 转换的全部比较程序。

由以上讨论还可以看到，由于 A/D 转换器输出的标准电压是量化的，因此最后转换的结果为 5V，比实际值低 0.5V，这就是 A/D 转换的量化误差。减小量化误差的方法是增加比较次数，即增加逐次逼近比较式 A/D 转换器数字输出端的位数，但这又会降低 A/D 转换的速度。目前，普通数字电压表中一般使用八位（二进制）逐次逼近比较式 A/D 转换器。高精度数字电压表则使用十二位（二进制）逐次逼近比较式 A/D 转换器。

逐次逼近比较式 A/D 转换器的准确度与基准电压、A/D 转换器和比较器的漂移有关，测量速度由时钟和转换器的位数决定，与输入电压的大小无关。

2. 双斜积分式 A/D 转换器

双斜积分式 A/D 转换器是一种间接式 A/D 转换器，其转换原理是通过两次积分，将被测电压变换成与其平均值成正比的时间间隔，然后在该时间间隔内对时钟脉冲进行计数，以实现 A/D 转换。

双斜积分式 A/D 转换器的原理框图如图 3-18 所示。它主要由基准电压、模拟开关（S_1、S_2、S_3、S_4、S_5）、积分器、零电平比较器、控制逻辑电路、时钟脉冲发生器和计数、寄存、译码、显示器等部分组成。

这种 A/D 转换器的工作过程在控制逻辑电路的控制下分准备、取样和比较三个阶段进行，其工作波形如图 3-19 所示。

1）准备阶段（$t_0\sim t_1$）

在 t_0 时刻，由控制逻辑电路将 S_4、S_5 接通，$S_1\sim S_3$ 断开。积分器输入电压为零，使输出也为零。计数器复零，电路处于初始状态。

2）取样阶段（$t_1\sim t_2$）

该阶段控制逻辑发出取样指令，闭合 S_1，断开 $S_2\sim S_5$，被测电压（$-U_x$ 或 U_x，设 U_x 为

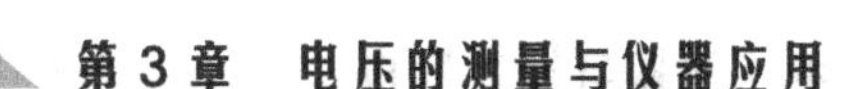

正值）加到积分器，积分器输出电压 U_o 线性上升，一旦 $U_o>0$，零比较器输出由低电平跳变到高电平，打开计数闸门，时钟脉冲通过闸门，计数器开始计时。由于时钟是等周期 T_0 的脉冲，这里的计数实质上就是计时。经过预置时间 T_1（设计数器容量为 N_1）后，到达 t_2 时，计数器溢出，产生进位脉冲给逻辑控制电路，将 S_1 断开，S_2/S_3 闭合，取样阶段结束。此时积分器输出达到最大值：

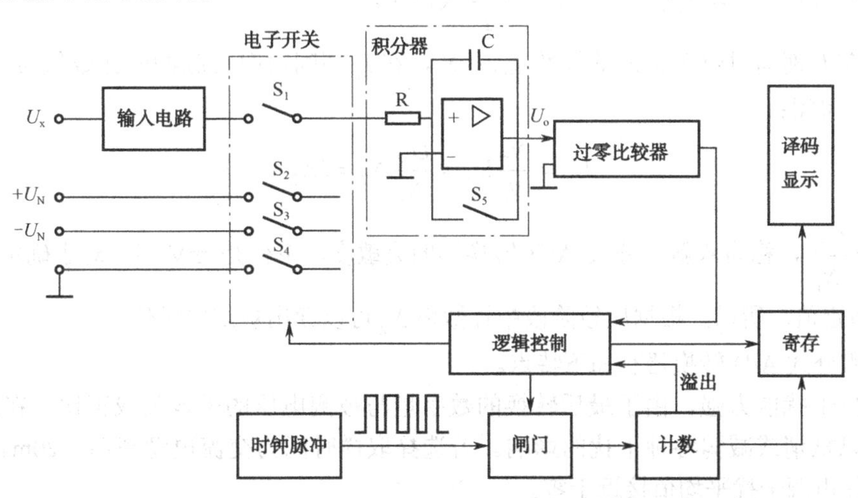

图 3-18　双斜积分式 A/D 转换器的原理框图

$$U_{o1}=U_{om}=-\frac{1}{RC}\int_{t_1}^{t_2}-U_x\mathrm{d}t=\frac{T_1}{RC}U_x \qquad (3\text{-}23)$$

可见，在 t_2 时刻，积分器的输出电压与被测电压 U_x 在 T_1 时间内的平均值成正比。

3）比较阶段（$t_2 \sim t_3$）

该阶段控制逻辑发出比较指令，对基准电压进行定值反向积分。在 t_2 时刻，S_1 断开，S_2（或 S_3）接通。此时一个与 U_x 极性相反的基准电压 U_N（$U_x>0$，接 $-U_N$；$U_x<0$，接 $+U_N$）接入积分器输入端，开始定值反向积分，积分器输出电压从 U_{o1} 逐渐趋向于零。在 t_3 时刻，积分器输出电压 $U_o=0$，零电平比较器发生翻转，该翻转信号经控制逻辑电路使 S_2（或 S_3）断开，积分器停止积分。此时有：

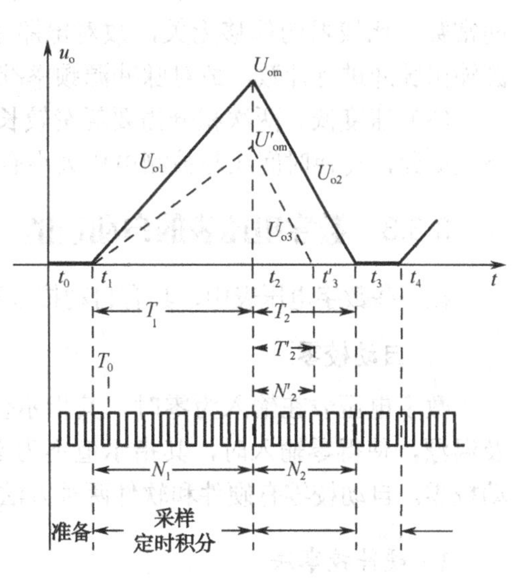

图 3-19　双斜积分式 A/D 转换器的工作波形

$$U_o=U_{om}+\left(-\frac{1}{RC}\int_{t_2}^{t_3}(-U_N)\right)\mathrm{d}t=0$$

即

$$U_{om}-\frac{U_N}{RC}T_2=0 \qquad (3\text{-}24)$$

将式（3-23）代入式（3-24）得：

$$\frac{T_1}{RC}U_x - \frac{T_2}{RC}U_N = 0$$

$$U_x = \frac{T_2}{T_1}U_N \tag{3-25}$$

式中，$T_2 = N_2T_0$、$T_1 = N_1T_0$，所以U_x与$\frac{T_2}{T_1}$成正比。

如果在T_1期间对时钟脉冲的计数值为 N_1，在T_2期间对时钟脉冲的计数值为 N_2，根据式（3-25）可得：

$$U_x = \frac{N_2}{N_1}U_N = \frac{U_N}{N_1}N_2 = kN_2 \tag{3-26}$$

式中，$k = \frac{U_N}{N_1}$，称为双斜积分式 A/D 转换器的灵敏度，单位是 mV/字。对于确定的数字电压表，k 为定值，所以，根据比较阶段中计数值N_2可以读出被测电压值。

双斜积分式 A/D 转换器有如下特点。

（1）抗干扰能力强。由于最后转换的数字量与被测电压的平均值成正比，在求平均值过程中可以抵消或减弱各种干扰的影响。若选择取样时间为交流电源周期（20ms）的整数倍，则可使电源干扰平均值接近于零。

（2）成本低。A/D 转换器的准确度只取决于基准电压的准确度和稳定度，而与积分时间常数、比较器的偏移无关，故对电路中的元件无须精选；又因两次积分都是对同一脉冲源输出脉冲进行计数，故对脉冲源频率准确度及稳定度要求也不高。

（3）速度低。两次积分需要耗费较长时间，这是双斜积分式 A/D 转换器的最大缺点。不仅如此，转换时间还与被测电压大小有关，被测电压越大，转换时间越长。

3.3.3 数字电压表的自动功能

在一些数字电压表中，具有自动校零和自动转换量程等功能，现简要介绍其工作原理。

1. 自动校零

数字电压表在输入为零时，其指示值也应该为零，但是由于仪器内部器件的零点偏移及温漂，使得零输入时，其指示值不为零，这便产生了误差。消除这种误差的方法就是自动校零。自动校零有硬件和软件两种方法。

1）硬件校零法

如图 3-20 所示是一种用于双斜积分式数字电压表硬件自动校零的电路图。电路中，比较器的输出通过分压器R_1和R_2把失调电压反馈到积分器的同相输入端，以完成零点补偿。在实际测量之前，逻辑控制电路将开关 S_4、S_5、S_6闭合 50ms，S_4使输入端接地，S_5短路积分电阻R，以便减小积分时间常数，而 S_6接通反馈电路。很明显，电容器C_f两端的充电电压反映包括放大器、积分器和比较器在内的整个系统的失调电压，这个失调电压（即零点误差）存储在电容器C_f上，以便在测量阶段结束时用来补偿测量系统的零点偏移，从而达到自动校零的目的。

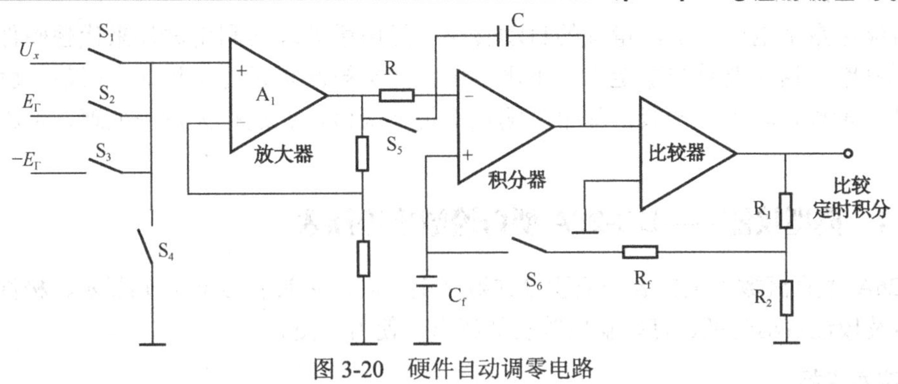

图 3-20　硬件自动调零电路

2）软件校零法

软件校零使用程序来校正电压测量中的零点偏移，其原理如图 3-21 所示。在图 3-21（a）中，电压测量分两步进行：第一步，数字电压表的输入电路通过开关 S 接地（位置 2），在输入信号为零的条件下测得零点偏移量 U_{off}；第二步，输入电路接入输入电压（包含零点偏移量），得测量值 U_x，经计算得被测电压值为 $U_{in}=U_x-U_{off}$。按以上步骤可编制自动校零程序，其流程图如图 3-21（b）所示。

以上两种校零方法中，硬件法电路较复杂，但速度快；软件法硬件电路较简单，但速度较慢。

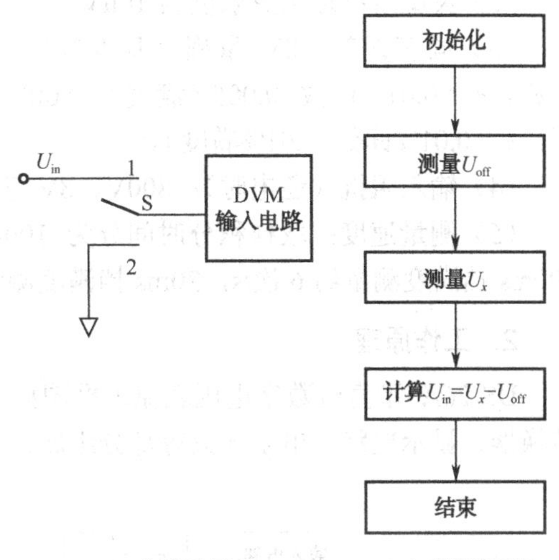

（a）电路原理图　（b）程序流程图

图 3-21　软件自动校零

2. 自动量程转换

普通数字电压表中的量程由人工转换，当需要测量动态范围较大的信号时，量程转换很麻烦，工作速度也慢。具有自动量程转换功能的数字电压表可根据输入被测电压的大小，自动选择最佳量程，从而可加快测量速度和提高测量的准确度。自动转换量程有降量程和升量程两种方法。对于仅具有降量程功能的数字电压表，每次测量都从最高量程开始，再根据被测电压的大小，依次降低量程，直至找到最佳量程。作为降量程的指令，一般由显示电路获得。如果显示值小于满量程的 10%（也有规定 5%），则发出转换量程指令，数字电压表自动降至下一个量程。而对兼有降量程和升量程功能的数字电压表，则可利用溢出信号作为升量程指令。下面以双斜积分式 A/D 转换器为例，分析自动转换量程原理。

如前所述，取样阶段 T_1 是固定的，$T_1=N_1T_0$。当计数器计数满足值 N_1 后，该阶段即终止。比较阶段 T_2 与被测电压成正比，$T_2=N_2T_0$，N_2 的最大值由数字电压表的满量程值及灵敏度决定。如果在比较阶段计数器产生溢出信号，则可将该信号作为升量程指令，使数字电压表进行升量程转换。另外，测量时 N_2 还可以送至比较电路，与降量程额定值进行比较，如果小于额定值，则由比较器产生降量程指令，转换至低一挡量程。

在智能化数字电压表中，量程的自动转换可经由微处理器利用软件来代替硬件电路，进行逻辑判断。这需要首先确定上、下限电压，如果被测量超过量程的上限值，就进行超量程处理，量程自动上升一级；如果被测量不足下限值，就进行欠量程处理，量程自动下降一级。

3.3.4 典型仪器——DS-26A 型直流数字电压表

DS-26A 型直流数字电压表是双积分式数字电压表，它具有 5 位数码显示、极性符号和单位显示及极性自动转换、打印输出等功能特点，使用方便。

1. 技术指标

（1）测量范围：±10μV～1 000V 直流电压，分 5 挡。

（2）灵敏度：最高灵敏度为 10μV。

（3）固有误差：8V 量程（基本量程），±（0.005%读数+0.003%满度）；800mV、80V 量程，±（0.01%读数+0.005%满度）；800V 量程，±（0.007%读数+0.03%满度）；100V 量程，±（0.01%读数+0.01%满度）。

（4）输入阻抗（通电时）：800V、8V 量程>1 000MΩ；其他量程约等于 10MΩ。

（5）测量速度：取样积分时间分为 100ms 和 20ms 两挡，连续取样测量速度分别为，100ms 挡满度测量约 6 次/s，20ms 挡满度测量约 25 次/s。

2. 工作原理

DS-26A 型直流数字电压表原理框图如图 3-22 所示，主要由输入电路、双积分式 A/D 转换器、显示电路、电子开关等部分组成。

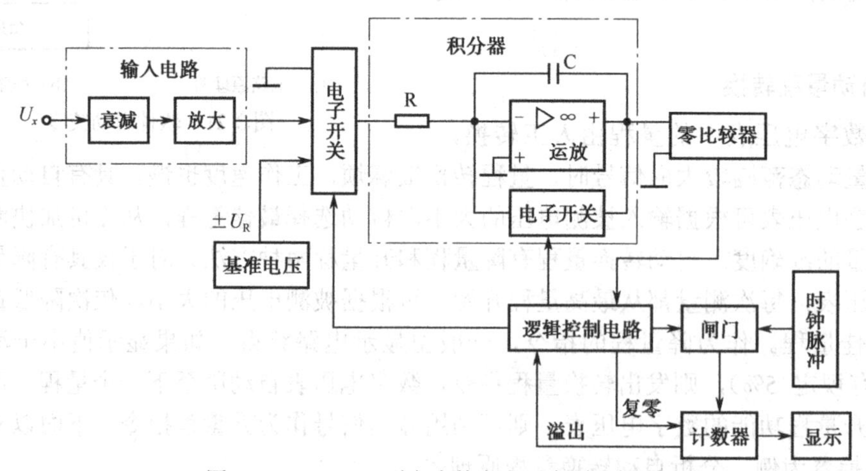

图 3-22 DS-26A 型直流数字电压表原理框图

输入电路的主要作用是将 0～±100V 的直流电压规范化为 0～±8V 的直流电压，经电子开关送入双积分式 A/D 转换器。

当一次测量结束后，逻辑控制电路送出一个复位脉冲，一方面作为清零复位指令，另一方面使闸门处于待开启状态。

逻辑控制电路输出的启动脉冲控制闸门打开，计数器开始计数，计数时间为 T_1。同

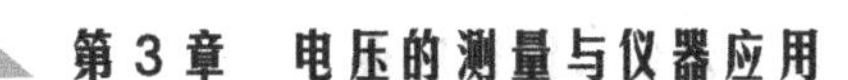

时，启动脉冲使输入模拟电子开关打开，仪器处于取样阶段。当计数器计满 N_1 时，取样结束，逻辑控制电路发出一个控制信号，它一方面使输入模拟电子开关断开，同时打开相应基准电压源的控制开关；另一方面使闸门关闭，计数器清零，然后重新打开闸门，开始进行 T_2 时间的比较。当比较结束时，零比较器的输出脉冲经逻辑控制电路关闭闸门和基准电压源开关，T_2 时间结束。此关门脉冲还作为十进制转换脉冲，启动显示电路和打印输出电路。

3.4　数字多用表

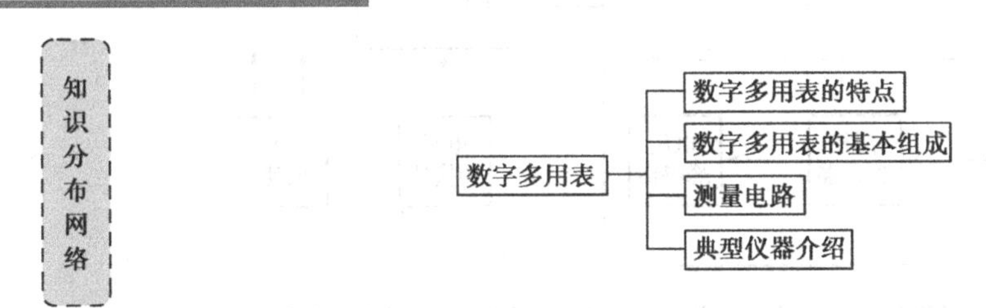

与普通的模拟式多用表相比，数字多用表的测量功能较多，它不但能测量直流电压、交流电压、交/直流电流和电阻等参数，还能测量信号频率、电容器容量及电路的通断等。除以上测量功能外，还有自动校零、自动显示极性、过载指示、读数保持、显示被测量单位的符号等功能。它以直流电压的测量为基础，测量其他参数时，先把它们变换为等效的直流电压 U，然后通过测量 U 获得所测参数的数值。

3.4.1　数字多用表的特点

较之模拟式多用表，数字多用表除具有一般的 DVM 所具有的准确度高、数字显示、读数迅速准确、分辨力高、输入阻抗高、能自动调零、自动转换量程、自动转换及显示极性等优点外，由于采用大规模集成电路，因此体积小、可靠性好、测量功能齐全、操作简便。有些数字多用表可以精确地测量电容、电感、温度、晶体管的 h_{FE} 等，大大扩展了功能。数字多用表内部还有较完善的保护电路，过载能力强。由于数字多用表具有上述这些优点，使它获得了越来越广泛的应用。但它也有不足之处：不能反映被测量的连续变化过程及变化的趋势，如用来观察电容器的充、放电过程，就不如模拟电压表方便直观；也不适合作电桥调平衡用的零位指示器；同时，其价格也偏高。所以，尽管数字多用表具有许多优点，但它不可能完全取代模拟式多用表。

3.4.2　数字多用表的基本组成

图 3-23 是某型号数字多用表的原理方框图。全机由集成电路 ICL-7129、$4\frac{1}{2}$位 LCD、分压器、电流-变换器（I/U）、电阻-电压变换器（R/U）、AC/DC 转换器、电容-电压变换器（C/U）、频率-电压变换器（f/U）、蜂鸣器电路、电源电路等组成。

集成电路 ICL-7129 测量电路的基本部分是基本量程为 200mV 的直流数字电压表。对于电流、电阻、电容、频率等非电压量，都必须先经过变换器转换成电压量后，再送入 A/D 转换器。对于高于基本量程的输入电压，还需经分压器变换到基本量程范围内。

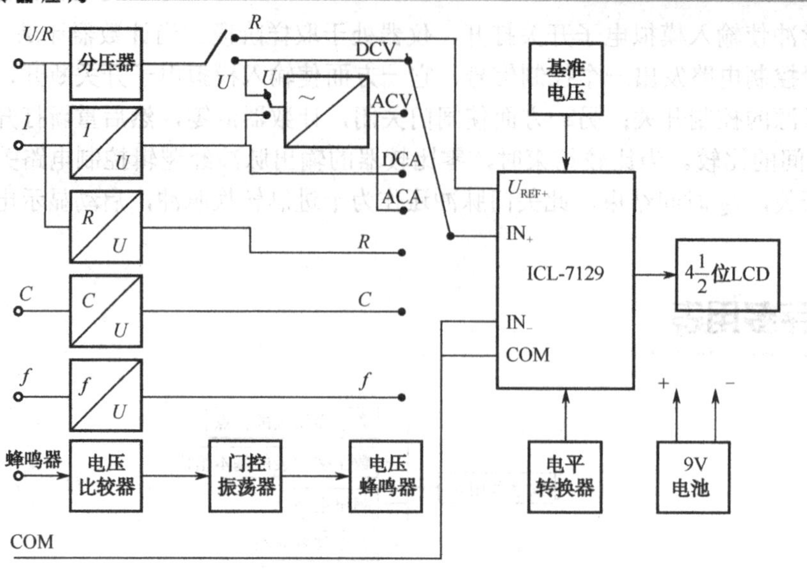

注：IN+、IN-为A/D转换器输入电压的正、负端；COM为公共端；U_{REF+}为基准电压正端

图 3-23　某型号数字多用表原理方框图

ICL-7129 型 A/D 转换器内部包括模拟电路和数字电路两大部分。模拟部分为积分式 A/D 转换器。数字部分用于产生 A/D 转换过程中的控制信号及对转换后的数字信号进行计数、锁存、译码，最后送往 LCD 显示器。该多用表使用 9V 电池，经基准电压产生电路产生 A/D 转换过程所需的基准电压 U_{REF}；电平转换器则将电源电压转换为 LCD 显示所需的电平幅值。它每秒可完成 A/D 转换 1.6 次。

3.4.3　测量电路

数字多用表测量电压、电流和电阻时的电路连接如图 3-24 所示。

电压测量的基本量程为 200mV，对高于 200mV 的被测电压，测量时需通过分压电路变换到基本量程范围内。测量电流时，被测电流流过取样电阻，将电流量转换为电压量送至 A/D 转换器。取样电阻的大小根据量程而定，它保证在满量程电流值时，取样电压为 200mV。

测量交流电压和电流时，还需经过 AC/DC 转换。本仪器使用集成电路 AD736 来完成交/直流转换。它是一种计算式有效值型转换器，既可用于测量正弦电压，也可用于测量方波、三角波等非正弦电压，所得结果均为有效值，不必进行换算。但是，由于交流测量电路中没有使用隔直流电容器，因此指示值为交流分量有效值和直流分量之和。

电阻和电压测量共用一个输入端。ICL-7129 有一个量程控制端，测量电阻时可将仪器基本量程改为 2V，这时 U_{REF} 端电压为+3.2V。被测电阻与内部的标准电阻串联后分压，将被测电阻转换为相应的电压值进行测量。

测量电容和频率时，也需将被测量转换为相应的电压值送至 A/D 转换器。图 3-25 为测量电容时的电路连接图，图中 A_1 和周围的阻容网络组成文氏桥振荡器，A_2、A_3 为放大器。文氏桥振荡电路中，闭环增益由负反馈支路决定，略大于 3；振荡频率由正反馈支路的电

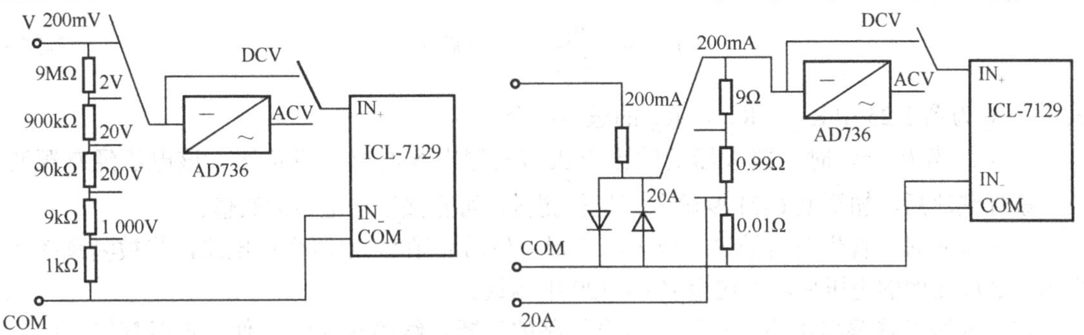

（a）电压测量电路　　（b）电流测量电路

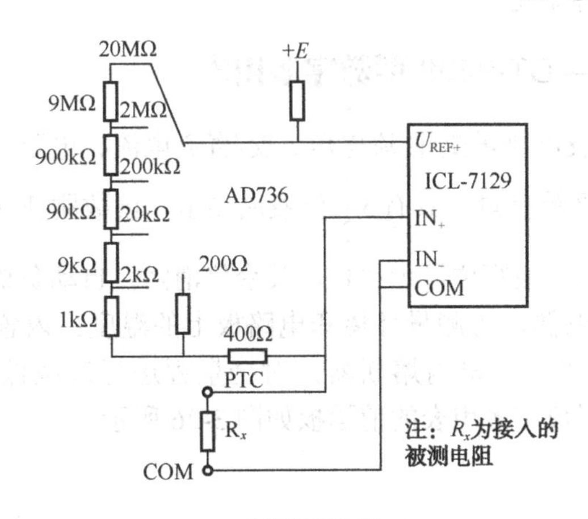

（c）电阻测量电路

图 3-24　数字多用表测量电压、电流和电阻时的电路连接图

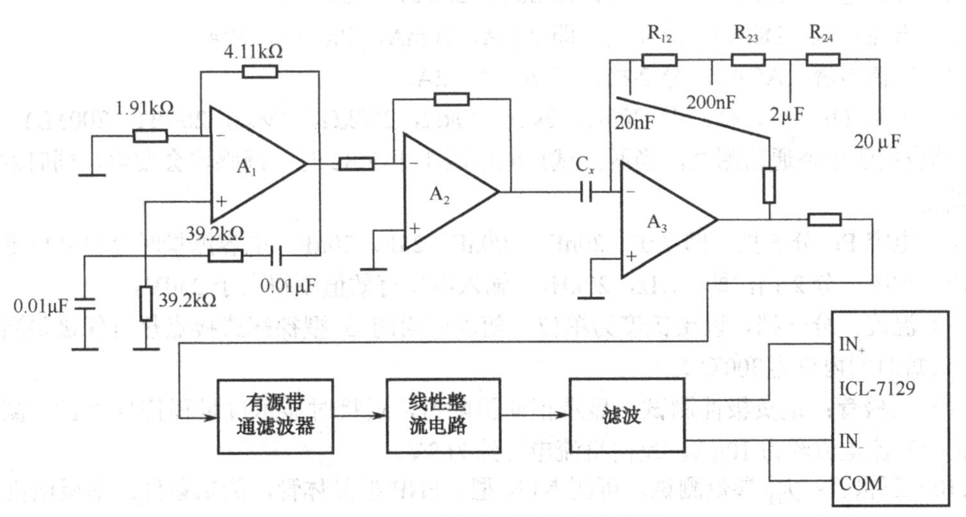

图 3-25　测量电容时的电路连接图

阻、电容决定，频率约为 400Hz。

在 A_3 放大电路中，反馈支路电阻 R_{12}、R_{23}、R_{24} 为量程电阻。前级来的振荡信号经被测电容 C_x 加至 A_3 的反相输入端，本级的闭环增益为：

$$A_u = -\frac{R_f}{1/j\omega C_x} = -j\omega C_x R_f \tag{3-27}$$

式中，R_f 为图 3-25 中 R_{12}、R_{23}、R_{24} 的适当组合。

可见，当 R_f 一定时，放大器的输出电压与被测电容的容量成正比。该电压经有源滤波、线性整流后，加至 ICL-7129 输入端进行测量，可直接读出电容的数值。

测量频率时，首先对信号进行放大、整形，然后经频率-电压变换电路，将被测频率变换为与之成比例的电压后，再送至 ICL-7129 中测量。

仪表内装有蜂鸣器电路，可用于检查线路的通断。线路接通时，使比较器翻转，门控振荡器起振，从而推动蜂鸣器发声。

3.4.4 典型仪器——DT-9208 型数字多用表

DT-9208 型数字多用表可测量交/直流电压、交/直流电流、电阻、电容、频率、温度、二极管、晶体管、逻辑电平等参量；具有 $3\frac{1}{2}$ 位液晶显示，读数刷新速率（即测量速率）为每秒 2～3 次；过量程指示，最高位显示“1”，其余位消隐；自动负极性“–”，有自动校零功能；配有内置和外接热电偶，可测量环境和电路板上的温度；内置蜂鸣器和指示灯，用于表示电路通断及高低电平等；机内熔断器，对全量程进行过载保护；具有自动关机功能，节省电量。DT-9208 型数字多用表的前面板如图 3-26 所示。

1．主要功能

（1）直流电压（DCV）：分 5 挡，即 200mV，2V，20V，200V，2 000V。

（2）交流电压（ACV）：分 3 挡，即 20V，200V，750V。

（3）直流电流（DCA）：分 4 挡，即 20μA，20mA，200mA，20A。

（4）交流电流（ACA）：分 2 挡，即 20mA，2A。

（5）电阻 Ω：分 7 挡，即 200Ω，2kΩ，20kΩ，200kΩ，2MΩ，20MΩ，200MΩ。其中 200Ω 挡也用于电路通断测试，当两测试点间电阻小于 30Ω 时，蜂鸣器会发声，同时发光二极管发光。

（6）电容 F：分 5 挡，即 2nF，20nF，200nF，2μF，20μF。电容测量时会自动校零。

（7）频率：分 2 挡，即 2kHz，20kHz。输入电压有效值不得大于 250V。

（8）温度：分一挡，以摄氏度为单位。随表所附的 3 型裸露式接点热电偶极限温度为 250℃（短时间内可为 300℃）。

（9）二极管：正负极性测试。显示正向压降值，反接时显示过量程符号“1”。测试条件：正向直流电流约为 10μA，反向直流电压约为 3V。

（10）三极管：h_{FE} 参数测试。可测 NPN 型、PNP 型晶体管。测试条件：基极电流 I_B 约为 10μA，U_{CE} 约为 3V。

（11）逻辑：高低电平测试。被测电压≥2.4V 为高电平，被测电压≤0.7V 为低电平。

2．使用方法

1）测试棒位置选择

黑色测试棒置于“COM”公共插口，红色测试棒根据被测量的不同分别插入对应的插口。“VΩHz”口用于测量电压、电阻、频率、二极管和逻辑电平，“A”口用于测量 200mA 以下电流，“20A”口用于测量 200mA～20A 的电流。

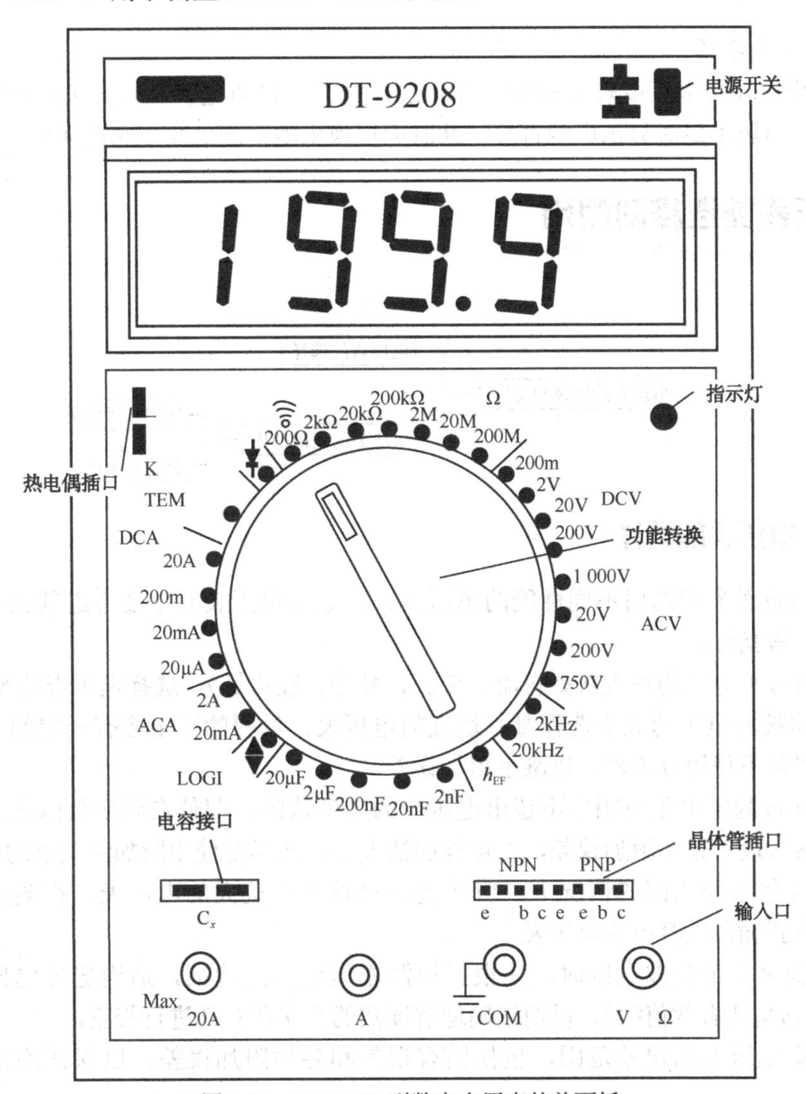

图 3-26　DT-9208 型数字多用表的前面板

测试温度时，将 K 型热电偶插入“K”插口。测试电容值时，将电容器两引脚插入“C_x”插槽。测试晶体管时，将其插入晶体管插口，注意 NPN 型晶体管和 PNP 型晶体管应插入不同的插口。

2）选择开关的正确位置

根据被测量的不同，将选择开关置于对应的位置。200Ω 挡兼有通断测试功能，当两被测点之间的电阻小于 30Ω 时，蜂鸣器会发声，同时指示灯（发光二极管）发光。

3）电源开关

电源开关置于“ON”时，电源接通，显示屏上有“1”或“0”或变化不定的数字显

示，此时即可进行测量。该仪表具有自动断电功能，开机约 15min 后会自动关机，重复电源开关操作即可开机。

4）使用注意事项

严禁在测量较高电压或较大电流时旋动选择开关，以防电弧烧损开关；严禁带电测量电阻；当电池电压不足时显示电池符号，此时应更换电池；测量高压时应注意人身安全。

3.5 电压表的选择和使用

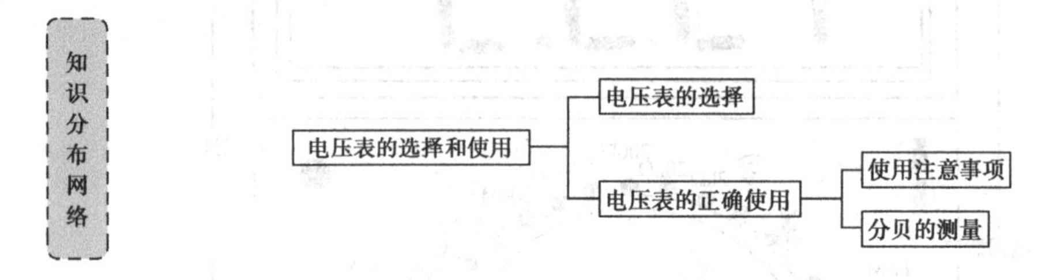

3.5.1 电压表的选择

不同的测量对象应选用不同性能的电压表。在选择电压表时主要考虑其频率范围、量程和输入阻抗等指标。

（1）根据被测电压的种类（如直流、交流、脉冲、噪声等），选择电压表的类型。

（2）根据被测电压的大小选择量程适宜的电压表。量程的下限应有一定的灵敏度，量程的上限应尽量不使用分压器，以减小附加误差。

（3）保证被测量电压的频率不超出电压表的频率范围。即使在频率范围之内，也应当注意电压表各频段的频率附加误差，在可能的情况下，应尽量使用附加误差小的频段。

（4）在其他条件相同的情况下，应尽量选择输入阻抗大的电压表。在测量高频电压时，应尽量选择输入电容小的电压表。

（5）在测量非正弦波电压时，应根据被测电压波形的特征，适当选择电压表的类型（峰值型、均值型或有效值型），以便正确理解读数的含义并对其进行修正。

（6）注意电压表的误差范围，包括固有误差和各种附加误差，以保证测量精确度的要求。

3.5.2 电压表的正确使用

1. 使用注意事项

选择好电压表以后，在进行具体测量时还应当注意以下几个方面。

（1）正确放置电表。

（2）测量前要进行机械调零和电气调零。机械调零是就模拟电压表而言的，应在通电之前进行。电气调零在接通电源预热几分钟后进行，且每转换一次量程都应重新进行电气调零。

（3）注意被测电压与电压表之间的连接。测试连接线应尽量短一些，对于高频信号应当用高频同轴电缆连接。测量时应先接地线，再接高电位线；测量完毕应先拆高电位线，再拆地线。

（4）正确选择量程。如果对被测电压的数值大小不清楚，应先将量程选大些，再根据需要转换到较小量程。在使用模拟电压表时，所选量程应尽量使表针偏转大一些（满度 2/3 以上区域），以减小测量误差。

（5）注意输入阻抗的影响。当电压表对被测电路的影响不可忽略时，应进行计算和修正。

（6）测量电阻时，数字多用表的内部电压极性是红笔为“%”，黑笔为“&”，而模拟多用表恰好相反，用它来判断有关电路时应注意。

2．分贝的测量

部分电子电压表附有以 dB 为单位的电平测量刻度，这种单位用来表示信号传输系统中任意两点相对功率的大小，如网络的功率增益、衰减、功率损耗等。

分贝的数学定义为：

$$A_{\mathrm{dB}}=10\lg\frac{P_1}{P_2}\mathrm{dB} \tag{3-28}$$

当被测的两点具有相同的负载电阻时，也可以用两点的电压或电流比计算，即

$$A_{\mathrm{dB}}=20\lg\frac{U_1}{U_2}=20\lg\frac{I_1}{I_2}\mathrm{dB} \tag{3-29}$$

如果上述两式中 P_2 和 U_2 为基准量 P_0 和 U_0，则可测量点 1 的绝对电平。

绝对电平有两种常用单位。一种以 1mW 作为基准电平，所得结果称为分贝毫瓦，用 dBm 表示；另一种以 1W 作为基准电平，所得结果称为分贝瓦，用 dBW 表示。

$$P_{\mathrm{W}}[\mathrm{dBm}]=10\lg\frac{P_x}{P_0}=10\lg\frac{P_x}{1\mathrm{mW}}\mathrm{dBm} \tag{3-30}$$

$$P_{\mathrm{W}}[\mathrm{dBW}]=10\lg\frac{P_x}{P_0}=10\lg\frac{P_x}{1\mathrm{W}}\mathrm{dBW} \tag{3-31}$$

由于 $1\mathrm{W}=10^3\mathrm{mW}$，所以 30dBm=0dBW。

电压表上的刻度一般都是 dBm，它是以在 600Ω 负载电阻上获得 1mW 功率来定度 0dB 的，它对应的电压值为 0.775V。

在高频测试中，常以 1μV 作为基准电平，所得结果称为分贝微伏，用 dBμ 表示，即

$$P_{\mathrm{V}}[\mathrm{dB\mu}]=20\lg\frac{U_x}{U_0}=20\lg\frac{U_x}{1\mu\mathrm{V}}\mathrm{dB\mu} \tag{3-32}$$

对于较大电压，有时采用 1V 作为基准电平，称为分贝伏，用 dBV 表示，即

$$P_{\mathrm{V}}[\mathrm{dBV}]=20\lg\frac{U_x}{U_0}=20\lg\frac{U_x}{1\mathrm{V}}\mathrm{dBV} \tag{3-33}$$

分贝有时还用来表示电平的相对变化范围。例如，电平变化±3dB，表示功率变化不超过参考电平的 0.5～2 倍，电压变化不超过参考电平的 0.707～1.414 倍。

实验2 电压表波形响应和频率响应的研究

1. 实验目的

（1）研究不同检波方式的电子电压表在测量各种波形交流电压时的响应。

（2）研究交流电压表的频率响应。

2. 实验器材

电压表 DA22A；电压表 DA30A；电压表 SH2171；函数发生器；示波器。

3. 实验原理

1）电压表的波形响应

电子电压表有多种型号，按检波器的不同可分为均值电压表、有效值电压表和峰值电压表。一般电压表都是按正弦波有效值进行刻度的，因此，当被测电压为非正弦波时，随着波形的不同会出现不同的结果，此现象称为电压表的波形响应。

2）峰值电压表

峰值电压表主要是由峰值检波器、步进分压器和直流放大器组成的。目前，为了解决直流放大器的增益与零点漂移之间的矛盾，普遍采用了斩波式直流放大器。利用斩波器把直流电压变换成交流电压，并利用交流放大器放大。最后再把放大的交流电压恢复成直流电压。斩波式直流放大器的增益可以做得很高，而且噪声和零点漂移都很小。所以用它做成检波-放大式电压表，灵敏度可以达到几十微伏。

峰值电压表的优点是可以把检波二极管及其电路从仪器引出放置在探头内。这对高频电压测量特别有利，因为可以把探头的探针直接接触到被测点。峰值电压表是按正弦波的有效值来刻度的。

3）均值电压表

均值电压表一般由宽带放大器和检波器组成。检波器对被测电平的平均值产生响应，通常采用二极管全波或桥式整流电路作为检波器。电压表的频率范围主要受宽带放大器带宽的限制。

4）有效值电压表

交流电的有效值是指在一个周期内，通过某纯电阻负载所产生的热量与一个直流电压在同一个负载上产生的热量相等时，该直流电压的数值就是交流电压的有效值。

在现代有效值电压表中，常采用热点转换和模拟计算电路两种方法来实现有效值的测量。热点转换是通过一个热电偶实现的，当加入电压后，热电偶两端由于存在温差而产生热电动势，于是热电偶中将产生一个电流使得电流表偏转而产生读数。模拟计算电路是使用模拟电路直接实现有效值电压的计算公式得到电路的有效电压。

4. 实验内容和步骤

分别用均值、峰值和有效值电压表测量函数发生器输出的正弦波、方波和三角波电压，判断各表的检波类型。测量其中一只电压表响应正弦波时的幅频特性。

（1）调节函数发生器，使输出 1kHz、$V_{P-P}=5.66V$（此值可以用示波器测量）的正弦波，分表用三种类型的电压表对该输出信号进行测试，将读数填入表 3-2 中。

表 3-2　电压表波形响应数据表

信号源输出		电压表读数		
波形	峰峰值/V			
正弦波	5.66			
三角波	5.66			
方波	5.66			

（2）将函数发生器改为方波输出，频率、幅度与上述相同，重复上述测量。

（3）将函数发生器改为三角波输出，频率、幅度与上述相同，重复上述测量。

（4）根据测得的数据判断各电压表的检波类型。

（5）测量电压表的幅频特性（只测量低频段）。调节函数发生器，使输出 200kHz、有效值为 2V 的正弦波，用电压表测量其输出值。然后逐步降低正弦波信号的频率，幅度不变（可用示波器检测），观察电压表指示对频率变化的响应，并逐点记下电压表读数，填入表 3-3 中。

表 3-3　电压表频率响应数据表

频率/kHz							
电压表读数/V							
频率/kHz							
电压表读数/V							

5．思考题

（1）为什么测量信号频率发生变化时，电压表的测量值会发生变化？

（2）三种电压表各有什么优缺点？

知识梳理与总结

1．电压测量是电子测量的重要内容之一，本章介绍了电压测量的特点。电子电压表是一种常用的电子测量仪器，按其工作原理可分为模拟电压表和数字电压表。

2．在测量交流电压时，必须对被测交流电压进行交-直流转换。最重要的转换方法是检波法，采用的电路是检波器。根据其输出直流信号和被测交流电压表征值的关系，可将检波器分为均值响应、峰值响应和有效值响应三种类型。

3．模拟式交流电压表根据其所用的检波器可分为均值电压表、峰值电压表和有效值电压表。由于不同电压表的测量范围、频带宽度不同，因而各有其适用场合。用峰值表和均值表测量非正弦波电压会产生波形误差，必要时需进行换算以提高测量精度。

4．数字式电压表根据其所用的 A/D 转换器可分为积分型和非积分型两类。前者抗干扰能力强，测量精确度高，但测量速度较慢；后者测量速度快，但抗干扰能力差。总的来

说，积分型特别是双斜积分式 DVM 性能较优，应用较广泛。

5. 数字多用表以直流电压测量为基础，使用各种转换电路实现多种测量功能。此外，数字多用表还具有测量精确度高及具有某些自动功能等优点，因而获得越来越广泛的应用。

6. 测量电压时要注意选择合适的电压表，并采用正确的测量方法。

练习题 3

1. 常用的模拟电压表和数字电压表各分为几类？

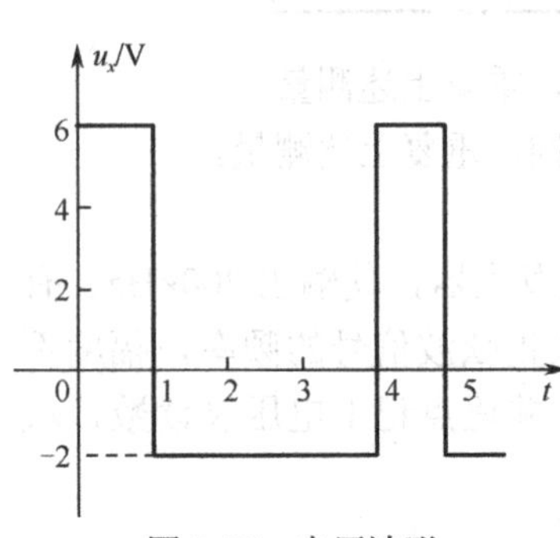

图 3-27　电压波形

2. 写出如图 3-27 所示电压波形的正半波平均值、负半波平均值、全波平均值、正峰值、负峰值、峰峰值、有效值。

3. 用全波均值表分别测量频率相同的正弦波、三角波和方波，若示值均为 1V，试计算各种波形的平均值、有效值和峰值各为多少，并将这三种电压波形画于同一坐标上进行比较。

4. 用一只串联式峰值电压表和一只并联式峰值电压表分别测量电压 $u_x = (20 + 10\sin\omega t)\text{V}$，设被测电压频率在电压表的频率范围内，试计算两只电压表的示值。

5. 在示波器荧光屏上分别观察到峰值 U_P 都为10V 的正弦波、三角波和方波，若分别用均值型、峰值型和有效值型三种模拟电压表测量，读数分别是多少？

6. 试比较均值型、峰值型、有效值型三种模拟电压表在测量方波和三角波时的示值相对误差。

7. 现有三种数字电压表，其最大计数容量分别为 9 999、19 999、3.999。它们各属于几位表？有无超量程能力？若有超量程能力，则超量程能力各为多少？第二种电压表在 0.2V 量程的分辨力是多少？

8. 逐次逼近比较式数字电压表和双斜积分式数字电压表各有哪些特点？

9. 用八位逐次逼近比较式 A/D 转换器转换电压。已知 $E_\Gamma = 25.6\text{V}$，$U_x = 13.05\text{V}$，求转换后的二进制电压值和绝对误差值。它的最大绝对误差为多少伏？

10. 简述双斜积分式 A/D 转换器的工作原理。

11. 在双斜积分式数字电压表中，$E_\Gamma = 10\text{V}$，取样时间 $T_1 = 1\text{ms}$，时钟频率 $f_0 = 10\text{MHz}$，比较时间 T_2 内的计数值 $N_2 = 5\,600$，试计算被测电压 U_x 的值。

12. 用一种 $4\frac{1}{2}$ 位数字电压表的 2V 量程测量 1.2V 电压。已知该电压表的固有误差为 $\Delta U = \pm(0.05\% \cdot U_x + 0.01\% \cdot U_\text{m})$，求由于固有误差产生的测量误差。它的满度误差相当于几个字？

13. 用一台 $6\frac{1}{2}$ 数字电压表进行测量，已知固有误差为 $\Delta U = \pm(0.003\% \cdot U_x + 0.002\% \cdot U_\text{m})$。选用直流 1V 量程测量一个标称值为 0.5V 的直流电压，示值为 0.499 876V。问此时的示值相对误差是多少？

14. 模拟式多用表和数字多用表都有红、黑表笔，在使用时应注意什么？

第4章 频率测量与仪器应用

教学导航

教	知识重点	1. 频率的概念与测量方法 2. 电子计数器的分类、基本组成、主要技术指标 3. 通用电子计数器的测频原理 4. 频率测量误差分析 5. 电子计数器测量周期的原理 6. 倒数计数器
	知识难点	1. 电子计数器的分类、基本组成、主要技术指标 2. 频率测量误差分析
	推荐教学方式	1. 从频率测量的实际应用入手，通过对应用案例的分析，加深对电子计数器的感性认识 2. 另举一实用的电子计数器使用案例进行分析，巩固理论知识，将理论与实际结合起来，同时拓展学生的知识面
	建议学时	6 学时
学	推荐学习方法	1. 本章注重对概念、电子计数器中各种仪器分类、组成及功能的理解 2. 通过案例，掌握各种电子计数器的组成、工作原理和功能，并对其进行操作 3. 查有关资料，加深理解，拓展知识面
	必须掌握的理论知识	1. 电子计数器的分类和基本结构组成 2. 各种电子计数器的工作原理和功能
	必须掌握的技能	熟练掌握各种电子计数器的选择和正确使用

案例 3 用计数器测量电视机副载波振荡电路

时间和频率是电子技术中两个重要的基本参量，在航天、航海、工业、交通、通信及国民经济各个领域有着十分重要的应用。人们熟知的信息传输与处理、现代数字化技术和计算机都离不开频率与时间的测量，此外，其他许多电参量的测量方案、测量结果都与频率、时间有着十分密切的关系，因此它们的测量是相当重要的。

彩色电视机中副载波振荡电路的稳定与否直接关系到色度解码电路能否正常工作，若彩色电视机出现无彩色或彩色时有时无就需要检测副载波振荡电路的振荡频率，如图 4-1 所示。如多制式彩色电视机色度解码中常用的 TDA8843 中的 PAL/NTSC 双制式解码器，它的 34 脚外接 4.43MHz 的晶振，用来产生解码出 PAL 制彩色信号所需要的副载波；35 脚外接的是 3.58MHz 的晶振，用来产生解码出 NTSC 制彩色信号所需要的副载波，如图 4-2 所示。

图 4-1 彩色电视机副载波频率的检测

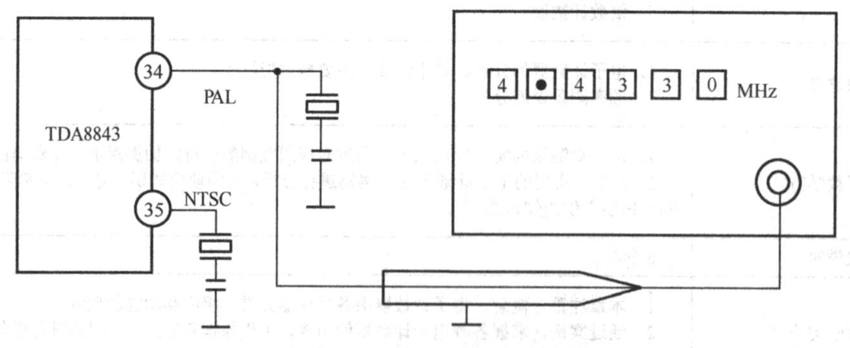

图 4-2 彩色电视副载波的测量

使用测试夹连接 TDA8843 的 34 脚（或 35 脚），屏蔽端接电视机的地端，调节好频率计就可以测量出副载波的频率，并将结果以数字形式在屏幕上显示出来。

本章就来介绍时间与频率测量的基本方法和原理，重点介绍利用电子计数器法测量时间与频率，包括计数器的组成和测量误差的来源，并在分析的基础上提出减小误差的方法。

4.1　频率的概念与测量方法

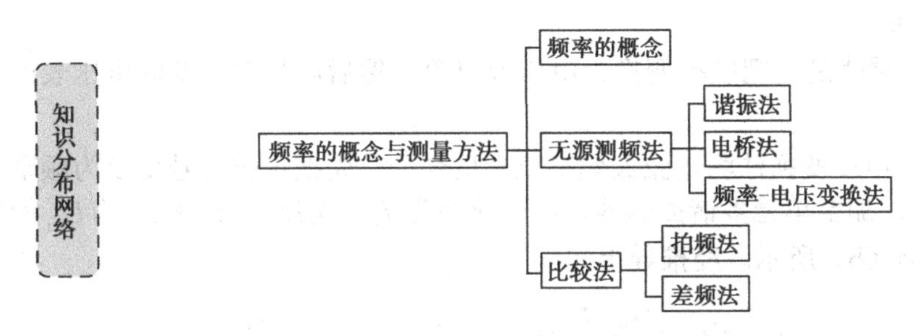

在相等时间间隔内重复发生的现象称为周期现象，该时间间隔称为周期。在单位时间内周期性过程重复、循环或振动的次数称为频率，用周期的倒数来表示，单位为赫兹（Hz）。频率和周期互为倒数，是最基本的参量。

测量频率的方法有很多，按照其工作原理分为无源测频法、比较法、示波器法和计数法等。无源测频法又称为直读法，是利用电路的频率响应特性来测量频率；比较法是利用已知的参考频率同被测频率进行比较而测得被测信号的频率；计数法在实质上属于比较法，其中最常用的方法是电子计数器法。电子计数器是一种很常见、非常基本的数字化测量仪器。

1．无源测频法

无源测频法主要包括谐振法、电桥法和频率-电压变换法等方法。

1）谐振法

图 4-3 所示为谐振法测频率的基本原理。

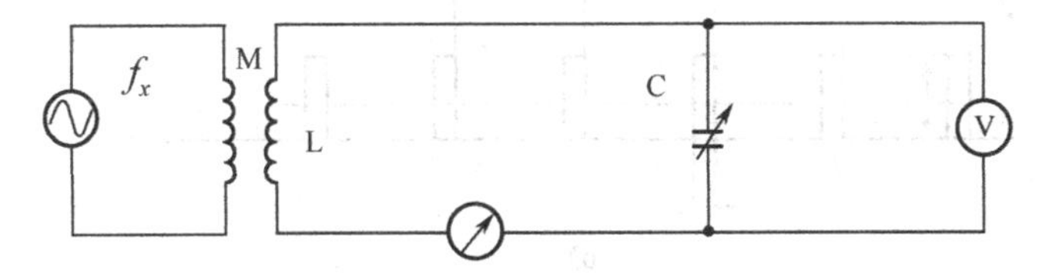

图 4-3　谐振法测频率的基本原理

被测信号经互感 M 与 LC 串联谐振回路进行松耦合，改变可变电容器 C，使回路发生串联谐振。谐振时回路电流 I 达到最大。被测频率 f_x 可用下式计算：

$$f_x = f_0 = \frac{1}{\sqrt{LC}} \tag{4-1}$$

式中，f_0 为谐振回路的谐振频率，L、C 分别为谐振回路的谐振电感和谐振电容。

一般情况下，L 是预先设定的，可变电容采用标准电容。为了使用方便，可根据式（4-1）预先绘制配用相应电感的 $f_x - C$ 曲线或 $f_x - \theta$（θ 为 C 的旋转角度）曲线。测量时，调节标准电容使回路谐振，即可从曲线上直接查出被测频率。

2）电桥法

凡是平衡条件与频率有关的任何电桥都可用来测量频率，但要求电桥的频率特性尽可

能尖锐。测频电桥的种类很多，常用的有文氏电桥、谐振电桥和双 T 电桥，部分内容可参看有关书籍。

3）频率-电压变换法

频率-电压变换法测频就是先把频率变换为电压或电流，然后以频率刻度的电压表或电流表来指示被测频率。

图 4-4（a）为频率-电压变换法测正弦波频率原理框图。首先把正弦信号变换为频率与之相等的尖脉冲 u_A，然后加至单稳多谐振荡器，产生频率为 f_x、宽度为 τ、幅度为 U_m 的矩形脉冲列 $u_B(t)$，如图 4-4（b）所示。经推导得知：

$$U_o = \overline{u}_B = \frac{U_m \cdot \tau}{T_x} = U_m \cdot \tau \cdot f_x$$

可见，当 U_m、τ 一定时，U_o 指示就构成频率-电压变换型直读式频率计，该频率计最高频率可达几兆赫。

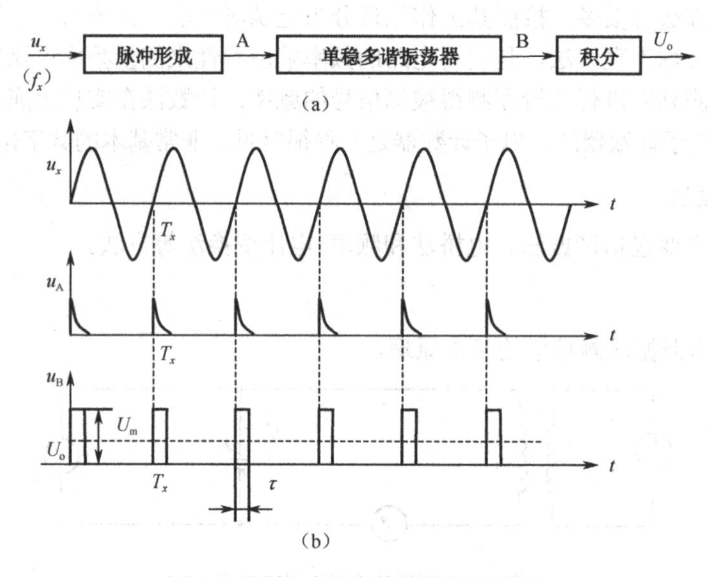

图 4-4　频率-电压变换法测频原理图

2. 比较法

有源比较测频法主要包括拍频法和差频法。

1）拍频法

拍频法是将被测信号与标准信号经线性元件（如耳机、电压表）直接进行叠加来实现频率测量的，其原理电路如图 4-5 所示。

当两个音频信号逐渐靠近时，耳机中可以听到两个高低不同的音调，如图 4-5（a）所示。当这两个频率靠近到差值不到 4～6Hz 时，就只能听到一个近似单一音调的声音，这时，声音的响度作周期性的变化。再观察电压表，会发现指针在有规律地来回摆动，示波器上则可得到如图 4-5（b）所示的波形。拍频法通常只用于音频的测量，而不宜用于高频测量。

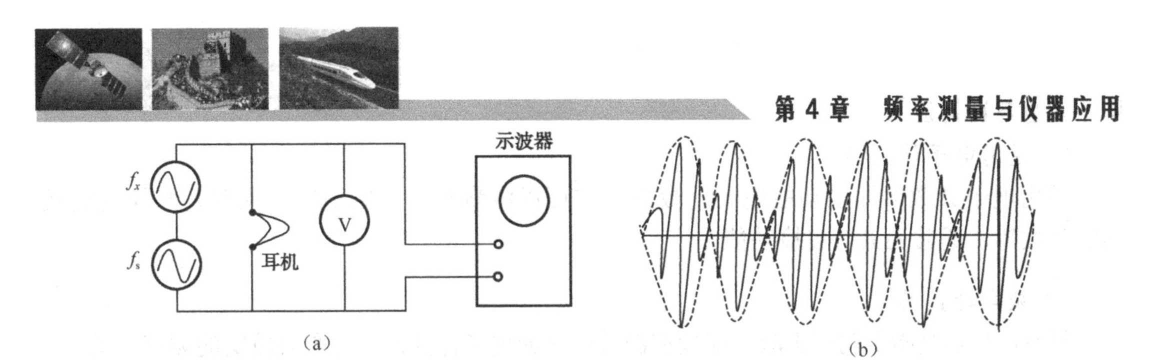

图 4-5　拍频法测频原理电路

2）差频法

高频段测频常用差频法。差频法是利用非线性器件和标准信号对被测信号进行差频变换来实现频率测量的，其工作原理如图 4-6 所示。

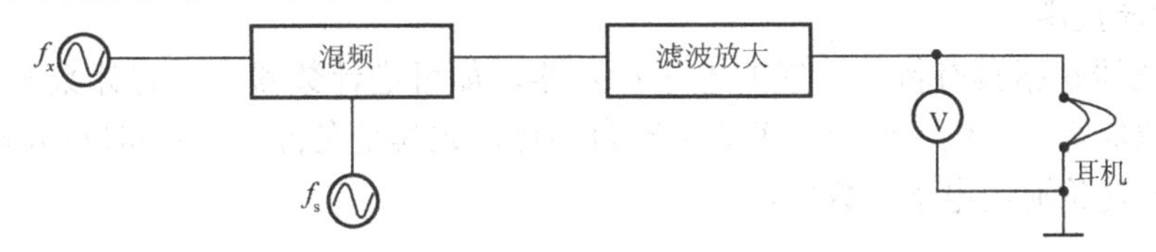

图 4-6　差频法测频原理

f_x 和 f_s 两个信号经混频器混频和滤波器滤波后输出二者的差频信号，该差频信号落在音频信号范围内，调节标准信号频率，当耳机中听不到声音时，表明两个信号频率近似相等。

4.2　电子计数器测量原理与应用

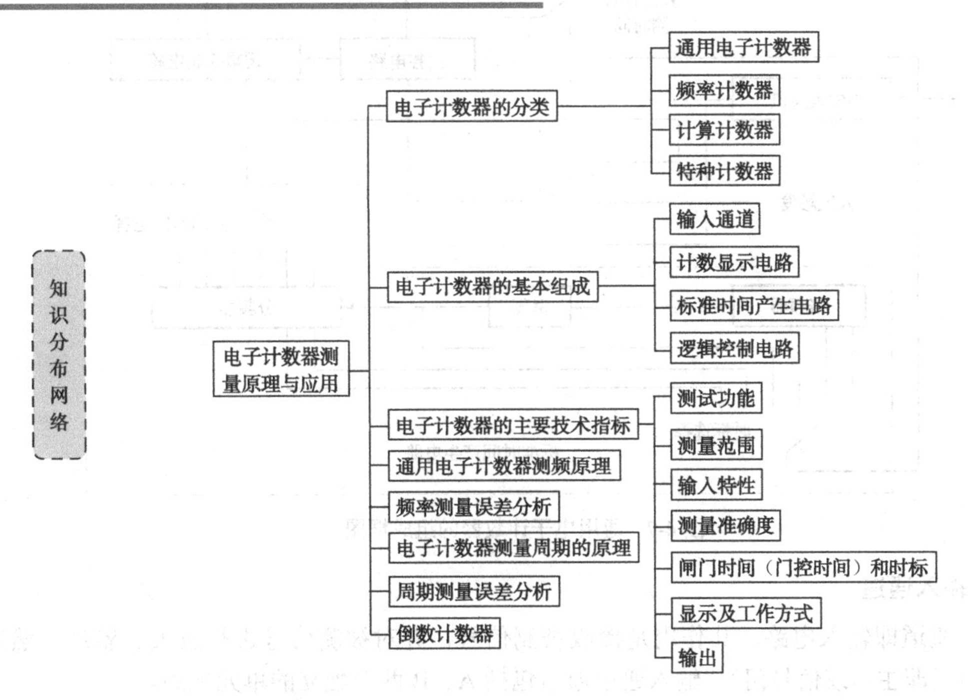

4.2.1　电子计数器的分类

按其测试功能的不同，电子计数器分为以下几类。

1）通用电子计数器

通用电子计数器即多功能电子计数器，它可以测量频率、频率比、周期、时间间隔及累加计数等，通常还具有自检功能。

2）频率计数器

频率计数器是指专门用于测量高频和微波频率的电子计数器，它具有较宽的频率范围。

3）计算计数器

计算计数器是指一种带有微处理器、能够进行数学运算、求解复杂方程式等功能的电子计数器。

4）特种计数器

特种计数器是指具有特殊功能的电子计数器，如可逆计数器、预置计数器、程序计数器和差值计数器等，它们主要用于工业生产自动化，尤其是在自动控制和自动测量方面。

本章主要讨论通用电子计数器。

4.2.2 电子计数器的基本组成

通用电子计数器的种类较多，但其测量结构和测量原理基本一致。如图 4-7 所示是一个通用电子计数器的组成框图，由图可见，它由下列各基本电路组合而成。

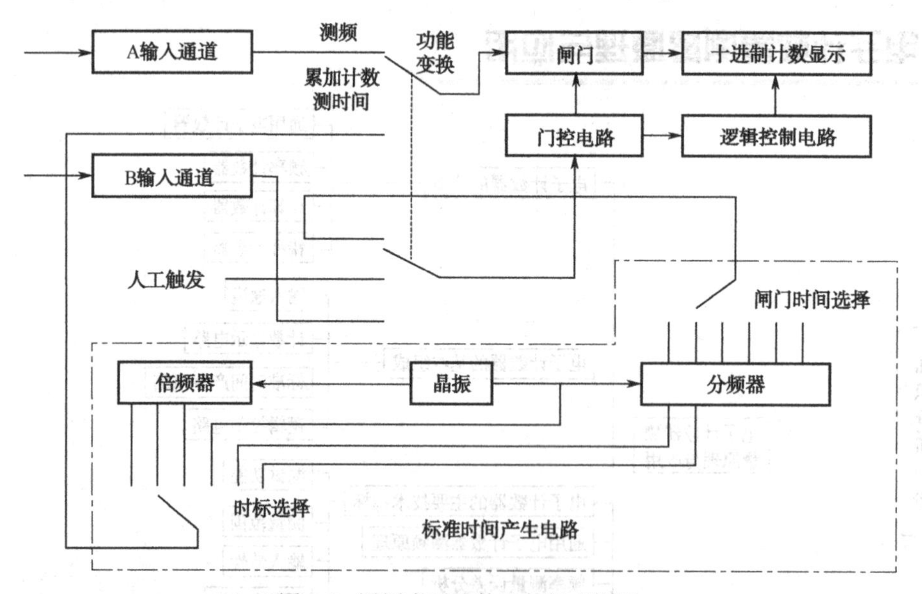

图 4-7 通用电子计数器的组成框图

1. 输入通道

输入通道即输入电路，其作用是接收被测信号，并对被测信号进行放大、整形，然后送入闸门（即主门或信号门）。输入通道通常包括 A、B 两个独立的单元电路。

A 通道是计数脉冲信号的通道。它对输入信号进行放大、整形、变换，输出计数脉冲信号。计数脉冲信号经过闸门进入十进制计数器，是十进制计数器的触发脉冲源。

B 通道是闸门时间信号的通道，用于控制闸门的开启和关闭。输入信号经整形后用来触发门控电路（双稳态触发器）使其状态翻转，以一个脉冲开启闸门，而以随后的一个脉冲关闭闸门，两脉冲的时间间隔为闸门时间。在此期间，十进制计数器对经过 A 通道的计数脉冲进行计数。为保证信号能在一定的电平时触发，输入端可对输入信号的电平进行连续调节，并且可以任意选择所需的触发脉冲极性。

有的通用计数器闸门时间信号通道有 B、C 两个通道。B 通道用做门控电路的启动通道，使门控电路状态翻转；C 通道用做门控电路的停止通道，使其复原。

2. 计数显示电路

计数显示电路是一个十进制计数显示电路，用于对通过闸门的脉冲（即计数脉冲）进行计数，并以十进制方式显示计数结果。

3. 标准时间产生电路

标准时间信号由石英晶体振荡器提供，作为电子计数器的内部时间基准。测量周期（测周）时，标准时间信号经过放大、整形和倍频（或分频），用做测量周期或时间的计数脉冲，称为时标信号；测量频率时，标准时间信号经过放大、整形和一系列分频，用做控制门控电路的时基信号，时基信号经过门控电路形成门控信号。

4. 逻辑控制电路

逻辑控制电路产生各种控制信号，用于控制电子计数器各单元电路的协调工作。每一次测量的工作程序通常是：准备→计数→显示→复零→准备下次测量等。

4.2.3　电子计数器的主要技术指标

1. 测试功能

测试功能可说明该仪器所具备的全部测量功能，一般具有测量频率、周期、频率比、时间间隔、累计脉冲个数及自校验等功能。

2. 测量范围

测量范围可说明该仪器测量的有效范围。对于不同功能的测量，测量范围的含义也不同。当测量频率时，它指频率的上限和下限；测量周期时，它指能准确测量的最大时间和最小时间。例如，E312A 型电子计数器的测频范围是 40Hz～10MHz，测周范围是 0.4μs～10s。

3. 输入特性

电子计数器通常具有 2～3 个输入端，在测量不同的项目时，信号经不同的输入通道进入仪器。输入特性是标明电子计数器与被测信号源相连的一组特性参数，通常包括以下几项。

1）输入耦合方式

输入耦合方式一般有 AC（交流耦合）和 DC（直流耦合）两种耦合方式。AC 耦合是指选择输入端交流成分加到电子计数器，适用于高频信号的测量；DC 耦合即直接耦合，输入端信号直接加到电子计数器上，适用于低频脉冲或随机脉冲信号的测量。

2）触发斜率选择和触发电平调节

触发斜率分为“+”极性和“−”极性，用以选择被测信号的上升沿或下降沿来触发。触发电平调节决定了被测信号的触发点。触发斜率与触发电平相组合共有 6 种触发方式，分别为负电平正极性触发、零电平正极性触发、正电平正极性触发、负电平负极性触发、零电平负极性触发和正电平负极性触发。

3）输入灵敏度

输入灵敏度一般用能使仪器正常工作时的最小输入电压来表示，通用电子计数器的灵敏度通常为 10～100mV。

4）最高输入电压

最高输入电压指的是仪器在正常工作时所允许输入的最高电压值，超过这个电压值，仪器将不能正常工作，甚至损坏。

5）输入阻抗

输入阻抗由输入电阻和输入电容组成，通常分为高阻（1MΩ/25pF）和低阻（50Ω）两种。

4．测量准确度

测量准确度常用测量误差中的相对误差来表示，相对误差的绝对值越小，测量的准确度就越高。

5．闸门时间（门控时间）和时标

闸门时间和时标用以标明仪器内信号源可以提供的闸门时间（门控时间）和时标有几种由标准时间电路产生的信号决定。

6．显示及工作方式

显示及工作方式通常包括以下 4 个参数。

1）显示位数

显示位数是指可以显示的数字位数。

2）显示时间

显示时间是指两次测量之间显示结果的时间，一般是可调的。

3）显示器件

显示器件是指显示测量结果或测量状态的器件，通常用 LED 或 LCD 来显示测量的结果。

4）显示方式

显示方式有“记忆”显示和“非记忆”显示两种方式。“记忆”显示方式只显示最终计数的结果，不显示正在计数的过程，实际上显示的数字是刚结束的一次测量结果，显示的数字保留至下一次计数过程结束时再刷新。“非记忆”显示方式可显示正在计数的过程，即测量时的计数过程可随时显示出来。

7. 输出

输出包含仪器可以直接输出的时标信号种类、输出数码的编码方式及输出电平值的大小等参数。

4.2.4　通用电子计数器测频原理

前面已经讲过，通用电子计数器的基本功能是测量频率、周期、时间间隔、频率比和累加计数等。若与其他电路相配合，还可以增加测量功能或扩展使用范围。本节主要介绍其测量频率功能，以讨论通用电子计数器的工作原理。

测量频率，是指测量单位时间内信号周期性变化的次数，单位有 Hz、kHz、MHz 和 GHz 等。如果在规定的时间 T_0 内，统计出信号重复的周期数为 N，则信号的频率为：

$$f_x = \frac{N}{T_0} \tag{4-2}$$

例如，在 T_0 内 $N=10^6$，那么频率为 10MHz。用电子计数器测量频率就是根据频率的基本定义来进行的。

测量频率的原理框图如图 4-8 所示。

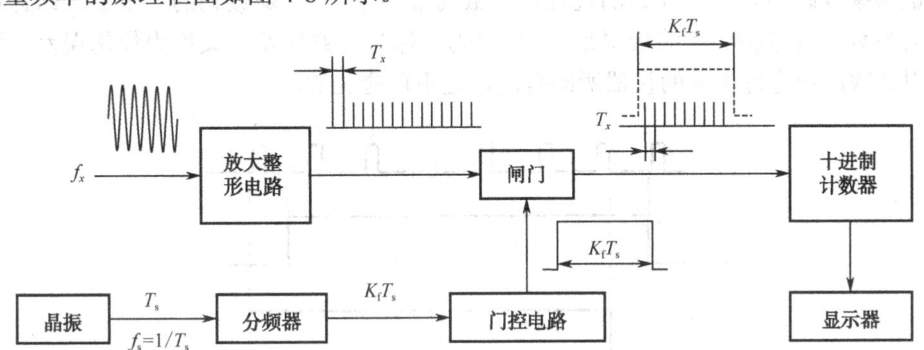

图 4-8　通用电子计数器测频原理框图

其测量原理如下：

（1）被测信号 f_x 经过放大、整形后成为计数脉冲，加在主控门的输入端。

（2）晶体振荡器产生的振荡信号经过分频器分频后触发门控电路，使其产生宽度为 T_0 的门控信号（也称闸门信号）。

（3）主控门在时间 T_0 内打开，使得计数脉冲通过，其余时间关闭，不让计数脉冲通过。

（4）通过主控门的计数脉冲列由十进制计数器计数，计数结果 N 在显示器中显示出来，由式（4-2）可知，如果 T_0 为 1s，则计数结果 N 就是被测信号的频率。因此 $T_0=1\text{s}$，所显示频率的单位为 Hz，若 $T_0=1\text{ms}$，则所显示频率的单位为 kHz。

实质上，电子计数器测频的基本原理是比较法。以 T_x 与 T_0 相比较，也就是 f_x 与 f_0 相比较。因此在时间 T_0 内，通过的计数脉冲为 N，每一个脉冲的周期为 T_x，故而 $T_x=N\cdot T_0$，即 $N=T_0/T$。

简单地说，通过计数器可得到时间 T_0 内通过的脉冲个数 N，而主控门的开启时间 T_0 可确定计数器所显示数字的单位，两者结合在一起即得到具体的被测频率值 f_x。

4.2.5 频率测量误差分析

1. 引起误差的原因

电子计数器是一种高精度的仪器，其精度可达$10^{-7}\sim10^{-13}$数量级。通用电子计数器的各种测量功能有其各自的测量误差。

通用电子计数器进行测量时，影响其精确度的因素一般有计数误差、时基误差和触发误差三种。

1）计数误差

计数误差又称为量化误差，产生的原因是由于主门的开启和计数脉冲的到达在时间关系上是随机的。因此，在相同的主门开启时间内，计数器对同样的脉冲串进行计数时计数结果不一定相同，因而产生了误差。例如，假设某次测量时，主门开启时间为计数信号脉冲周期的 6.4 倍，如图 4-9 所示。在图 4-9（a）所示情况下，由于主门开启较早，因而计数器只计得 6 个脉冲，比实际值少 0.4；而在图 4-9（b）所示情况下，主门开启较迟，计数器计得 7 个脉冲，比实际值多 0.6。两者的测量结果都与实际值存在差异。实际上，用电子计数器测量频率或时间是一个计数的过程，计数的最小单位 1 是数码的一个字，即计数的结果只能取整数，故这种误差的极限是±1 个数码，称为计数误差，又称为量化误差。这种误差是利用计数原理进行测量的仪器所固有的，是不可避免的。

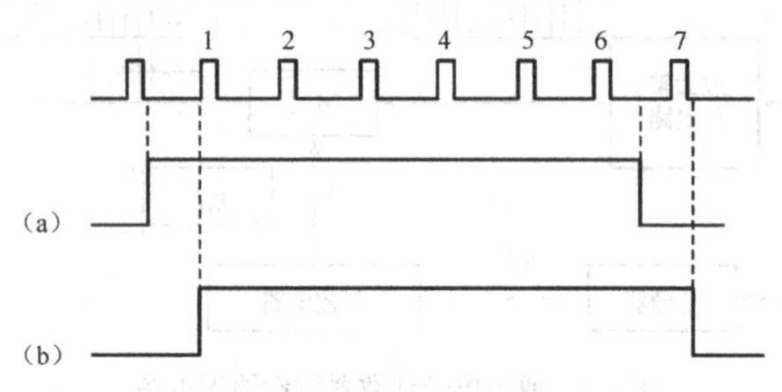

图 4-9 量化误差形成示意图

量化误差的特点是不论计数值 N 多大，其绝对误差都是±1，因此它的相对误差为：

$$\text{相对计数误差}\frac{\Delta N}{N}=\frac{\pm 1}{N}=\pm\frac{1}{f_x T_0} \tag{4-3}$$

式中，T_0 为门控时间；f_x 为计数脉冲的频率。

可见，最终计数值 N 越大，计数误差的影响越小。这正是在测量时要求尽量增加测量结果有效数字位的原因所在。

实例 4-1 被测信号的频率分别为 f_{x1}=100Hz、f_{x2}=1000 Hz，主门开启时间分别为 1s、10s，试分别计算量化误差。

解：

（1）若 f_{x1}=100Hz、T_0=1s，则量化误差的相对值为：

$$\frac{\Delta N}{N}=\frac{\pm 1}{N}=\pm\frac{1}{f_x T_0}=\pm\frac{1}{100\times 1}=\pm 1\%$$

（2）若 $f_{x2}=1\,000\text{Hz}$、$T_0=1\text{s}$，则量化误差的相对值为：

$$\frac{\Delta N}{N}=\frac{\pm 1}{N}=\pm\frac{1}{f_x T_0}=\pm\frac{1}{1\,000\times 1}=\pm 0.1\%$$

由（1）、（2）的计算结果可以看到，同样的主门开启时间，频率越高，测量越准确。

（3）若 $f_{x1}=100\text{Hz}$、$T_0=10\text{s}$，则量化误差的相对值为：

$$\frac{\Delta N}{N}=\frac{\pm 1}{N}=\pm\frac{1}{f_x T_0}=\pm\frac{10}{100\times 1}=\pm 0.1\%$$

由（1）、（3）的计算结果可以看出，输入同样的频率，选取的主门开启时间越长，测量结果的量化误差越小。

（4）若 $f_{x2}=1\,000\text{Hz}$、$T_0=10\text{s}$，则量化误差的相对值为：

$$\frac{\Delta N}{N}=\frac{\pm 1}{N}=\pm\frac{1}{f_x T_0}=\pm\frac{1}{1\,000\times 10}=\pm 0.01\%$$

由（4）的计算结果可以看出，提高被测信号的频率，或增大主门开启时间，都可以降低量化误差的影响。

2）时基误差

电子计数器在测量频率和时间时都是以晶体振荡器产生的各种标准时间信号为基准的。造成时基误差的原因有校正误差、晶体振荡器的短期限与长期限不稳定、温度的变化与电源电压的变动等因素。校正误差是计数器出厂前或在校正实验室中，因校正的不准确所造成的。校正的方法是将时基振荡器的频率与标准无线电台所发射的标准频率做零差频校正。此外，如果用铯或铷原子频率标准器的输出来校正，可以获得更高的准确度。短期限稳定度是指晶体振荡器的振荡频率暂时性的变化，可以用较长的门控时间及多重周期的平均测量方式来减少它所产生的误差。长期限稳定度与老化现象有关，又称为老化率，如炉温控制晶体的老化率小于 5×10^{-10} 每日或 1.5×10^{-7} 每年。长期限稳定度对测量的准确度影响较大，故需要定期地接受校正才能够保持应有的准确性。

在尽量排除了电路和主门开关速度的影响后，主门开启时间的误差主要由晶振频率的误差引起。设晶振频率为 f_c（周期为 T_c），分频系数为常数 k，则

$$T_0=\frac{1}{f_0}=\frac{k}{f_c}=kT_c \tag{4-4}$$

式中，T_0 为门控时间；f_0 为门控频率。

3）触发误差

测量频率时，必须对被测信号进行放大、整形，将其转换为计数信号脉冲；测量周期或时间时，也必须对被测信号放大、整形，将其转换为门控信号。转换过程中存在各种干扰和噪声的影响，用做整形的施密特电路进行转换时，电路本身的触发电平还可能产生漂移，从而引入触发误差。误差的大小与被测信号的大小和转换电路的信噪比有关。

测量频率、周期时，为保证测量准确，应尽量提高信噪比，以减小干扰的影响，输入仪器的被测信号不宜衰减过大。测量时间时，被测信号多为脉冲信号，触发误差的大小与信号波形及信噪比有关，通常较测量正弦信号时小，信噪比较高时，往往可以忽略不计。

2. 频率测量误差分析方法

前述三项误差中，在正常测量频率时，触发误差可以不予考虑，电子计数器测频的相对误差主要由两个部分组成：一是计数相对误差；二是时基相对误差。根据误差合成理论，可求得测频的相对误差为：

$$\gamma_{\mathrm{f}}=\frac{\Delta N}{N}+\frac{\Delta T_0}{T_0} \tag{4-5}$$

把式（4-3）、式（4-4）代入式（4-5），得到测频的相对误差为：

$$\gamma_{\mathrm{f}}=\frac{\Delta f_x}{f_x}=\pm\frac{1}{f_x T_0}+\frac{\Delta f_{\mathrm{c}}}{f_{\mathrm{c}}} \tag{4-6}$$

由于Δf_x的符号可正可负，若按最坏情况考虑，可得电子计数器测量频率的最大相对误差的计算公式为：

$$\gamma_{\mathrm{f}}=\frac{\Delta f}{f}=\pm\left[\frac{1}{f_x T_0}+\left|\frac{\Delta f_{\mathrm{c}}}{f_{\mathrm{c}}}\right|\right] \tag{4-7}$$

可见，频率测量误差与被测信号的频率和闸门有关，当被测信号频率f_x一定时，增大闸门时间T可以减小频率测量误差，或者说增大计数结果N可以减小测频误差。

4.2.6 电子计数器测量周期的原理

周期是频率的倒数，因此，测量周期可以通过把测量频率时的计数信号和门控信号的来源相对换实现。测量周期的原理框图如图4-10所示。

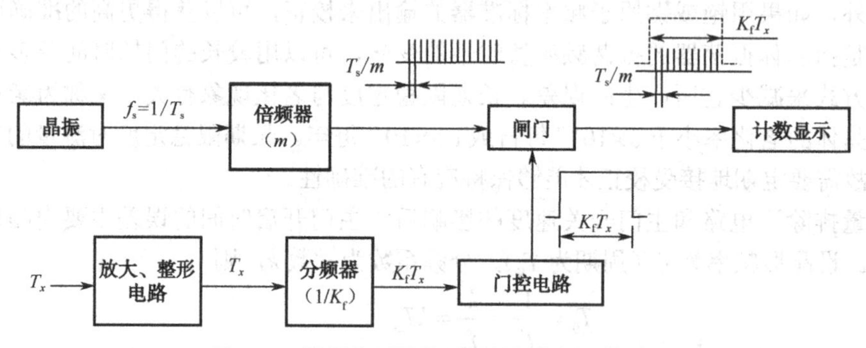

图4-10 通用电子计数器测量周期原理框图

门控电路由经放大、整形、分频后的被测信号控制，计数脉冲是晶振信号经倍频后的时间标准信号（即时标信号），存在以下关系：

$$N=mK_{\mathrm{f}}\frac{T_x}{T_{\mathrm{s}}} \tag{4-8}$$

式中，T_x与K_{f}的乘积等于闸门时间；K_{f}为分频器分频次数，调节K_{f}的旋钮称为“周期倍乘选择”开关，通常选用10^n，如×1、×10、$\times10^2$、$\times10^3$等，该方法称为多周期测量法；T_{s}为晶振信号周期，K_{f}为晶振信号频率；T_{s}/m通常选用1ms、1μs、0.1μs、10ns等，改变T_{s}/m大小的旋钮称为“时标选择”开关。

由上述分析得知，通用电子计数器无论测频还是测周，其测量方法都是依据闸门时间等于计数脉冲周期与闸门开启时通过的计数脉冲个数之积，然后根据被测量的定义进行推导计算而得出被测量。同样的道理，也可以据此来测量频率比、时间间隔、累加计数等参量。

4.2.7　周期测量误差分析

前面 4.2.5 节介绍的计数误差、时基误差和触发误差三种误差都会对周期测量产生影响。提高信噪比和采用多周期测量法可以减小触发误差的影响，标准频率误差通常可以忽略不计，下面讨论量化误差的影响。

经过推导得知，测周量化误差为：

$$\gamma_{\mathrm{T}}=\frac{\Delta N}{N}+\frac{\Delta T_0}{T_0} \tag{4-9}$$

与测频误差的分析类似，测量周期的误差也是由两项组成的：一是量化误差，二是时基信号的相对误差。

$$\frac{\Delta N}{N}=\frac{\pm 1}{N}=\frac{T_{\mathrm{s}}}{m\cdot K_{\mathrm{f}}\cdot T_x} \tag{4-10}$$

$$\frac{\Delta T_{\mathrm{s}}}{T_{\mathrm{s}}}=\pm\frac{\Delta f_0}{f_0} \tag{4-11}$$

按最坏情况考虑，测量周期的总的系统误差应该是两种误差之和，即

$$\gamma_{\mathrm{T}}=\frac{\Delta N}{N}+\frac{\Delta T_0}{T_0}=\pm\left[\frac{T_{\mathrm{s}}}{m\cdot K_{\mathrm{f}}\cdot T_x}+\left|\frac{\Delta f_0}{f_0}\right|\right] \tag{4-12}$$

由此可见，要减小测周量化误差，应设法增大计数值 N，即在 A 通道中选用倍频次数 m 较大的倍频器，也即选用短时标信号；在 B 通道中增大分频次数 K_{f}，即延长闸门时间，该方法称为多周期测量法。可以直接测量低频信号的周期，否则，测出频率后再进行换算，该方法属于间接测量法。除此之外，人们还常采用游标法、内插法等方法来减小测量误差。

所谓的高频或低频是相对于电子计数器的中界频率而言的。中界频率是指采用测频和测周两种方法进行测量，产生大小相等的量化误差时的被测信号的频率。

4.2.8　倒数计数器

通用电子计数器在测量时会产生±1 的量化误差。此量化误差在对低频信号直接测频时的影响较大，使测量结果的精确度很低，甚至达到不能允许的程度。为提高低频测量的精确度，通常采用先测周期、再求倒数得到频率的方法。但用这种方法测量频率，不能直接得到结果，故使用不方便，为此采用倒数计数器。

倒数计数器采用多周期同步测量原理，即测量输入信号的多个（正整数个）周期值，再进行倒数运算而求得频率值。这样便可在整个频率范围内，基本上获得同样高的测量精确度和分辨力。

倒数计数器的基本组成框图和工作波形图如图 4-11 所示，它包括被测信号通道（用于对输入信号进行放大、整形）、开门脉冲发生器、同步控制电路、两个主门、两个计数器、晶振、运算电路和测量结果显示电路等。现将其工作过程简述如下。

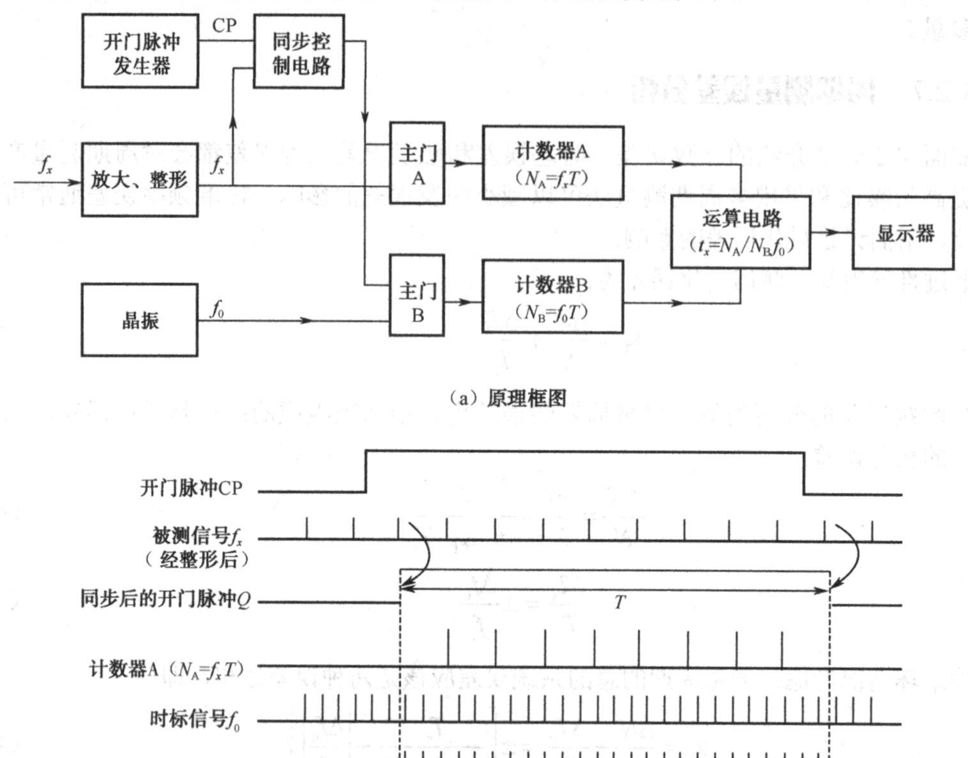

（a）原理框图

（b）工作波形图

图 4-11　倒数计数器原理框图及工作波形图

测量被测信号周期数的计数器 A 称为事件计数器，被测信号经同步控制器控制该计数器主门 A 的开关，所以主门 A 的开启时间（T）不是随机的，而与被测信号多个周期同步。另设一计数器 B，又称时间计数器，用以计算准确的多个周期同步开门时间 T。而时间计数器的主门 B，与控制主门 A 一样受同步控制器控制，所以主门 B 的开门时间也等于 T。

两个计数器在同一开门时间 T 内分别对被测信号 f_x 和标准时钟信号 f_0 进行计数。计数器 A 的计数值为：

$$N_A=\frac{T}{T_x}=f_xT \tag{4-13}$$

可得

$$T=\frac{N_A}{f_x} \tag{4-14}$$

计数器 B 的计数值为：

$$N_B=\frac{T}{T_0}=f_0T \tag{4-15}$$

可得

$$T=\frac{N_B}{f_0} \tag{4-16}$$

可见

$$\frac{N_A}{f_x}=\frac{N_B}{f_0} \tag{4-17}$$

则被测信号的频率为：

$$f_x=\frac{N_A}{N_B}\cdot f_0 \tag{4-18}$$

运算电路完成式（4-18）的运算功能，最后通过数字显示器直接显示 f_x 值。这样的电子计数器就称为倒数计数器。

倒数计数器中同步控制器的作用，在于使开门信号与被测信号同步，实现同步开门，开门时间 T 准确地等于被测信号周期的整数倍。因此式（4-13）中的计数值 N_A 没有量化误差。式（4-15）中的计数值 N_B 有±1 个时钟周期的误差。因为时钟频率很高，N_B 远大于 1，所以相对误差很小，且与被测频率无关。

因此，倒数计数器在整个测量范围内的测量精度均相等，分辨力很高，故又称等精度计数器。

等精度计数器的测量电路如果全部使用硬件电路来组成会很复杂，因此这种电路方案主要用于智能仪器中，测量控制信号的产生与运算功能等由微机来实现，时标信号同时又是微机的时钟。具体内容见 4.3 节典型产品 E312A 的介绍。

4.3 典型仪器——E312A 型通用电子计数器

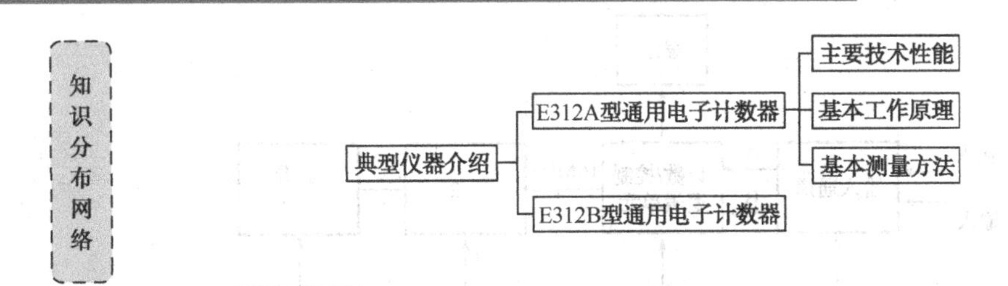

E312A 型通用电子计数器是一种具有多种测试功能并采用大规模集成电路的电子计数式测量仪器，因具有体积小、质量轻、耗电省、可靠性高等优点而被广泛应用。

1. 主要技术性能

1）频率测量

从 A 通道输入；频率测量范围为 1Hz～10MHz；当输入端为 AC 耦合时，适合正弦波，为 DC 耦合时，适合脉冲波、三角波或锯齿波；闸门时间有 10ms、0.1s、1s 和 10s 四挡供选择；测量单位为 kHz，小数点自动定位。

2）周期测量

从 A 通道输入；测量范围为 0.4μs～10s，若为多周期测量，倍乘率有×100、$\times10^1$、$\times10^2$ 和$\times10^3$ 四挡供选择；测量单位为μs，小数点自动定位。

3）频率比测量

从 A、B 通道输入；测量范围，A 通道为 1Hz～10MHz，B 通道为 1Hz～2.5MHz；倍乘率与周期测量时相同；无单位显示，小数点自动定位。

4）脉冲时间间隔测量

测量范围，0.25～(10^7-1)μs；单线由 A 通道输入，双线由 A、B 通道输入（A 为启动信号，B 为停止信号），并要求脉宽≥0.5μs，休止期≥0.5μs；测量单位为μs，小数点自动定位。

5）计数

计数最大值为(10^8-1)；小数点在数字右边；其他各项指标与频率测量相同。

6）输入阻抗

A、B 端输入电阻≥500kΩ，输入电容≤30pF。

7）晶体振荡器

振荡频率为 5MHz，稳定度≤1×10^{-8}/日。

8）显示及工作方式

8 位 LED 记忆显示，自动复原，显示时间为 0.2s 加测量时间；可人工复原和保持。

2．基本工作原理

E312A 型通用计数器由输入通道、计数/控制逻辑单元、晶体振荡器、LED 显示器及电源等部分组成，整机原理框图如图 4-12 所示。

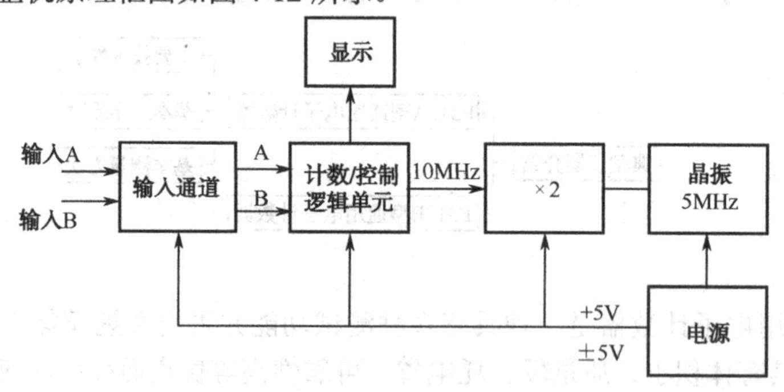

图 4-12　整机原理框图

输入通道分为 A、B 两个，每个通道均由衰减器、输入保护电路、阻抗变换器、放大器、整形电路、三态灯指示电路及控制选择门组成，其原理框图如图 4-13 所示。

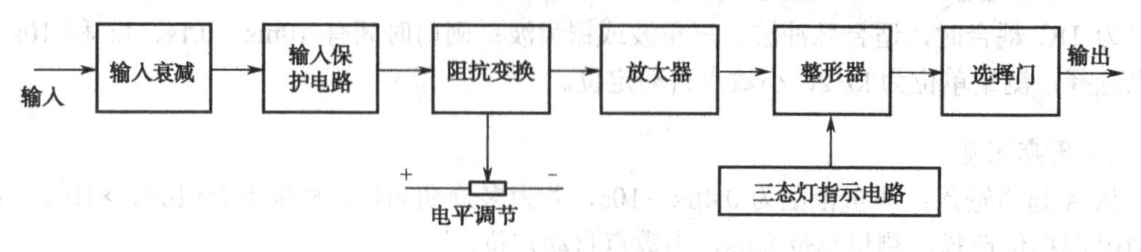

图 4-13　输入通道原理框图

被测信号经输入通道放大、整形后，形成矩形波输出，控制选择门可选择其上升沿或下降沿，送入计数/控制逻辑单元。三态灯指示电路用来检测整形电路的工作状况，当整形电路工作正常时，它将被触发，指示灯闪烁点亮。

计数/控制逻辑单元是整机的核心电路，它主要由一块大规模集成电路 ICM7226B 组成，它内部包含多位计数器、寄存器、时基电路、逻辑控制电路、显示译码驱动电路及溢出和消隐电路等。它可以直接驱动外接的 8 位 LED 显示数码管，以扫描形式显示测量结果。

该电路具有 8421BCD 码输出、复原输出、记忆输出、段码输出和扫描位脉冲输出，还具有时钟输入、闸门时间（周期倍乘）输入、功能输入、复原输入、保持输入及 A、B 输入。其计数 1 控制逻辑单元原理框图如图 4-14 所示。当 ICM7226B 的功能输入端与不同的扫描位脉冲输出端连接时，其测量功能发生变化，可分别完成频率、A/B（频率比）、周期、时间间隔、计数和自校等功能。当 ICM7226B 的闸门时间（周期倍乘）输入端与不同的扫描位脉冲输出端连接时，可获得 10ms～10s 四挡闸门时间或10^0～10^3四挡倍乘率。显示驱动电路有无效零消隐功能，并有计数溢出指示。

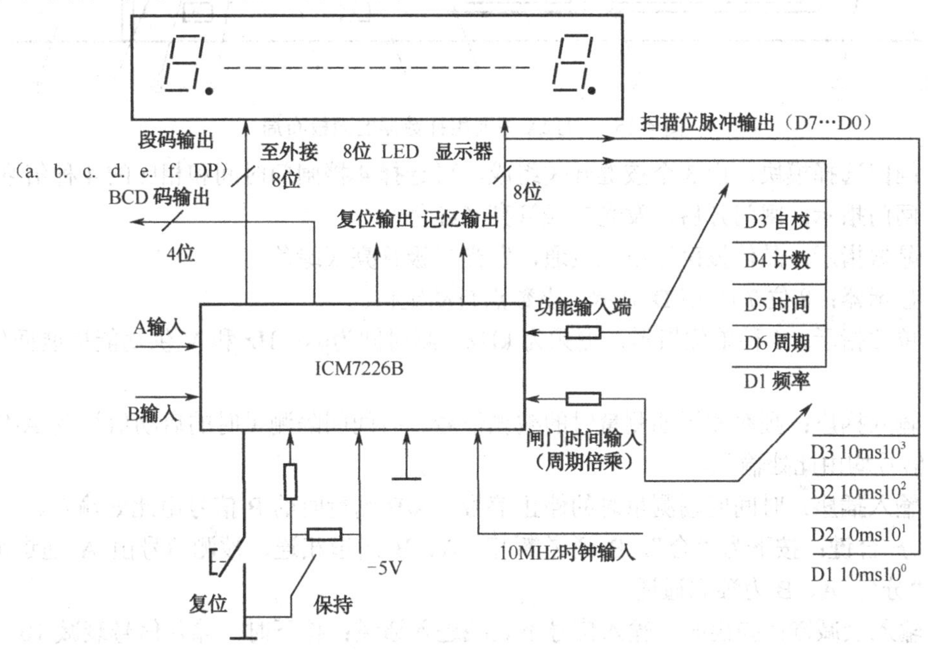

图 4-14　计数 1 控制逻辑单元原理框图

晶振采用 5MHz 的晶体振荡器，经×2 的倍频电路，提供 ICM7226B 所需的 10MHz 标准时钟信号。

3. 基本测量方法

1）面板说明

E312A 型通用计数器的面板布局如图 4-15 所示，面板上各控制装置的功能说明如下。

① 电源开关：按下开关接通机内电源，仪器可正常工作。

② 复原键：每按一次，产生一个人工复原信号。

③ 功能选择模块：由 3 位拨动开关和 5 个按键开关组成。拨动开关处于右侧时，执行

自校功能，显示 10MHz 钟频；拨动开关处于左侧时，保持显示拨动前的数据（在此二位置时，5 个按键开关失去作用）；当拨动开关处于中间时，功能由按键开关位置决定，5 个开关完成 6 种功能——测量频率、周期、时间、计数、插测及当 5 键全部弹出时可进行频率比测量。

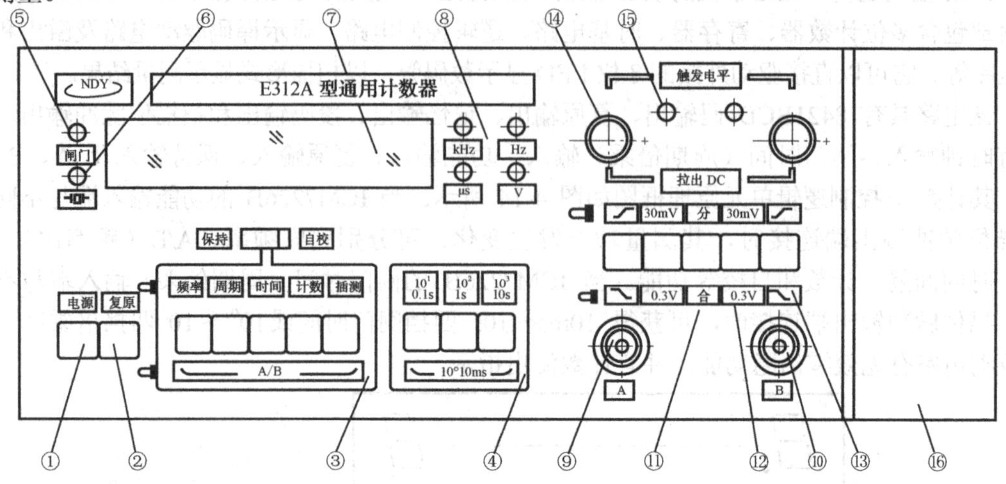

图 4-15　E312A 型通用计数器的面板布局

④ 闸门选择模块：由 3 个按键开关组成，可选择 4 挡闸门时间和相应的 4 种倍乘率。

⑤ 闸门指示：闸门开启，发光二极管亮（红色）。

⑥ 晶振指示：晶体振荡器电源接通，发光二极管亮（绿色）。

⑦ 显示器：8 位 7 段 LED 显示，小数点自动定位。

⑧ 单位指示：4 种单位指示，测频为 kHz，测时间为μs；Hz 和 V 供功能扩展插件用，即插测。

⑨ 输入插座：频率和周期测量时的被测信号、时间间隔测量时的启动信号及 A/B 测量时的 A 信号均由此处输入。

⑩ 输入插座：时间间隔测量时的停止信号、A/B 测量时的 B 信号由此处输入。

⑪ 分-合键：按下为“合”，B 通道断开，A、B 通道相连，被测信号由 A 通道输入；弹出为“分”，A、B 为独立通道。

⑫ 输入衰减键：弹出时，输入信号不衰减进入通道；按下时，输入信号衰减 10 倍后进入通道。

⑬ 斜率选择键：用来选择输入波形的上升沿或下降沿。按下，选择下降沿；弹出，选择上升沿。

⑭ 触发电平调节器：由带推拉式开关的电位器组成，通过调整电位器完成触发电平的调节作用。开关推入为 AC 耦合，拉出为 DC 耦合。

⑮ 触发电平指示灯：表征触发电平的调节状态。发光二极管均匀闪亮表示触发电平调节正常，常亮表示触发电平偏高，不亮表示触发电平偏低。

⑯ 内插件位置：当插入功能扩展单元时，就能完成插测功能的扩展作用。

2）使用方法

仪器测量前应先进行“自校”检查，以判断仪器工作是否正常。本仪器内部时钟信号频率固定为 10MHz(f_s)，当选择不同闸门时间时，显示结果应符合表 4-1 所示的读数，否则说明仪器存在故障。

表 4-1　E312A 自校读数

闸门时间	10ms	0.1s	1s	10s
显示读数	10 000.0	10 000.00	10 000.000	·0000.0000

注：表中最后一个显示读数最高位左边的圆点表示溢出。

仪器在频率、计数、周期、时间间隔（单线或双线）、频率比测量时，面板上各功能键的位置和输入端的选择参见表 4-2。

表 4-2　E312A 使用方法说明

<table>
<tr><th colspan="2" rowspan="3">名　称</th><th colspan="6">测 量 项 目</th><th rowspan="3">备　注</th></tr>
<tr><th rowspan="2">频率</th><th rowspan="2">计数</th><th rowspan="2">周期</th><th colspan="2">时 间 间 隔</th><th rowspan="2">频率比 A/B</th></tr>
<tr><th>（单线）</th><th>（双线）</th></tr>
<tr><td rowspan="2">功能选择模块</td><td>保持-自校开关</td><td colspan="6">中　间</td><td rowspan="6">在计数过程中，若要观察测量结果，可将此开关置于“保持”，重新计数按“复原”</td></tr>
<tr><td>5 种功能按键</td><td>频率</td><td>计数</td><td>周期</td><td colspan="2">时间</td><td>按键全部弹出</td></tr>
<tr><td colspan="2">闸门（倍乘）选择模块</td><td>被测频率或计数频率高时，选短闸门；低时反之</td><td></td><td>被测周期长时，选低倍乘率；短时反之</td><td colspan="2">被测时间间隔长时，选较小的取样次数，即选“100”键；短时选较大的取样次数，即选“101”、“102”或“103”</td><td>被测频率中较高频率比较大时选低倍乘率；小时反之</td></tr>
<tr><td rowspan="5">输入通道部分</td><td>输入插座 A 或 B</td><td colspan="2">A</td><td>A</td><td>A</td><td>A 启动 B 停止</td><td>A 与 B</td></tr>
<tr><td>分-合按键</td><td colspan="2">分（弹出）</td><td>分（弹出）</td><td>合（按下）</td><td>分（弹出）</td><td>分（弹出）</td></tr>
<tr><td>输入信号衰减键 A 或 B</td><td colspan="3">当被测信号为正弦波且小于 0.3Vrms 或为脉冲波且小于 $1V_{P-P}$ 时将衰减按钮弹出（不衰减）</td><td>衰减共用 A</td><td>两信号分别用衰减 A 和衰减 B</td><td>同“测量频率”</td></tr>
<tr><td>斜率选择键 A 或 B</td><td colspan="3"></td><td>A 与 B 选择相同时，可测重复周期；不同时，可测脉宽和休止期</td><td></td><td>斜率 A 置上升沿</td><td rowspan="2">测周期时，若被测信号为正弦波且小于 1Hz，则按测脉冲信号的方法进行</td></tr>
<tr><td>触发电平调节器 A 或 B</td><td colspan="3">当被测信号为脉冲波、三角波、锯齿波时，将触发电平调节器 A 拉出（A/C 耦合）并调整之，直到使触发电平指示灯均匀闪亮</td><td colspan="2">在测时间间隔时，触发电平调节器 A 和 B 始终可调</td><td></td></tr>
</table>

实验 3　信号源的频率和周期的测量

1. 实验目的

（1）熟悉 E312B 型通用计数器面板装置及其操作方法。

（2）掌握用E312B测量信号的频率和周期。

2. 实验器材

E312B型通用电子计数器1台；SP1641B函数信号发生器1台。

3. 实验内容和步骤

按照E312B型电子计数器的操作规程，进行以下实验内容。

1）仪器自检

（1）接通电源。按下“POWER”开关，仪器进入初始化，并显示本仪器的型号“E312B”。初始化结束后，仪器进入“CHK”状态，显示“10.000000MHz”。

（2）接入信号。把被测信号接入电子计数器相应通道。

2）频率测量

用函数信号发生器生成一个频率为130kHz的方波信号，改变电子计数器的闸门时间进行该信号的频率测量，将测量结果填入表4-3中。

表4-3 测量频率

闸门时间	10ms	100ms	1s	10s
被测信号频率				

3）测量周期

用函数信号发生器生成一个频率为130kHz的方波信号，改变电子计数器的闸门时间进行该信号的周期测量，将测量结果填入表4-4中。

表4-4 测量周期

闸门时间	10ms	100ms	1s	10s
被测信号周期				

4）测量脉宽

用函数信号发生器生成两个频率为130kHz、50kHz的方波信号，电子计数器的闸门时间选择为10s，分别对两个信号进行脉宽测量，将测量结果填入表4-5中。

表4-5 测量脉宽

被测信号频率	脉　宽
130kHz	
50kHz	

5）注意事项

（1）当测量高压、强辐射信号频率时，有线方式应串接大阻值电阻，无线方式应将频率计远离辐射信号源，测试衰减后的信号，以免损坏仪器。

（2）当仪器显示不正常、出现死机等现象时，只要断一下电，或按复位键即可恢复正常。

（3）本机无信号直接输入时可能是非零显示，这是正常现象，不影响正常测量及准确度。

（4）请勿将仪器置于高温、潮湿、多尘的环境，并应防止剧烈震动。

（5）本仪器在强干扰（如强电场或强磁场）下使用时，灵敏度会相应下降。

（6）随着被测频率的升高（高于 1.2GHz 时），灵敏度会相应下降。

4．实验报告要求

（1）自制表格，记录测量数据。

（2）总结测量过程，列出注意事项。

（3）分析可能出现的误差，提出减小误差的方法。

（4）写出心得体会。

知识梳理与总结

电子计数器是应用最广泛的数字化仪器，也是最重要的电子测量仪器之一。

1．电子计数器的输入电路将被测信号转换成数字电路所要求的触发脉冲源；时基单元则提供多种准确的闸门时间和时标信号；主门根据门控电路提供的门控信号决定计数时间；计数电路则对由被测信号转换来的计数脉冲或时标信号进行准确计数和显示；整个仪器在控制电路的控制和协调下按一定的工作程序自动完成测量任务。

2．本章介绍了采用电子计数器测量频率、频率比、周期、累加计数及仪器自校的工作原理，分析了测量误差的来源及减小措施，重点分析了量化误差并指出：测量准确度与总计数值 N 有关。要提高测量准确度，减少量化误差的影响，就要延长计数时间，或减小计数脉冲周期，或同时采用两种措施。这个原则适用于各种测量，只不过在进行不同测量时，具体措施稍有不同而已。

为了消除量化误差的影响，进一步提高测量精确度，引进了倒数计数器的概念。本章介绍了倒数计数器的工作原理。

3．本章介绍了两个电子计数器的典型产品。

（1）具有多种测试功能并采用大规模集成电路的 E312A 型通用电子计数器。

（2）E312B 型通用电子计数器。它以单片机为核心进行功能转换、测量控制和数据处理显示，并采用倒数技术，实现了全频带范围的等精度测量。

练习题 4

1．填空题

（1）电子计数器的测频误差包括________误差和________误差。

（2）测量周期时的主要误差有________和________。通用计数器采用较小的________可以减小±1 误差的影响。

（3）在测量周期时，为减小被测信号受到干扰造成的转换误差，电子计数器应采用________测量法。

（4）采用电子计数器测频时，当被计数频率一定时，________可以减小±1 误差对测频误差的影响；当闸门时间一定时，________，则由±1 误差产生的测频误差越大。

（5）在进行频率比测量时，应将________的信号加在 B 通道，取出________（周期倍

乘为1）作为计数的闸门信号，将________的信号加在A通道，作为被计数的脉冲。

2．判断题

（1）一个频率源的频率稳定度越高，则频率准确度也越高。(　　)

（2）当被测频率大于中界频率时，宜选用测周的方法；当被测频率小于中界频率时，宜选用测频的方法。(　　)

（3）当计数器进行自校时，从理论上来说不存在±1个字的量化误差。(　　)

（4）用计数器直接测周的误差主要有三项，即量化误差、触发误差及标准频率误差。(　　)

3．选择题

（1）用计数器测频的误差主要包括哪些？（　　）

A．量化误差、触发误差　　B．量化误差、标准频率误差

C．触发误差、标准频率误差　　D．量化误差、转换误差

（2）下列哪种方法不能减小量化误差？（　　）

A．测频时使用较高的时基频率　　B．测周时使用较高的时基频率

C．采用多周期测量的方法　　D．采用平均法

4．简答题

（1）用一台5位十进制电子计数器测量频率，选用0.1s的闸门时间。若被测频率为10kHz，则测频分辨力为多少？量化误差（相对误差值）为多少？如果该计数器的最大闸门时间为10s，则在显示不溢出的情况下，测量频率的上限为何值？

（2）欲用电子计数器测量一个$f_x=200\text{Hz}$的信号频率，采用测频（选闸门时间为1s）和测周（选时标为0.1μs）两种方法。试比较这两种方法由±1误差所引起的测量误差。

第5章 电子元器件参数测量与仪器应用

教学导航

教	知识重点	1．集总参数元件特性和等效电路 2．交流电桥的平衡条件；万用电桥的基本组成及工作原理 3．Q 表的基本组成及工作原理　4．晶体管特性图示仪的基本组成、工作原理和应用
	知识难点	1．晶体管特性图示仪的基本组成和工作原理　2．晶体管特性图示仪的应用 3．万用电桥的工作原理及应用　4．Q 表的工作原理及应用
	推荐教学方式	1．通过对一个实际案例的介绍，导出电子元器件参数测量系统的理论知识，激发学生学习的兴趣 2．采用实验演示法、多媒体演示法、任务设计法、小组讨论法、案例教学法、项目训练法等教学方法，加深学生对理论的认识和巩固 3．通过实验巩固示波器的正确操作与维护
	建议学时	8 学时
学	推荐学习方法	1．本章要重点掌握集总参数元件的特性和等效电路、电桥和 Q 表的组成框图、基本原理、应用和维护的技能 2．理论的学习要结合实际仪器的使用过程及实验来理解，注意理论联系实际 3．查有关资料，加深理解，拓展知识面
	必须掌握的理论知识	1．集总参数元件特性和等效电路 2．交流电桥的平衡条件；万用电桥的基本组成及工作原理 3．Q 表的基本组成及工作原理
	必须掌握的技能	1．能规范地使用万用表初步测量元器件 2．能规范地使用电桥、Q 表和晶体管图示仪进行元器件的测试

案例4　电子元件参数的测量

在科研和生产中，经常要测量电子元件的参数，即电阻的阻值、电容器的电容、电感器的电感及品质因数 Q 等。电子元件是最基本的电子产品，是构成电子整机、系统的基础，它们的性能优劣直接影响电子设备的质量。测试仪器主要有电桥和 Q 表等仪器。一般对低频元件用电桥法测量，高频元件用谐振法测量。因此，电子元件测量是电子测量最基本的内容之一。

电桥主要用来测量电阻器的阻值、电感器的电感量及品质因数 Q、电容器的电容量及损耗因数 D 等。电桥主要用于：

（1）精确评价元件的性能，保证元件在使用条件下满足要求；

（2）元件生产线快速检测或进货检验；

（3）大致估计元件的性能。

QS-18A 型万用电桥

QS-18A 型万用电桥是一种轻便携带式多用电桥，能够迅速地对电容、电感、电阻等元件进行测量，对测量结果直接进行读数，特别适合于工矿企业、大专院校和修理部门作为一般测试设备。

2817 系列 LCR 数字电桥是一种以微处理技术为基础的自动测量电感量 L、电容量 C、电阻值 R、阻抗 Z、品质因数 Q、损耗角正切值 D、C_s 串联等效电容、C_p 并联等效电容、L_s 串联等效电感、L_p 并联等效电感等的智能化元件参数测量仪器，其工作稳定可靠，操作简便。其 0.1%的基本精度和高分辨率的显示对于元件质量和可靠性的测量将有莫大的帮助。本仪器可广泛用于工厂、院校、研究所、计量质检部门等对各类元件参数进行高精度的测量。

5.1　集总参数元件阻抗的测量

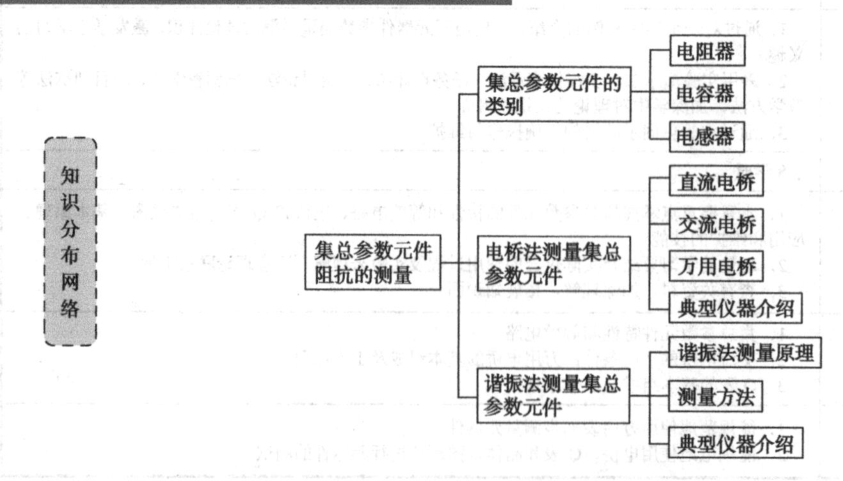

集总元件的参数是指电阻器的电阻值、电容器的电容量和损耗因数 D、电感器的电感量和品质因数 Q。测量方法常采用电桥法和谐振法，所使用的仪器有电桥和 Q 表。一般用电桥测量低频元件，用 Q 表测量高频元件。这类测量仪器本身提供测量信号源，指示器主要不是指示测量结果的数值，而是指示某种特定的状态，如电桥的平衡状态和 Q 表中的谐振状态。

5.1.1　集总参数元件的类别

在电子技术中，集总参数元件是指电阻器、电容器和电感器。

1. 电阻器

理想的电阻器是纯电阻元件，即不含电抗分量，流过它的电流与其两端的电压同相。实际电阻器总存在一定的寄生电感和分布电容，其等效电路如图 5-1 所示。在低频工作状态下（包括直流工作时），L_R 和 C_R 的影响由于感抗很小、容抗很大，可以忽略不计，但在高频工作状态下必须考虑其影响。

2. 电容器

实际电容器也不可能是理想的纯电容，还存在引线电感和损耗电阻（包括漏电阻及介质损耗等）。在频率不太高的情况下，引线电感的影响由于感抗很小可忽略不计。故实际电容器的等效电路如图 5-2 所示。图中，R_{CS} 为电容器的等效串联损耗电阻，R_{CP} 为电容器的等效并联损耗电阻。电容器的损耗大小通常用损耗因数 D（或损耗角的正切值 $\tan\delta$）表示。

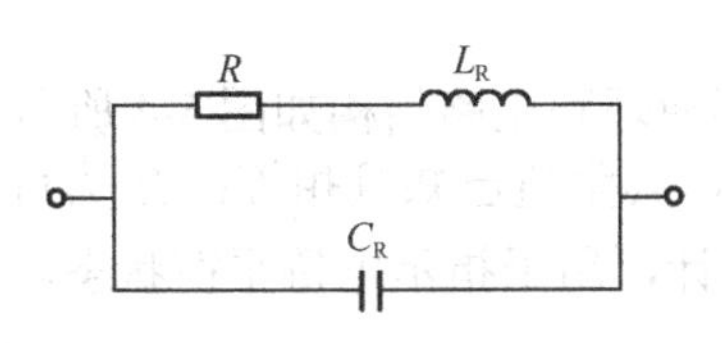

图 5-1　实际电阻器的等效电路

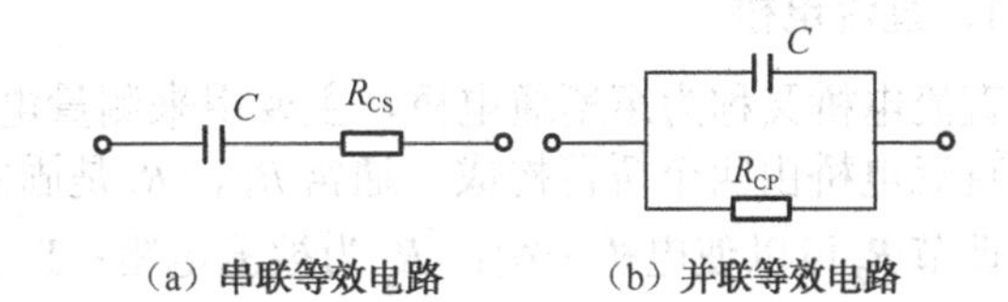

图 5-2　实际电容器的等效电路

对于图 5-2（a），有

$$D = \tan\delta = \frac{R_{CS}}{X_C} = \omega C R_{CS} \tag{5-1}$$

对于图 5-2（b），有

$$D = \tan\delta = \frac{X_C}{R_{CP}} = \frac{1}{\omega C R_{CP}} \tag{5-2}$$

式中，X_C 为电容器的容抗；δ 为电容器的损耗角。

空气电容器的损耗因数较小，为 $D<10^{-3}$；一般介质电容器的损耗因数为 $10^{-4}\leqslant D\leqslant 10^{-2}$；电解电容器的损耗因数较大，为 $10^{-2}\leqslant D\leqslant 10^{-1}$。

3. 电感器

实际电感器除电感量外，同样存在损耗电阻，还存在分布电容。在频率不太高的情况下，分布电容的影响可以忽略不计。故实际电感器的等效电路如图 5-3 所示。图中 R_{LS} 为电感器的等效串联损耗电阻，R_{LP} 为电感器的等效并联损耗电阻。电感器的损耗大小通常用品质因数 Q 表示。

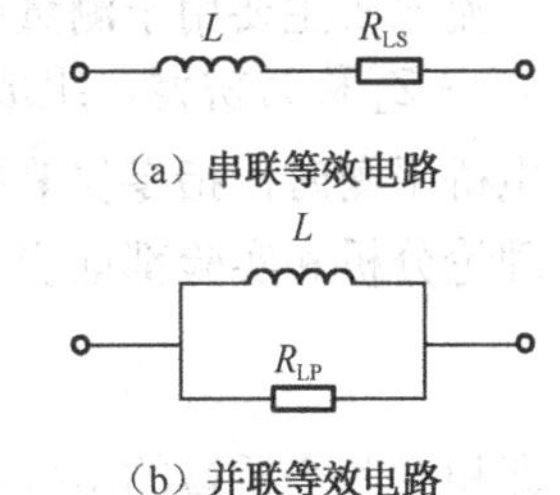

图 5-3　实际电感器的等效电路

对于图 5-3（a），有

$$Q=\frac{X_{\rm L}}{R_{\rm LS}}=\frac{\omega L}{R_{\rm LS}} \tag{5-3}$$

对于图 5-3（b），有

$$Q=\frac{R_{\rm LP}}{X_{\rm L}}=\frac{R_{\rm LP}}{\omega L} \tag{5-4}$$

式中，$X_{\rm L}$ 为电感器的感抗。

电感器的 Q 值越大，说明损耗越小，反之则损耗越大。空心线圈及带高频磁芯的线圈（电感器）Q 值较高，一般为几十至一二百，带铁芯的线圈（电感器）Q 值较低，一般在十以内。

5.1.2 电桥法测量集总参数元件

电桥法是利用示零电路做测量指示器，根据电桥电路的平衡条件来确定集总参数元件阻抗值的测量方法。其工作频带宽，测量精度高，可达10^{-4}，比较适合低频阻抗元件的测量。利用该原理制成的测量仪器称为电桥。按照所用的电源不同，电桥可以分为直流电桥和交流电桥两大类；依据测量时所处的状态不同，分为平衡电桥和不平衡电桥。

1．直流电桥

直流电桥又称为惠斯通电桥，主要用来测量电阻，其原理和电路结构如图 5-4 所示。

直流电桥由四个桥臂构成，通常 R_3、R_4 是固定电阻，其阻值已知且相等；R_2 为可变电阻，调节 R_2 可以使电桥平衡；R_x 为被测电阻；P 为电流计，用于指示电桥平衡状态。电桥平衡时，电流计指示为零，则有：

$$U_A=U_B，\ I_{\rm P}=0$$

即是 $\quad I_1R_x=I_4R_4，\ I_2R_2=I_3R_3$

所以 $\quad \dfrac{R_x}{R_2}=\dfrac{R_4}{R_3}$ 或 $R_x=\dfrac{R_4}{R_3}R_2$

在实际电桥中，往往将 R_4 设置成步进可调电阻，以使 R_4/R_3 的值能以 1×10^n（n=0、±1、±2、±3、…）值改变，R_4 称为量程臂；R_2 称为比较臂，通常由准确度较高的几个精密电阻串联而成。

2．交流电桥

交流电桥主要用于测量电容、电感等元件的参数，其原理如图 5-5 所示。图中四个阻抗元件 Z_1～Z_4 称为桥臂，组成电桥电路；$u_{\rm s}$ 为信号源；P 为指零仪，用以指示电桥的平衡状态。电桥平衡时，指零仪 P 指示为零，即其中没有电流流过。

理论分析和实验都证明电桥的平衡条件为：

$$\dot{Z}_1\dot{Z}_3=\dot{Z}_2\dot{Z}_4 \tag{5-5}$$

即相对两个桥臂的阻抗乘积相等。

这里 Z_1～Z_4 为复阻抗，所以式（5-5）也可写成：

$$|Z_1||Z_3|e^{j(\varphi_1+\varphi_3)}=|Z_2||Z_4|e^{j(\varphi_2+\varphi_4)} \tag{5-6}$$

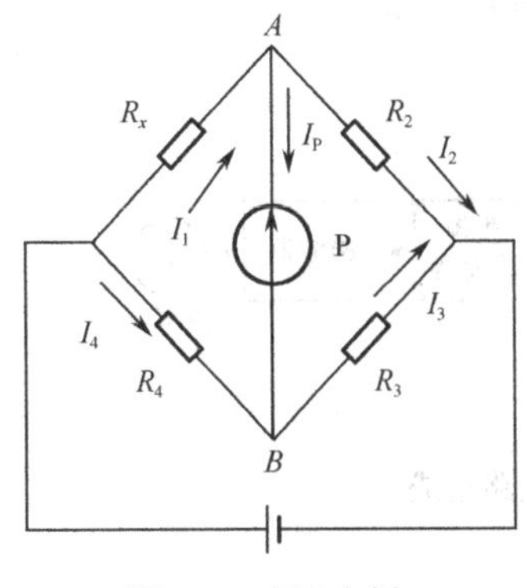

图 5-4　直流电桥

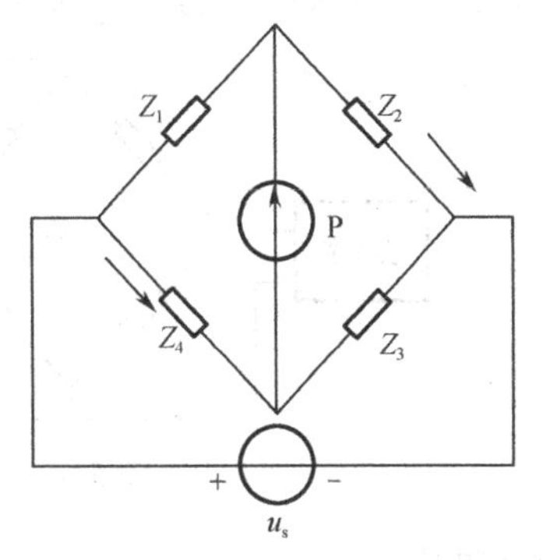

图 5-5　四臂电桥基本电路

即

$$|Z_1||Z_3|=|Z_2||Z_4| \quad （幅度平衡）$$

$$\varphi_1+\varphi_3=\varphi_2+\varphi_4 \quad （相位平衡） \tag{5-7}$$

可见，一般情况下电桥的平衡条件有两个，一个是振幅平衡条件，一个是相位平衡条件，两个条件必须同时满足。实际电路中必须有电阻和电抗两个可调节的元件。仅当四个桥臂均为纯电阻时，由于没有相位变化，只要满足振幅平衡条件即可。

实际电桥电路中，除一个桥臂接入被测阻抗元件外，其余三个桥臂均接入已知标准元件。为简化调节，一般仅在一个桥臂同时接入两个可调标准元件（一个电阻，一个电抗元件），另外两个桥臂则接入固定值的标准元件。在调整过程中，任何一个可调元件变动后都会影响电路的平衡，因此调整时往往需要反复调节，使之逐渐趋于平衡。电桥调节平衡后，很容易根据电桥平衡条件来确定阻抗元件参数。

电桥的指示器是一个关键部件，它的灵敏度越高越好。灵敏度越高，越能反映出被测元件值的差异。

下面讨论两个可调节元件的选择原则和方法。

（1）由式（5-7）可知，如果 Z_1 和 Z_2 为纯电阻，则 $\varphi_1=\varphi_2=0$，很明显有 $\varphi_3=\varphi_4=0$。可见另外两个臂所接元件 Z_3 和 Z_4 必须是性质相同的电抗，即它们必定同为电感或电容，才可能使电桥平衡。

（2）同样，如果两相对臂 Z_1 和 Z_3 是电阻，则有 $\varphi_1=\varphi_3=0$，应有 $\varphi_2=-\varphi_4$，所以电桥的另外两个相对臂必须接入性质相反的电抗，如一个为电感时，则另一个为电容，电桥才能平衡。

在实际的测量仪器中，为简化仪器结构，采用电阻 R 和电容 C 作为可调节元件，并且很多电桥均以纯电阻作为固定值的标准元件。在测量电容器时使可调元件与被测元件作为相邻臂接入，组成臂比电桥；在测量电感时使可调元件与被测元件作为相对臂接入，组成臂乘电桥。这样，仪器内部的三个臂所用的标准元件可以根据实际测量需要进行互换，测量时通过开关电路进行转换。

3. 万用电桥

万用电桥可以测量电阻器、电容器和电感器，其基本组成如图 5-6 所示。电路由桥体、测量用信号源（振荡器）、选频放大器、检波器和指零仪组成。桥体是电桥的核心部分，由

标准电阻、标准电容和转换开关组成。在测量时，通过切换开关将电桥内的标准电阻、标准电容与被测元件组合成不同的电桥以满足不同的测量要求。

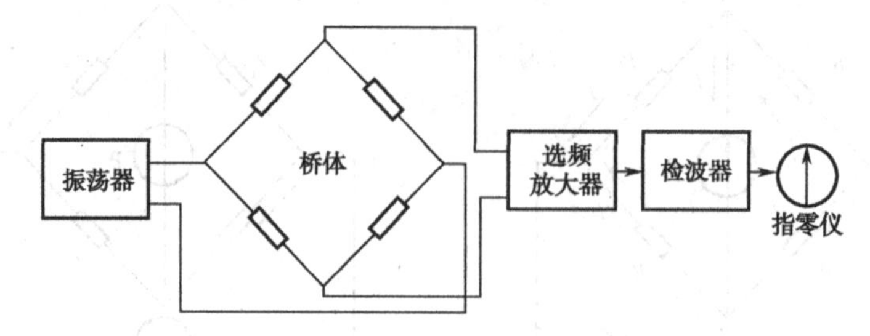

图 5-6　万用电桥的电路组成

1）测量电阻值

测量电阻时采用惠斯通电桥，电桥组成如图 5-4 所示。在前面已经讲述，这里不再赘述。

2）测量电容值

测量电容时采用串联电容比较电桥或并联电容比较电桥。

（1）串联电桥测量电容值，组成如图 5-7 所示串联电桥。

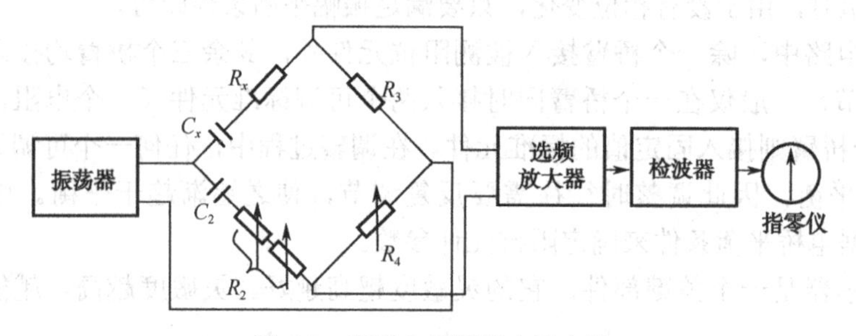

图 5-7　串联电桥测量电容电路

根据电桥的平衡条件有：

$$\left(R_x+\frac{1}{\mathrm{j}\omega C_x}\right)R_4=\left(R_2+\frac{1}{\mathrm{j}\omega C_2}\right)R_3$$

整理得到：$R_xR_4+\dfrac{R_4}{\mathrm{j}\omega C_x}=R_2R_3+\dfrac{R_3}{\mathrm{j}\omega C_2}$

根据复数相等的条件：实部=实部，虚部=虚部，

得到

$$C_x=\frac{R_4}{R_3}C_2 \tag{5-8}$$

$$R_x=\frac{R_4}{R_3}R_2 \tag{5-9}$$

$$D_x=\tan\delta=\omega R_xC_x=\omega R_2C_2 \tag{5-10}$$

（2）并联电桥测量电容值，电路组成如图 5-8 所示，根据电桥的平衡条件和前面的方法可得：

$$C_x = \frac{R_3}{R_4} C_2 \tag{5-11}$$

$$R_x = \frac{R_4}{R_3} R_2 \tag{5-12}$$

$$D_x = \frac{1}{\omega R_x C_x} = \frac{1}{\omega R_2 C_2} \tag{5-13}$$

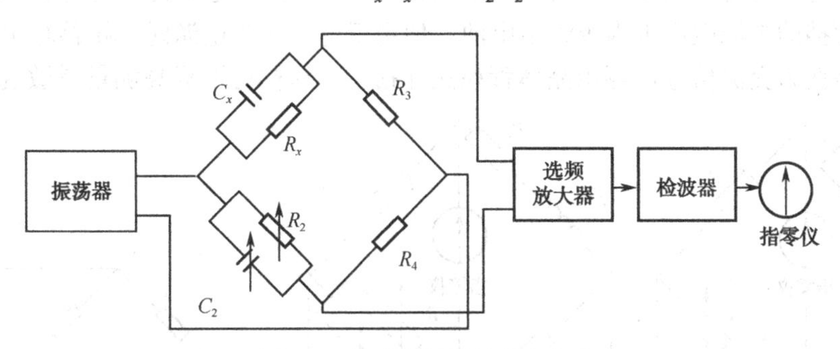

图 5-8　并联电桥测量电容电路

以上两类电桥前者适用于测量损耗小的电容，后者适用于测量损耗大的电容。这里桥臂元件包含电抗元件，故信号源 u_s 必须是交流电源，实际多采用音频电源。指零仪 P 必须能对交流信号响应，多采用晶体管检流计，即通过交流放大和检波后由电表指示。因为电桥电路只能对一个频率的信号进行平衡，故要求信号源波形的谐波失真必须尽量小，才能获得较好的平衡指示。这类电桥称为交流电桥。

3）电感的测量

测量电感时，可采用麦克斯韦+文氏电桥或海氏电桥，电桥组成如图 5-9 所示。

麦克斯韦+文氏电桥的平衡条件为：

$$L_x = R_1 R_3 C_2 \tag{5-14}$$

$$R_x = \frac{R_1 R_3}{R_2} \tag{5-15}$$

$$Q_x = \frac{\omega L_x}{R_x} = \omega R_2 C_2 \tag{5-16}$$

海氏电桥的平衡条件为：

$$L_x = R_1 R_3 C_2 \tag{5-17}$$

$$R_x = \frac{R_1 R_3}{R_2} \tag{5-18}$$

$$Q_x = \frac{R_x}{\omega L_x} = \frac{1}{\omega R_2 C_2} \tag{5-19}$$

以上两类电桥前者适用于测量 Q 值较低的电感，后者适用于测量 Q 值较高的电感，它们都是交流电桥。

5.1.3 典型仪器——QS18A 型万用电桥

QS18A 型万用电桥是目前应用较广泛的一种万用电桥，它主要由桥体、交流电源（晶体管振荡器）、晶体管检流计三部分组成，如图 5-10 所示。其中桥体是仪器的核心，使用时通过转换开关切换，分别组成惠斯登电桥、并联电容比较电桥和麦克斯韦+文氏电桥，用于测量电阻、电容和电感。测量电阻时，量程 1Ω 和 10Ω 挡的电源使用机内的 1kHz 振荡信号；其他量程挡的电源改用机内 9V 干电池。使用干电池作为电源时，桥体输出的直流信号通过调制电路变为交流信号，再由晶体管检流计指示，这样可以提高测量灵敏度。

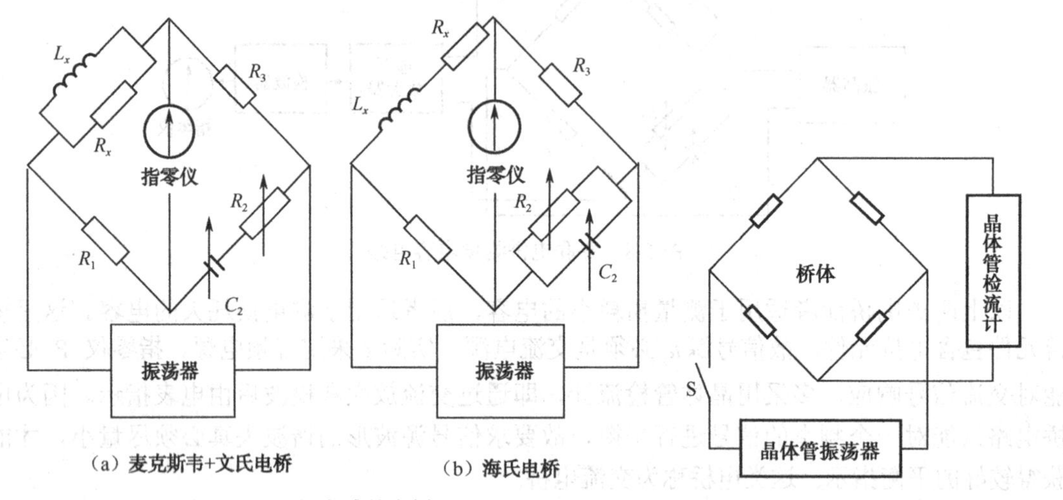

图 5-9 测量电感的电桥　　图 5-10 QS18A 型万用电桥原理框图

1. 面板说明

QS18A 型万用电桥的面板如图 5-11 所示。

（1）“被测 1-2”接线柱：用于连接被测元件。

（2）“外接”插孔：用于外接音频电源。

（3）“外-内 1kHz ”拨动开关：用于选择桥体的工作电源。

（4）“D×1、D×0.01、Q×1”开关：耗损倍率开关。测量不带铁芯的电感线圈时，此开关宜放在 Q×1 处；测量小损耗电容时，此开关宜放在 D×0.01 处；测量大损耗电容时，此开关宜放在 D×1 处。测量电阻时，此开关不起作用。

（5）指示电表：用于指示电桥的平衡状况。当电桥平衡时，电表指示为零。

（6）“灵敏度”旋钮：用于控制电桥放大器的放大倍数。刚开始测量时，应降低灵敏度，随后再逐渐提高，进行电桥平衡调节。

（7）“读数”旋钮：由粗调和细调组成，调节电桥的平衡状态。电桥平衡时，由这两个读数盘及量程配合读出被测元件数值。

（8）“损耗平衡”旋钮：用于指示被测元件（电容或电感）的损耗因数或品质因数。本旋钮读数与“D×1、D×0.01、Q×1”开关读数之乘积即为被测元件的损耗因数或品质因数。

（9）“损耗微调”旋钮：用于细调平衡时的损耗，一般情况下应置于“0”位置。

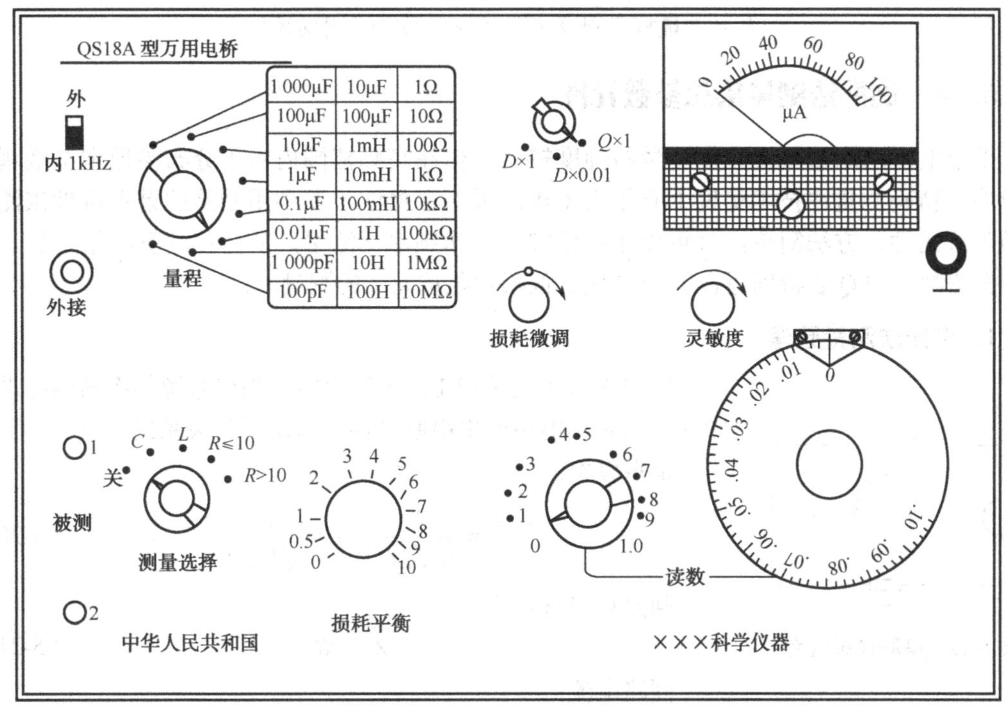

图 5-11 QS18A 型万用电桥面板图

（10）“测量选择”开关：用于确定电桥的测量内容。测量完毕，此开关应置于“关”位置以降低机内干电池的损耗。

2. 使用方法

（1）电容的测量：估计被测电容的大小，旋动“量程”开关将其置于适当位置，使量程值大于被测电容容量；将“测量选择”开关置于“C”，损耗倍率开关置于“D×0.01”（测一般电容）或“D×1”（测电解电容），反复调节“读数”及“损耗平衡”旋钮，使电表指零。当电桥平衡时，被测量 C_x、D_x 分别为：

$$C_x = \text{“量程”开关指示值} \times \text{“读数”指示值}$$

$$D_x = \text{损耗倍率指示值} \times \text{“损耗平衡”指示值}$$

（2）电感的测量：估计被测电感量的大小，将“量程”开关置于合适位置，“测量选择”开关置于“L”，损耗倍率开关置于合适位置（测不带铁芯线圈放在“Q×1”，测较高 Q 值的滤波线圈放在“D×0.01”，此时 Q=1/D，测铁芯电感线圈放于“D×1”）；反复调节“读数”及“损耗平衡”，使电桥平衡。电桥平衡时被测量 L_x、Q_x 分别为：

$$L_x = \text{“量程”开关指示值} \times \text{“读数”指示值}$$

$$Q_x = \text{损耗倍率指示值} \times \text{“损耗平衡”指示值}$$

（3）电阻的测量：估计被测电阻值的大小，将“量程”开关、“测量选择”开关置于合适的位置。如被测电阻在 10Ω 以内，“量程”开关应置于“1Ω”或“10Ω”位置，“测量选择”开关应置于“R≤10”，否则，上述开关应分别置于 100Ω～1MΩ 之间和“R>10”位置。调节“读数”旋钮，使电桥平衡，此时被测电阻 R_x 为：

R_x=“量程”开关指示值×“读数”指示值

5.1.4　谐振法测量集总参数元件

采用电桥法测量阻抗元件测量精确度较高，但在高频范围内由于分布参数和杂散耦合的影响，精确测量在技术实现上有较大困难。采用谐振法，即利用回路的谐振特性来测量高频阻抗元件，方法简单，且可以在接近实际工作频率下测量，从而使测量结果可靠。依据谐振法制成的Q表特别适合于高Q值、低损耗阻抗元件的测量。

1．谐振法测量原理

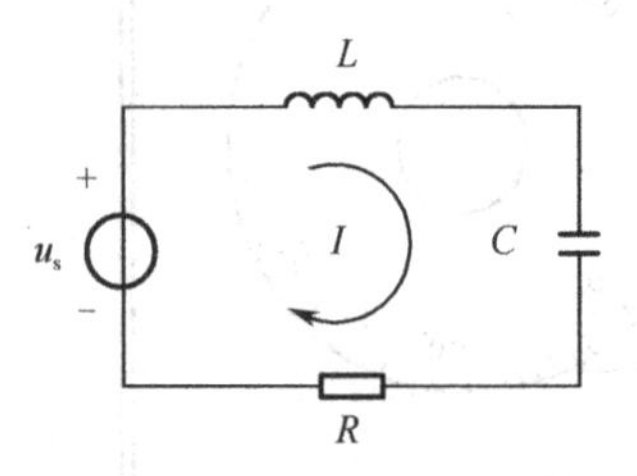

图5-12　串联谐振电路

如图5-12所示的RLC串联电路，当信号源频率与回路谐振频率相同时，电路产生串联谐振，满足下列关系式。

谐振频率：

$$f_0=\frac{1}{2\pi\sqrt{LC}}\left(\omega_0=\frac{1}{\sqrt{LC}}\right) \tag{5-20}$$

回路总阻抗：

$$Z_0=R \tag{5-21}$$

回路电流：

$$I=I_{\max}=\frac{U}{R} \tag{5-22}$$

电抗元件两端电压：

$$U_C=U_L=Q_U \tag{5-23}$$

回路Q值：

$$Q=\frac{\omega_0 L}{R}=\frac{1}{\omega_0 CR}$$

此时，电感和电容两端电压达到最大值且是信号源电压的Q倍。如果信号源使用恒压源，则电抗元件上的电压既可用来指示电路的谐振状态，又能直接标度Q值。

2．测量方法

1）直接测量法

（1）测量电容的原理电路如图5-13所示。L_S为标准电感，调节信号源u_s的频率至f_0时，电压表V的指示最大，即产生谐振，则

$$C_x=\frac{1}{(2\pi f_0)^2 L_S} \tag{5-24}$$

（2）测量电感的电路如图5-14所示。C_S为可调标准电容，调节信号源u_s的频率至要求的测试频率f_0。调节C_S使电压表V指示最大，即产生谐振，则

$$L_x=\frac{1}{(2\pi f_0)^2 C_S} \tag{5-25}$$

直接法测量元件时，分布电容和引线电感都会引入测量误差，为了尽可能减小这些误差，可采用替代法。

2）并联替代法

该方法适合测量小电容、大电感等高阻抗元件。

（1）测量电容的电路如图5-15所示，图中 C_S 为标准电容，容量可调且可直接读出。

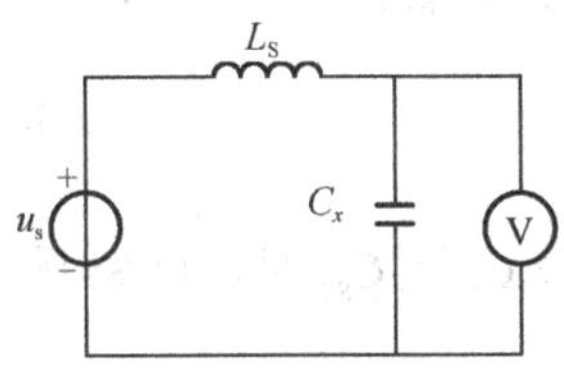

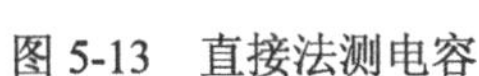
图5-13　直接法测电容

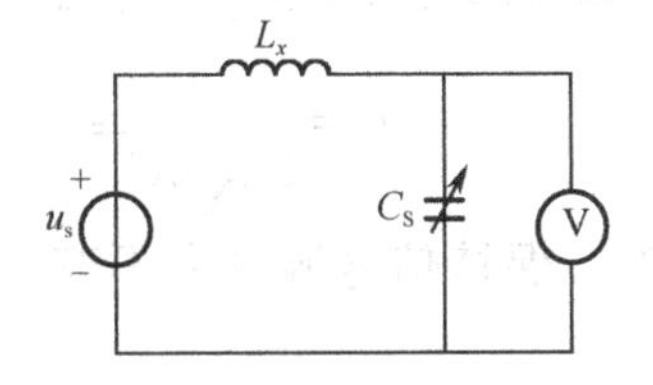

图5-14　直接法测电感

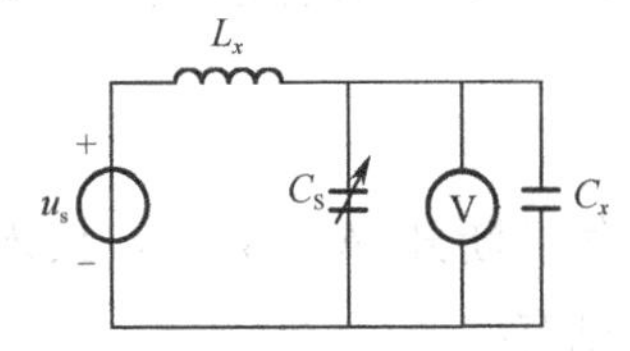

图5-15　并联替代法测电容

测量时先不接被测电容 C_x，调节 C_S 使其处于一个较大值 C_{S1}，改变信号源频率使回路谐振；然后再将 C_x 并联接入电路，保持信号源频率不变，调节 C_S 至 C_{S2}，回路重新谐振。则

$$C_x = C_{S1} - C_{S2} \tag{5-26}$$

显然这种方法适用于测量容量小于 C_S 变化范围的电容 C_x。

（2）测量电感的电路如图5-16所示。图中 C_S 为标准电容，容量可调且可直接读出。测量时先不接 L_x，调节 C_S 至一个较小值 C_{S1}，改变信号源频率至 f_0 时使回路谐振，则有：

$$f_0 = \frac{1}{2\pi\sqrt{LC_{S1}}} \tag{5-27}$$

$$L = \frac{1}{4\pi^2 f_0^2 C_{S1}} \tag{5-28}$$

即

$$\frac{1}{L} = 4\pi^2 f_0^2 C_{S1} \tag{5-29}$$

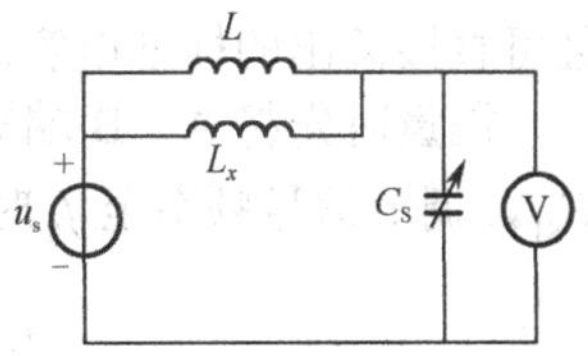

图5-16　并联替代法测电感

然后接入 L_x，保持信号源频率不变，调节 C_S 至 C_{S2} 时，回路重新谐振。则有：

$$\frac{1}{\frac{1}{L}+\frac{1}{L_x}} = \frac{1}{4\pi^2 f_0^2 C_{S2}} \tag{5-30}$$

即

$$\frac{1}{L}+\frac{1}{L_x} = 4\pi^2 f_0^2 C_{S2} \tag{5-31}$$

由式（5-29）和式（5-31）可得

$$\frac{1}{L_x} = 4\pi^2 f_0^2 (C_{S2} - C_{S1}) \tag{5-32}$$

$$L_x = \frac{1}{4\pi^2 f_0^2 (C_{S2} - C_{S1})} \tag{5-33}$$

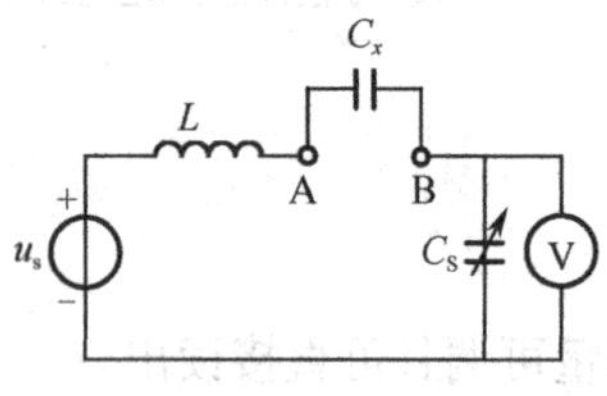

图 5-17 串联替代法测电容

3）串联替代法

该方法适合测量大电容、小电感等低阻抗元件。

（1）测量电容的电路如图 5-17 所示。图中 C_S 为容量可调且可直接读出的标准电容。

测量时先将 A、B 端短路，调节标准电容 C_S 至一个较小值 C_{S1}，调节信号频率至 f_0 时回路谐振，则有：

$$f_0 = \frac{1}{2\pi\sqrt{LC_{S1}}} \tag{5-34}$$

然后断开 A、B 端，接入 C_S，保持信号源频率不变，调节 C_S 至 C_{S2} 时，回路重新谐振，则有：

$$f_0 = \frac{1}{2\pi\sqrt{L\dfrac{C_x C_{S2}}{C_x + C_{S2}}}} \tag{5-35}$$

由式（5-34）和式（5-35）可得：

$$C_{S1} = \frac{C_x C_{S2}}{C_x + C_{S2}} \tag{5-36}$$

即

$$C_x = \frac{C_{S1} C_{S2}}{C_{S2} - C_{S1}} \tag{5-37}$$

（2）测量电感的电路如图 5-18 所示。图中 C_S 为容量可调且可直接读出的标准电容。

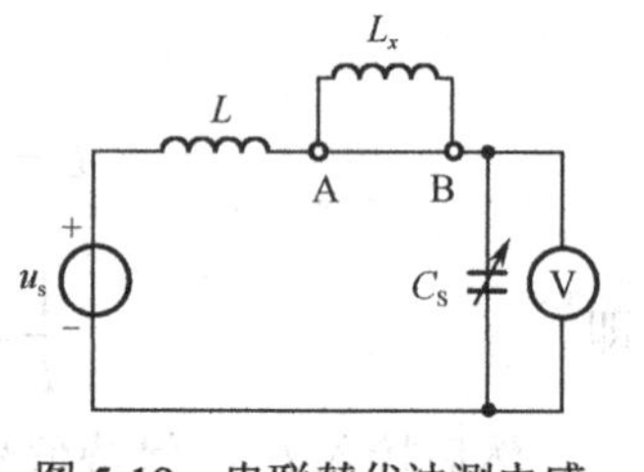

图 5-18 串联替代法测电感

测量时先将 A、B 端短路，调节标准电容 C_S 至一个较大值 C_{S1}，调节信号频率至 f_0 时回路谐振，则有：

$$f_0 = \frac{1}{2\pi\sqrt{LC_{S1}}} \tag{5-38}$$

即

$$L = \frac{1}{4\pi^2 f_0^2 C_{S1}} \tag{5-39}$$

然后断开 A、B 端，接入 L_x，保持信号源频率不变，调节 C_S 至 C_{S2} 时，回路重新谐振，则有：

$$f_0 = \frac{1}{2\pi\sqrt{(L + L_x)C_{S2}}} \tag{5-40}$$

即

$$L + L_x = \frac{1}{4\pi^2 f_0^2 C_{S2}} \tag{5-41}$$

由式（5-40）和式（5-41）可得：

$$L_x = \frac{C_{S1} - C_{S2}}{4\pi^2 f_0^{\ 2} C_{S1} C_{S2}} \tag{5-42}$$

5.1.5　典型仪器——QBG-3 型 Q 表

QBG-3 型 Q 表是根据谐振法测量原理制成的一种典型仪器，它能在高频状态下测量电容量、电感量、损耗因数及品质因数等参数。Q 表又称为品质因数测量仪。

1．工作原理

QBG-3 型 Q 表的工作原理如图 5-19 所示。它由高频振荡器、LCR 测量回路及输入、输出指示器三部分组成。图中，V1 用于指示高频信号源的电压，称为定位电压表；V2 是指示 Q 值的电压表；C_S、C_S' 是标准电容，其中 C_S 称为主调电容，其容量变化范围为 40～500pF，C_S' 是微调电容，可调范围为±3pF；高频信号源与测量回路采用电阻耦合方式，即通过 R_1、R_2 分压取出一部分高频信号作为测量回路的电源，R_2 的阻值约为 0.04Ω，其两端电压约为 10mV。

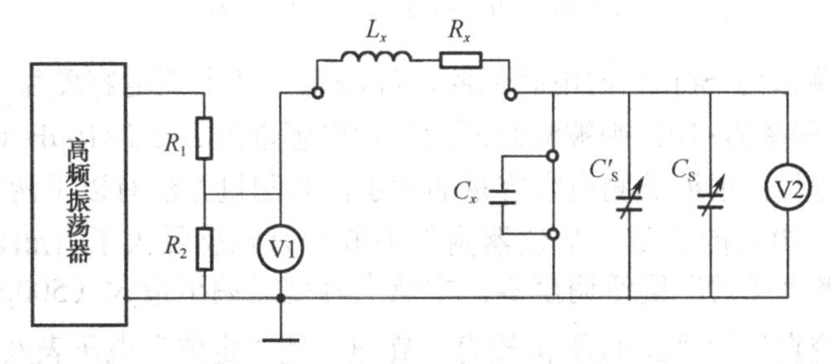

图 5-19　QBG-3 型 Q 表原理框图

2．使用方法

QBG-3 型 Q 表的面板如图 5-20 所示。连接被测元件的接线柱位于机箱的顶部。

（1）测量前的准备：使用前必须对“定位”电压表和“Q 值”电压表进行机械调零，然后将“定位粗调”旋钮沿逆时针方向转到底，“定位零位校直”及“Q 值零位校直”旋钮置于中间，“微调”（电容器）旋钮旋至零。其次，被测元件与接线柱之间的连线应越粗、越短越好。测量时手不要靠近被测元件，以免人体感应引起误差。仪器通电后应预热 10min。

（2）线圈 Q 值的测量：将被测线圈接到“L_x”接线柱上。调节“频率旋钮”及“波段开关”至测量所需的频率点。将“Q 值范围”旋钮置于适当挡位。调节“定位零位校直”旋钮使“定位”电压表指示为零，调节“定位粗调”和“定位细调”旋钮使“定位”电压表的指针指到“Q×1”处。调整主调电容度盘（即“Q 值”电表右边的“C/L”度盘）到远离谐振点，再调节“Q 值零位校直”旋钮使 Q 表的指针指在零点上，最后调节主调电容度盘和“微调”旋钮使回路谐振。此时 Q 表指示最大，其示值即为被测线圈的 Q 值。

（3）线圈电感量的测量：首先估计被测线圈的电感值，在“f、L 对照表”上找出对应的频率，再调节“波段开关”及“频率旋钮”至这个频率值。将“微调”旋钮置于零点，调节主调电容度盘使 Q 表指示最大。此时，从主调电容度盘上读出的电感值乘以“f、L 对照表”中的倍率，即为被测线圈的电感量。

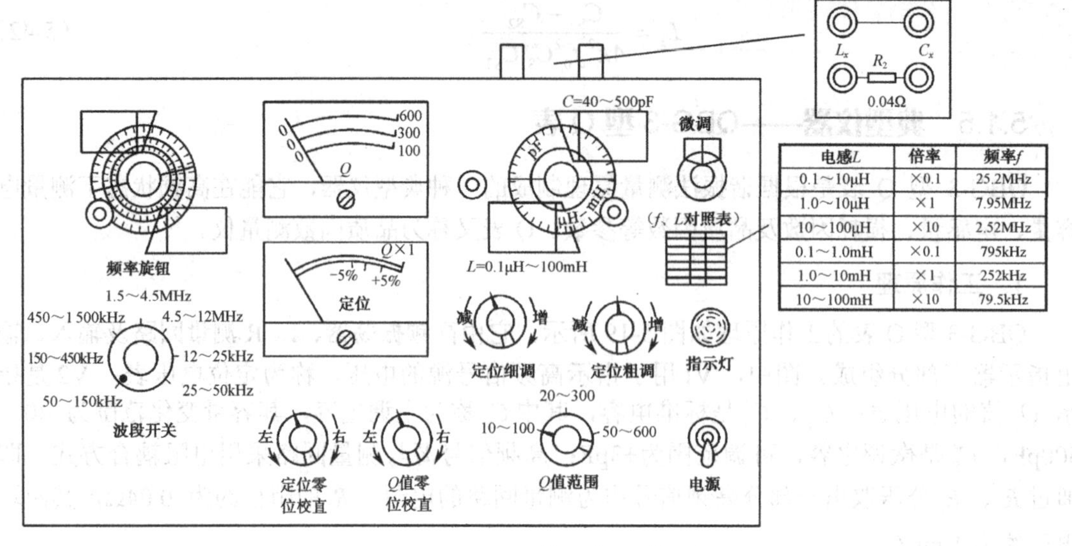

图 5-20　QBG-3 型 Q 表的面板图

例如，某一标称值为 56μH 的电感线圈，经测量，从主调电容度盘上读得的电感值为 5.2μH，查对照表知倍率为×10，则被测线圈的实际电感量为 L=5.2×10μF=62μF。

（4）电容量的测量：根据被测电容容量的大小，其测量方法有以下两种。

① 小于 460pF 电容的测量。从仪器附件中取一只电感量大于 1mH 的标准电感接于“L_x”接线柱上，将“微调”旋钮调至零，主调电容度盘调至最大（500pF），记做 C_{S1}；然后调节“定位零位校直”和“Q 值零位校直”旋钮，使“定位”电压表及 Q 表指示为零；再调节“定位粗调”及“定位细调”旋钮使“定位”电压表的指针指在“Q×1”处；最后调节“频率旋钮”及“波段开关”旋钮，使 Q 表指示最大。

将被测电容接于“C_x”接线柱上，重调主调电容度盘使 Q 表指示最大，此时度盘读数记做 C_{S2}，则被测电容量 C_x 为：

$$C_x = C_{S1} - C_{S2} \tag{5-43}$$

显然，本测量方法即为前述的并联替代法。

② 大于 460pF 电容的测量。可以采用前述的串联替代法来测量，将标准电感接于“L_x”接线柱上，调节主调电容度盘使 Q 表指示最大，度盘读数记做 C_{S1}；取下标准电感，将其与被测电容串联后再接于“L_x”接线柱上，重调主调电容度盘使 Q 表指示再次达到最大，此时度盘读数记做 C_{S2}。被测电容量 C_x 为：

$$C_x = \frac{C_{S1}C_{S2}}{C_{S2} - C_{S1}} \tag{5-44}$$

大于 460pF 电容还可以采用附加辅助电容的并联替代法测量。首先将一只适当容量的标准电容 C_{S3} 接于“C_x”接线柱上，主调电容调至最大 C_{S1}，类似上述小于 460pF 电容的测量步骤，调节振荡信号频率，使 Q 表指示最大。然后撤去 C_{S3}，改接被测电容至“C_x”接线柱上，保持振荡信号频率不变，重调主调电容度盘使 Q 表指示最大，此时度盘读数记做 C_{S2}，则

$$C_x = C_{S3} + C_{S1} - C_{S2} \tag{5-45}$$

注：C_{S3} 必须是准确度较高的标准电容，其取值可选 C_x～（$C_x-460\text{pF}$）之间的中间值附近。例如，被测电容约为 800pF，则选 800～340pF 的中间值附近，如 600pF 左右。

（5）电容损耗因数的测量：首先将主调电容度盘调至 500pF，记做 C_S。将大于 1mH 的标准电感（附件）接于“L_x”接线柱上，调节“波段开关”及“频率旋钮”，使 Q 表指示最大，设此时 Q 表读数为 Q_1；然后将被测电容并接于“C_x”接线柱上，调小主调电容度盘至某值，记做 C_{S2}，重调信号源频率使 Q 表再次指示最大，设此时读数为 Q_2，则损耗因数 D_x 为：

$$D_x=\frac{Q_1-Q_2}{Q_1Q_2}\times\frac{C_{S1}}{C_{S1}-C_{S2}} \tag{5-46}$$

5.2　电子器件特性及参数测量仪器

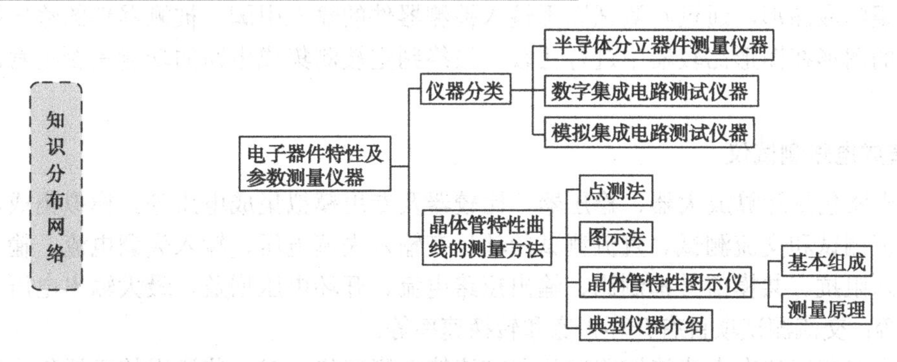

5.2.1　电子器件参数测量仪器的分类

本节主要介绍半导体分立器件测量仪器和集成电路（数字集成电路和模拟集成电路）测量仪器。

1．半导体分立器件测量仪器

半导体分立器件有二极管、双极型晶体管、场效晶体管、闸流晶体管（晶闸管）和光电子器件等种类。通常一种仪器只能测量几类器件的部分参数。根据所测参数的类型，半导体分立器件测量仪器大致可分为下列四种。

1）直流参数测量仪器

这类仪器主要测试半导体分立器件的反向截止电流、反向击穿电压、正向电压、饱和电压和直流放大系数等直流参数。

2）交流参数测量仪器

这类仪器主要测试半导体分立器件的频率参数、开关参数、极间电容、噪声系数和交流网络参数等交流参数。

3）极限参数测量仪器

这类仪器主要测试半导体分立器件能安全使用的最大范围，如大功率晶体管在直流和脉冲状态下的安全工作区。

4）晶体管特性图示仪

这是一种应用最广泛的半导体分立器件测试仪器，它不仅可以显示器件的特性曲线，还可以测量不少主要直流参数和部分交流参数。

2．数字集成电路测试仪器

数字集成电路主要有 TTL 和 CMOS 集成电路等，对其测试的内容主要有直流测试、交流测试和功能测试三部分。直流测试包括输出高电平、输出低电平、输出高电平电流、输出低电平电流、电源功耗电流等；交流测试包括延迟时间、最高时钟频率等；功能测试是检查数字集成电路各项逻辑功能是否正常。

中、小规模集成电路的某些基本参数和功能可用通用仪器进行测量；对大规模、超大规模集成电路的测试则多采用图形功能测试法来检查其功能。它利用图形发生器生成各种测试图形和期望响应图形，通过将测试图形输入被测器件的输入引脚，被测器件的输出图形与期望响应的图形在图形比较器中进行比较，最终判定被测集成电路的功能是否正常而给出结果。

3．模拟集成电路测试仪

模拟集成电路包括运算放大器、稳压器、比较器及专用模拟集成电路等。模拟集成电路的测试有直流测试和交流测试。直流测试的项目有输入失调电压、输入失调电流、输入偏置电流、输入阻抗、共模信号抑制比、输出短路电流、开环电压增益、最大输出电压及电源功耗电流等；交流测试项目有开环带宽和转换速率等。

模拟集成电路测试仪有直流特性测试仪和交流特性测试仪。对一些通用的模拟集成电路，如运算放大器，有专门的测量仪器可对其常用参数进行测量。专门的通用测试仪则大多采用计算机技术，通过编置测试程序完成测量。

5.2.2 晶体管特性曲线的测量方法

晶体管特性曲线是指其有关电极的电压-电流之间或电流-电流之间的关系曲线。例如，晶体管的共发射极输出特性曲线是指在基极电流 I_B 一定的条件下，集电极电流 I_C 随集电极和发射极之间电压 U_{CE} 变化而变化的特性曲线。对应不同的 I_B，都有一条与之相对应的输出特性曲线，因而形成输出特性曲线簇，如图 5-21 所示。测绘晶体管特性曲线主要有点测法（静态法）和图示法（动态法）。

1．点测法

以晶体管输出特性曲线为例，测试电路如图 5-22 所示。先调节 U_{BB}，固定一个 I_B 值，再调节 U_{CC} 使 U_{CE} 从零变到某一固定值，测出一组 U_{CE} 与 I_C 的数据，描绘出一条 I_B 为某一固定值的 $f(U_{CE})$ 曲线；再通过调节 U_{BB} 改变 I_B 值，重复上述过程，可得另一条曲线；最终完成被测晶体管的输出特性曲线。

显然，这种逐点测量法操作烦琐，不能反映晶体管动态工作时的输出特性，特别是在测量晶体管极限参数（如 I_{CM} 和 U_{CEO} 等）时，容易损坏晶体管。

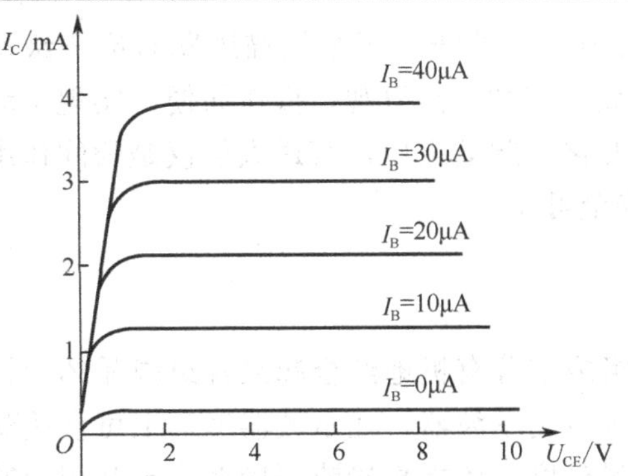

图 5-21　晶体管共发射极输出特性曲线

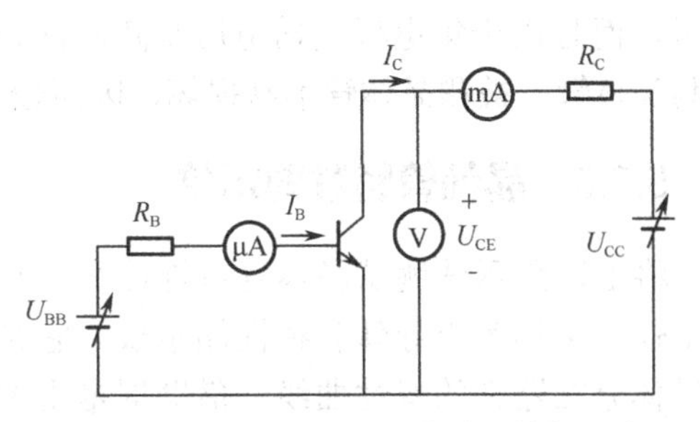

图 5-22　点测法测量晶体管输出特性曲线

2. 图示法

若用集电极扫描电压源代替点测法中的可调直流电源U_{CC}，用阶梯波信号代替提供基极电流的可调直流电源U_{BB}，即可得到图 5-23 所示的图示法测量系统。

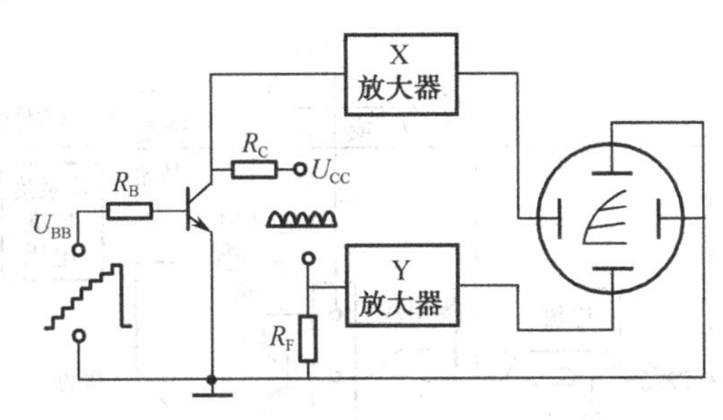

图 5-23　图示法测量晶体管输出特性曲线

用 50Hz 交流电的全波整流电压作为集电极扫描电压，使U_{CE}可以自动从零增至最大值，然后又降至零；阶梯波电压每上升一级，相当于改变一次参数I_B。只要集电极扫描电压U_{CE}和阶梯基极电流变化的时间关系如图 5-24（a）所示，就能获得U_{CE}与I_B的同步变化。

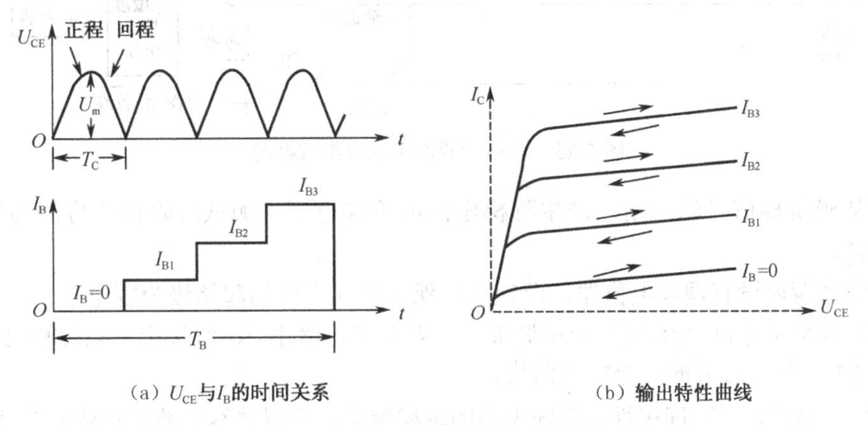

（a）U_{CE}与I_B的时间关系　　（b）输出特性曲线

图 5-24　输出特性曲线的显示原理

为了显示I_C与U_{CE}的关系曲线，如图 5-23 所示，把U_{CE}送入 X 放大器，把I_C经电阻R_F的取样电压送入 Y 放大器，此时屏幕上可得到如图 5-24（b）所示的输出特性曲线。每一个

扫描电压周期，光点在屏幕上往返一次，描绘出一条曲线。每个扫描周期对应一级阶梯波，改变阶梯波的级数即可得到所需数目的曲线。这种方法直观，操作简便，实现了动态测量。而且由于集电极扫描电压是随时间连续变化的脉动电压，其最大值仅是瞬间作用于被测晶体管，被测晶体管不易损坏，因而较为安全可靠。

5.2.3 晶体管特性图示仪

将上述图示法测试晶体管特性曲线的有关组成部分有机地结合起来就组成晶体管特性图示仪，又称为半导体管特性图示仪。它是一种专用示波器，在示波器屏幕上可直接观察半导体分立器件的特性曲线，借助屏幕上的标尺刻度，还能直接或间接地测定其相应的参数。由于它具有使用面宽、直观性强、用途广泛、读测方便等特点而被广泛应用。

1. 基本组成

晶体管特性图示仪的基本组成如图 5-25 所示，它主要由阶梯波信号源、集电极扫描电压发生器、工作于 X-Y 方式的示波器、测试转换开关及一些附属电路组成。

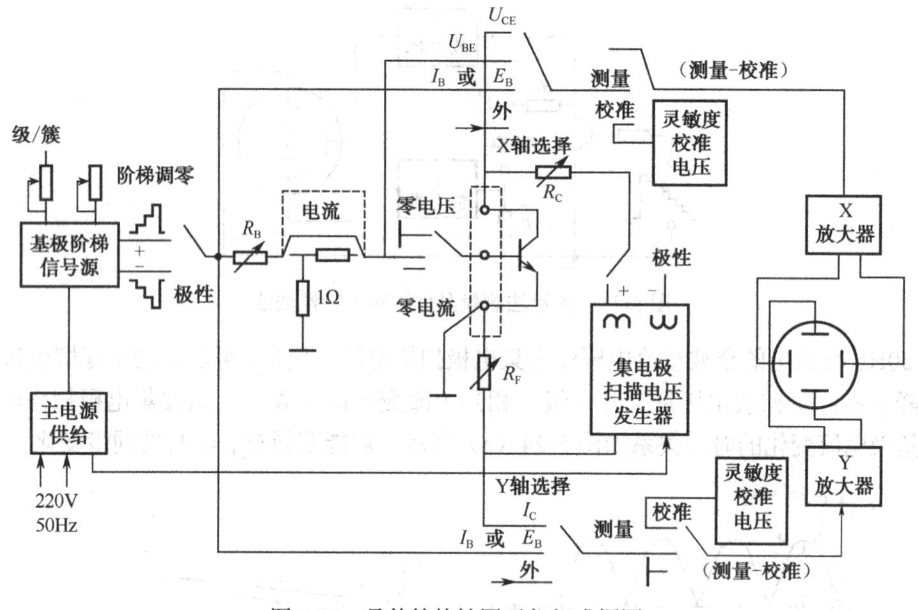

图 5-25　晶体管特性图示仪组成框图

（1）基极阶梯信号源：用以产生阶梯电流或阶梯电压。测试时阶梯信号源为被测晶体管提供偏置。

阶梯信号源内设有调零电位器，调整它可保证阶梯电压的起始级为零电平。

阶梯的级数可通过“级/簇”旋钮调节，一般最多可输出 10 级以上。当输出 10 级时，可以显示 10 条不同 I_B 值的输出特性曲线。

阶梯信号源可提供不同极性、不同大小的阶梯信号，供测试不同类型的晶体管时采用。

（2）集电极扫描电压发生器：用以供给所需的集电极扫描电压。该扫描电压多采用工频电压经全波整流而得到 100Hz 的单向脉动电压。通常基极阶梯信号也是由 50Hz 的工频获得的，故两者之间能同步工作。

为了满足不同的测试要求，扫描电压的极性和大小均可以变换。集电极电路内接有功耗限制电阻 R_C，其阻值可根据需要改变，用于限制被测晶体管的最大工作电流，从而限制其功耗，防止受损。电路中的取样电阻 R_F 是为了将要测量的电流 I_C 转换为电压，将其送至示波器 Y 轴系统以显示曲线的 Y 轴表示集电极电流的变化。

（3）示波器：包括 X 放大器、Y 放大器及示波管，用于显示晶体管特性曲线。

（4）开关及附属电路：为了准确测试晶体管特性曲线及适应测试不同晶体管的需要，图示仪都设置了如下开关。

① 极性开关。包括基极阶梯信号源和集电极扫描电压正、负极性选择开关，以适应不同类型晶体管的测试要求。

② X 轴、Y 轴选择开关。把不同信号接至 X 放大器或 Y 放大器。通过不同的组合，显示不同的晶体管特性曲线。

③ 零电压、零电流开关。可使基极接地或基极开路，便于对某些晶体管参数的测试。

④ 灵敏度校准电压。可提供校准电压，用于对刻度进行校正。

2. 测量原理

（1）二极管特性曲线测试原理框图及曲线如图 5-26 所示。测试正向特性时加正极性扫描电压，测试反向特性时加负极性扫描电压。不必使用阶梯信号，将集电极电压接至 X 轴，R_F 上的取样电压接至 Y 轴，即可显示相应的特性曲线。

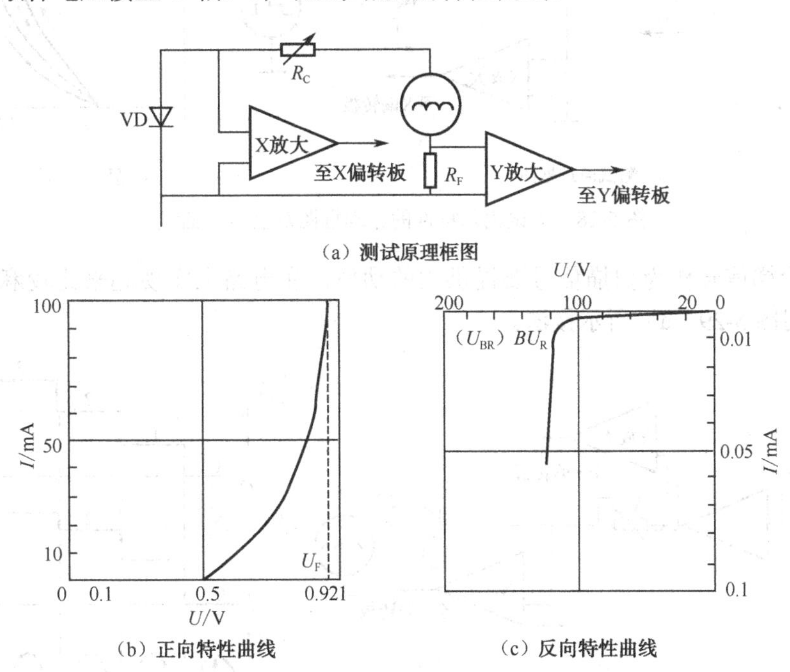

图 5-26　二极管特性曲线测试原理框图及曲线

（2）晶体管输出特性曲线 $I_C = f(U_{CE})$ 及测试原理框图如图 5-27 所示。其测试原理在前面已经介绍过，这里不再赘述。

根据定义，可在输出特性曲线上求出 β 值。

（3）晶体管输入特性曲线 $I_B = f(U_{BE})$ 的测试。晶体管输入特性曲线是一组以 U_{CE} 为参变

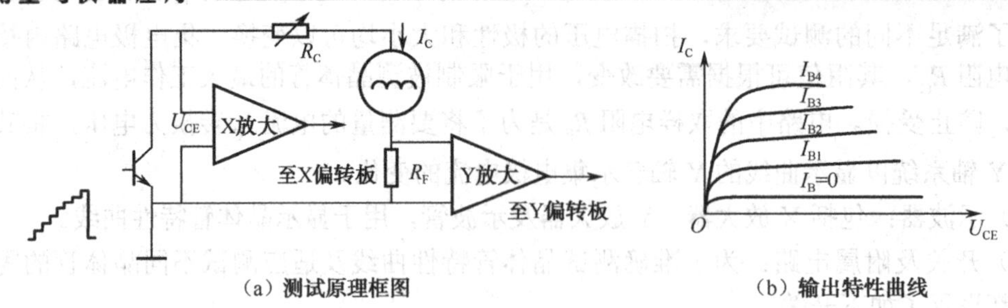

（a）测试原理框图　　（b）输出特性曲线

图 5-27　晶体管输出特性曲线测试原理框图及曲线

量的曲线。按照类似于输出特性曲线的显示方法，按图 5-28（a）所示电路接线，在基极回路加上经全波整流后的扫描电压，取得U_{BE}的变化，e点接至示波器 X 输入端，b点接示波器的“地”端（设示波器 X 放大器反相一次），使图像仍为正向扫描；电阻R_B上的电压降获得I_B变化的取样，接至示波器 Y 输入端，在集电极回路加阶梯电压，取得U_{CE}为 0V、1V、2V 的变化，以形成如图 5-28（b）所示的一组输入特性曲线。

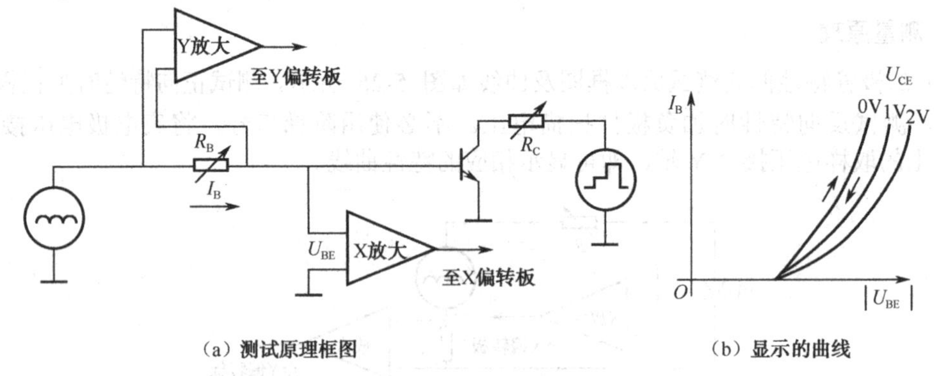

（a）测试原理框图　　（b）显示的曲线

图 5-28　测试输入特性的原理框图及显示的曲线

考虑到阶梯信号作为扫描信号要提供大的功率，在电路上实现起来比较麻烦，故在实际仪器中采用图 5-29（a）所示接法。

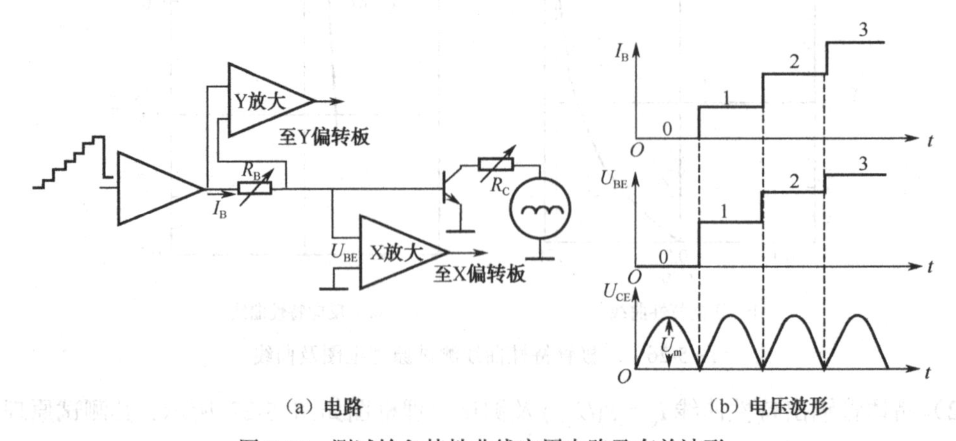

（a）电路　　（b）电压波形

图 5-29　测试输入特性曲线实用电路及有关波形

被测晶体管的集电极仍接全波整流扫描电压，而用阶梯信号提供基极电流。取样电阻 R_B 两端得到的电压（正比于 I_B）加至示波器的 Y 输入端（称为 U_Y），U_{BE} 加至示波器的 X 输入端（仍设示波器内 X 放大器反相一次）。图 5-29（b）是各电压波形。注意，此时 I_B 和 U_{BE} 均为阶梯波，但 I_B 每级高度基本相同，R_B I_B 构成示波器的 U_Y。U_{BE} 由于输入特性的非线性而每级高度不同，构成示波器的 U_X。

当集电极扫描电压 U_{CE} 为零时，示波器 X、Y 轴的输入电压 U_X、U_Y 也都为零，光点位于原点；阶梯波每上升一级，光点从 0→1→2 跳跃，各点连接起来构成如图 5-30（a）所示的输入特性曲线。

在 U_X、U_Y 阶梯变化的同时，U_{CE} 由 0→ U_M（加于集电极上电压的峰值）变化，如图 5-29（b）所示，使光点在各级沿水平方向往返移动，如在 1 点，亮点沿 1→1′→1 运动，接着随 U_Y 跳到 2 点，继续运动，得到图 5-30（b）所示图形。左侧一条由光点连接起来的曲线是 U_{CE}=0V 时的输入特性曲线，右侧一条断续光点所形成的曲线是 $U_{CE}=U_M$ 时的曲线。

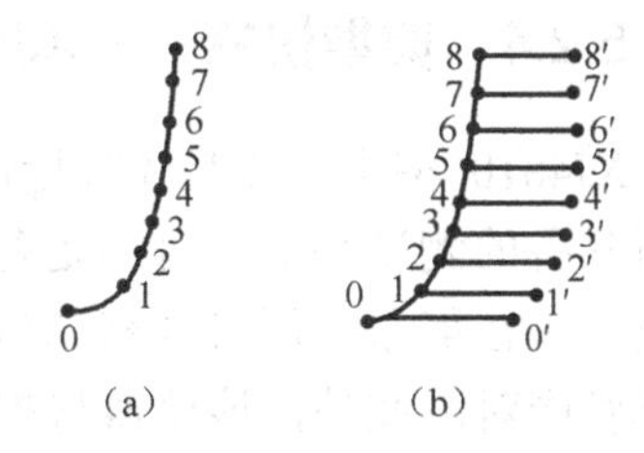

图 5-30　图 5-29 测出的输入特性曲线

（4）场效晶体管漏极特性曲线 $I_D = f(U_{DS})$ 的测试原理框图如图 5-31 所示。类似于晶体管 $I_C = f(U_{CE})$ 曲线的测试，C、B、E 对应 D、G、S。这里阶梯信号用阶梯电压，阶梯信号和扫描信号的极性根据被测场效晶体管的类型决定。对于耗尽型场效晶体管（包括结型场效晶体管），N 沟道用负阶梯，正扫描；P 沟道用正阶梯，负扫描。对于增强型场效晶体管，N 沟道用正阶梯，正扫描；P 沟道用负阶梯，负扫描。选择合适的功耗电阻，即可显示其漏极特性曲线。

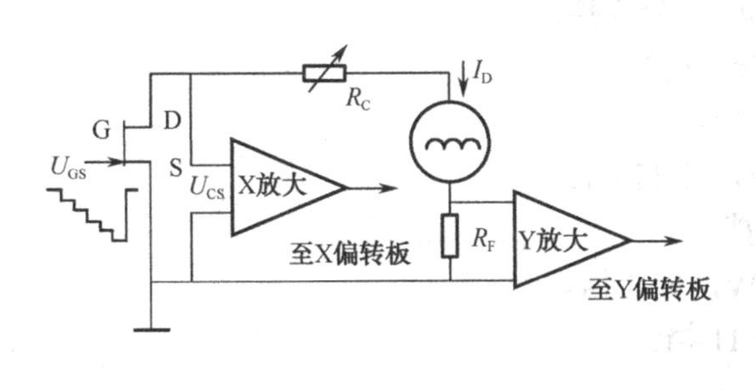

（a）测试原理框图

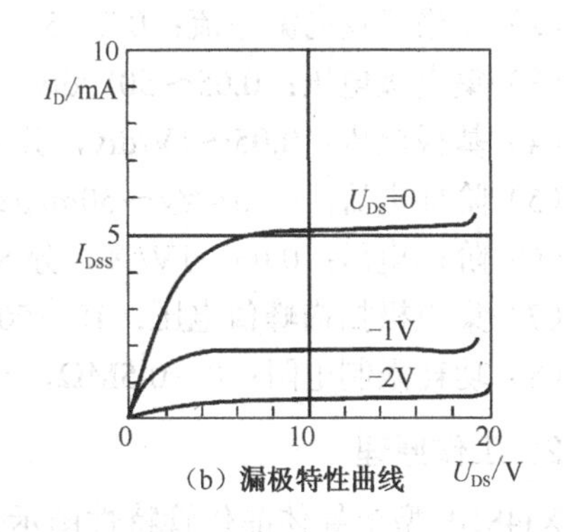

（b）漏极特性曲线

图 5-31　场效晶体管漏极特性曲线测试原理框图及曲线

（5）场效晶体管转移特性曲线 $I_D = f(U_{GS})$ 的测试原理框图如图 5-32（a）所示。用转移特性曲线测量场效晶体管的夹断电压 U_P、饱和漏电流 I_{DSS} 与跨导 g_m 比较直观、方便。栅极（基极）加阶梯电压，漏极（集电极）加扫描电压，U_{GS}（相当于 U_{BE}）加至示波器的 X 轴，取样电阻 R_F 上的电压（正比于漏极电流 I_D）加至示波器的 Y 轴，显示出如图 5-32（b）所示的上端有亮点的竖线，由亮点连接起来的曲线即为转移特性曲线。该曲线与 X 轴的交点所对应的 U_{GS} 即为夹断电压 U_P，曲线的斜率即为跨导 g_m，曲线与 Y 轴交点所对应的 I_D

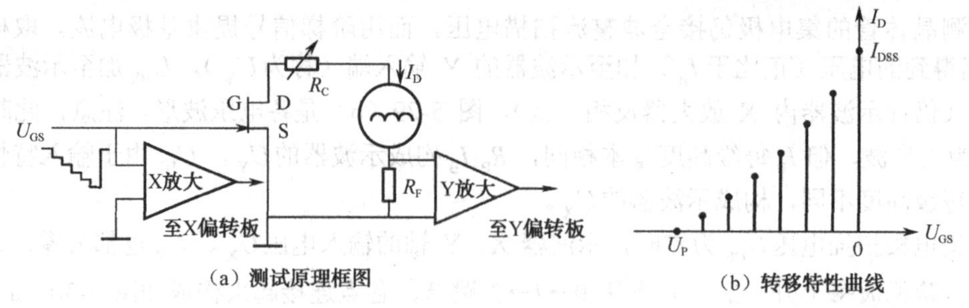

图 5-32 场效晶体管转移特性曲线测试原理框图及曲线

即为漏极饱和电流I_{DSS}。

5.2.4 典型仪器——XJ4810 型晶体管特性图示仪

XJ4810 型半导体晶体管特性图示仪是一种典型的晶体管特性图示仪，它具有前述图示仪所具备的测试功能，可满足各类半导体分立器件的测试要求。它还增设集电极双向扫描电路，可在屏幕上同时观察二极管的正、反向特性曲线；具有双簇曲线显示功能，易于对晶体管配对。此外，该仪器与扩展功能件配合，还可将测量电压升高至 3kV；可对各种场效晶体管配对或单独测试；可测量 TTL、CMOS 数字集成电路的电压传输特性。该仪器最小阶梯电流可达 0.2μA 级，可用于测试小电流超 β 晶体管；专为测试二极管反向漏电流采取了适当的措施，使测试I_R时达 20nA/div。

1．主要技术性能

（1）集电极电流：10μA/div～0.5A/div，分 15 挡。

（2）二极管反向漏电流：0.2～5μA/div，分 5 挡。

（3）集电极电压：0.05～50V/div，分 10 挡。

（4）基极电压：0.05～1V/div，分 5 挡。

（5）阶梯电流：0.2μA/级～50mA/级，分 17 挡。

（6）阶梯电压：0.05～1V/级，分 5 挡。

（7）集电极扫描峰值电压：10～500V，分 4 挡。

（8）功耗限制电阻：0～0.5MΩ，分 11 挡。

2．工作原理

XJ4810 型半导体晶体管特性图示仪的工作原理与一般的晶体管图示仪基本相同。为方便使用增设了“二簇电子开关”，阶梯信号每次复零时，“二簇电子开关”将阶梯信号交替送至其中一只被测管的基极，实现在屏幕上同时显示两只晶体管的特性曲线的目的。其他内容不作详细介绍。

3．面板说明

XJ4810 型半导体晶体管特性图示仪的面板如图 5-33 所示，主要可划分为 7 个部分，下面分别说明。

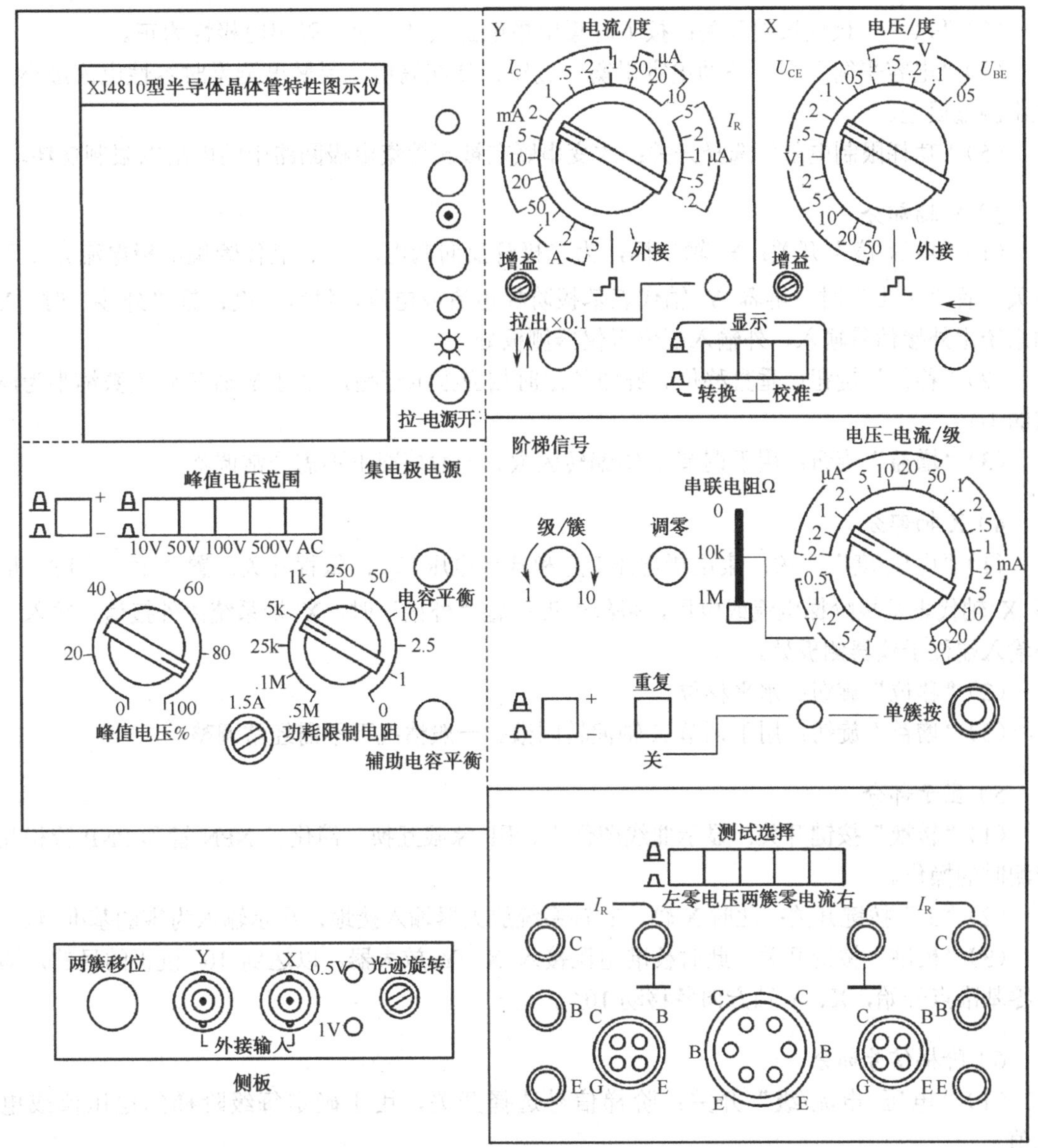

图 5-33　XJ4810 型半导体晶体管特性图示仪面板图

1）电源及示波管控制部分

该部分包括“聚焦”、“辅助聚焦”、“辉度”及“电源开关”，其中“辉度”与“电源开关”由一个带推拉式开关的电位器实现。

2）集电极电源部分

（1）“峰值电压范围”按键开关：选择集电极扫描电源的峰值电压范围。其中，“AC”挡能使集电极电源实现双向扫描，使屏幕同时显示出被测二极管的正、反向特性曲线。使用时注意电压范围由低挡换向高挡时，应先将“峰值电压%”调节至“0”位置。

（2）“峰值电压%”调节旋钮：使集电极电源在确定的峰值电压范围内连续变化。

（3）“+、–”极性按键开关：按下时集电极电源极性为负，弹出时极性为正。

（4）“电容平衡”与“辅助电容平衡”旋钮：使在高电流灵敏度测量时容性电流最小，减小测量误差。

（5）“功耗限制电阻”选择开关：改变串联在被测管集电极回路中的电阻以限制功耗。

3）Y轴部分

（1）“电流/度”开关：Y 轴坐标，为二极管反向漏电流I_R、晶体管集电极电流I_C量程开关。置“┘┌┐└”时，屏幕 Y 轴代表基极阶梯电流或电压，每级一度；置“外接”时，Y 轴系统由外接信号输入，外输入端位于仪器侧板处。

（2）“移位”旋钮：垂直移位。旋钮拉出时相应指示灯亮，此时 Y 轴偏转因数缩小为原来的 1/10。

（3）“增益”旋钮：用于调节 Y 轴偏转因数。一般情况下不需经常调整。

4）X轴部分

（1）“电压/度”开关：集电极电压U_{CE}和基极电压U_{BE}；量程开关。置“┘┌┐└”时，屏幕 X 轴代表基极阶梯电流或电压，每级一度；置“外接”时，X 轴系统由外接信号输入，外输入端位于仪器侧板处。

（2）“移位”旋钮：水平移位。

（3）“增益”旋钮：用于调节 X 轴偏转因数。一般情况下不需经常调整。

5）显示部分

（1）“转换”按键开关：显示曲线图像Ⅰ、Ⅲ 象限互换。简化了 NPN 管和 PNP 管相互转测时的操作。

（2）“⊥”按键开关：此时 X 轴、Y 轴系统放大器输入接地，显示输入为零的基准点。

（3）“校准”按键开关：此时校准电压接入 X、Y 放大器，以达到 10° 校正的目的，即自零基准点开始，X、Y 轴方向各移动 10°。

6）阶梯信号部分

（1）“电压-电流/级”开关：阶梯信号选择开关，用于确定每级阶梯的电压值或电流值。

（2）“串联电阻Ω”开关：改变阶梯信号与被测管输入端之间所串接的电阻大小，仅当“电压-电流/级”置电压挡时有效。

（3）“级/簇”旋钮：调节阶梯信号一个周期内的级数，在 1～10 级之间内连续可调。

（4）“调零”旋钮：调节阶梯信号起始级的电平，正常使用时该级应调至零电平。

（5）“极性”开关：选择阶梯信号的极性。

（6）“重复-关”开关：开关弹出时，阶梯信号重复出现，正常测试时多置于该位置；开关按下时，阶梯信号处于待触发状态。

（7）“单簇按”按钮：与“重复-关”开关配合使用。当阶梯信号处于待触发状态时，按下该按钮，对应指示灯亮，阶梯信号出现一次，然后又回到待触发状态。多用于观察被测晶体管的极限特性，可防止被测晶体管受损。

7）测试台部分

（1）“左”按键开关：按下时，测试左边被测晶体管特性。

（2）“右”按键开关：按下时，测试右边被测晶体管特性。

（3）“两簇”按键开关：按下时，自动交替接通左、右两只被测晶体管，屏幕上同时显示两晶体管的特性，便于进行比较。

（4）“零电压”按钮：按下时，被测晶体管基极接地。

（5）“零电流”按钮：按下时，被测晶体管基极开路。

4．使用方法

（1）开启电源，指示灯亮，预热 10min。

（2）调节“辉度”、“聚焦”、“辅助聚焦”旋钮，使屏幕上的光点或线条明亮、清晰。

（3）灵敏度校准。将“峰值电压%”旋钮调至“0”，利用移位旋钮使光点位于屏幕左下角，按下显示部分的“校准”按键开关，此时光点应准确地跳至右上角（向上、向右各 10°）。若跳变后位置不准确，可调节 X 轴、Y 轴“增益”电位器校准。注意此项调整一般情况下不需要经常进行。

（4）阶梯调零。当测试中用到阶梯信号时，必须先进行阶梯调零，其目的是使阶梯信号的起始级在零电位的位置。

调节方法如下：将阶梯信号和集电极电源均置于“+”极性，X 轴“电压/度”置于“1V/度”，Y 轴“电流/度”置于“⎍”，阶梯信号部分“电压-电流/级”置于“0.05V/级”，“重复-关”置于“重复”，“级/簇”置于适中位置，集电极电源部分“峰值电压范围”置于“10V”挡，调节“峰值电压%”旋钮使屏幕上出现满度扫描线。此时，实际上是 X 轴加扫描电压，Y 轴加阶梯电压，屏幕上观测到的是图示仪自身的阶梯信号，如图 5-34 所示。然后按下显示部分的“⊥”按键，观察光迹在屏幕上的位置并将其调到最下一根水平刻度线；该按键再复位，调节阶梯信号部分的“调零”旋钮使阶梯波的起始级（即阶梯信号最下面的一条线）与最下面的刻度线重合，这样，阶梯信号的零电平即被校准。以上所述是对正阶梯信号调零。要对负阶梯信号调零，方法同上，只是极性改用“−”，阶梯信号的起始级是最上面的一条线。

图 5-34　阶梯信号显示

（5）根据被测器件的性质和测试要求，调节图示仪上各部分的开关、旋钮到合适位置，然后插上被测器件，进行测试。

（6）仪器复位。测试结束后应使仪器复位，防止下一次使用时不慎造成被测晶体管损坏。

复位时，要求将“峰值电压范围”置于“10V”挡，“峰值电压%”旋至“0”处，“功耗限制电阻”置于 10kΩ 以上挡，阶梯信号“电压-电流/级”置 10μA 以下挡，然后关闭电源。

5. 使用注意事项

（1）为保证测试的顺利进行，测试前应根据被测器件的参数规范及测试条件，预设一些关键开关和旋钮的位置。否则若调节不当，极易造成被测器件受损或测试结果差异很大。

（2）“峰值电压范围”、“峰值电压%”、阶梯信号“电压-电流/级”和“功耗限制电阻”这几个开关、旋钮使用时应特别注意，若使用不当很容易损坏被测器件。

（3）测试大功率器件（因通常测试时不能满足其散热条件）和测试器件极限参数时，多采用“单簇”阶梯，以防止损坏被测器件及仪器本身。

实例 5-1 使用 XJ4810 型半导体晶体管特性图示仪测量稳压二极管和晶体管。

（1）XJ4810 型半导体晶体管特性图示仪具有普通图示仪的所有功能，下面再介绍其特殊应用——同时显示二极管的正、反向特性曲线。

由于其集电极扫描电压有双向扫描功能，故可使二极管的正、反向特性曲线同时显示在荧光屏上。以测试稳压二极管为例，把未扫描时的光点调至荧光屏的中心位置，将“峰值电压范围”置于“AC 0～10V”；正确调节有关旋钮和开关，即可得到如图 5-35 所示的特性曲线。

（2）同时显示两只晶体管的输出特性曲线 $I_C = f(U_{CE})$。

测试时仪器的各开关、旋钮和测试一只晶体管时相似。按下测试台上的“两簇”按键开关，插入被测晶体管，加大集电极扫描电压，即可同时显示如图 5-36 所示的两只晶体管特性曲线，对两晶体管性能进行比较。必要时旋转机箱右侧的“移位旋钮”，可调节两曲线的相对位置。

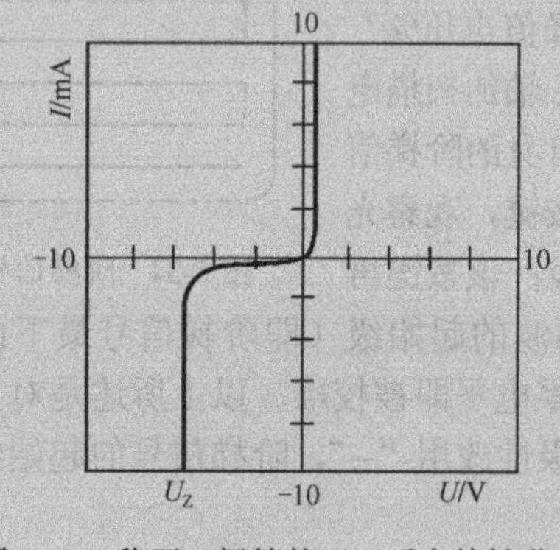

图 5-35 稳压二极管的正、反向特性曲线

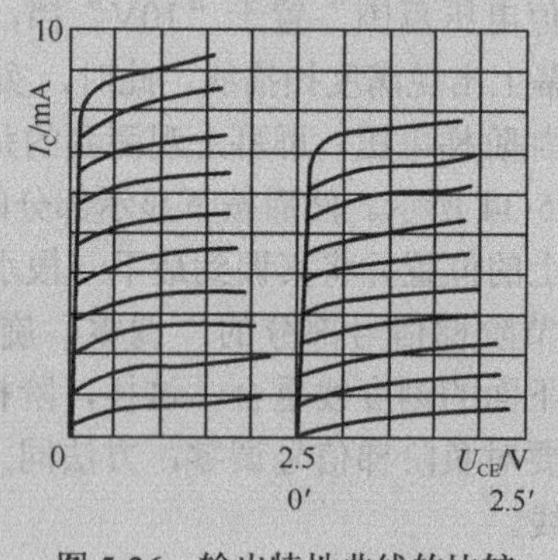

图 5-36 输出特性曲线的比较

实验 4 用数字电桥测试电子元件参数

1. 实验目的

（1）理解电桥测量原理。

（2）学会电桥测量仪器的正确操作方法。

（3）会用电桥测量仪器进行实际测量。

2．实验器材

（1）YB2812 型 LCR 数字电桥 1 台。

（2）电阻：几欧至几百千欧电阻若干。

（3）电感：高 Q 至低 Q 的电感器若干。

（4）电容：标称值在几十皮法至几百微法的电容若干。

3．实验内容和步骤

1）电阻的测量

（1）估计一下被测电阻值的大小，然后旋动量程开关使其置于适当的量程位置。

（2）旋动测量选择开关，如果放在 $R \leqslant 10$ 位置上，量程开关应该相应放在 1Ω 或 10Ω 位置。同理，当测量选择开关放在 $R>10$ 位置时，量程开关相应放在 100Ω～10MΩ位置。

（3）在“被测端钮”上接入被测电阻。

（4）调节电桥“读数”旋钮的第一位步进开关和第二位滑线盘使电表指针往零方向偏转，再将灵敏度调到足够大并调节滑线盘，使电表指针往零方向偏转（即电表的读数最小），此时电桥达到最后平衡，电桥的“读数”盘所指示的读数即为被测电阻值。

（5）记录相应的设置情况和测量结果，并将相应的数值填写在实验记录表 5-1 中。

表 5-1 电阻测量

电 阻	标 称 值	数字电桥测量值	误 差
1			
2			
3			
4			

本仪器测量电阻有如下情况。

① 当量程开关指示在 1Ω 或 10Ω 这两挡量程时，电桥对角线接入内部 1kHz 电源来测量电阻，其优点是灵敏度较高，并减少干电池的功耗，缺点是对于具有残余电抗较大的电阻元件不易测量。

② 当量程开关指示在 100Ω～10MΩ 等量程时，电桥对角线接入内部 9V 干电池进行电阻测量，并通过调制电路把直流信号调制成交流，进行交流放大。其优点是可提高测量灵敏度，使得高值电阻和带有较大残余电抗的电阻元件也能进行测量，缺点是当电桥平衡时电表指针仍有少量不回零的现象（随灵敏度的增加而增加），这是由调制电路的残余电压所引起的。因本调制电路的线路结构简单，调制电压并非方波，故对测量精度和外界干扰丝毫不受影响。

2）电容的测量

（1）估计一下被测电容的大小，然后旋动量程开关放在合适的量程上，如被测电容为 500pF 左右的电容器，则量程开关应放在 1 000pF 位置。

（2）旋动测量选择开关放在 C 的位置，损耗倍率开关放在 D×0.01（一般电容器）或 D×1（大电解电容器）的位置，损耗平衡盘放在 1 左右的位置，损耗微调按逆时针旋到底。

（3）接入被测电容。

（4）将灵敏度调节逐步增大，使电表指针偏转略小于满刻度即可。

（5）首先调节电桥的读数盘，然后调节损耗平衡盘，并观察电表的动向，使电表指

零，然后再将灵敏度增大到使指针小于满度，反复调节电桥读数盘和损耗平衡盘，直到灵敏度开到足够分辨出测量精确度的要求，电表仍指零或接近于零，此时电桥便达到最后平衡。若电桥的“读数”第一位指在 0.5，第二位刻度盘值为 0.038，则被测电容为 1 000×0.538=538 pF 。即被测量 C_x =量程开关指示值×电桥的“读数”值。

损耗平衡盘指在 1.2 而损耗倍率放在 D×0.01，则此电容的损耗值为 0.01×1.2=0.012，即被测量 D_x =损耗倍率指示×损耗平衡盘的示值。

注意： *若损耗倍率放在 Q 位置，则电桥平衡时按 $D=1/Q$ 计算。*

如果不知道电容器的电容量是多少，可按如下方法进行测量。

（1）把测量选择开关放在 C 位置，损耗倍率开关放在 D×0.01（一般电容器）或 D×1（大电解电容器）的位置，损耗平衡旋钮指在 1 位置，损耗微调按逆时针旋到底。

（2）把测量开关指在 100pF 位置。

（3）把“读数”的第一位步进开关指在“0”的位置，把第二位滑线盘旋到 0.05 的位置。

（4）接入被测电容。

（5）沿顺时针方向转动灵敏度旋钮，使电表指针指示 30μA 左右的位置。

（6）旋动量程开关，由 100pF 开始至 1 000pF…1 000μA 逐挡变换其量程，同时观察指示电表的动向，看变到哪一挡量程电表的指示最小，此时使量程开关停留不动，再旋动第二位滑线盘使电表更加指向零。

（7）将灵敏度增大使指针偏转小于满刻度（<100μA），分别调节损耗平衡盘和第二位滑线盘使指针仍指零或接近于零，被测量就能粗略地在第二位滑线盘读出。然后可根据前述方法适当选择好量程位置和“读数”盘位置，进行精细的测量。

（8）记录相应的设置情况和测量结果，并将相应的数值填写在实验记录表 5-2 中。

表 5-2 电容测量

电 容	标 称 值	数字电桥测量值		误 差
		电 容 量	损耗因数 D	
1				
2				
3				
4				

3）电感的测量

（1）估计一下被测电感量的大小，然后旋动量程开关放在合适的量程上，如被测电感为 90mH 左右，则应放在 100mH 位置。

（2）旋动测量选择开关放在 L 位置。

（3）在测量空心线圈时，损耗倍率开关放在 Q×1 位置，在测量高 Q 线圈时损耗开关放在 D×0.01 位置，在测量迭片铁芯电感线圈时，损耗倍率开关放在 D×1 位置。

（4）接入被测电感。

（5）将损耗平衡旋钮大约旋到 1 的位置，然后将灵敏度调节增大，使电表的偏转略小于满刻度。

（6）首先调节电桥的“读数”开关，可放在 0.9 或 1.0 位置，再调节滑线盘，然后调节“损耗平衡”旋钮使电表偏转最小，将灵敏度增大些，反复调节电桥“读数”滑线盘和损耗平衡旋钮，直到灵敏度调到满足测量精确度的分辨率（一般使用不必把灵敏度开足）时，电表指针的偏转仍指零或接近于零的位置，此时电桥达到最后平衡。

例如，电桥的“读数”开关第一位指示为 0.9，第二位滑线盘指示为 0.098，即被测电感 L=100mH×(0.9+0.098)=99.8mH。即被测量 L_x = 量程开关指示值×电桥的“读数”值。

若损耗倍率开关放在 Q×1 位置，损耗平衡旋钮指示为 2.5，则电感的 Q 值为 1×2.5=2.5，即被测量 Q_x = 损耗倍率指示×损耗平衡旋钮的指示值。

注意：若损耗倍率指示在 D 位置，则电桥平衡后按 $D=1/Q$ 计算。

如果被测电感的电感量范围不能预知，则可按如下方法进行测量。

（1）把测量选择开关放在 L 位置，对于一般空心线圈，损耗倍率放在 Q×1 位置，测量高 Q 值线圈时损耗倍率放在 D×0.01 位置，测量迭片电感损耗倍率放在 D×1 位置，损耗平衡放在 1 的位置，损耗微调逆时针旋到底。

（2）把量程放在 100μH 位置。

（3）把“读数”的第一位步进开关放在“0”位置，把第二位滑线盘旋到约 0.05 的位置。

（4）接入被测电感。

（5）将灵敏度旋钮逐步沿顺时针调节，使电表指针提示 30μA 左右的位置。

（6）旋动量程开关，由 10μH、100μH…到 100H 逐挡变换量程，同时观察电表动向，试看变到哪一挡电表的指示最小，即停留在这一挡上，再旋动第二位滑线盘使电表更加指向“0”。

（7）按测未知电容的方法进行。

（8）记录相应的设置情况和测量结果，并将相应的数值填写在实验记录表 5-3 中。

表 5-3　电感测量

电　感	标 称 值	数字电桥测量值		电感量误差
		电 感 量	品质因数 Q	
1				
2				
3				
4				

4. 实验报告要求

（1）按照上述步骤操作测量相关值，并做好相关数据的记录。

（2）写出心得体会。

实验 5　半导体晶体管参数的测量

1. 实验目的

（1）掌握晶体管特性图示仪的基本操作方法。

（2）会用晶体管特性图示仪测量晶体管的参数。

2. 实验器材

（1）HZ4832 型晶体管特性图示仪 1 台。

（2）二极管 2CW19、1N4001，三极管 9013、9012，场效晶体管 3DJ6 若干。

（3）直流稳压电源 1 台。

3. 实验内容和步骤

1）测试前的注意事项

（1）使用时要正确选择阶梯信号

在测量三极管的输出特性时，阶梯电流不能太小，否则不能显示出三极管的输出特性。阶梯电流更不能过大，否则容易损坏管子。应根据实际测量三极管的参数来确定其大小。

（2）“集电极功耗电阻”的选用

当测量晶体管的正向特性时，选用低阻挡；当测量反向特性时，选用高阻挡。集电极功耗电阻过小时，集电极电流过大；若集电极功耗电阻过大，便达不到应有的功耗。

2）测试前的开机与调节

（1）开启电源

按下电源开关，此时指示灯亮，待预热 10min 后可以进行正常测试。必要时测量进线电压，以在 220V±10%的范围内为宜。

（2）调节辉度聚焦、辅助聚焦

调节方法：面板上开关的位置按表 5-4 所示设置。

表 5-4 面板上开关的位置设置（1）

集电极电源	峰值电压范围	0～5V
	集电极电压调节	0
	功耗电阻	1kΩ
X 轴	V_C（电压/度）	0.5V/度
	X 工作方式选择开关	⊥（中）
Y 轴	I_C（电流/度）	1mA/度
	Y 工作方式选择开关	⊥（中）
X、Y 位移	X、Y 位移旋钮置于中心位置	

（3）Y、X 灵敏度分别进行 10° 校准

调节方法：将 Y、X 移位旋钮置于中心位置，将 Y（或 X）方式开关置“校准”，“拉校”电位器拉出，此时光点应有 10° 偏转，如超过或不到应进行增益（R_{120}，R_{159}）调节。

（4）阶梯调零

调节方法：面板上开关的位置按表 5-5 所示设置。

表 5-5 面板上开关的位置设置（2）

集电极电源	峰值电压范围	0～5V
	集电极电压调节	0
	极性	NPN+
	功耗电阻	1kΩ

续表

X轴	V_C（电压/度）	1V/度
	X工作方式选择开关	+（上）
Y轴	I_C（电流/度）	1μA/度
	Y工作方式选择开关	+（上）
阶梯信号	极性	+
	方式	重复
	输入	正常

3）“峰值电压范围”的选用

当电压由低的电压范围转换到高的电压范围时，一定要注意先将“峰值电压%”旋钮调至“0”，以防损坏晶体管。

4）测试大功率管

测试大功率晶体管和极限参数、过载参数时应采用单簇阶梯信号，以防过载而损坏晶体管。

5）测试MOS型场效应管

在测试MOS型场效应管时必须注意不要悬空栅极，以免因栅极感应电压而击穿场效应管。

6）测试完毕注意事项

测试完应该特别注意将“峰值电压范围”置于（0～10V）挡，“峰值电压调节”调至“0”位，“阶梯信号选择”开关置于“关”位置，“功耗电阻”置于最大位置。

集电极电压调节从0慢慢加大到100%，用Y轴移位将扫描线与第一条线度线重合，然后将Y轴-I_C（电流/度）打至阶梯位置，屏幕上出现11条扫描线，调节调零电位器，使第1条扫描线与第1条刻度线重合。

7）测量晶体二极管特性曲线

（1）测量稳压二极管2CW19的稳压特性曲线

① 面板上开关的位置设置。

“峰值电压范围”：AC 0～10V。

“峰值电压”：适当。

“功耗电阻”：5kΩ。

X轴：集电极电压，5V/div。

Y轴：集电极电流，1mA/div。

阶梯信号：“重复-关”按钮置于“关”。

② 管子连接及显示图形。

稳压二极管的特性测量如图5-37所示。

（2）测量硅整流二极管2CZ82C的特性曲线

① 面板旋钮的位置。

“峰值电压范围”：0～10V。

“峰值电压”：适当。

“极性”：正（+）。

"功耗电阻"：250Ω。

X 轴：集电极电压，0.1V/div。

Y 轴：集电极电流，10mA/div。

阶梯信号："重复-关"按钮置于"关"。

② 管子的连接及显示图形。

硅整流二极管 2CZ82C 的正向特性测量如图 5-38 所示。

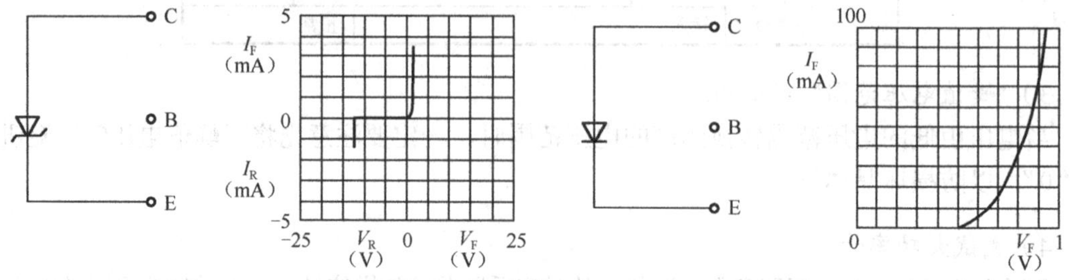

图 5-37 稳压二极管的特性测量 图 5-38 硅整流二极管的正向特性测量

8）NPN 型 3DG945 晶体管的 V_{CE}-I_C 特性曲线测试

（1）面板上开关的位置按表 5-6 所示设置。

表 5-6 面板上开关的位置设置（3）

集电极电源	峰值电压范围	0～5V
	集电极电压调节	0
	极性	NPN+
	功耗电阻	250Ω
X 轴	V_C（电压/度）	0.5V/度
	X 工作方式选择开关	+（上）
Y 轴	I_C（电流/度）	1mA/度
	Y 工作方式选择开关	+（上）
阶 梯 信 号	极性	+
	方式	重复
	输入	正常
	串联电阻	0
	阶梯选择	5μA/级
	级/族	10

（2）按 E、B、C 插好被测晶体管。

（3）测量选择"左"或"右"置于被测管一边。

（4）集电极电压调节从 0 慢慢加大，屏幕上将出现如图 5-39 所示的图形。

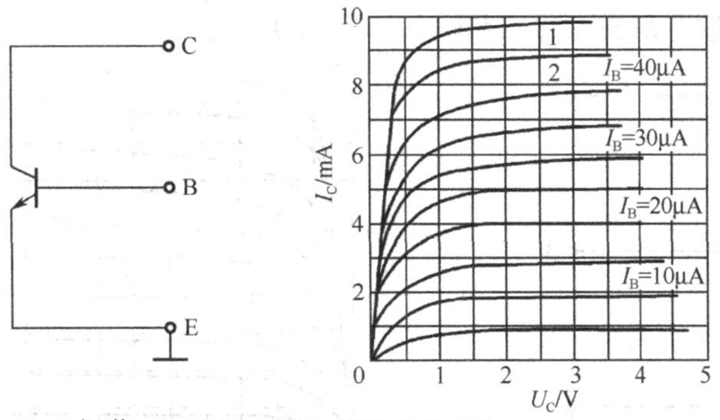

1～2点β值：$\beta=\Delta I_C/\Delta I_B=(1\text{mA}\times1)/(5\mu\text{A}\times1)=200$

图 5-39 NPN 型 3DG945 晶体管的 $V_{CE}-I_C$ 特性曲线测试

9）PNP 型 2N3055 晶体管的 V_{CE}-I_C 特性曲线测试

（1）面板上开关的位置按表 5-7 所示设置。

表 5-7 面板上开关的位置设置（4）

集电极电源	峰值电压范围	0～5V
	集电极电压调节	0
	极性	NPN+
	功耗电阻	250Ω
X 轴	V_C（电压/度）	0.5V/度
	X 工作方式选择开关	+（上）
Y 轴	I_C（电流/度）	50mA/度
	Y 工作方式选择开关	+（上）
阶 梯 信 号	极性	+
	方式	重复
	输入	正常
	串联电阻	0
	阶梯选择	200μA/级
	级/族	10

（2）按 E、B、C 插好被测晶体管。

（3）测量选择“左”或“右”置于被测管一边。

（4）集电极电压调节从 0 慢慢加大，屏幕上将出现如图 5-40 所示的图形。

特别注意：晶体管常见的几种不良特性。

① 特性曲线倾斜。如图 5-41（a）所示，曲线发生整个曲线族倾斜，而且 I_C 随 V_{CE} 的增大而增大，这说明晶体管反向漏电流大，不能使用。

② 特性曲线分散。如图 5-41（b）所示，零注入线（I_{B1}=0）平坦，而其他曲线倾斜，这说明晶体管的输出电阻小，并且由于放大系数 β 的不均匀，会引起信号的失真。

③ 小电流注入时特性曲线密集。如图 5-41（c）所示，I_C 较小时曲线密集，这说明 β 小，晶体管在小电流工作时放大作用小，容易引起信号的非线性失真。使用时应选择适当的静态工作点和输入信号幅度。与上述情况正好相反，有时也出现大信号注入时特性曲线

密集，使用时同样要注意静态工作点和输入信号幅度的选择。

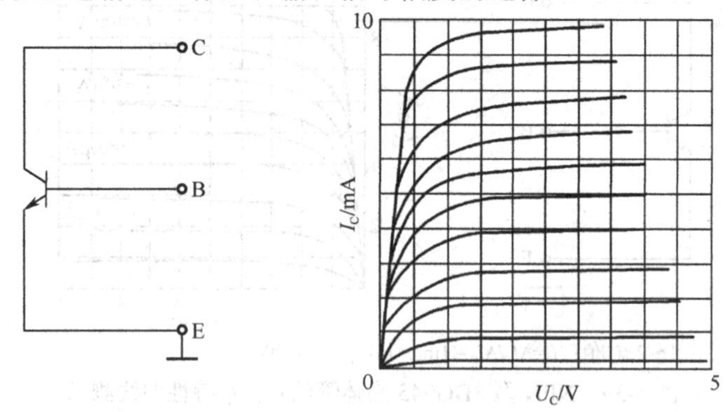

图 5-40　PNP 型 2N3055 晶体管的 $V_{CE}-I_C$ 特性曲线测试

④ 特性曲线上升缓慢。如图 5-41（d）所示，特性曲线的上升部分不陡，说明饱和压降大，不适合作为开关管用；当作为放大管时，也存在工作范围小、噪声大等问题。

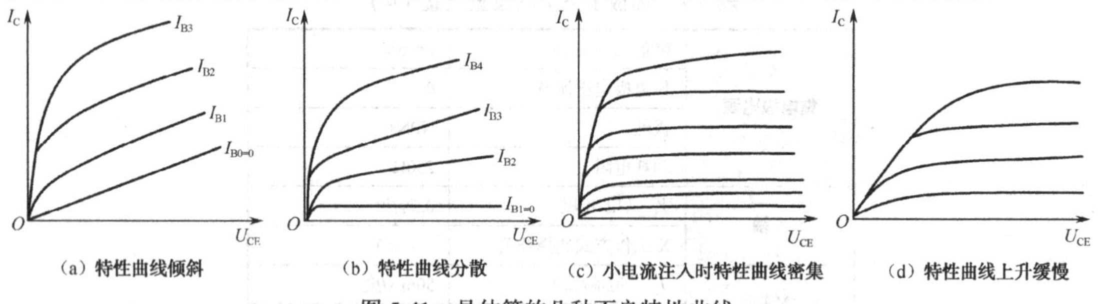

图 5-41　晶体管的几种不良特性曲线

4．实验报告要求

（1）自制表格，记录测量数据。

（2）总结测量过程，列出注意事项。

（3）分析可能出现的误差，提出减小误差的方法。

（4）写出心得体会。

知识梳理与总结

本章主要讨论电子元器件的测量及其所使用的仪器。

1. 半导体器件特性的测量一般采用图示法，测量时使用的仪器为晶体管特性图示仪。图示仪由基极阶梯信号源、集电极扫描电源、X-Y 显示的示波器、开关及附属电路组成。它可以对半导体器件的各种特性进行动态测试，自身提供测试用信号源，将被测器件的特性曲线显示在荧光屏上，并可通过曲线测量多种参数。

2. 集总参数元件的测量主要采用电桥法和谐振法。依据电桥法制成的测量仪器统称为电桥，同时具有测量 L、R、C 功能的电桥称为万用电桥；依据谐振法制成的测量仪器称为 Q 表。这两类仪器自身提供测量信号源，指示器不仅指示测量数据，甚至主要不是指示数据，而是指示某种特定状态。

3. 万用电桥由桥体、测量信号源、指零电路组成。桥体一般用四臂电桥，每个桥臂由

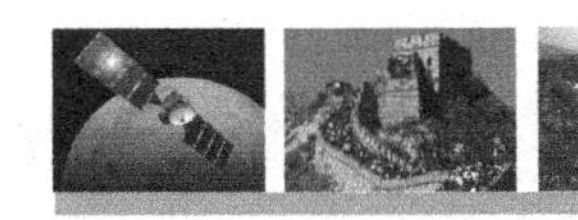

阻抗组成，测量对象不同时桥体有相应的不同组成形式。测量时需调节电阻和电抗两种元件使电桥平衡，得出被测集总参数元件的量值。

电桥主要用来测量低频元件。

4. Q 表由信号源、耦合电路、谐振电路及 Q 值电子电压表组成。测量元件采用直接测量法和替代法，替代法又因被测阻抗大小不同而分别采用串联替代法和并联替代法。用替代法测量可削弱甚至消除某些分布参数的影响，提高测量精确度。

Q 表用来测量高频元件。

练习题 5

1. 填空题

（1）实际的元件存在________、________和________。

（2）阻抗测量一般是指对________、________、________和与它们相关的________、________等参数的测量。

（3）交流电桥平衡必须同时满足两个条件：________平衡条件和________平衡条件。

（4）替代法中的________替代法用于测量较大的电感；________替代法用于测量较小的电感。

2. 判断题

（1）寄生参数的存在使频率对所有实际元件都有影响。当主要元件的阻抗值不同时，主要的寄生参数也会有所不同。（　　）

（2）在实用电桥中，为了调节方便，常有两个桥臂采用纯电阻。若相邻两臂为纯电阻，则另外两臂的阻抗性质必须相同（即同为容性或感性）；若相对两臂采用纯电阻，则另外两臂必须一个是电感性阻抗，另一个是电容性阻抗。（　　）

（3）当测量电阻时，桥路接成万用电桥。当测量电容时，桥路接成惠斯通电桥；当测量电感时，桥路接成麦克斯韦-韦恩电桥或海氏电桥。（　　）

（4）谐振法是利用调谐回路的谐振特性而建立的阻抗测量方法。测量精度虽然不如交流电桥法高，但是由于测量线路简单方便，在技术上的困难要比高频电桥小。（　　）

3. 选择题

（1）下列属于阻抗的数字测量法是（　　）

A. 电桥法　　B. 谐振法　　C. 电压电流法　　D. 自动平衡电桥法

4. 简答题

（1）测量电阻、电容、电感的主要方法有哪些？它们各有什么特点？

（2）某直流电桥测量电阻R_x，当电桥平衡时，三个桥臂电阻分别为$R_3 = 100\Omega$，$R_2 = 50\Omega$，$R_4 = 25\Omega$。则电阻R_x等于多少？

（3）某交流电桥平衡时有下列参数：Z_1为$R_1 = 1\,000\Omega$与$C_1 = 1\mu F$相串联，Z_4为$R_4 = 2\,000\Omega$与$C_4 = 0.5\mu F$相并联，Z_3为电容$C_3 = 0.5\mu F$，信号源角频率$\omega = 10^2 rad/s$。求阻抗Z_2的元件值。

第6章 信号波形测量与仪器应用

教学导航

教	知识重点	1. 通用电子示波器的基本组成、功能和分类 2. 阴极射线示波管的结构和各部分的作用，示波器显示的基本原理 3. 示波器的X轴系统及Y轴系统构成，扫描方式及触发扫描同步显示的条件 4. 熟悉电子示波器的选用原则，能规范地使用示波器对有关电路信号进行测试
	知识难点	1. 通用电子示波器的基本组成和Y通道、X通道及Z通道的工作原理 2. 通用电子示波器的正确使用 3. 数字存储示波器的基本组成及工作原理
	推荐教学方式	1. 通过对一个实际案例的介绍，导出时域测量系统的理论知识，激发学生学习的兴趣 2. 采用实验演示法、多媒体演示法、任务设计法、小组讨论法、案例教学法、项目训练法等教学方法，加深学生对理论的认识和巩固 3. 通过实验巩固示波器的正确操作与维护
	建议学时	16学时
学	推荐学习方法	1. 本章要重点掌握时域分析的有关概念，模拟示波器和数字示波器的组成框图、基本原理、应用和维护的技能 2. 理论的学习要结合仪器的使用过程及实验来理解，注意理论联系实际 3. 查有关资料，加深理解，拓展知识面
	必须掌握的理论知识	1. 通用电子示波器的基本组成、功能和分类 2. 阴极射线示波管的结构和各部分的作用，示波器显示的基本原理 3. 示波器的X轴系统及Y轴系统构成，扫描方式及触发扫描同步显示的条件 4. 熟悉电子示波器的选用原则
	必须掌握的技能	1. 能规范地使用双踪示波器测量各种信号的参数 2. 能正确地使用数字存储示波器，并用多种方法测量信号的参数

案例 5　用示波器观测彩色电视机视放末级的三基色信号

电子示波器是一种用显示屏（荧光屏）显示信号波形随时间变化过程的电子测量仪器，它能将人眼无法直接观察到的电信号以波形的形式显示在示波器显示屏上，能让人们观察到信号的波形全貌，能测量信号的幅度、频率及周期等基本参数，能测量脉冲信号的宽度、占空比、上升（下降）时间、上冲及下冲等参数，还能测量两个信号的时间和相位关系。这些功能是其他电子仪器所不具备的。因此，电子示波器已成为一种直观、通用、精密的测量工具，广泛应用于工农业生产、科研、军事及教育等各个领域，进行对电量和许多非电量的测试、分析和监视。

下面以用示波器观测彩色电视机视放末级三基色信号为例引入本次课题。

1．所需的仪器

彩色电视信号发生器、彩色电视机、电子示波器。

2．观测步骤

（1）把电视信号发生器的输出与电视机的输入接通（可以用射频输入，也可以用视频输入），打开信号发生器的电源，输出彩条信号。

（2）打开电视机的外壳，找到视放末级的集电极，将示波器探头挂钩接于此，夹子接于地线（冷地）。

（3）打开电视机电源，收到正常的彩条信号，调试好示波器就可以观察到彩条信号的三基色波形，如图 6-1 所示。

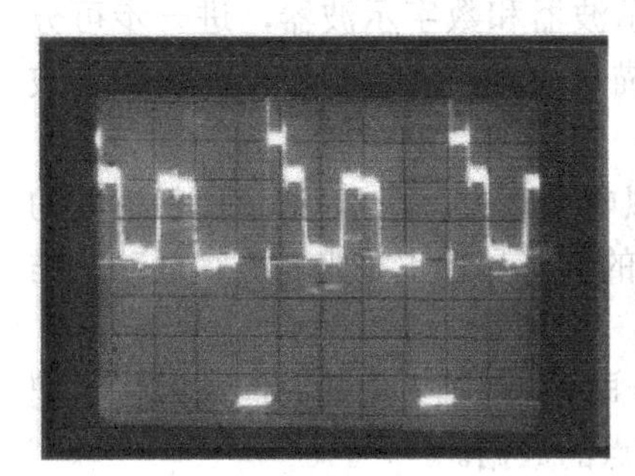

（a）彩条信号的R基色波形

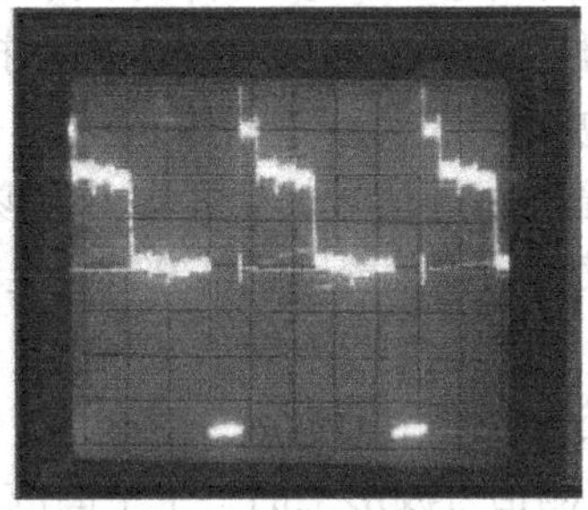

（b）彩条信号的G基色波形

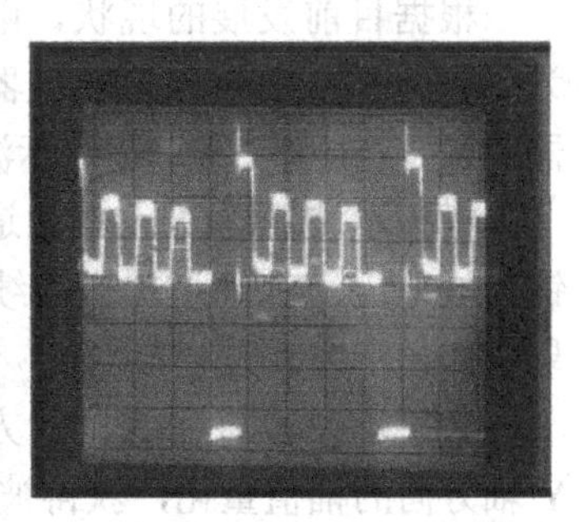

（c）彩条信号的B基色波形

图 6-1　电视机视放末级彩条信号的三基色波形

这样，当我们在维修或生产电子产品时，就可以用示波器直接观察人眼无法看见的交流信号，这为电子产品的生产、维护和维修带来了极大的方便。不仅如此，示波器还可以观察和测试信号和电路的许多其他参数，因此，人们常把示波器叫做测试电子电路交流通路的“万能工具”。同学们应认真地掌握好这一部分的内容。

6.1 示波器的种类与技术指标

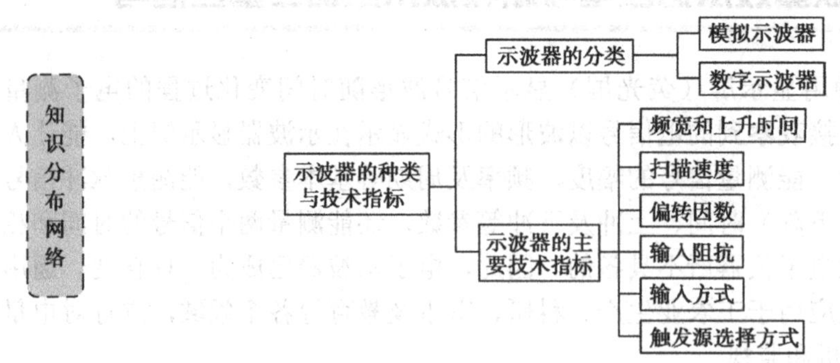

电子示波器是电子测量中常用的一种仪器。它可以直观地显示电信号的时域波形图像，并根据波形测量信号的电压、频率、周期、相位、调幅系数等参数，也可间接观测电路的有关参数及元器件的伏安特性。利用传感器，示波器还可测量各种非电量甚至人体的某些生理现象。示波器也可以工作在 X-Y 模式下，用来反映相互关联的两信号之间的关系。所以，在科学研究、工农业生产、医疗卫生等方面，示波器获得了广泛应用。

1. 示波器的分类

示波器的屏上显示的波形，是反映被测信号幅值的 Y 方向被测信号与代表时间 t 的 X 方向的锯齿波扫描电压共同作用的结果。被测信号的幅度经 Y 通道处理（衰减/放大等）后提供给示波器的 Y 偏转，锯齿波扫描电压通常是在被测信号的触发下，由 X 通道的扫描发生器提供给示波器的 X 偏转。

根据目前发展的现状，电子示波器主要可分为模拟示波器和数字示波器，进一步可分为以下几类：通用电子示波器（包括简易示波器、慢扫描示波器、多线示波器和多踪示波器等）、取样示波器、存储示波器、特种示波器等。

模拟示波器的 X、Y 通道对时间信号的处理均由模拟电路完成，即 X 通道提供连续的锯齿波电压，Y 通道提供连续的被测信号，而 CRT 屏上的图形显示也是光点连续运动的结果，即显示方式是模拟的。

数字示波器则对 X、Y 方向的信号进行数字化处理，即把 X 轴方向的时间离散化，把 Y 轴方向的幅值量化，获得被测信号波形上的一个个离散点的数据。

1）模拟示波器

模拟示波器可分为通用示波器、多束示波器、取样示波器、记忆示波器和专用示波器等。通用示波器采用单束示波管，它又可分为单踪、双踪、多踪示波器。多束示波器采用多束示波管，荧光屏上显示的每个波形都由单独的电子束扫描产生。

将要观测的信号经衰减、放大后送入示波器的垂直通道，同时用该信号驱动触发电路，产生触发信号送入水平通道，最后在示波管上显示出信号波形，这是最为经典而传统的一类示波器，因此，也称为通用示波器。

取样示波器是采用时域采样技术将高频周期信号转换为低频离散时间信号显示的，从而可以用较低频率的示波器测量高频信号。

记忆示波器采用有记忆功能的示波管，以实现模拟信号的存储、记忆和反复显示。

专用示波器是能够满足特殊用途的示波器，又称为特种示波器。

2）数字示波器

数字示波器将输入信号数字化（时域取样和幅度量化）后，经由 D/A 转换器再重建波形。它具有记忆、存储被观察信号的功能，可以用来观测和比较单次过程和非周期现象、低频和慢速信号。由于其具有存储信号的功能，又称为数字存储示波器（DSO，Digital Storage Oscilloscope）。根据取样方式不同，又可分为实时取样、随机取样和顺序取样三大类。

2．示波器的主要技术指标

1）频带宽度 BW 和上升时间 t_r

示波器的频带宽度 BW 指 Y 通道输入信号上、下限频率 f_H 和 f_L 之差：$BW = f_H - f_L$。一般下限频率 f_L 可达直流（0Hz），因此，频带宽度也可用上限频率 f_H 来表示。

上升时间 t_r 与频带宽度 BW 有关，它表示由于示波器 Y 通道的频带宽度的限制，当输入一个理想阶跃信号（上升时间为零）时，显示波形的上升沿的幅度从 10%上升到 90%所需的时间。它反映了示波器 Y 通道跟随输入信号快速变化的能力。

2）扫描速度

扫描速度是指荧光屏上单位时间内光点水平移动的距离，单位为“cm/s”。荧光屏上为了便于读数，通常用间隔 1cm 的坐标线作为刻度线，因此，每 1cm 也称为“1 格”（用 div 表示），扫描速度的单位就可以表示为“cm/div”。

扫描速度的倒数称为“时基因数”，它表示单位距离代表的时间，单位为“t/cm”或“t/div”，时间 t 可为 μs、ms 或 s，在示波器的面板上，通常按“1、2、5”的顺序分成很多挡。面板上还有时基因数的“微调”和“扩展”（×1 或×10 倍）旋钮，当需要进行定量测量时，时基因数微调旋钮应置于“校准”的位置。

3）偏转因数

偏转因数指在输入信号作用下，光点在荧光屏上的垂直（Y）方向移动 1cm（即 1 格）所需的电压值，单位为“V/cm”、“mV/cm”（或“V/div”、“mV/div”）。在示波器面板上，通常也按“1、2、5”的顺序分成很多挡，此外，还有“微调”（当调到尽头时，为“校准”位置）旋钮。偏转因数表示了示波器 Y 通道的放大/衰减能力。

偏转因数的倒数称为“（偏转）灵敏度”，单位为“cm/V”、“cm/mV”（或“div/V”、“div/mV”）。

4）输入阻抗

当被测信号接入示波器时，输入阻抗 Z_i 形成被测信号的等效负载。当输入直流信号时，输入阻抗用输入电阻 R_i 表示；当输入交流信号时，输入阻抗用输入电阻 R_i 和输入电容 C_i 的并联表示。

5）输入方式

输入方式即输入耦合方式，一般有直流（DC）、交流（AC）和接地（GND）三种，可

通过示波器面板选择。直流耦合时，输入信号的所有成分都加到示波器上；交流耦合时，通过隔直电容去掉信号中的直流和低频分量；接地方式则断开输入信号，将 Y 通道输入直接接地，用于信号幅度测量时确定零电平位置。

6）触发源选择方式

触发源是指用于提供产生扫描电压的同步信号来源，一般有内触发（INT）、外触发（EXT）和电源触发（LINE）三种。内触发即由被测信号产生同步触发信号；外触发由外部输入信号产生同步触发信号；电源触发即利用 50Hz 工频电源产生同步触发信号。

6.2 CRT 显示原理

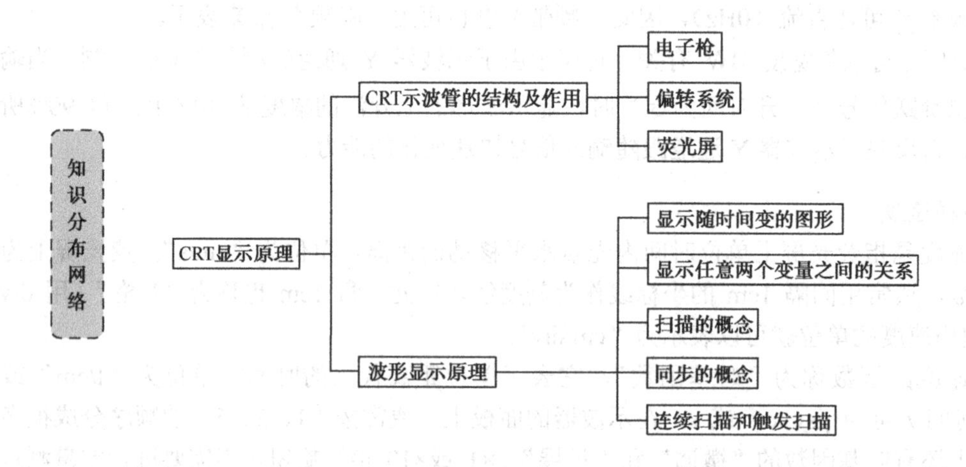

6.2.1 CRT 示波管的结构及作用

如图 6-2 所示，CRT 主要由电子枪、偏转系统和荧光屏三部分组成。其工作原理是：由电子枪产生的高速电子束轰击荧光屏的相应部位产生荧光，而偏转系统则能使电子束产生偏转，从而改变荧光屏上光点的位置。

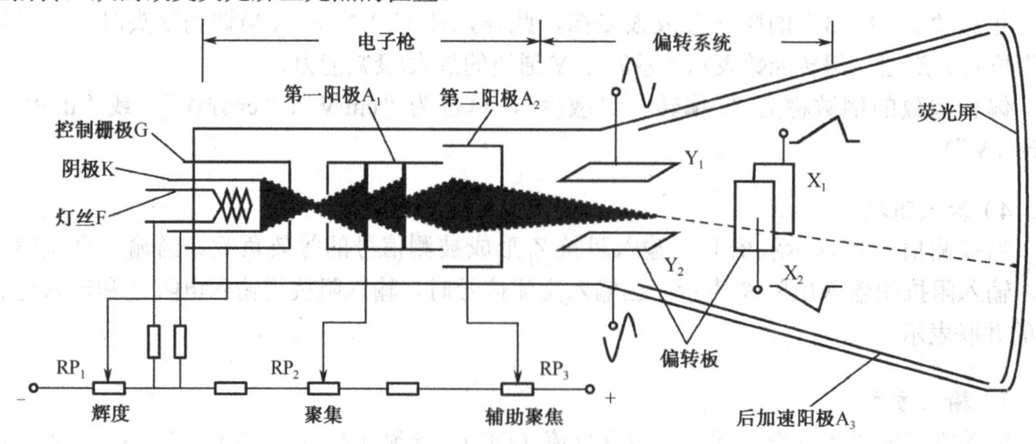

图 6-2　CRT 示波管结构示意图

1．电子枪

电子枪的作用是发射电子并形成很细的高速电子束，轰击荧光屏而发光。它由灯丝 F、阴极 K、栅极 G 和阳极 A_1、A_2 组成。当电流流过灯丝后对阴极加热，阴极产生大量电子，并在后续电场作用下轰击荧光屏发光。

控制栅极 G 呈圆筒状，包围着阴极，只在面向荧光屏的方向开一个小孔，使电子束从小孔中穿过。通过调节 G 对 K 的负电位可调节光点的亮度，即进行“辉度”控制。

第一阳极 A_1 使电子汇聚，第二阳极 A_2 使电子加速。A_1 和 A_2 与 G 对电子束进行聚焦并加速，使到达荧光屏的电子形成很细的一束并具有很高的速度。调节 A_1 的电位，即可调节 A_1 与 A_2 之间的电位，调节 A_1 电位的旋钮称为“聚焦”，调节 A_2 电位的旋钮称为“辅助聚焦”。

G 和 A_1、A_2 的电位关系为：$V_G < V_K$、$V_{A_1} > V_K$、$V_{A_2} > V_{A_1}$。因此，电子从 G 至 A_1、A_1 至 A_2 将得到汇聚并加速。

2．偏转系统

如图 6-3 所示，示波管的偏转系统由两对相互垂直的平行金属板组成，分别称为垂直（Y）偏转板和水平（X）偏转板，偏转板在外加电压信号的作用下使电子枪发出的电子束产生偏转。

当偏转板上没有外加电压时，电子束打向荧光屏的中心点；如果有外加电压，则在偏转电场作用下，电子束打向由 X、Y 偏转板共同决定的荧光屏上的某个坐标位置。通常，为了使示波器有较高的测量灵敏度，Y 偏转板置于靠近电子枪的部位，而 X 偏转板在 Y 偏转板的右边。

电子束在偏转电场作用下的偏转距离与外加偏转电压成正比。

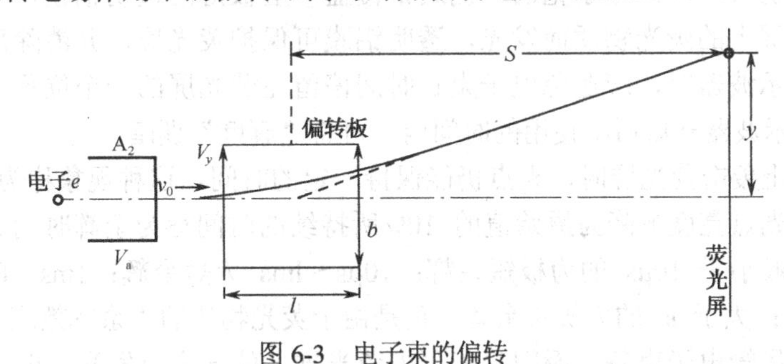

图 6-3　电子束的偏转

如图 6-3 所示，电子在离开第二阳极 A_2（设电压为 V_a）时速度为 v_0，设电子质量为 m，则有：

$$eV_a = \frac{1}{2}mv_0^2 \tag{6-1}$$

电子将以 v_0 为初速度进入偏转板，电子经过偏转板后的偏转距离 y 如下所示：

$$y = \frac{lS}{2bV_a}V_y \tag{6-2}$$

式中，l 为偏转板的长度；S 为偏转板中心到屏幕中心的距离；b 为偏转板间距；V_a 为阳极 A_2 上的电压。

式（6-2）表明，偏转距离与偏转板上所加电压和偏转板结构的多个参数有关，其物理

意义可解释如下：若外加电压V_y越大，则偏转电场越强，偏转距离就越大；若偏转板长度l越长，偏转电场的作用距离就越长，因而偏转距离越大；若偏转板到荧光屏的距离S加长，则电子在垂直方向上的速度变大，使偏转距离增大；若偏转板间距b增大，则偏转电场减弱，使偏转距离减小；若阳极A_2的电压V_a越大，则电子在轴线方向的速度越大，穿过偏转板到荧光屏的时间越短，因而偏转距离越小。对于设计定型后的示波器偏转系统，l、S、b、V_a可视为常数，设比例系数S_y为示波管的Y轴偏转灵敏度（单位为cm/V），$D_y = 1/S_y$为示波管的Y轴偏转因数（单位为V/cm）。S_y越大，示波管越灵敏：

$$S_y = \frac{lS}{2bV_a} \quad [\text{cm/V}] \tag{6-3}$$

则式（6-2）可写为：

$$y = S_y V_y \tag{6-4}$$

式（6-4）表示，垂直偏转距离与外加垂直偏转电压成正比。同样的，对水平偏转系统，也有$x \propto V_x$。据此，当偏转板上施加的是被测电压时，可用荧光屏上的偏转距离来表示该被测电压的大小，因此，式（6-4）是示波管用于观测电压波形的理论基础。

为提高Y轴偏转灵敏度，可适当降低第二阳极电压，而在偏转板至荧光屏之间加一个后加速阳极A_3，使穿过偏转板的电子束在轴向（Z方向）得到较大的速度。这种系统称为先偏转后加速（PDA，Post Deflection Acceleration）系统，可大大改善偏转灵敏度。

3．荧光屏

荧光屏将电信号变为光信号，它是示波管的波形显示部分，通常制作成矩形平面。其内壁有一层荧光物质，面向电子枪的一侧还常覆盖一层极薄的透明铝膜，高速电子可以穿透这层铝膜轰击屏上的荧光物质而发光，透明铝膜可保护荧光屏，并消除反光使显示图形更清晰。在使用示波器时，应避免电子束长时间停留在荧光屏的一个位置，否则将使荧光屏受损，因此在示波器开启后不使用的时间内，可将“辉度”调暗。

当电子束停止轰击荧光屏时，光点仍能保持一定的时间，这种现象称为“余辉效应”。从电子束移去到光点亮度下降为原始值的10%所持续的时间称为余辉时间。余辉时间与荧光材料有关，一般小于10μs的为极短余辉；10μs～lms为短余辉；lms～0.ls为中余辉；0.1～ls为长余辉；大于ls的为极长余辉。正是由于荧光物质的“余辉效应”及人眼的“视觉残留”效应，尽管电子束每一瞬间只能轰击荧光屏上的一个点发光，但电子束在外加电压下连续改变荧光屏上的光点，我们就能看到光点在荧光屏上移动的轨迹，该光点的轨迹即描绘了外加电压的波形。

为便于使用者观测波形，需要对电子束的偏转距离进行定度，为此，有的示波管内侧刻有垂直和水平的方格子（一般每格1cm，用div表示）；或者在靠近示波管的外侧加一层有机玻璃，在有机玻璃上标出刻度，但读数时应注意尽量保持视线与荧光屏垂直，避免产生视差。

6.2.2 波形显示原理

电子束在荧光屏上产生的亮点在屏幕上移动的轨迹，是加到偏转板上的电压信号的波形。根据这个原理，示波器可显示随时间变化的信号波形和显示任意两个变量X与Y的关系图形。

1．显示随时间变化的图形

电子束进入偏转系统后，要受到X、Y两对偏转板间电场的控制，X、Y的控制作用有如下几种情况。

1）U_x、U_y为固定电压的情况

（1）设U_x=U_y=0，则光点在垂直和水平方向都不偏转，出现在荧光屏的中心位置，如图6-4（a）所示。

（2）设U_x=0、U_y=常量，光点在垂直方向偏移。设U_y为正电压，则光点从荧光屏的中心往垂直方向上移；若U_y为负电压，则光点从荧光屏的中心往垂直方向下移，如图6-4（b）所示。

（3）设U_x=常量、U_y=0，则光点在水平方向偏移。若U_x为正电压，则光点从荧光屏的中心往水平方向右移，若U_x为负电压，则光点从荧光屏的中心往水平方向左移，如图6-4（c）所示。

（4）设U_x=常量、U_y=常量，当两对偏转板上同时加固定的正电压时，应为两电压的矢量合成，如图6-4（d）所示。

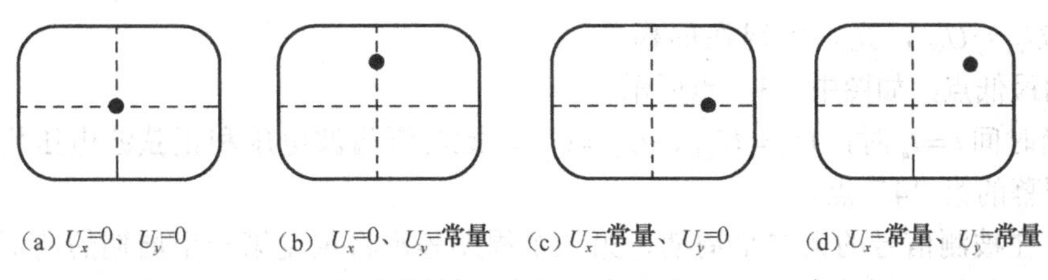

图6-4　水平和垂直偏转板上加固定电压时显示为一个光点

2）X、Y偏转板上分别加变化电压

（1）设$U_x=0$，$U_y=U_m\sin\omega t$。由于X偏转板不加电压，光点在水平方向是不偏移的，则光点只在荧光屏的垂直方向来回移动，出现一条垂直线段，如图7-5（a）所示。

（2）设$U_x=kt$，$U_y=0$，由于Y偏转板不加电压，光点在垂直方向是不移动的，则光点在荧光屏的水平方向来回移动，出现的是一条水平线段，如图7-5（b）所示。

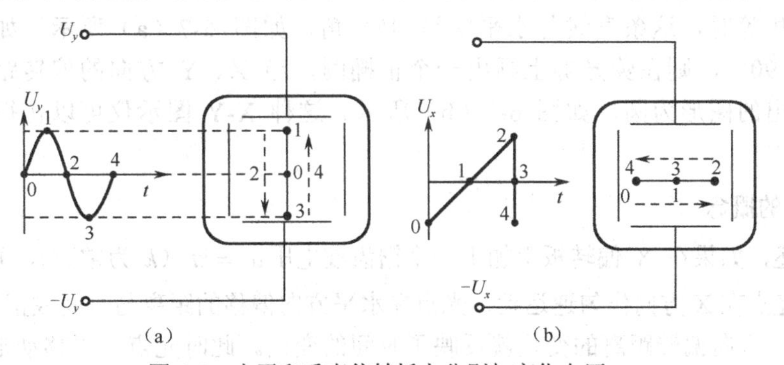

图6-5　水平和垂直偏转板上分别加变化电压

3）X、Y偏转板上同时加变化电压

Y偏转板加正弦波信号电压$u_y=U_m\sin\omega t$，X偏转板加锯齿波电压$u_x=kt$，如图6-6所示。

（1）当时间 $t=t_0$ 时，$U_x=-U_{xm}$，$U_y=0$（锯齿波电压的最大负值）。光点出现在荧光屏上最左侧的“0”点，偏离屏幕中心的距离正比于 U_{xm}。

（2）当时间 $t=t_1$ 时，$U_y=U_{y1}$、$U_x=-U_{x1}$，光点同时受到水平和垂直偏转板的作用；光点出现在屏幕第Ⅱ象限的最高点“1”点。

（3）当时间 $t=t_2$ 时，$U_y=U_{y2}$、$U_x=-U_{x2}$，此时锯齿波电压和正弦波电压均为 0，光点出现在屏幕中央的“2”点。

（4）当时间 $t=t_3$ 时，$U_y=U_{y3}$、$U_x=U_{x3}$，正弦波的负半周与正半周类似，此时正弦波电压为负半周到负的最大值，即 $U_{y3}=-U_{ym}$，光点出现在屏幕第Ⅳ象限的最低点，如图中“3”点所示。

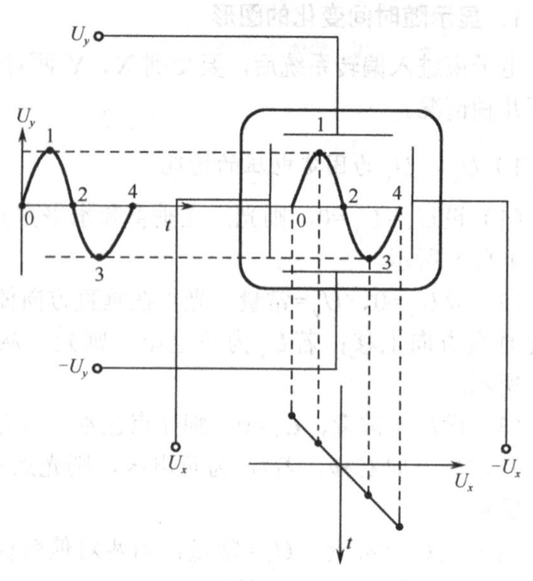

图 6-6　水平和垂直偏转板同时加信号时的显示

（5）当时间 $t=t_4$ 时，$U_y=U_{y4}$、$U_x=U_{x4}$，此时锯齿波电压和正弦波电压均为零，光点出现在屏幕的第“4”点。

以后，在被测信号的第二个周期、第三个周期等都将重复第一个周期的情形，光点在荧光屏上描出的轨迹也将重叠在第一次描出的轨迹上，因此，荧光屏显示的是被测信号随时间变化的稳定波形。

2．显示任意两个变量之间的关系

示波器两个偏转板上都加正弦电压时显示的图形称为李沙育（Lissajous）图形，这种图形在相位和频率测量中常会用到。利用这种特点可以把示波器变为一个 X-Y 图示仪。若两信号的初相相同，则可在荧光屏上画出一条直线，当两信号在 X、Y 方向的偏转距离相等时，这条直线与水平轴呈 45° 角，如图 6-7（a）所示；如果两个信号初相位相差 90°，则在荧光屏上画出一个正椭圆，当 X、Y 方向的偏转距离相等时，荧光屏上画出的图形为圆，如图 6-7（b）所示。这种 X-Y 图示仪可以在很多领域中得到应用。

3．扫描的概念

如上所述，如果在 X 偏转板上加上一个锯齿波电压 $u_x=kt$（k 为常数），垂直偏转板不加电压，则光点在 X 方向作匀速运动，光点在水平方向偏移的距离与时间成正比。

这样，X 方向偏转距离的变化就反映了时间的变化。此时光点水平移动形成的水平亮线称为“时间基线”。

当锯齿波电压达到最大值时，荧光屏上的光点也达到最大偏转，然后锯齿波电压迅速返回起始点，光点也迅速返回屏幕最左端，重复前面的变化。光点在锯齿波作用下扫动的过程称为“扫描”，能实现扫描的锯齿波电压称为扫描电压，光点自左向右的连续扫动称为“扫描正程”，光点自荧光屏的右端迅速返回左端起扫点的过程称为“扫描逆程”。理想锯齿波的逆程时间为 0。

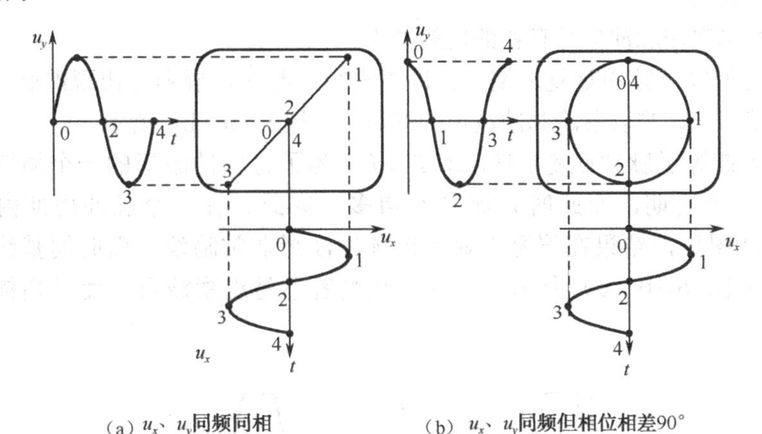

（a）u_x、u_y同频同相　　（b）u_x、u_y同频但相位相差90°

图 6-7　水平和垂直偏转板同时加同频率的正弦波时显示的李沙育图形

4．同步的概念

（1）如图 6-8 所示，$T_x = nT_y$（n 为正整数）。当扫描电压的周期是被观测信号周期的整数倍时，即 $T_x = nT_y$（n 为正整数），称扫描电压与被测电压“同步”，则每次扫描的起点都对应在被测信号的同一相位点上，这就使得扫描的后一个周期描绘的波形与前一周期完全一样，每次扫描显示的波形重叠在一起，在荧光屏上可得到清晰而稳定的波形。

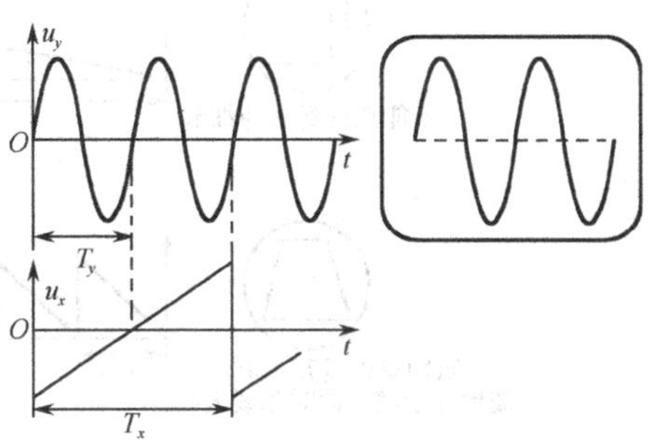

图 6-8　$T_x = 2T_y$ 时荧光屏上显示的波形

（2）$T_x \neq nT_y$（n 为正整数）。即不满足同步关系时，则后一扫描周期描绘的图形与前一扫描周期的图形不重合，显示的波形是不稳定的，如图 6-9 所示。

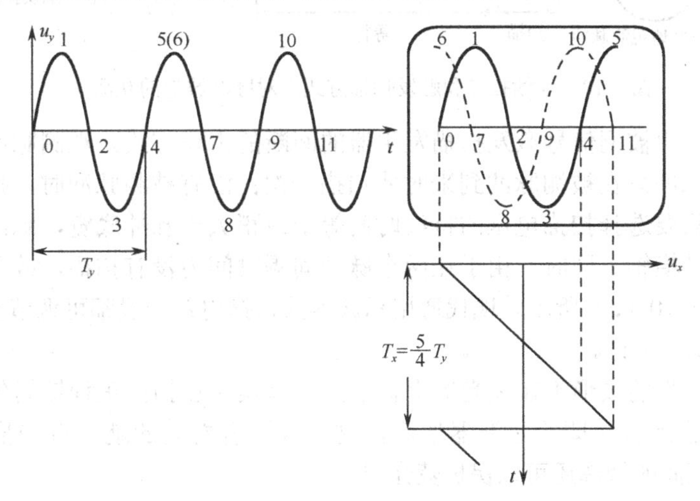

图 6-9　扫描电压与被测电压不同步时显示波形出现晃动

5. 连续扫描和触发扫描

连续扫描——扫描电压是连续的，即扫描正程紧跟着逆程，逆程结束又开始新的正程，扫描是不间断的。

采用连续扫描观测脉冲信号存在的问题如下。

（1）扫描周期等于脉冲重复周期时，即$T_x = T_y$。此时，屏幕上出现的脉冲波形集中在时间基线的起始部分，难以看清脉冲波形的细节，如图 6-10（b）所示。

（2）扫描周期等于脉冲底宽τ时，即$T_x = t$。为了将脉冲波形的一个周期显示在屏幕上，必须扫描一个周期，而此时T_x比T_y小得多。因此，在一个脉冲周期内，光点只有一次扫描到脉冲图形，结果在屏幕上显示的脉冲波形非常暗淡，而时间基线由于反复扫描却很明亮，如图 6-10（c）所示。这样，观测者不易观察波形，而且扫描的同步很难实现。

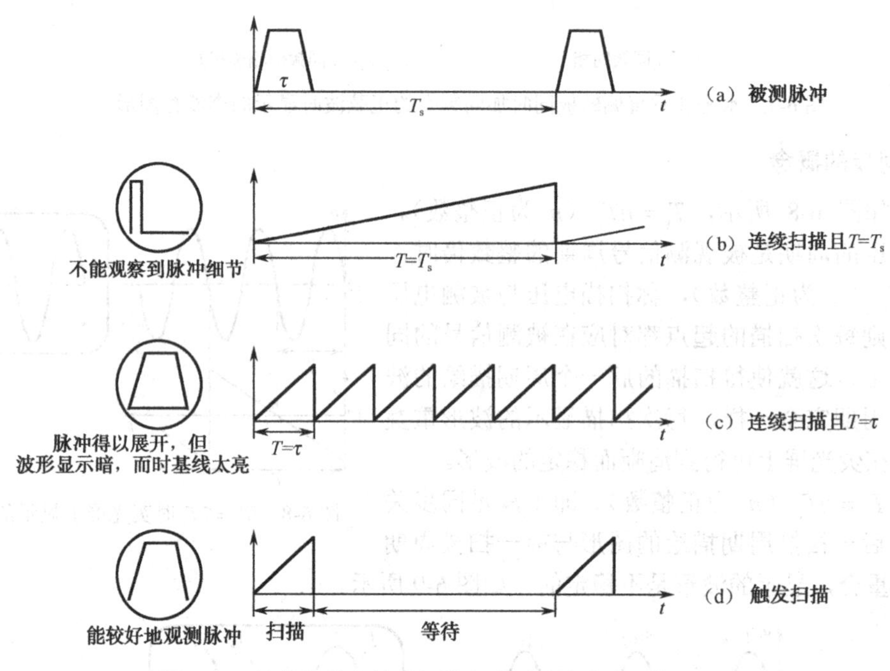

图 6-10　连续扫描和触发扫描方式下对脉冲波形的观测

触发扫描——由被测信号激发扫描发生器的间断的工作方式。观测脉冲信号可控制扫描脉冲，使扫描脉冲只在被测脉冲到来时才扫描一次；没有被测脉冲时，扫描发生器处于等待工作状态。只要选择扫描电压的持续时间等于或稍大于脉冲底宽，脉冲波形就可以展开，宽得几乎布满横轴。同时，由于在两个脉冲间隔时间内没有扫描，故不会产生很亮的时间基线，如图 6-10（d）所示。现代通用示波器的扫描电路一般都可调节在连续扫描或触发扫描等多种方式下工作。

为了使回扫产生的波形不在荧光屏上显示，可以设法在扫描正程期间使电子枪发射的电子远远多于扫描逆程，即给示波器增辉，这样观测者看到的就只有扫描正程显示的波形。另外，扫描期间的增辉还可以保护荧光屏。

6.3 模拟示波器的原理与应用

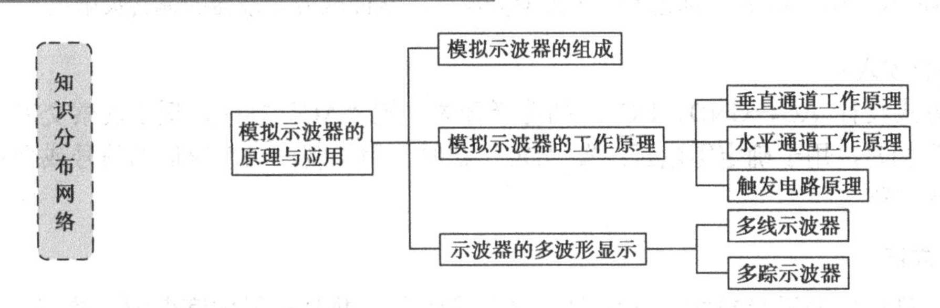

6.3.1 模拟示波器的组成

模拟示波器主要由示波管、垂直通道和水平通道三部分组成。此外，还包括电源电路及校准信号发生器，如图 6-11 所示。

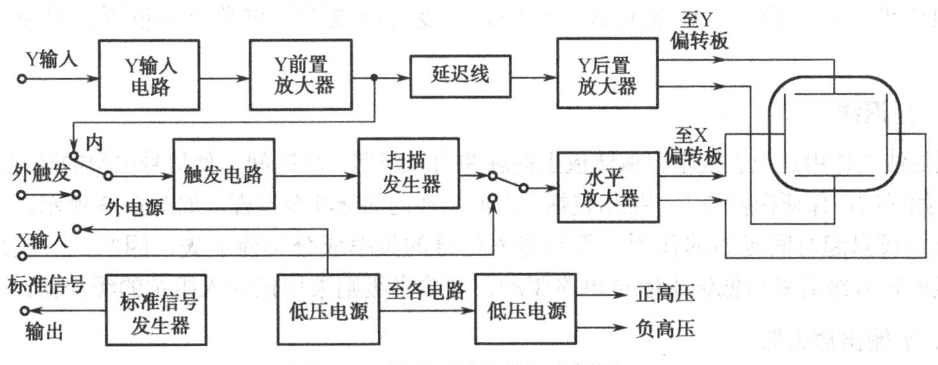

图 6-11　模拟示波器的组成框图

6.3.2 模拟示波器的垂直通道（Y 通道）

垂直通道的作用：将输入的被测信号进行衰减或线性放大后，输出符合示波器偏转要求的信号，以推动垂直偏转板，使被测信号在屏幕上显示出来。

垂直通道的构成：输入电路、Y 前置放大器、延迟线和 Y 后置放大器等。

1. 输入电路

输入电路主要是由衰减器和输入选择开关构成的。

1）衰减器

衰减器的作用是衰减输入信号，进行频率补偿。

如图 6-12 所示，衰减器的衰减量为 $\dfrac{u_o}{u_i}=\dfrac{Z_2}{Z_1+Z_2}$，当调节 C_1 使满足 $R_1C_1=R_2C_2$ 时，Z_1、Z_2 表达式中的分母相同，则衰减器的分压比为：

$$\frac{v_o}{v_i}=\frac{Z_2}{Z_1+Z_2}=\frac{R_2}{R_1+R_2}=\frac{C_1}{C_1+C_2} \qquad (6\text{-}5)$$

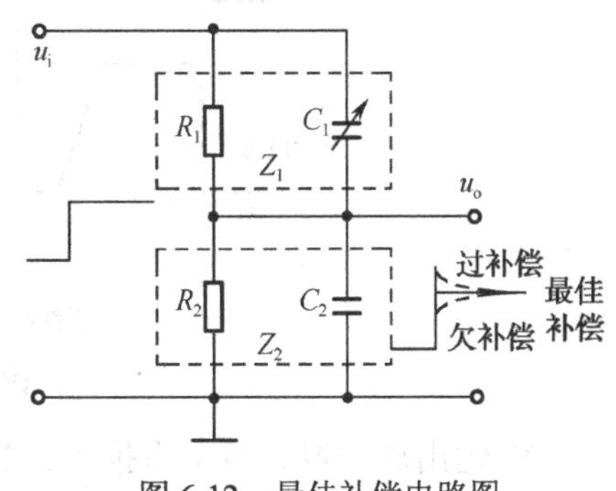

图 6-12　最佳补偿电路图

式（6-5）称为最佳补偿条件。当$R_1C_1 > R_2C_2$时，将出现过补偿；当$R_1C_1 < R_2C_2$时，为欠补偿。示波器面板上用“V/cm”标记的开关改变分压比，从而改变示波器的偏转灵敏度。

2）输入耦合方式

输入耦合方式设有 AC、GND、DC 三挡选择开关。置“AC”挡时，适于观察交流信号；置“GND”挡时，用于确定零电压；置“DC”挡时，用于观测频率很低的信号或带有直流分量的交流信号。

2. 前置放大器

前置放大器可将信号适当放大，从中取出内触发信号，并具有灵敏度微调、校正、Y 轴移位、极性反转等作用。

Y 前置放大器大多采用差分放大电路，若在差分电路的输入端输入不同的直流电位，相应的 Y 偏转板上的直流电位和波形在 Y 方向的位置就会改变。利用这一原理，可通过调节直流电位，即调节“Y 轴位移”旋钮，改变被测波形在屏幕上的位置，以便定位和测量。

3. 延迟线

延迟线的作用是把加到垂直偏转板上的脉冲信号延迟一段时间，使信号出现的时间滞后于扫描开始时间，保证在屏幕上扫描出包括上升时间在内的脉冲全过程，如图 6-13 所示。

延迟线只起时间延迟的作用，而对输入信号的频率成分不能丢失，因此，一般来说，延迟线的输入级需采用低输出阻抗电路驱动，而输出级则采用低输入阻抗的缓冲器。

4. Y 输出放大器

Y 输出放大器的功能是将延迟线传来的被测信号放大到足够的幅度，用以驱动示波管的垂直偏转系统，使电子束获得 Y 方向的偏转。Y 输出放大器应具有稳定的增益、较高的输入阻抗、足够宽的频带、较小的谐波失真。

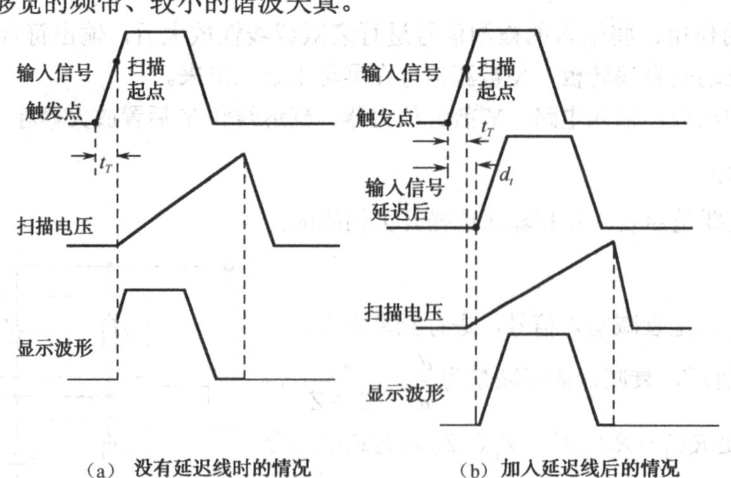

(a) 没有延迟线时的情况　　(b) 加入延迟线后的情况

图 6-13　延迟线的作用

Y 输出放大器大多采用推挽式放大器，以使加在偏转板上的电压能够对称，有利于提高共模抑制比。电路中采用一定的频率补偿电路和较强的负反馈，使得在较宽的频率范围

内增益稳定。还可采用改变负反馈的方法变换放大器的增益。

6.3.3　模拟示波器的水平通道（X 通道）

水平通道（X 通道）的主要任务是产生随时间线性变化的扫描电压，再放大到足够的幅度，然后输出到水平偏转板，使光点在荧光屏的水平方向达到满偏转。水平通道包括触发电路、扫描电路和水平放大器等部分，如图 6-14 所示。

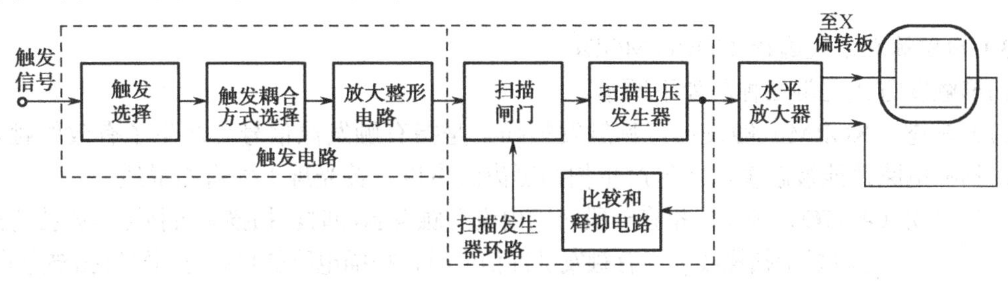

图 6-14　水平通道的组成框图

1．触发电路

触发电路的作用是为扫描信号发生器提供符合要求的触发脉冲。触发电路包括触发源选择、触发耦合方式选择、触发方式选择、触发极性选择、触发电平选择和触发放大整形等电路，如图 6-15 所示。

1）触发源选择

触发源一般有内触发、外触发和电源触发三种类型。

（1）内触发（INT）：将 Y 前置放大器输出（延迟线前的被测信号）作为触发信号，适用于观测被测信号。

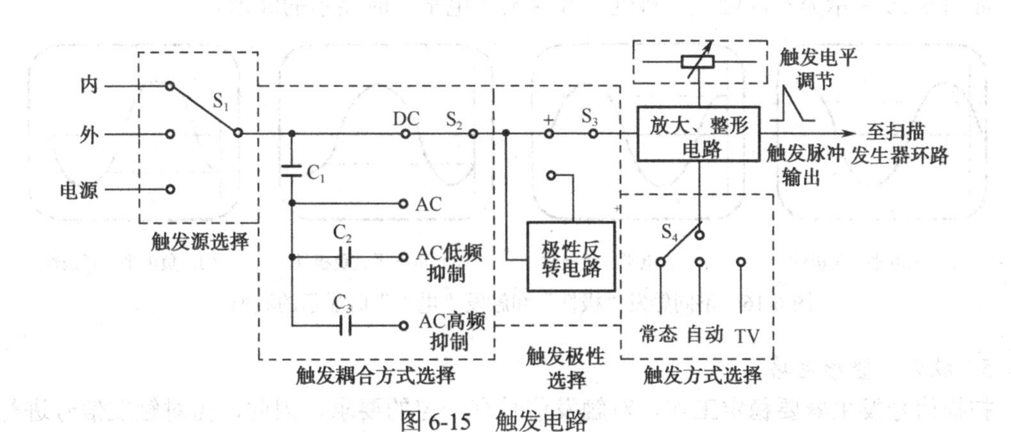

图 6-15　触发电路

（2）外触发（EXT）：用外接的、与被测信号有严格同步关系的信号作为触发源，用于比较两个信号的同步关系，或者当被测信号不适于作触发信号时使用。

（3）电源触发（LINE）：用 50Hz 的工频正弦信号作为触发源，适用于观测与 50Hz 交流有同步关系的信号。

2）触发耦合方式选择

一般设有四种触发耦合方式，如下所示。

“DC”直流耦合：用于接入直流或缓慢变化的触发信号。

“AC”交流耦合：用于观察从低频到较高频率的信号。用“内”、“外”触发均可。

“AC低频抑制”（“LF REJ”）耦合：用于观察含有低频干扰的信号。

“AC高频抑制”（“HF REJ”）耦合：用于抑制高频成分的耦合。

3）扫描触发方式选择（TRIG MODE）

扫描触发方式通常三种，如下所示。

（1）常态（NORM）触发：也称触发扫描，是指有触发源信号并产生了有效的触发脉冲时，扫描电路才能被触发，才能产生扫描锯齿波电压，荧光屏上才有扫描线。

（2）自动（AUTO）触发：指在一段时间内没有触发脉冲时，扫描系统按连续扫描方式工作，此时荧光屏上将显示扫描线。当有触发脉冲信号时，扫描电路能自动返回触发扫描方式。

（3）电视（TV）触发：用于电视触发功能，以便对电视信号（如行、场同步信号）进行监测与电视设备维修。它是在原有放大、整形电路的基础上插入电视同步分离电路实现的。

4）触发极性选择和触发电平调节

触发极性和触发电平决定触发脉冲产生的时刻，并决定扫描的起点，调节它们便于对波形的观测和比较。

触发极性是指触发点位于触发源信号的上升沿还是下降沿。触发点处于触发源信号的上升沿为“+”极性；触发点位于触发源信号的下降沿为“-”极性。

触发电平是指触发脉冲到来时所对应的触发放大器输出电压的瞬时值。

如图6-16所示为不同触发“极性”和触发“电平”时显示的波形。

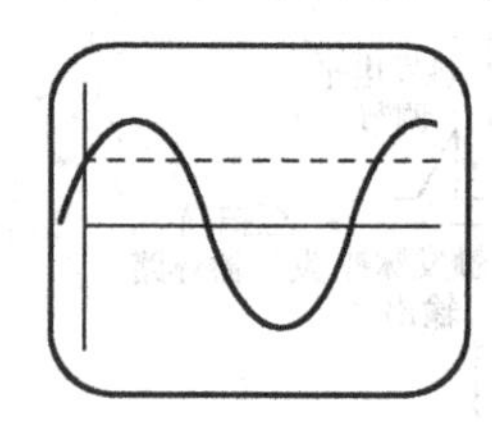
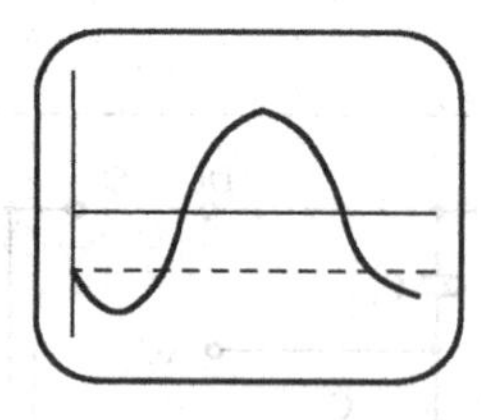
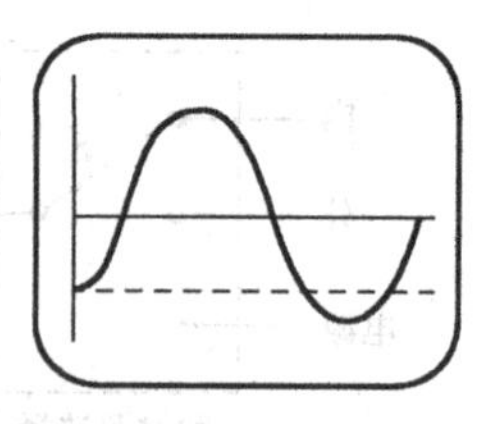

（a）正电平、正极性　（b）正电平、负极性　（c）负电平、负极性　（d）负电平、正极性

图6-16　不同触发“极性”和触发“电平”时显示的波形

5）放大、整形电路

扫描信号发生器要稳定工作，对触发信号有一定的要求，因此，需对触发信号进行放大、整形。整形电路的基本形式是电压比较器，当输入的触发源信号与通过“触发极性”和“触发电平”选择的信号之差达到某一设定值时，比较电路反转，输出矩形波，然后经过微分整形，变成触发脉冲。

2．扫描发生器环路

扫描发生器用来产生线性良好的锯齿波，通常用扫描发生器环路来产生扫描信号。

扫描发生器环路又称时基电路，常由积分器、扫描闸门及比较释抑电路组成，如图 6-17 所示。

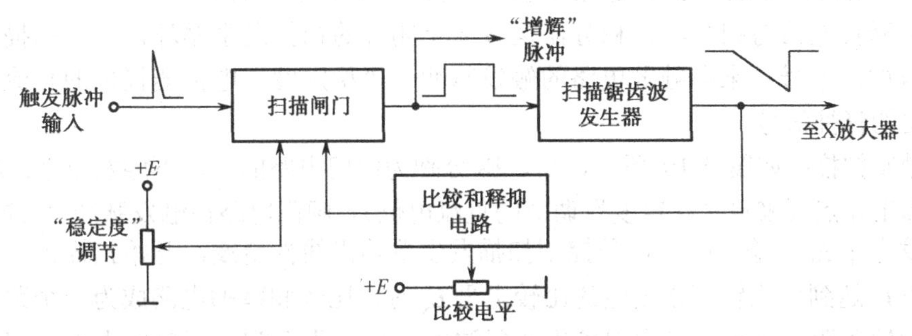

图 6-17　扫描发生器环路的组成

1）扫描方式选择

示波器既能连续扫描又能触发扫描，扫描方式的选择可通过开关进行。在连续扫描时，没有触发脉冲信号，扫描闸门也不受触发脉冲的控制，仍会产生门控信号，并启动扫描发生器工作；在触发扫描时，只有在触发脉冲的作用下才产生门控信号。

2）扫描门

扫描门是用来产生闸门信号的，它有以下三个作用。

（1）输出闸门信号，控制积分器扫描。

（2）利用闸门信号作为增辉脉冲控制示波管，起正程加亮作用。

（3）在双踪示波器中，利用闸门信号触发电子开关，使其工作于交替状态。

常用的闸门电路有双稳态、施密特触发器和隧道二极管整形电路。图 6-18 所示为施密特触发器构成的闸门电路。施密特电路把其他的波形变成闸门脉冲。

施密特电路的输入端接有来自三个方面的信号：一个称为“稳定度”旋钮的电位器给它提供一个直流电位，从触发电路来的触发脉冲和从释抑电路来的释抑信号。

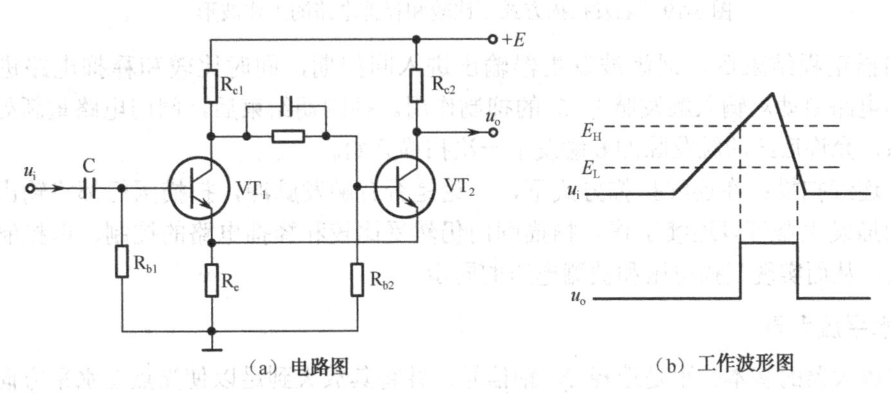

图 6-18　施密特触发器构成的闸门电路

3）比较和释抑电路

利用比较电路的电平比较、识别功能来控制锯齿波的幅度，使电路产生等幅扫描，比较电路也称为扫描长度电路。

释抑电路在扫描逆程开始后，关闭或抑制扫描闸门，使“抑制”期间扫描电路不再受到同极性触发脉冲的触发，以便使扫描电路恢复到扫描的起始电平上。

比较和释抑电路与扫描门、积分器构成一个闭合的扫描发生器环，其中扫描门的输入接收三个方面的信号：来自触发电路的触发脉冲；“稳定度”电位器提供的直流电位；来自释抑电路的释抑信号。

（1）触发扫描：如图 6-19 所示，E_1、E_2 分别为闸门电路的上、下触发电平，E_0 为闸门电路的静态工作点（来自“稳定度”调节的直流电位）。闸门电路在触发脉冲 1 的作用下，达到上触发电平 E_1，输出闸门信号控制扫描发生器输出线性斜波，开始扫描正程。当扫描发生器输出 V_o 达到由比较电路设定的比较电平 E_x 时，比较和释抑电路成为一个跟随器，使闸门电路的输入跟随锯齿波发生器输出的斜波电压 V_o。直到到达下触发电平，闸门电路翻转，控制扫描发生器结束扫描正程，回扫期开始。通过调节比较电平 E_r，可以改变扫描结束时间和扫描电压的幅度。

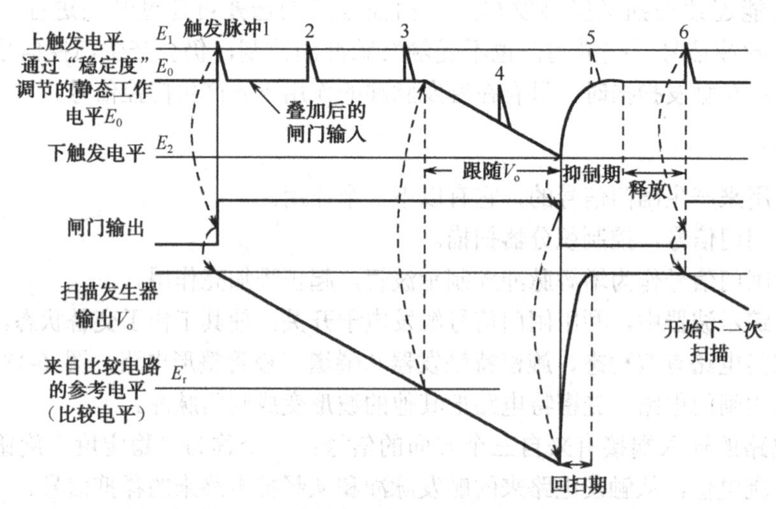

图 6-19 触发扫描方式下比较和释抑电路的工作波形

在扫描正程结束后，锯齿波发生器输出进入回扫期，同时比较和释抑电路进入抑制期，释抑电路启动对输入触发脉冲 5 的抑制作用。抑制期结束后，闸门电路重新处于“释放”状态，允许后续的触发脉冲 6 触发下一次扫描开始。

（2）连续扫描：在连续扫描方式下，不论是否有触发脉冲，扫描闸门都将输出闸门信号，使扫描发生器可以连续工作。扫描闸门仍然受比较和释抑电路的控制，以控制扫描正程的结束，从而实现扫描电压和被测电压的同步。

3. 水平放大器

水平放大器的基本作用是选择 X 轴信号，并将其放大到足以使光点在水平方向达到满偏的程度。X 放大器的输入端有“内”、“外”信号的选择。置于“内”时，X 放大器放大扫描信号；置于“外”时，水平放大器放大由面板上 X 输入端直接输入的信号。

改变 X 放大器的增益可以使光迹在水平方向得到扩展或对扫描速度进行微调，以校准扫描速度。改变 X 放大器有关的直流电位可以使光迹产生水平位移。

6.3.4　示波器的多波形显示

1．多线示波器

多线示波器是利用多枪电子管来实现的。各通道、各波形之间产生的交叉干扰可以减少或消除，可获得较高的测量准确度。但其制造工艺要求高，成本也高，所以应用不是十分普遍。

2．多踪示波器

多踪示波器是在单线示波器的基础上增加电子开关而形成的。电子开关按分时复用的原理，分别把多个垂直通道的信号轮流接到 Y 偏转板上，最终实现多个波形的同时显示。多踪示波器实现简单，成本也较低，因而得到了广泛使用。双踪示波器的 Y 通道工作原理如图 6-20 所示。

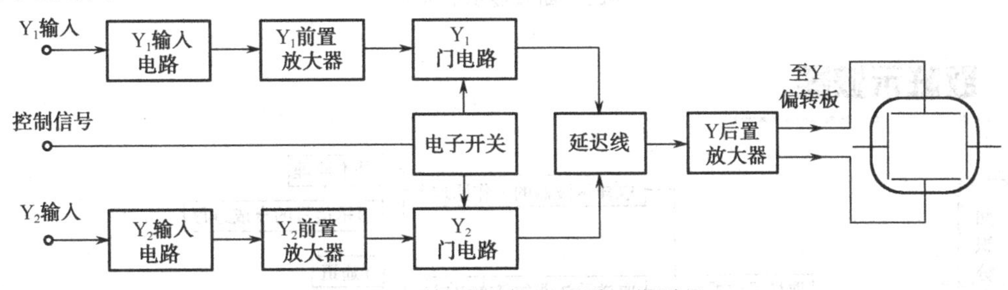

图 6-20　双踪示波器的 Y 通道工作原理

双踪示波器的 Y 通道中设置了两套相同的输入和前置放大器，两个通道的信号都经过电子开关控制的门电路，只要电子开关的切换频率满足人眼的滞留要求，就能同时观察到两个被测波形而无闪烁感。根据电子开关工作方式的不同，双踪示波器有以下 5 种显示方式。

（1）“Y_1”通道（CH1）：接入 Y_1 通道，单踪显示 Y_1 的波形。

（2）“Y_2”通道（CH2）：接入 Y_2 通道，单踪显示 Y_2 的波形。

（3）叠加方式（CH1+CH2）：两通道同时工作，Y_1、Y_2 通道的信号在公共通道放大器中进行代数相加后送入垂直偏转板，实现两信号的“和”或“差”的功能。

（4）交替方式（ALT）：第一次扫描时接通 Y_1 通道，第二次扫描时接通 Y_2 通道，交替地显示 Y_1、Y_2 通道输入的信号，如图 6-21 所示。该方式适合于观察高频信号。

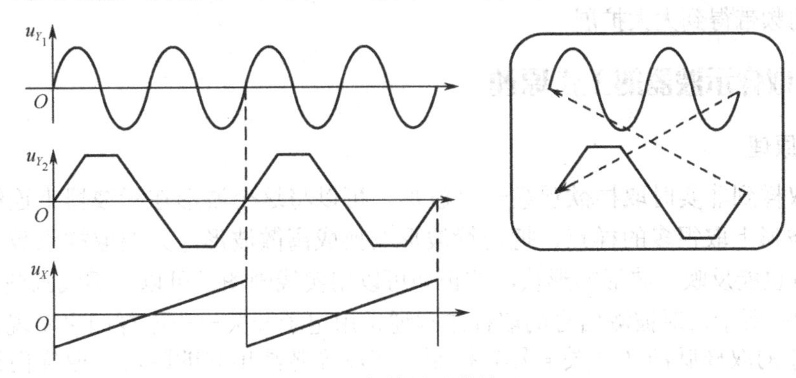

图 6-21　交替显示的波形

（5）断续方式（CHOP）：断续方式是在一个扫描周期内，高速地轮流接通两个输入信号，被测波形由许多线段时续地显示出来，如图 6-22 所示。该方式适用于被测信号频率较低的情况。

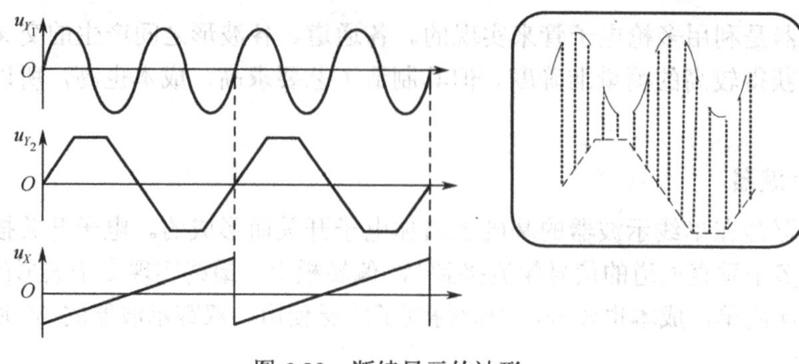

图 6-22　断续显示的波形

6.4　取样示波器

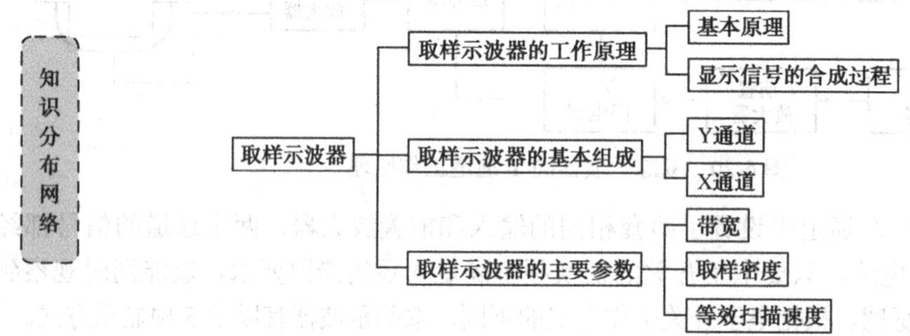

由前面介绍的示波器显示波形的过程可知，无论是连续扫描还是触发扫描，它们都是在信号经历的实际时间内显示信号波形，即测量时间（一个扫描正程）与被测信号的实际持续时间相同，故称为实时测量方法。这种示波器称为实时示波器，一般通用示波器均属于实时示波器。

由于受到示波管上限工作频率、Y 通道放大器带宽、时基电路扫描速度等因素的限制，实时示波器的上限工作频率一般只能达到几十兆赫。取样技术在示波测量中的应用，使得示波器的频带得到大大扩展。

6.4.1　取样示波器的工作原理

1. 基本原理

从实时取样到非实时取样欲观察一个波形，可以将这个波形在示波器上连续显示，也可以在这个波形上取很多的样点，把连续波形变换成离散波形，只要取样点数足够多，显示这些离散点也能反映原波形的形状，这正如可以用实线画图又可以用虚线画图一样。

如图 6-23 所示，对被测信号的取样过程通常用电子开关——取样门来实现。取样门受重复周期为 T_0 的取样脉冲（开关信号）控制，在取样脉冲出现的瞬间，取样门接通，输入信号被取样，形成离散的取样信号。

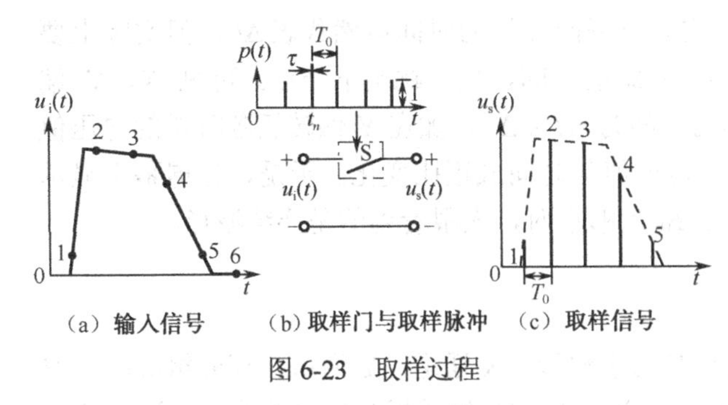

（a）输入信号　（b）取样门与取样脉冲　（c）取样信号

图 6-23　取样过程

上述取样方法是在信号经历的实际时间内对一个信号波形进行取样，故称做“实时取样”。实时取样的特点是，取样一个波形所得脉冲列的时间等于被取样信号实际经历的时间。这种取样方式不能解决示波器在观测高频信号时所遇到的频带限制的困难。

要解决示波器上限频率不够高的问题，应采用非实时取样。非实时取样与实时取样的主要区别在于，非实时取样不是在一个信号波形上完成全部取样过程，而是取自被测信号多个波形的不同位置，如图 6-24 所示。

在图 6-24 中，在 t_1 时刻进行第一次取样，对应于第一个信号波形上为取样点 1；第二次取样在 t_2 时刻进行，t_1 和 t_2 可以相隔很多个信号周期（为作图方便，图中只相隔一个信号周期），重要的是相对于前一次取样时间，第二次取样延迟了 Δt，这样，可取得样点 2。显然，只要每次取样比前一次延迟时间 Δt，则取样点将按顺序取遍整个信号波形。取样后的信号虽然也是一串脉冲序列，但是这段脉冲序列的持续时间却被大大拉长了，这是因为在非实时取样方式下，两个取样脉冲之间的时间间隔变为 $mT+\Delta t$，其中 m 为两个取样脉冲之间被测信号的周期个数。由以上讨论可知，采用非实时取样所得到的取样信号脉冲序列，其包络波形同样可以重现原信号波形。而且，由于包络波形的持续时间变长了，可以用一般低频示波器来显示。由于显示一个取样信号包络波形所需时间（称为测量时间）远远大于被测信号波形实际经历的时间，故这种示波方法称为“非实时示波方法”。

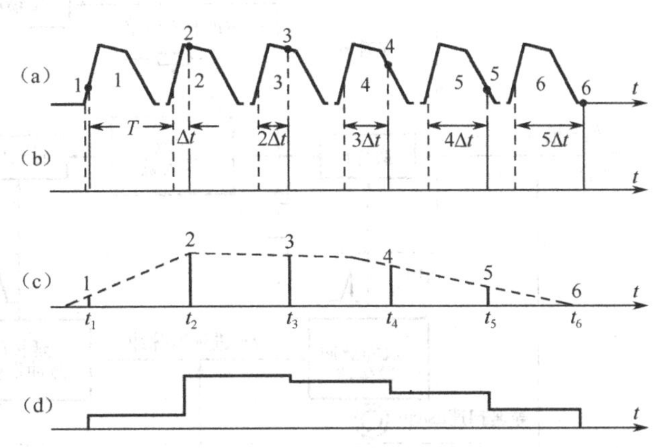

图 6-24　非实时取样过程

图 6-25　取样点合成信号波形的过程

2．显示信号的合成过程

为了在荧光屏上显示由不连续光点构成的波形，应该给示波器的两副偏转板加上什么样的电压呢？图 6-25

示出了由取样点合成波形的过程。图中合成波形每两点间的时间虽然代表Δt，但实际上要经过$mT+\Delta t$，也就是说要在每一点停留$mT+\Delta t$的时间，然后跳至下一点。可见 X、Y 偏转板上都应该加阶梯波，且每个阶梯持续的时间为$mT+\Delta t$。加在 Y 偏转板各阶梯的电压值对应信号的取样值，而 X 偏转板各阶梯的电压值与时间成正比变化。于是，在屏幕上显示出由一系列不连续光点构成的信号波形，当Δt足够小时，人眼看到的是连续波形。

6.4.2 取样示波器的基本组成

与通用示波器类似，取样示波器主要也是由示波管、X 通道、Y 通道三部分组成的。取样示波器中要解决的问题是每隔$mT+\Delta t$取样一次，X、Y 偏转板上的电压改变一次数值。典型取样示波器的组成框图如图 6-26 所示。

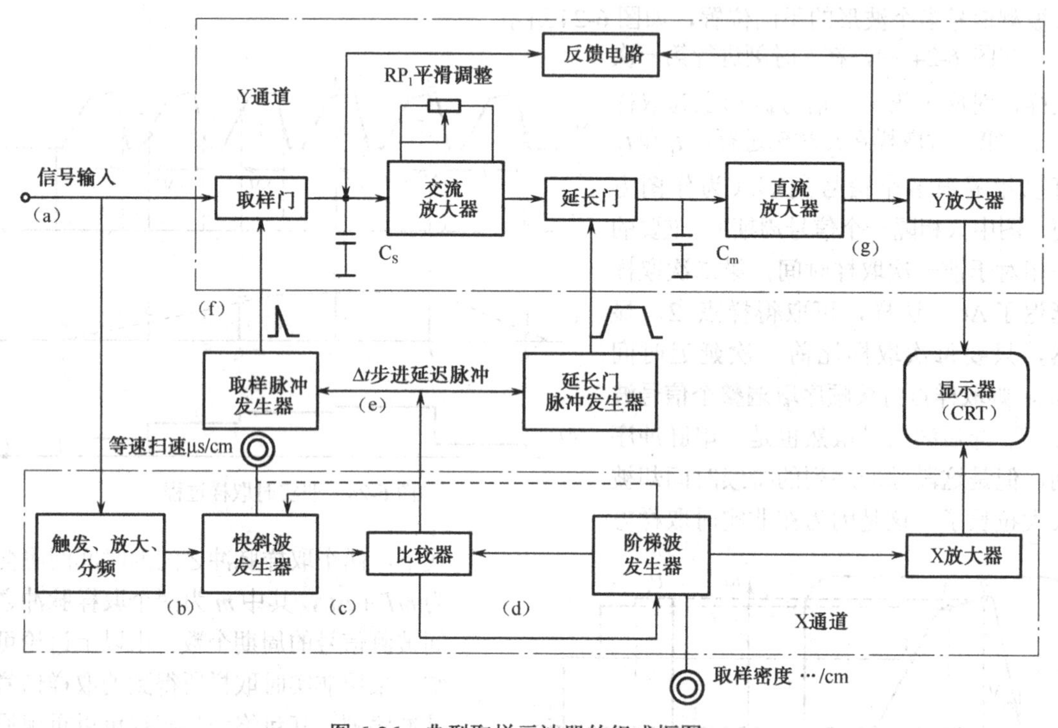

图 6-26　典型取样示波器的组成框图

1. 取样示波器的 Y 通道

Y 通道最关键的电路是取样电路，由它产生正比于取样值的阶梯电压。如图 6-26 所示，该电路由取样门、取样电容 C_s、交流放大器、延长电路（由延长门、保持电容 C_m 和高输入阻抗直流放大器组成）、反馈电路构成一个闭环，故又称为闭环取样电路。

取样门是一个电子开关，在很窄的取样脉冲控制下接通输入信号，对取样电容 C_s 充电。该充电电压经交流放大器放大后送至延长电路。延长门在脉宽较宽的延长门脉冲控制下接通，对保持电容 C_m 充电，从而使直流放大器的输出电压在两次取样之间保持不变。反馈电路用于在取样门断开后仍维持 C_s 上的电压不变，这样下次取样时，以被测信号和 C_s 上电压的差值对 C_s 充电。这种取样方式称为差值取样。延长电路的输出经 Y 放大器放大后即可驱动 Y 偏转板。

2．取样示波器的 X 通道

取样示波器的 X 通道主要用来产生每隔 $mT+\Delta t$ 上升一级的阶梯波。此外，X 通道还要产生 Δt 步进延迟脉冲，用来形成取样脉冲和延长门脉冲。

由组成框图可见，X 通道主要包括触发、放大、分频单元，快斜波发生器，比较器，阶梯波发生器和 X 放大器。图 6-27 为各点的工作波形。图 6-27（a）为被测信号波形，图中虚线表示中间还有若干周期波形。被测信号进入 X 通道后经过触发、放大、分频单元得到频率较低的触发脉冲［见图 6-27（b）］，它的周期为被测信号的 m 倍。在触发脉冲的作用下，快斜波发生器产生线性良好的快斜波［见图 6-27（c）］，并加到电压比较器，由阶梯波发生器产生的阶梯电压［见图 6-27（d）］作为比较器的参考电压。当两电压相等时，比较器的输出产生跳变，并经脉冲形成电路形成脉冲［见图 6-27（e）］。

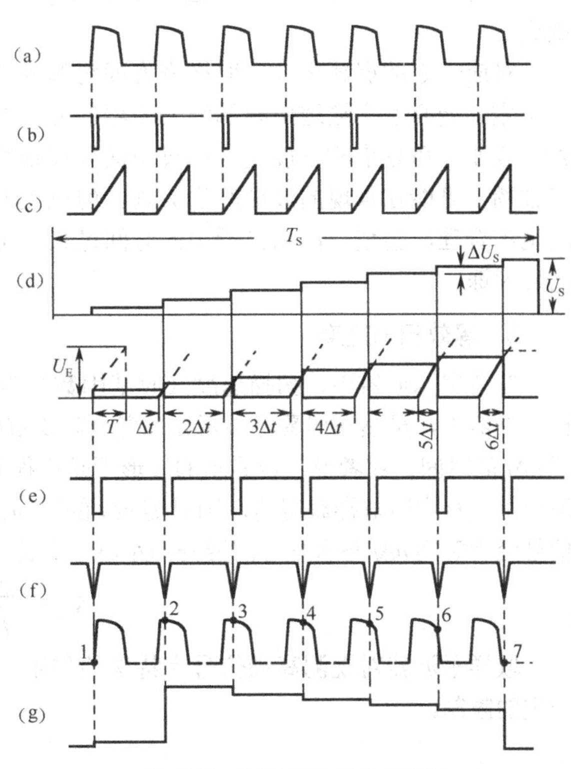

图 6-27　取样示波器各点波形

这个脉冲的作用为：①作为 Δt 的步进延迟脉冲，分别触发取样脉冲发生器和延长门脉冲发生器；②触发阶梯波发生器，使阶梯电压上升一级；③加到快斜波发生器，使快斜波产生回程。当下一个触发脉冲到来时，由于参考电压已上升一级，故快斜波将在较迟的时刻与已上升的阶梯电压相遇，从而使形成的脉冲延迟一个 Δt 。由于快斜波具有良好的线性，而阶梯波每级电压 ΔU_s 又相等，这样，比较器每次输出脉冲的延迟时间逐步增加 Δt ，即两个取样脉冲之间的时间间隔为 $mT+\Delta t$ 。与 Δt 步进延迟脉冲同步的取样脉冲［见图 6-27（f）］加到取样门，对被测信号波形［见图 6-27（a）］进行非实时取样，最后，可从延长电路输出端得到与被测信号波形相当的取样电压［见图 6-27（g）］。

6.4.3　取样示波器的主要参数

1．带宽

取样示波器能观测频率很高的信号，带宽高达上百吉赫。由于取样后的信号频率已经很低，因此对取样示波器的频带限制主要在取样门，取样门所用元器件的高频特性要足够好；另外，取样脉冲本身要足够窄，以保证在取样期间被测信号的电压基本不变。

2．取样密度

取样密度常用每厘米的光点数来表示，记为 n/cm。图 6-28 说明了取样密度与 X 轴阶梯电压的关系。示波管荧光屏的有效宽度和 X 方向偏转灵敏度是固定的，它所要求的 X 方向最

大偏转电压U_s也是基本固定的。那么，只要阶梯波每级上升的电压ΔU_S确定，屏上的总点数$n = U_S/\Delta U_S$便随之确定。

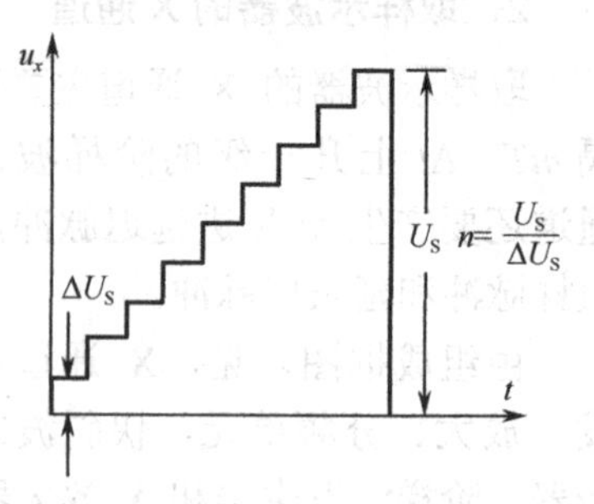

图 6-28　取样密度与u_x的关系

对应一定的屏幕宽度，取样密度即每厘米的点数也被确定。调整水平通道中阶梯波发生器的元件参数，使ΔU_S变小，可使取样密度变大；过小的取样密度使取样点过稀，可能使重现的波形产生失真。但过大的取样密度也不合理，会使一次扫描所用的时间过长，可能导致波形闪烁。

3．等效扫描速度

在通用示波器中，扫描速度（时基因数）为荧光屏上每厘米代表的时间（t/cm）。在取样示波器中，虽然在屏幕上显示n个亮点需要$n(mT + \Delta t)$的时间，但它等效于被测信号经历了$n\Delta t$的时间，或者说，若显示的波形不是由很多波形上的取样点“拼”成的，而是在一个波形上进行实时取样获得的，则只需$n\Delta t$的时间。因此，把等效扫描速度定义为等效的被测信号经历时间$n\Delta t$与水平方向展开的距离L之比，即

$$S_{ES} = \frac{n\Delta t}{L}$$

取样示波器对观测高频信号有特殊的作用，但它只能观测周期信号，这使其应用受到一定的限制。

6.5　典型仪器——CA8020A型双踪示波器

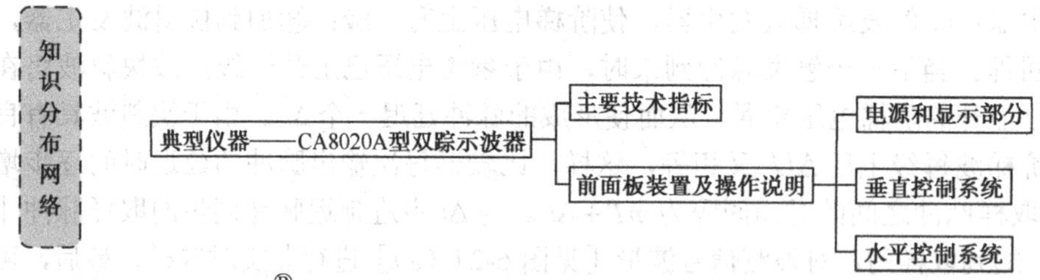

下面介绍CACTEK® CA8020A型双踪示波器。

与目前仍在广泛使用的SR-8型双踪示波器相比，CA8020A型示波器具有以下特点：交替扫描功能可以同时观察扫描扩展波形和未被扩展的波形，实现双踪四线显示；峰值自动同步功能可在多数情况下无须调节触发电平旋钮就可获得同步的稳定波形；释抑控制功能可以方便地观察多重复周期的复杂波形；具有电视信号同步功能；交替触发功能可以观察两个频率不相关的信号波形。

1．主要技术指标

1）垂直系统

灵敏度：5mV/div～5V/div，按1-2-5顺序分为10挡。

上升时间：17.5ns。

带宽（–3dB）：DC～20MHz。

输入阻抗：直接输入时为 1MΩ±3%、25±5pF，经 10:1 探极输入时为 10MΩ±5%、16±2pF。

最大输入电压：400V（DC+AC peak）。

工作方式：Y1、Y2、ADD、交替、断续。

2）触发系统

外触发最大输入电压：160V（DC+AC peak）。

触发源：内、外。

内触发源：Y1、Y2、电源、交替触发。

触发方式：常态、自动、电视场、峰值自动。

3）水平系统

扫描速度：0.5s/div～0.2μs/div，按 1-2-5 顺序分为 20 挡。

扩展×10，最快扫描速度为 20ns/div±8%。

4）校正信号

波形：对称方波。

幅度：0.5V±2%。

频率：1kHz±2%。

2．前面板装置及操作说明

CA8020A 型双踪示波器的前面板如图 6-29 所示。

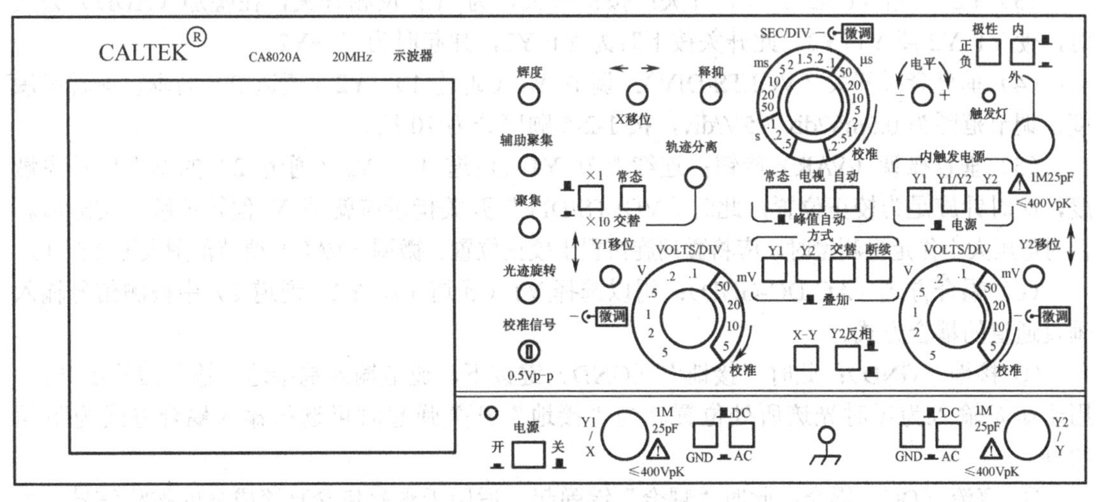

图 6-29　CA8020A 型双踪示波器的前面板图

1）电源和显示部分

（1）辉度（INTENSITY）旋钮：调节光迹的亮度，顺时针调节使光迹变亮，逆时针调节使光迹变暗，直到熄灭。

（2）聚焦（FOCUS）旋钮：用以调节光迹的清晰度。

（3）辅助聚焦（ASTIG）旋钮：与“聚焦”旋钮配合调节，提高光迹的清晰度。

（4）迹线旋转（ROTATION）：调节扫描线使之绕屏幕中心旋转，达到与水平刻度线平行的目的。

（5）电源指示灯：用以指示电源通断，灯亮表示电源接通，反之为电源断开。

（6）电源开关（POWER）：按键开关。按下（ON）使电源接通；弹起（OFF）使电源断开。

（7）校正信号（CAL）：仪器内部提供大小为 0.5 V_{P-P}、频率为 1kHz 的方波信号，用于校正 10:1 探极的补偿电容器和检测示波器垂直与水平的偏转因数。

2）垂直控制系统

（1）Y1 移位、Y2 移位（POSITION）旋钮：调节 Y1（通道 1）、Y2（通道 2）光迹在屏幕上的垂直位置，顺时针调节使光迹上移，逆时针调节使光迹下移。

（2）（垂直）方式（MODE）选择开关：4 个互锁按键开关，可选择 5 种不同工作方式。

Y1：按下 Y1 按键，单独显示通道 1 信号。

Y2：按下 Y2 按键，单独显示通道 8 信号。

交替（ALT）：按下 ALT 铵键，两个通道信号交替显示。交替显示的频率受扫描周期控制。

断续（CHOP）：按下 CHOP 按键，两个通道断续显示。Y1 和 Y2 的前置放大器受仪器内电子开关的自激振荡频率所控制（与扫描周期无关），实现双踪信号显示。

叠加（ADD）：4 个按键全部弹起为此方式，用以显示两个通道信号的代数和。当“Y2 反相”开关弹起时为“Y1+Y2”，“Y2 反相”开关按下时为“Y1−Y2”。

（3）Y2 反相（CH2 INV）开关：按键开关，为 Y2 反相开关，在叠加（ADD）方式时，使 Y1−Y2 或 Y1+Y2。此开关按下时为 Y1−Y2，弹起时为 Y1+Y2。

（4）垂直衰减开关（VOLTS/DIV）：调节 Y1（通道 1）、Y2（通道 2）的垂直偏转灵敏度，调节范围为 0.5mV/div～5V/div，按 1-2-5 顺序分为 10 挡。

（5）垂直微调（VAR）旋钮：连续调节 Y1（通道 1）、Y2（通道 2）的垂直偏转灵敏度，顺时针旋足为校正位置，此时“VOLTS/DIV”开关指示值就是 Y 偏转灵敏度实际值。在对电压大小作定量测量时，应将微调旋钮置于校正位置。微调（VAR）调节范围大于 2.5 : 1。

（6）耦合方式（AC-DC-GND）：用以选择 Y1（通道 1）、Y2（通道 2）中被测信号输入垂直通道的耦合方式。

① 接地（GND）：此时“接地”（GND）键按下，通道输入端接地（输入信号断开），用于确定输入为零时光迹所处位置。当“接地”开关弹起时可选择输入耦合方式为下面两种。

② 直流（DC）耦合：此时“耦合”键弹起，适用于观察包含直流成分的被测信号，如信号的逻辑电平和静态信号的直流电平；当被测信号的频率很低时，也必须采用这种方式。

③ 交流（AC）耦合：此时“耦合”键按下，信号中的直流分量被隔断，用于观察信号的交流分量，如观察较高直流电平上的小信号。

（7）Y1/X 插座：信号输入插座，测量波形时为通道 1 信号输入端；X-Y 工作时为 X 信号输入端。输入电阻≥1 MΩ，输入电容≤25pF，输入信号≤400 V_P。

（8）Y2/Y 插座：信号输入端，测量波形时为通道 2 信号输入端；X-Y 工作时为 Y 信号输入端。输入电阻≥1MΩ，输入电容≤25pF，输入信号≤400 V_P。

3）水平控制系统

（1）X 移位（POSITION）旋钮：调节光迹在屏幕上的水平位置，顺时针调节光迹右移，反之左移。

（2）（触发）电平（LEVEL）旋钮：调节被测信号在某一电平触发扫描。顺时针旋转使触发电平提高，逆时针旋转使触发电平降低。当触发电平位置越过触发区域时，扫描不启动，屏幕上无被测波形显示。

（3）（触发）极性（SLOPE）开关：按键开关。选择信号的上升沿或下降沿触发扫描，按键按下时触发极性为“-”，在触发源波形的下降部分触发启动扫描；按键弹起时触发极性为“+”，在触发源波形的上升部分触发启动扫描。

（4）触发方式（TRIG MODE）：三个连锁的按键开关，共有四种触发方式：常态（NORM）、自动（AUTO）、电视（TV）、峰值自动（P-P AUTO）。

① 常态（NORM）：按下 NORM 键。无信号时，屏幕上无显示；有信号时，与电平控制配合显示稳定波形。

② 自动（AUTO）：按下 AUTO 键。无信号时，屏幕上显示扫描线；有信号时，与电平控制配合显示稳定波形。

③ 电视（TV）：按下 TV 键，用于显示电视场信号。

④ 峰值自动（P-P AUTO）：几个按键全部弹起为此触发方式。无信号时，屏幕上显示扫描线；有信号时，无须调节电平即能获得稳定的波形显示。

（5）触发灯（TRIG'D）：在触发同步时，指示灯亮。

（6）水平扫速（SEC/DIV）选择开关：调节扫描速度，调节范围为 0.5s/div～0.2μs/div，按 1-2-5 顺序分为 20 挡。

（7）水平微调（VAR）旋钮：连续调节扫描速度，顺时针旋足为校正位置，此时“SEC/DIV”的指示值为扫描速度的实际值，在对时间进行测量时水平微调旋钮应置于“校正”位置。微调范围大于 2.5:1。

（8）内触发电源（INT SOURCE）：三个互锁的按键开关。

① Y1：触发源选自通道 1。

② Y2：触发源选自通道 2。

③ Y1/Y2（交替触发）：触发源受垂直方式开关控制。当垂直方式开关置于“Y1”时，触发源自动切换到通道 1；当垂直方式开并置于“Y2”时，触发源自动切换到通道 2；当垂直方式开关置于“交替”（ALT）时，触发源与通道 1、通道 2 同步切换。在这种状态使用时，两个被测信号频率之间关系应有一定要求，同时垂直输入耦合应置于“AC”，触发方式应置于“自动”（AUTO）或“常态”（NORM）。当垂直方式开关置于“断续”（CHOP）或“叠加”（ADD）时，内触发源选择应置于“Y1”或“Y2”。三个键全部弹起为电源触发。

（9）触发源选择开关：按键开关，用于选择内（INT）或外（EXT）触发，开关按下为“外（EXT）”，弹起为“内（INT）”。

（10）接地：与机壳相连的接地点。

（11）外触发输入（EXT）插座：当触发源选择“外（EXT）”时，外触发信号由此插座输入。输入电阻≥1MΩ，输入电容≤25pF，输入信号≤400 V_P。

（12）X-Y 方式开关（Y1-X）：按键开关，用以选择 X-Y 工作方式。

（13）扫描扩展开关：按键开关。按键弹起时扫速正常（×1）；按钮按下时扫速提高 10 倍（×10），可用来观察信号细节。

（14）交替扫描扩展开关：按键开关。按键弹起时，波形正常显示（常态）；按钮按下时，屏幕上“同时”显示扩展后的波形和未被扩展的波形（交替）。

（15）轨迹分离（TRAC SEP）：交替扫描扩展时，调节扩展前、后两波形的相对距离。

（16）释抑（HOLD OFF）旋钮：用以改变扫描的休止时间，以同步多周期复杂波形。

6.6 数字存储示波器的原理与应用

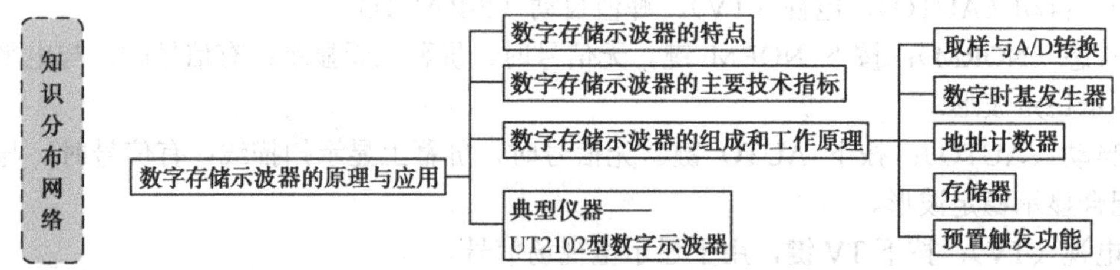

数字存储示波器（Digital Storage Oscilloscope，DSO）将捕捉到的波形通过 A/D 转换进行数字化，然后存入示波管外的数字存储器中。

数字存储示波器是 20 世纪 70 年代初发展起来的新型示波器。它可以方便地实现对模拟信号进行长期存储，并可利用机内微处理器系统对存储的信号作进一步的处理，如对被测波形的频率、幅值、前后沿时间、平均值等参数的自动测量及多种复杂的处理。数字存储示波器的出现使传统示波器的功能发生了重大变革。下面主要讨论数字存储示波器的组成及工作原理。

6.6.1 数字存储示波器的特点

与模拟示波器相比，数字存储示波器具有以下特点。

1）使信号波形的取样、存储与波形的显示可以分离

在存储工作阶段，对快速信号采用较高的速率进行取样和存储，对慢速信号则采用较低的速率进行取样和存储。而在显示工作阶段，对不同频率的信号，可以采用一个固定的速率将数据读出，不受取样速率的限制。它可以无闪烁地观测极慢信号，这是模拟示波器无能为力的。观测极快信号时，数字存储示波器采用低速显示，可以使用一般带宽、高精确度、高可靠性而低造价的光栅扫描式示波管。

2）能长期存储信号

由于数字存储示波器是把波形用数字方式存储起来，其存储时间在理论上可以无限长。这种特性对观察单次出现的瞬变信号，如单次冲击波、放电现象等尤其有用。同时，

还可利用这种特性进行波形比较。并且数字存储示波器通常是多通道的，可利用其中一个通道存储标准或参考波形并加以保护，其他通道用来观察需要比较的信号。

3）具有先进的触发功能

与普通示波器不同，数字存储示波器不仅能显示触发后的信号，而且能显示触发前的信号，并且可以任意选择超前或滞后的时间。一般数字存储示波器可提供边沿触发和 TV 触发，新型数字存储示波器还提供码型触发、脉冲宽度触发、序列触发、SPI（串行协议接口）触发、CAN（控制域网络）触发等多种高级触发方式。

4）具有很强的处理能力

数字存储示波器内含微处理器，因此能自动实现多种波形参数测量，如上升时间、下降时间、脉宽、频率、峰-峰值等参数的测量与显示；能对波形实现取平均值、取上下限值、进行频谱分析，以及进行加、减、乘、除等多种复杂的运算处理；还具有自检与自校等多种自动操作功能。

5）便于观测单次过程和缓慢变化的信号

数字存储示波器只要对波形进行一次取样存储，就可以长期保存、多次显示，并且取样、存储和读出、显示的速度可以在很大范围内调节。因此它便于捕捉和显示单次瞬变信号或缓慢变化的信号。只要设置好触发源和取样速度，就能在现象发生时将其采集下来并存入存储器。这一特点使数字存储示波器在很多非电测量中得到广泛应用。

6）多种显示方式

为了适应对不同波形的观测，数字存储示波器具有多种灵活的显示方式，主要有存储显示、滚动显示、双踪显示和插值显示等。还可利用深存储技术和多亮度等级显示技术提高示波器的清晰度。

7）可用字符显示测量结果

荧光屏上的每个光点都对应存储区内确定的数据，可用面板上的控制装置（如游标）在荧光屏上标示两个被测点，算出两点间的电压和时间差。另外，计算机有一套成熟的字符显示功能，因此可以直接在荧光屏上用字符显示测量结果。

8）便于程控和用多种方式输出

数字存储示波器的主要部分是一个微机系统，并装有专用或通用的操作系统（如 Windows 等），因此便于通过通用接口总线接受程序控制。存储区中存储的数据，可在计算机控制下通过多种接口，用各种方式输出。例如，可以通过 GPIB 接口或串行接口与绘图仪、打印机连接，进行数据输出；也可以输出 BCD 码或进行较远距离传递，如通过 Internet 进行远程控制等。

9）便于进行功能扩展

数字存储示波器中微计算机的应用为仪器的功能扩展提供了条件。例如，运用计算机的运算功能，可对存储的时域数据进行快速傅里叶变换，计算出它的频域特性。利用快速傅里叶变换功能，还可以对信号进行谐波失真度分析、调制特性分析等多种分析。对存储

区的数字量进行加工，可以把数字存储示波器和数字电压表结合起来。此外，在存储区存入按某种规律变化的数据再循环调出，经 D/A 转换和锁存输出，还能构成一个信号源。可通过更新软件对示波器功能进行升级。

10）实现多通道混合信号测量

这种数字示波器除了具有 2～4 个模拟输入通道外，还具有若干位（如 16 位）数字信号输入通道，可实现对数字模拟混合电路信号的观测，兼有示波器和逻辑分析仪的功能。

11）便携式示波器

数字存储示波器采用大规模集成电路、液晶显示器等元器件，使示波器的体积大大缩小，重量大大降低。最小的万用示波表仅有一般的数字万用表那么大，且兼有万用表和示波器的功能。这种示波表配有优良的充电电源，可连续工作四五个小时，便于在野外工作。

6.6.2 数字存储示波器的主要技术指标

数字存储示波器中与波形显示部分有关的技术指标和模拟示波器相似，下面仅分析与波形存储部分有关的主要技术指标。

1）最高取样速率（次/秒或点/秒）

数字存储示波器的基本工作原理是在被测模拟信号上取样，以有限的取样点来表示整个波形。最高取样速率指单位时间内取样的次数，也称数字化速率，用每秒完成的 A/D 转换的最高次数来衡量，单位为取样点/秒（Sa/s），也常以频率来表示。取样速率越高，示波器捕捉信号的能力越强。取样速率主要由 A/D 转换速率来决定。现代数字存储示波器最高取样速率可达 20GSa/s。

2）存储带宽

数字存储示波器的存储带宽由示波器的前端硬件（输入探头等）和 A/D 转换器的最高转换速率决定。存储带宽主要反映在最大数字化速率（取样速率）时，还要能分辨多位数（精确度要求）。最大存储带宽由取样定理确定，即当取样速率大于被测信号中最高频率分量频率的两倍时，即可由取样信号无失真地还原出原模拟信号。通常信号都是有谐波分量的，一般用最高取样速率除以 25 作为有效的存储带宽。

3）分辨力

分辨力指示波器能分辨的最小电压增量和最小时间增量，即量化的最小单元。它包括垂直分辨力（电压分辨力）和水平分辨力（时间分辨力）。垂直分辨力与 A/D 转换器的分辨力相对应，常以屏幕每格的分级数（级/div）或百分数来表示，也可以用 A/D 转换器的输出位数来表示。目前，数字示波器的垂直分辨力已达 12～14 位。时间分辨力由 A/D 转换器的转换速率来决定，常以屏幕每格含多少个取样点或用百分数来表示。A/D 转换器的精度与速度是一对矛盾量，一般在这两者之间取一个折中值。

4）存储容量

存储容量又称存储深度，它由采集存储器（主存储器）的最大存储容量来表示，常以

字（word）为单位。早期数字存储器常采用 256B、512B、1KB、4KB 等容量的高速半导体存储器，新型的数字存储示波器采用快速响应深存储技术，存储容量可达 2M 以上。

5）读出速度

读出速度是指将数据从存储器中读出的速度，常用 t/div 来表示。其中，时间 t 为屏幕中每格内对应的存储容量×读脉冲周期。使用中应根据显示器、记录装置或打印机等对读出速度进行选择。

6.6.3　数字存储示波器的组成和工作原理

一个典型的数字存储示波器原理框图如图 6-30 所示，它有实时和存储两种工作模式。当处于实时工作模式时，其电路组成原理与一般模拟示波器一样。当处于存储工作模式时，它的工作过程一般分为存储和显示两个阶段。在存储工作阶段，模拟输入信号先经过适当的放大或衰减，然后再经过“取样”和“量化”两个过程的数字化处理，将模拟信号转换成数字化信号，最后，数字化信号在逻辑控制电路的控制下依次写入 RAM 中。在显示阶段，一方面将信号从存储器中读出，送入 D/A 转换器转换为模拟信号，经垂直放大器放大后加到示波管的垂直偏转板。与此同时，CPU 的读地址信号加至 D/A 转换器，得到一个阶梯波电压，经水平放大器放大后加至示波管的水平偏转板，从而达到在示波管上以稠密的光点重现输入模拟信号的目的。现在的许多数字示波器已不再使用阴极射线示波管作为显示器件，取而代之的是液晶显示器（LCD）。使用液晶显示器显示波形时不需要将存储的数字信号再转换为模拟信号，而是将存储器中的波形数据和读地址信号送入 LCD 驱动器，驱动 LCD 显示波形。

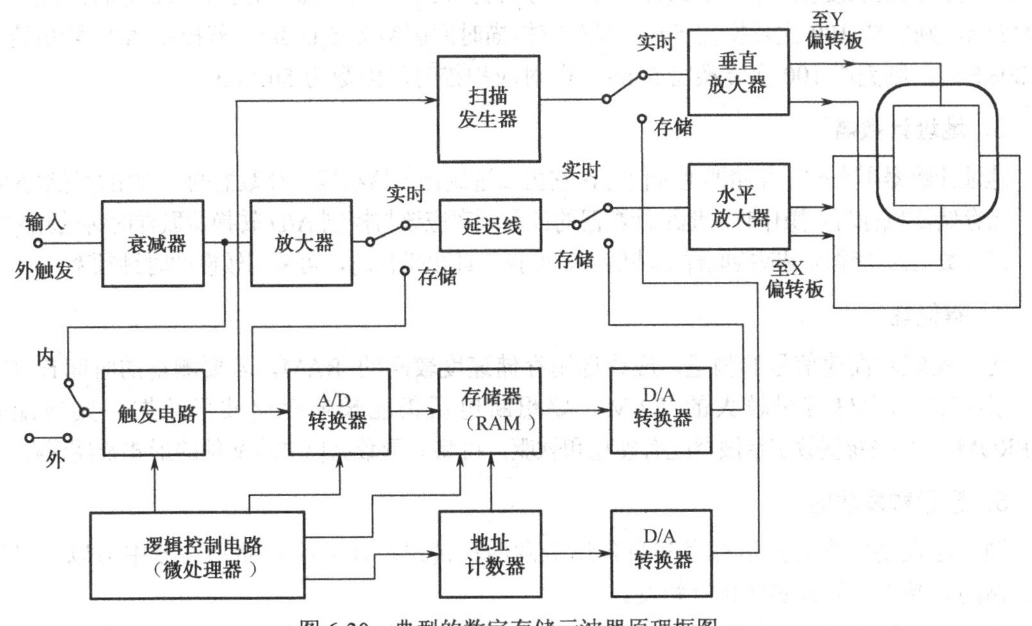

图 6-30　典型的数字存储示波器原理框图

I/O 接口电路有 GPIB、USB 等接口总线，用于和计算机、打印机、互联网等进行数据交换，以构成自动测试系统或是实现远程控制等。

对被测信号的波形进行特定的取样、转换和存储是存储示波器最基础的工作，也是本节讨论的主要内容。下面详细介绍其工作原理。

1．取样与 A/D 转换

将连续波形离散化是通过取样来完成的，取样原理可参见取样示波器部分。取样分为实时取样和等效实时取样（非实时取样）两种方式，主要取决于取样脉冲的产生方法。

将每一个离散模拟量进行 A/D 转换，就可以得到相应的数字量。再把这些数字量按顺序存放在 RAM 中。A/D 转换器是波形存储的关键部件，它决定了示波器的最高取样速率、存储带宽及垂直分辨力等多项指标。目前采用的 A/D 转换形式有逐次比较型、并联型、串并联型及 CCD（电荷耦合器件）与 A/D 转换器相配合的形式等。

2．数字时基发生器

数字时基发生器用于产生取样脉冲信号，以控制 A/D 转换器的取样速率和存储器的写入速度。其组成根据取样方式的不同而有所差别。

示波器工作于实时取样状态时，时基发生器相当于扫描时间因数 t/div 控制器，它实际上是一个时基分频器，先由晶振产生时钟信号，再用若干分频器将其分频，即可得到各种不同的时基信号。由该信号控制 A/D 转换器即可得到不同的取样速率。

示波器工作于等效实时取样方式时，不能由时基控制器直接控制 A/D 转换速率，而是由间隔为 $mT+\Delta t$ 的取样脉冲来控制 A/D 转换速率和存储器的写入速率。

数字存储示波器的工作是先将模拟信号经 A/D 转换后存入存储器，然后再从存储器读出。数据写入存储器的速度与扫描时间因数有关，如对于 1K×8 存储器，水平方向有 1 024 个点，若扫描线长度控制在 10.24div，则每分格为 100 个取样点。若控制 A/D 转换速率为 20MSa/s，则完成 100 次转换需 5μs，即对应扫描时间因数为 5μs/div；若控制 A/D 转换速率为 20KSa/s，则完成 100 次转换需 50ms，即对应扫描时间因数为 5ms/div。

3．地址计数器

地址计数器用来产生存储器地址信号，它由二进制计数器组成，计数器的位数由存储容量决定。当存储器执行写入操作时，地址计数器的计数频率应该与控制 A/D 转换器取样时钟的频率相同，即计数器时钟输入端应接取样脉冲信号。而执行读出操作时，可采用较慢的时钟频率。

4．存储器

为了实现对高速信号的测量，应该选用存储速度较高的 RAM，若要测量的时间长度较长，则应选用存储容量较大的 RAM。要想断电后仍能长期存储波形数据，则应配有 E^2PROM，有些新型数字示波器配有硬盘和软驱，可将波形数据以文本文件的形式长期保存。

5．预置触发功能

预置触发功能含有延迟触发和负延迟触发两种情况。在数字存储示波器中可以通过控制存储的写操作过程来实现预置触发。

在常态触发状态下，被测信号经衰减、放大后，同时接入取样与 A/D 转换电路及触发电路。当它大于预置电平时，便产生触发信号，由控制电路产生写控制信号，存储器就从零地址开始写入新数据，同时将旧内容覆盖，到写满规定个数（如 1 024 个）单元后，停止写操作。显示时，也是从零地址开始读数据，在示波器屏幕上的信号便是触发点开始后的10分格波形。

在单次正延迟（即延迟触发点 N 个取样点时间）时，触发信号来到后，存储器要延迟 N 次取样之后才从存储器的零地址开始写入数据。显示时，仍然从零地址开始读数据，则示波器屏幕上显示的信号是触发点之后第 N 次取样开始的10分格波形，这等效于示波器的时间窗口右移。

在单次负延迟（即超前触发点 N 个取样点时间）时，首先使存储器一直处于从0单元至1 023单元不断循环写入的过程。当写满1 024个单元之后，再回到存储器的起始部分（0单元），用新内容将旧内容覆盖并继续写入，直到触发信号到来。当触发信号来到后，使存储器再写入（1 024-N）个取样点，然后停止写操作。显示时，以停止写操作时地址的下一个地址作为显示首地址连续读1 024个单元的内容。这样，示波器屏幕上显示的便是触发点之前 N 次取样时开始的10分格波形，这等效于示波器的时间窗口左移。

6.6.4　典型仪器——UT2102型数字示波器

UT2000系列数字存储示波器向用户提供简单而功能明晰的前面板，以进行所有的基本操作。各通道的标度和位置旋钮提供了直观的操作，符合传统仪器的使用习惯，用户不必花大量的时间去学习和熟悉数字存储示波器的操作，即可熟练使用。为加速调整、便于测量，用户可直接按AUTO键，仪器则显现适合的波形和挡位设置。除易于使用之外，UT2000系列数字存储示波器还具有更快完成测量任务所需要的高性能指标和强大功能。通过500MSa/s的实时采样和25GSa/s的等效采样，可在UT2000数字存储示波器上观察更快的信号。强大的触发和分析能力使其易于捕获和分析波形，清晰的液晶显示和数学运算功能，便于用户更快、更清晰地观察和分析信号问题。

1. UT2000系列数字存储示波器的性能特点

（1）高清晰彩色/单色液晶显示系统，320×240分辨率。

（2）支持即插即用USB存储设备，并可通过USB存储设备与计算机通信。

（3）自动波形、状态设置。

（4）波形、设置和位图存储及波形和设置再现。

（5）精细的视窗扩展功能，精确分析波形细节与概貌。

（6）自动测量28种波形参数。

（7）自动光标跟踪测量功能。

（8）独特的波形录制和回放功能。

（9）内嵌FFT。

（10）多种波形数学运算功能（包括加、减、乘、除）。

（11）边沿、视频、脉宽、交替触发功能。

（12）多国语言菜单显示。

（13）中英文帮助信息显示。

2. 面板介绍

UT2102型数字示波器面板说明如图6-31所示。

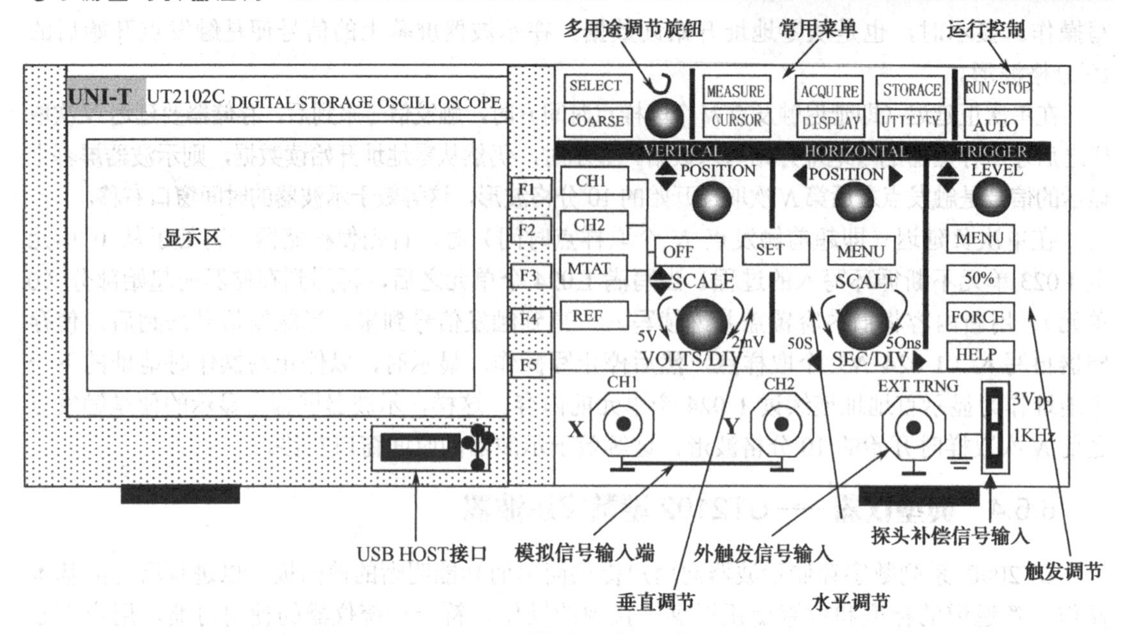

图 6-31　UT2102 型数字示波器面板说明图

3. 显示界面说明

UT2102 型数字示波器显示界面说明如图 6-32 所示。

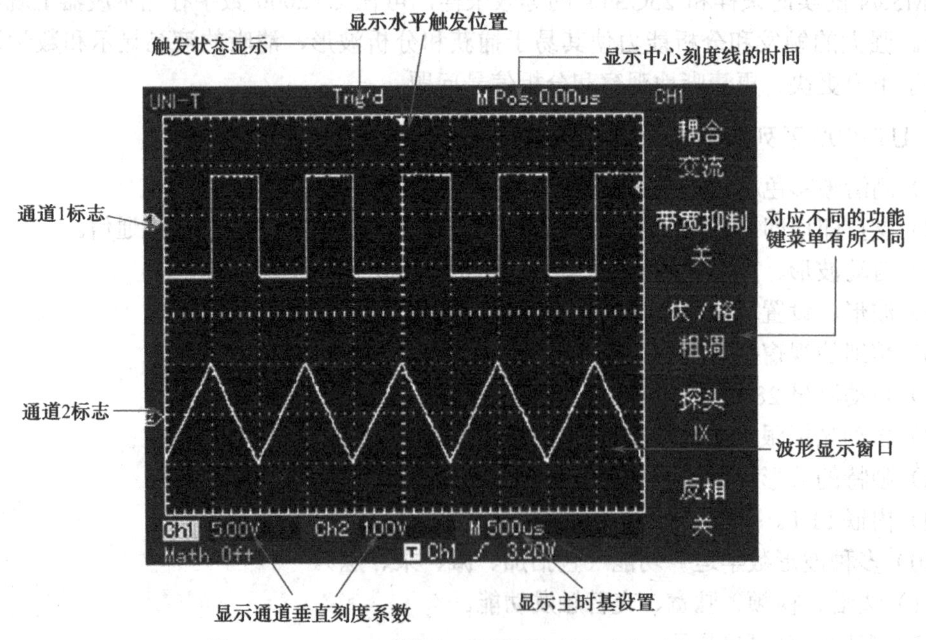

图 6-32　UT2102 型数字示波器显示界面说明图

4. 一般功能检查

对示波器做一次快速功能检查，以核实本仪器运行是否正常，可按以下步骤进行。

1）接通仪器电源

将本机接通电源，电源的供电电压为交流 100～240V，频率为 45～440Hz。接通电源后，让仪器以最大测量精度优化数字存储示波器信号路径执行自校正程序，按 UTILITY 按钮，按 F1 键执行。然后进入下一页，按 F1 键，调出出厂设置，如图 6-33 所示。上述过程结束后，按 CH1，进入 CH1 菜单。

2）数字存储示波器接入信号

（1）将数字存储示波器探头连接到 CH1 输入端，并将探头上的衰减倍率开关设定为“10×”（如图 6-34 所示）。

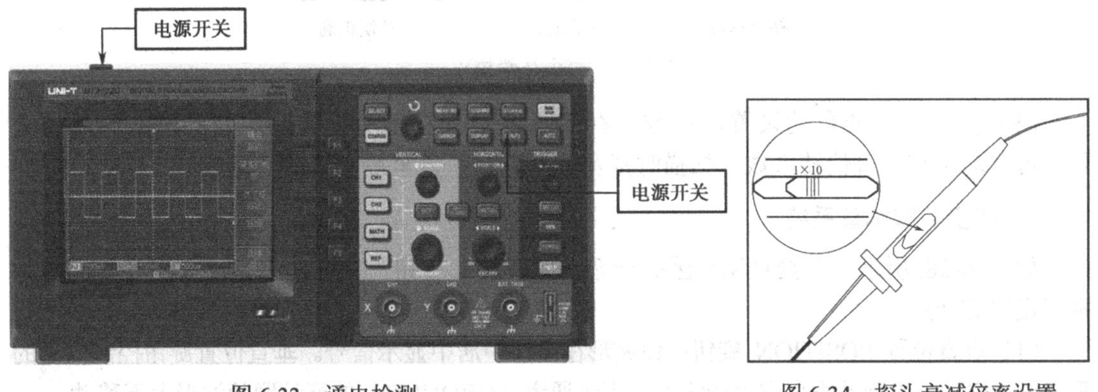

图 6-33 通电检测　　图 6-34 探头衰减倍率设置

（2）在数字存储示波器上需要设置探头衰减系数，此衰减系数可改变仪器的垂直挡位倍率，从而使测量结果正确反映被测信号的幅值。设置探头衰减系数的方法如下：按 F4 键使菜单显示“10×”（如图 6-35 所示）。

（3）把探头的探针和接地夹连接到探头补偿信号的相应连接端上。按 AUTO 按钮，几秒内可见到方波显示（1kHz，约为 3V，峰-峰值），如图 6-36 所示。以同样的方法检查 CH2，按 OFF 功能按钮关闭 CH1，按 CH2 功能按钮打开 CH2，重复步骤（2）和步骤（3）。

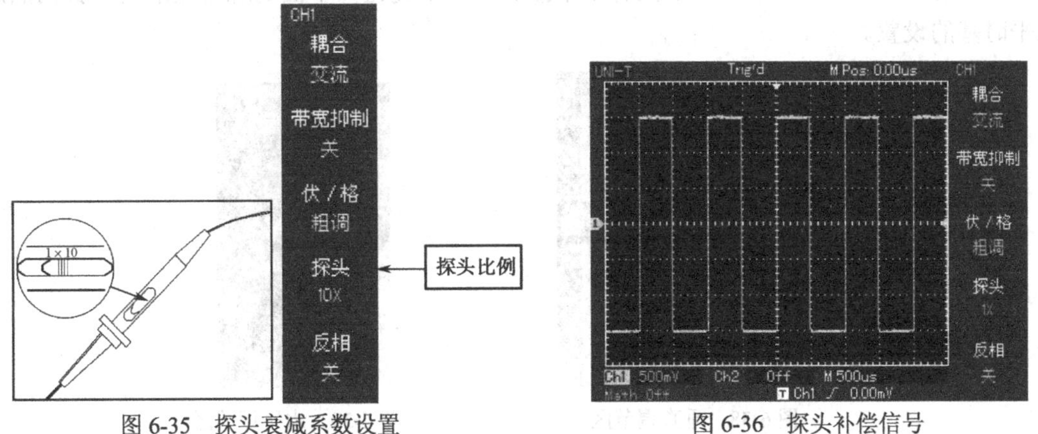

图 6-35 探头衰减系数设置　　图 6-36 探头补偿信号

3）探头补偿

在首次将探头与任一输入通道连接时，需要进行此项调节，使探头与输入通道相配。

未经补偿校正的探头会导致测量误差或错误产生。调整探头补偿，可按以下步骤进行。

（1）将探头菜单衰减系数设定为“10×”，探头上的开关置于“10×”，并将数字存储示波器的探头与 CH1 连接。若使用探头钩形头，应确保与探头接触可靠。将探头端部与探头补偿器的信号输出连接器相连，接地夹与探头补偿器的地线连接器相连，打开 CH1，然后按 AUTO 按钮。

（2）观察显示的波形。若显示波形如图 6-37 所示，为“补偿不足”或“补偿过度”，可用非金属手柄的螺丝刀调整探头上的可变电容，直到屏幕显示的波形为“补偿正确”。

图 6-37 探头补偿校正

（3）波形显示的自动设置。该数字存储示波器具有自动设置的功能，根据输入的信号，可自动调整垂直偏转系数、扫描时基及触发方式，直至最合适的波形显示。

5．初步了解垂直系统

如图 6-38 所示，在垂直调节区有一系列的按键、旋钮，下面的练习逐渐引导我们熟悉垂直设置的使用。

（1）垂直位置 POSITION 旋钮：使波形在窗口中居中显示信号。垂直位置旋钮控制信号的垂直显示位置。当旋动垂直位置旋钮时，指示通道（GROUND）的标识跟随波形上下移动。

（2）垂直 SCALE 旋钮：改变垂直设置，可以通过波形窗口下方的状态栏显示的信息，确定任何垂直挡位的变化。旋动垂直标度旋钮改变“伏/格”垂直挡位，可以发现状态栏对应通道的挡位显示发生了相应的变化。按 CH1、CH2、MATH、REF，屏幕显示对应通道的操作菜单、标志、波形和挡位状态信息。按 OFF 键可关闭当前选择的通道。

6．初步了解水平系统

如图 6-39 所示，在水平调节区有一个按键、两个旋钮，下面的练习逐渐引导我们熟悉水平时基的设置。

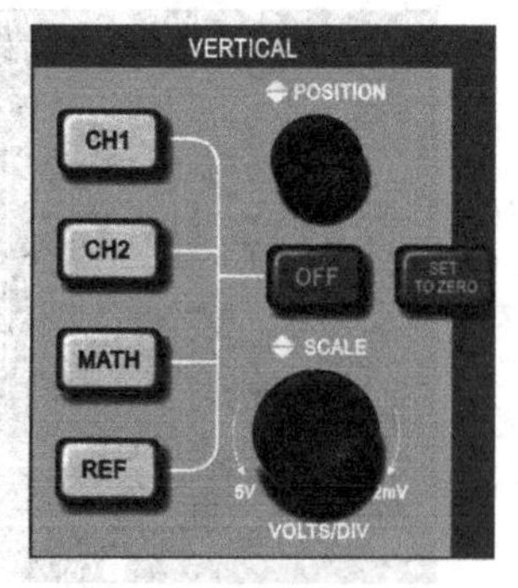

图 6-38 垂直调节区

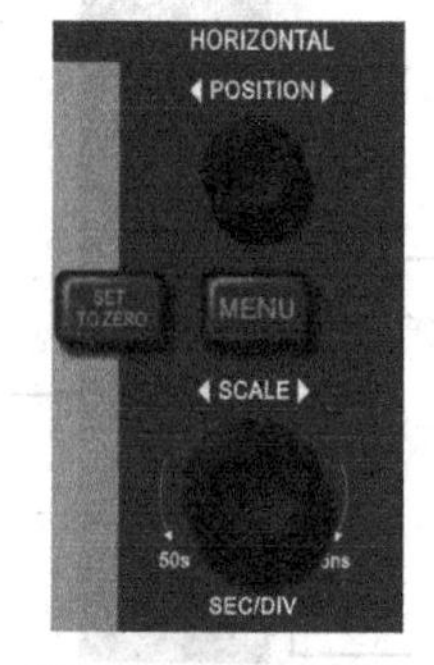

图 6-39 水平调节区

（1）使用水平 SCALE 旋钮：改变水平时基挡位设置，并观察状态信息变化。转动水平 SCALE 旋钮改变“秒/格”时基挡位，可以发现状态栏对应通道的时基挡位显示发生了相应的变化。水平扫描速率从 5ns～50s，以 1-2-5 方式步进。

（2）使用水平 POSITION 旋钮：调整信号在波形窗口的水平位置。水平 POSITION 旋钮控制信号的触发移位。当应用于触发移位时，转动水平 POSITION 旋钮，可以观察到波形随旋钮而水平移动。

（3）按 MENU 按钮：显示 Zoom 菜单。在此菜单下，按 F3 键可以开启视窗扩展，再按 F1 键可以关闭视窗扩展而回到主时基。在这个菜单下，还可以设置触发释抑时间。

7．初步了解触发系统

如图 6-40 所示，在触发菜单控制区有一个旋钮、四个按键，下面的练习逐渐引导我们熟悉触发系统的设置。

（1）触发电平旋钮：改变触发电平，可以在屏幕上看到触发标志指示触发电平线随旋钮转动而上下移动。在移动触发电平的同时，可以观察到屏幕下部触发电平数值的相应变化。

（2）使用 TRIGGER MENU 按键打开触发菜单（如图 6-41 所示），可以改变触发设置。

图 6-40　触发菜单控制区

图 6-41　触发菜单

按 F1 键，选择类型为“边沿”触发。

按 F2 键，选择“触发源”为“CH1”。

按 F3 键，设置“边沿类型”为“上升”。

按 F4 键，设置“触发方式”为“自动”。

按 F5 键，设置“触发耦合”为“直流”。

（3）按 50%按钮，设定触发电平在触发信号幅值的垂直中点。

（4）按 FORCE 按钮：强制产生一个触发信号，主要应用于触发方式中的正常和单次模式。

8．仪器的设置

1）设置垂直系统

CH1、CH2 通道及其设置：每个通道有独立的垂直菜单，每个项目都按不同的通道单独设置。按 CH1 或 CH2 功能按键，系统显示 CH1 或 CH2 通道的操作菜单，说明见表 6-1。

表 6-1　垂直系统功能菜单说明

功能菜单	设　定	说　明
耦合	交流	阻挡输入信号的直流成分
	直流	通过输入信号的交流和直流成分
	接地	断开输入信号
带宽限制	打开	限制带宽至 20MHz，以减少显示噪声
	关闭	满带宽

续表

功能菜单	设定	说明
伏/格	粗调	粗调按 1-2-5 进制设定垂直偏转系数
	微调	微调则在粗调设置范围之间进一步细分，以改善垂直分辨率
探头	1× 10×	根据探头衰减系数选取其中一个值，以保持垂直偏转系数的读数正确。共有 4 种：1×、10×、100×、1 000×
反相	开	打开波形反相功能
	关	波形正常显示

2）设置水平系统

水平位置：调整通道波形（包括数学运算）的水平位置。

水平标度：调整主时基，即秒/格。当扩展时基被打开时，将通过改变水平标度旋钮改变延迟扫描时基而改变窗口宽度。

水平控制按键菜单说明见表 6-2。

表 6-2　水平控制按键菜单说明

功能菜单	设定	说明
主时基		1. 打开主时基； 2. 如果在视窗扩展被打开后，按主时基则关闭视窗扩展
视窗扩展		打开扩展时基
触发释抑		调节释抑时间

3）设置触发系统

触发决定了数字存储示波器何时开始采集数据和显示波形。一旦触发被正确设定，它可以将不稳定的显示转换成有意义的波形。数字存储示波器操作面板的触发控制区包括触发电平调整旋钮、触发菜单按键 MENU、50%的垂直触发电平、强制触发按键 FORCE。

触发电平：触发电平设定触发点对应的信号电压。

50%：将触发电平设定在触发信号幅值的垂直中点。

FORCE：强制产生一触发信号，主要应用于触发方式中的“正常”和“单次”模式。

MENU：触发设置菜单键。

4）设置取样系统

如图 6-42 所示，在控制区的 ACQUIRE 为采样系统的功能按键。

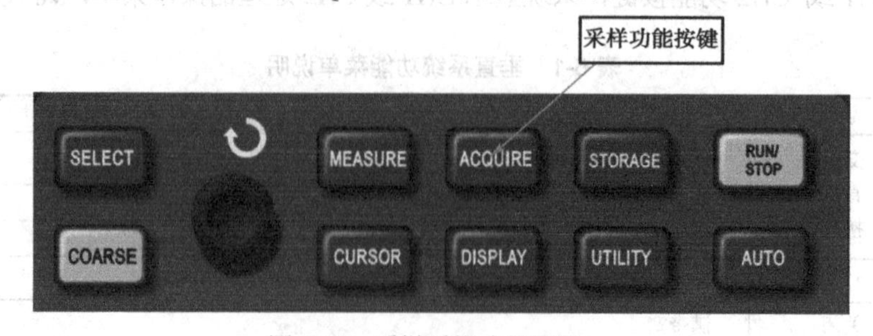

图 6-42　采样系统功能按键

使用 ACQUIRE 按键，弹出采样设置菜单，通过菜单控制按钮调整采样方式。

取样设置菜单功能说明见表 6-3。

表 6-3　取样设置菜单功能说明

功能菜单	设　定	说　明
获取方式	采样	打开普通采样方式
	峰值检测	打开峰值检测方式
	平均	设置平均采样方式并显示平均次数
平均次数	2～256	设置平均次数，以 2 的倍数步进，为 2、4、8、16、32、64、128、256。改变平均次数可通过多用途旋钮选择
采样方式	实时	设置采样方式为实时采样
	等效	设置采样方式为等效采样，时基范围为 5～100ns/div

如果信号中包含较大的噪声，当未采用平均和采用 32 次平均时，采样的波形显示见图 6-43 和图 6-44。

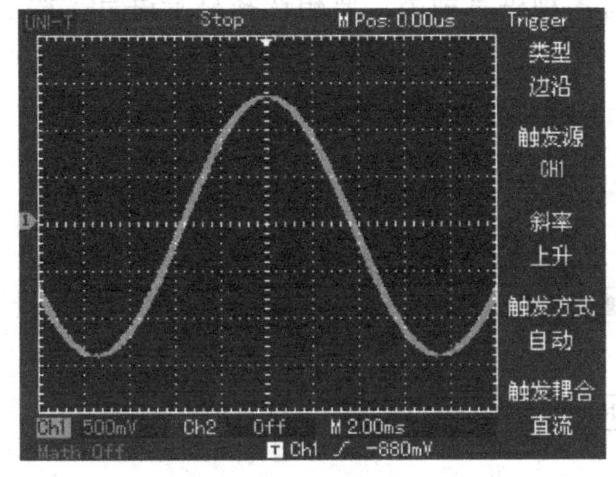

图 6-43　未采用平均的采样波形

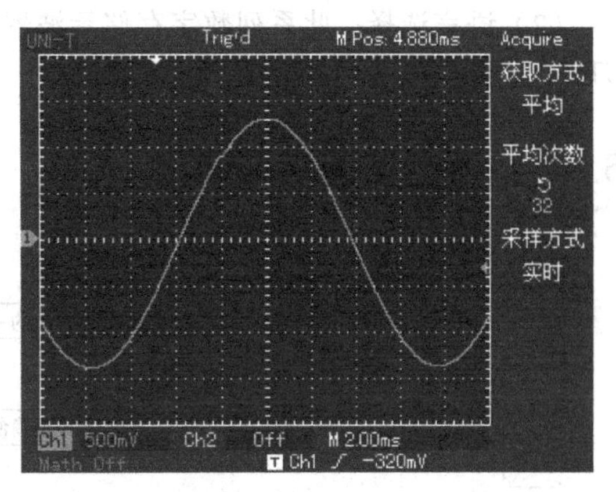

图 6-44　采用 32 次平均的采样波形

9. 辅助功能设置

如图 6-45 所示，在 MENU 控制区的 UTILITY 为辅助功能按键。

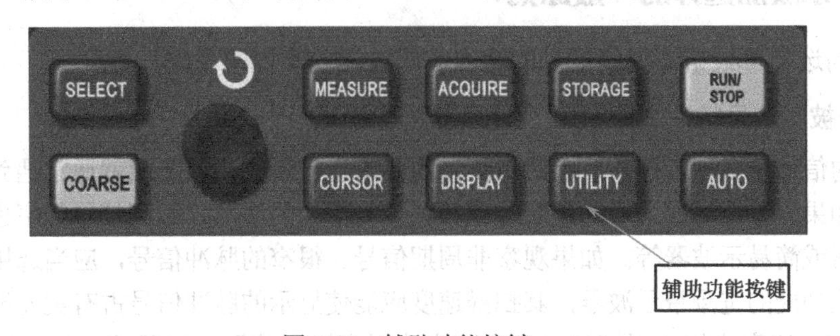

图 6-45　辅助功能按键

按 UTILITY 按键可打开辅助系统功能设置菜单，其说明见表 6-4。

表 6-4　UTILITY 按键功能菜单说明

功能菜单	设　定	说　明
自校正	执行/取消	执行自校正操作/取消自校正操作，并返回上一页
波形录制		设置波形录制操作
语言	简体中文 繁体中文 English	选择界面语言
出厂设置		设置调出厂设置
界面风格	风格 1 风格 2 风格 3 风格 4	设置数字存储示波器的界面风格，分为两种风格（单色屏）/四种风格（彩色屏）

要点说明：

（1）自校正：自校正程序可以校正由于环境等变化导致数字存储示波器产生的测量误差，可根据需要运行该程序。为了校准更为准确，开启数字存储示波器电源，然后仪器预热 20min，再按 UTILITY 键（辅助功能），并按照屏幕上的提示进行操作。

（2）语言选择：此系列数字存储示波器有多种语言种类，要想选择显示语言，按下 UTILITY 菜单按钮，即可选择适当的语言。

6.7　示波器的选择和使用

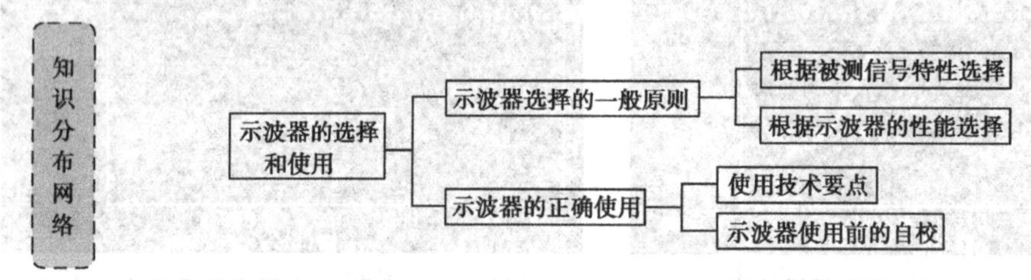

在电子测量中，电子示波器是最常用的仪器之一。因此，如何合理选择和正确使用示波器是一个值得研究的重要问题。

6.7.1　示波器选择的一般原则

示波器的选择可根据被观测信号的特点和示波器的性能来考虑。

1．根据被测信号特性选择

被观测的信号是多种多样的，因此对测量的要求也各不相同，下面就通常遇到的一些情况予以说明。如果只定性观察一般的正弦波或其他重复信号的波形，被测信号频率也不高，可选用普通示波器或简易示波器等。如果观察非周期信号、很窄的脉冲信号，应当选用具有触发扫描或单次扫描功能的宽频带示波器，其扫描速度应能使显示的脉冲信号占有荧光屏的大部分面积。如果观察快速变化的非周期性信号，则应选用高速示波器。如果观察低频缓慢变化的信号，可选用低频示波器或长余辉慢扫描示波器。如果需要对两个被测信号进行比较，则应选用双踪示波器。如果需要同时观测多个被测信号，则应采用多通道示波器，如四踪或八踪示波器。如果希望将被测信号波形的局部突出显示，则可采用双时基示波器，利用延迟扫描功能来

突出显示波形细节。如果希望将波形存储起来供以后进行分析研究，可选择存储示波器。如果希望在野外进行波形测量，应采用便携式示波器，如万用示波表。

2. 根据示波器的性能选择

要结合用途考虑所需示波器的性能，然后慎重选择示波器。示波器的性能指标较多，这里只讨论其中主要的几个。

1）频带宽度和上升时间

频带宽度和上升时间决定了可以观测的被测信号最高频率 f_{max} 脉冲信号的最小宽度。通常示波器给出的带宽 B_y 为 Y 通道放大器的频带宽度，是 Y 通道输入信号上、下限频率 f_L、f_H 之差，即 $B_y = f_H - f_L$。现代示波器 f_L 一般为 0Hz，因此频带宽度可用上限频率 f_H 来表示。如果要得到在幅度上基本不衰减的显示，要求 B_y 应不小于 f_{max} 的 3 倍，即要求 $B_y \geqslant 3f_{max}$。

示波器的带宽与上升时间 t_r 有以下关系：$B_y t_r \approx 0.35$。为了能较好地观测脉冲信号的上升沿，通常要求示波器的上升时间 t_r 应不大于被测信号上升时间 t_{ry} 的 1/3，即 $t_r \leqslant t_{ry}/3$。例如，若被测信号上升时间为 60ns，则要求选用 $t_r \leqslant 20\text{ns}$ 的示波器，或 $B_y \geqslant 0.35/20 = 17.5\text{MHz}$ 的示波器。

2）垂直偏转灵敏度（垂直偏转因数）

垂直偏转灵敏度决定了对被测信号在垂直方向的展示能力。通用示波器一般最高垂直灵敏度可达 10～20mV/div。

当观测极其微弱的信号时，如电生理研究领域，可选用高灵敏度二线示波器，如 SRD-1，其最高灵敏度为 10μV/div，XJ-4610 为 50μV/div。

3）输入阻抗

示波器的输入阻抗是被测电路的额外负载，使用时必须选择输入电阻大而输入电容小的示波器，以免影响被测电路的工作状态，尤其在观察上升时间短的矩形脉冲时更应特别注意。

4）扫描速度（扫描时间因数）

扫描速度决定了示波器在水平方向上对被测信号的展示能力。扫描速度越高，展示高频信号或窄脉冲波形的能力越强；扫描速度越低，则观察缓慢变化信号的能力越强。如 SBM-14，其扫描速度为 0.05μs/cm～1s/cm。

6.7.2 示波器的正确使用

使用示波器时应注意使用技术要点和基本操作程序。

1. 使用技术要点

示波器是电子测量仪器的一种，一般测量仪器使用时的注意事项对示波器也同样适用。例如：机壳必须接地，开机前应检查电源电压与仪器工作电压是否相符，等等。此外，示波器还有它自己的独特之处，因此应注意其特殊的使用技术要点。

1）辉度

使用示波器时，亮点辉度要适中，不宜过亮，且光点不应长时间停留在同一点，以免损坏荧光屏。应避免在阳光直射下或明亮的环境中使用示波器，这样可用较暗的辉度工作。如果必须在亮处使用示波器，则应使用遮光罩。

2）聚焦

应使用光点聚焦，不要用扫描线聚焦。如果用扫描线聚焦，很可能只在垂直方向上聚焦，而在水平方向上并未聚焦。

3）测量

应在示波管屏幕的有效面积内进行测量，最好将波形的关键部位移至屏幕中心区域观测，这样可以避免因示波管的边缘弯曲而产生测量误差。

4）连接

示波器与被测电路的连接应特别注意。当被测信号为几百千赫以下的连续信号时，可以用一般导线连接；当信号幅度较小时，应当使用屏蔽线以防外界干扰信号影响；当测量脉冲和高频信号时，必须用高频同轴电缆连接。

5）探头

探头要专用，且使用前要校正。利用探头可以提高示波器的输入阻抗，从而减小对被测电路的影响。尤其测量脉冲信号时必须用探头。目前常用的探头为无源探头，它是一个具有高频补偿功能的 RC 分压器，其衰减系数一般有 1 和 10 两挡，使用时可根据需要灵活选择。调节探头中的微调电容可以获得最佳频率补偿。

使用前可将探头接至“校正信号”输出端，对探头中的微调电容进行校正。

探头要专用，否则易增加分压比误差或高频补偿等不良现象。对示波器输入阻抗要求高的地方，可采用有源探头，它更适合测量高频及快速脉冲信号。

6）灵敏度

善于使用灵敏度选择开关。Y 轴偏转因数“V/div”的最小数值挡（即最高灵敏度挡）反映观测微弱信号的能力。而允许的最大输入信号电压的峰值是由偏转因数最大数值挡（即最低灵敏度挡）决定的。如果接入输入端的电压比说明书规定的输入电压（峰峰值）大，则应先衰减再接入，以免损坏示波器。在一般情况下，使用此开关调节波形，使其在 Y 方向上充分展开，既不要超出荧光屏的有效面积，又不因波形太小而引起较大的视觉误差。

7）稳定度

注意扫描“稳定度”、触发电平和触发极性等旋钮的配合调节使用。有些新型的示波器面板上可能没有“稳定度”旋钮。

2．示波器使用前的自校

下面以 CA8020A 型示波器为例，介绍示波器在正式测量前进行自校的步骤。

1）光迹水平位置调整

调节示波器，使其出现清晰的扫描基线。如果显示的光迹与水平刻度不平行，可用小的“一”字形螺丝刀调整前面板上的“光迹旋转”（TRACE ROTATION）电位器，使扫描线与水平刻度线平行。

2）仪器自校及探极补偿

仪器自校及探极补偿前面已经讲过，这里不再赘述。

6.8　示波器的基本测量方法

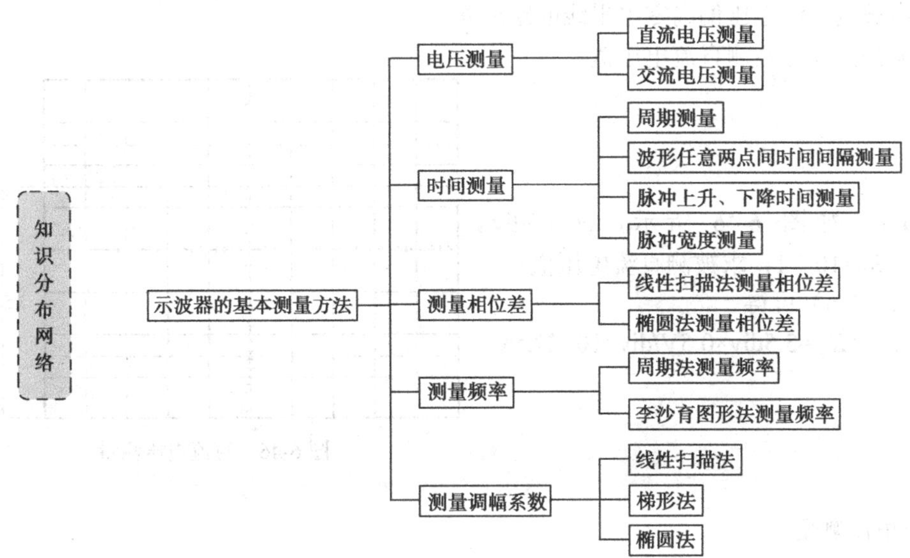

示波器的基本测量技术，就是进行时域分析。可以用示波器测量电压、时间、相位及其他物理量。

6.8.1　电压测量

用示波器测量电压主要包括直流电压的测量和交流电压的测量。

1．直流电压测量

1）测量基本原理

示波器测量直流电压时，会在屏幕上呈现一条直线，直线偏离时间基线（零电平线）的距离与被测电压的大小成正比的关系，据此可以对直流电压进行测量。被测电压可表示为：

$$U_{DC} = H \cdot D_y \times K_y \tag{6-6}$$

式中　U_{DC}——欲测量的电压值，根据实际测量可以是正弦波的峰峰值（$U_{P\text{-}P}$）、脉冲的幅值（U_A）等，单位为伏（V）；

H——欲测量波形的高度，单位为厘米（cm）或格（div）；

D_y——示波器垂直灵敏度，单位为伏/厘米（V/cm）或伏/格（V/div）；

K_y——探头衰减系数，一般为 1 或 10。

2）测量方法

（1）将示波器的垂直偏转微调旋钮置于校准挡，以保证电压读数准确。

（2）把被测信号送至示波器的垂直输入端。

（3）确定零电平线：将示波器的输入耦合开关置于“GND”位置，调节垂直位移旋钮，将荧光屏上的扫描基线（零电平线）移到荧光屏的中央位置，即确定零电平线。之后不再调节垂直位移旋钮。

（4）确定直流电压的极性：调整垂直灵敏度开关到适当位置，将示波器的输入耦合开关拨向“DC”挡，观察此时水平亮线的偏转方向，若位于前面确定的零电平线上，则被测直流电压为正极性；若向下偏转，则为负极性。

（5）读出被测直流电压偏离零电平线的距离 h。

（6）根据公式计算被测直流电压值。

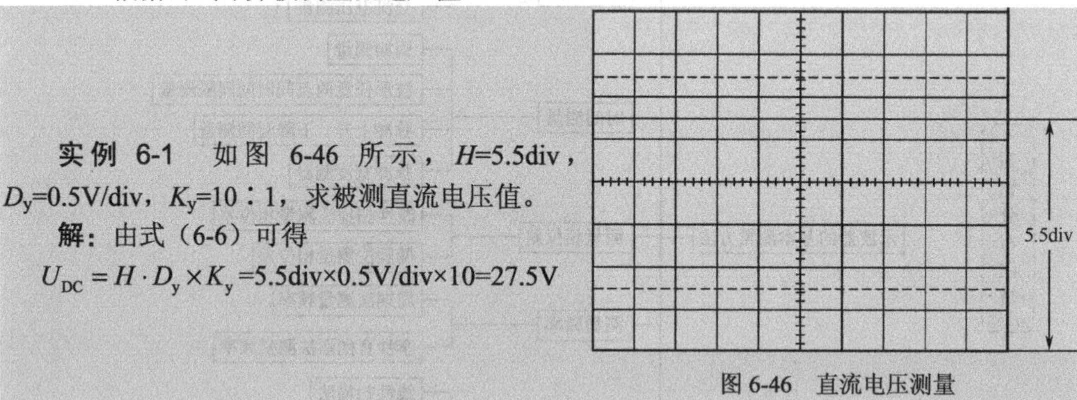

实例 6-1 如图 6-46 所示，H=5.5div，D_y=0.5V/div，K_y=10∶1，求被测直流电压值。

解： 由式（6-6）可得

$$U_{DC} = H \cdot D_y \times K_y = 5.5\text{div} \times 0.5\text{V/div} \times 10 = 27.5\text{V}$$

图 6-46　直流电压测量

2．交流电压测量

1）测量基本原理

使用示波器测量交流电压的最大优点是可以直接观测到波形的形状，还可以显示其频率和相位。但是，只能测量交流电压的峰峰值。被测交流电压值 $V_{P\text{-}P}$（峰峰值）为：

$$U_{P\text{-}P} = H \cdot D_y \times K_y \tag{6-7}$$

式中　H——被测交流电压波峰和波谷的高度或任意两点间的高度；

D_y——示波器的垂直灵敏度；

K——探头衰减系数。

2）测量方法

（1）将示波器的垂直偏转灵敏度微调旋钮置于校准位置（CAL）。

（2）将待测信号送至示波器的垂直输入端。

（3）将示波器的输入耦合开关置于“AC”位置。

（4）调节扫描速度，使显示的波形稳定。

（5）调节垂直灵敏度开关，使荧光屏上显示的波形适当，记录 D_y 值。

（6）读出被测交流电压波峰和波谷的高度或任意两点间的高度 H。

（7）根据式（6-7）计算被测交流电压的峰峰值。

实例 6-2　如图 6-47 所示，H=6.0div，D_y=1V/div，

K_y=1∶1，求交流电压的峰峰值和有效值。

解：由式（6-7）可得：

$$U_{\text{P-P}} = H \cdot D_y \times K_y$$

$$= 0.6\text{div} \times 1\text{V/div} \times 10 = 6.0\text{V}$$

交流电压的幅值为：

$$U_{\text{m}} = \frac{U_{\text{P-P}}}{2} = \frac{6.0\text{V}}{2} = 3.0\text{V}$$

交流电压的有效值为：

$$U = \frac{U_{\text{m}}}{\sqrt{2}} = \frac{3.0\text{V}}{\sqrt{2}} = 2.1\text{V}$$

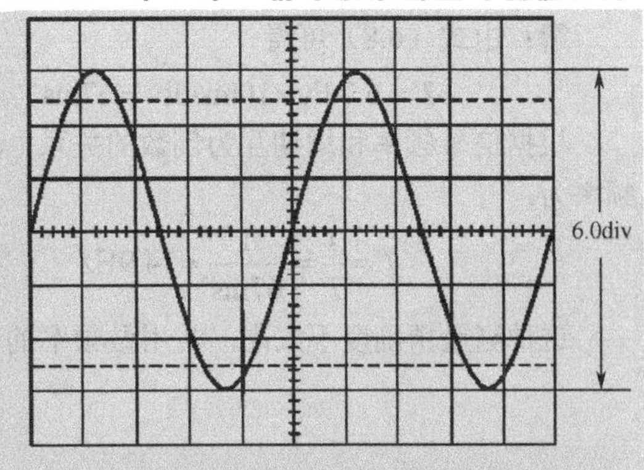

图 6-47　正弦电压测量

6.8.2　时间测量

示波器对被测信号进行线性扫描时，一般情况下，如果扫描电压的线性变化和 X 放大器的电压增益一定，则扫描速度也为定值，那么，就可以用示波器直接测量整个信号波形持续的时间。

1．测量信号的周期

1）测量原理

对于周期性信号，周期和频率互为倒数，只要测出其中一个参量，另一个参量可通过公式求出。

被测交流信号的周期 T 为：

$$T = \frac{X \cdot D_{\text{x}}}{K_{\text{x}}} \tag{6-8}$$

式中　X——被测交流信号的一个周期在荧光屏水平方向所占距离；

D_{x}——示波器的扫描速度；

K_{x}——X 轴扩展倍率开关。

2）测量方法

（1）将示波器的扫描速度微调旋钮置于“校准”（CAL）位置。

（2）将待测信号送至示波器的垂直输入端。

（3）将示波器的输入耦合开关置于“AC”位置。

（4）调节扫描速度开关，使显示的波形稳定，并记录值。

（5）读出被测交流信号的一个周期在荧光屏水平方向所占的距离 X。

（6）根据式（6-8）计算被测交流信号的周期。

实例 6-3　如图 6-48 所示，若信号一个周期的 $X = 6.7\text{div}$，$D_{\text{x}} = 10\text{ms/div}$，$K_{\text{x}}$=1（即不扩展），求被测信号周期和频率。

解：由式（6.8）可得

$$T = 6.7\text{div} \times 10\text{ms/div} = 67\text{ms}$$

根据信号频率和周期互为倒数的关系，则此信号的频率为：

$$f = \frac{1}{T} = \frac{1}{67\text{ms}} \approx 14.9\text{Hz}$$

这种测量精确度不太高，常用做频率的粗略测量。

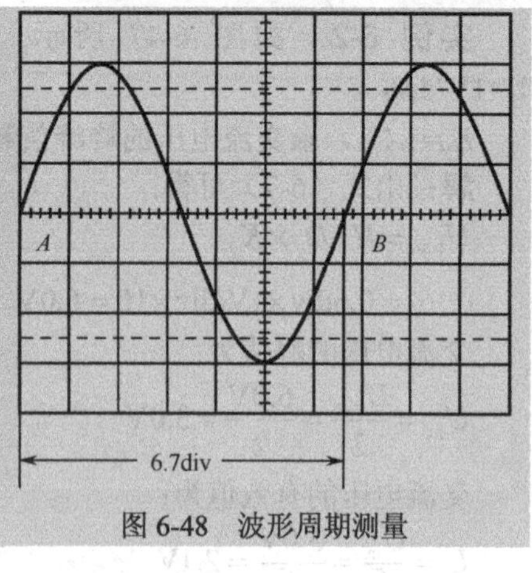

图 6-48　波形周期测量

2．测量信号波形任意两点的时间间隔

用示波器测量同一信号任意两点 A 与 B 的时间间隔，其原理、方法和前面测周期的原理及方法类似，区别就是在水平轴上的距离不一定是信号的一个周期。时间间隔的测量可以按照下列公式计算：

$$t_{A-B} = \frac{x \cdot D_x}{K_x} \tag{6-9}$$

式中　$t_{A\text{-}B}$——同一信号中任意两点间的时间间隔；

x——A、B 两点间的水平距离；

D_x——扫描时间因数；

K_x——水平扩展倍数。

注意：当测量两个信号时间间隔时，应选择双踪示波器进行测量。

3．测量脉冲的上升时间与下降时间

如图 6-49 所示，脉冲的上升时间或下降时间的测量和时间间隔测量方法一样，脉冲的上升时间（或下降时间）两点间的水平距离应该从满幅度的 10%（或 90%）到 90%（或 10%）两点间的水平距离计算。上升时间与下降时间可按时间间隔公式计算。

4．测量脉冲宽度

测量脉冲宽度两点间的水平距离按脉冲幅度的 50%处电平之间的距离计算。脉冲宽度可按时间间隔公式计算。

在一般情况下，示波器的垂直通道本身存在固有的上升时间，这会对测量结果有影响，故应该对测量结果进行修正。

因为屏幕上测得的上升时间包含了示波

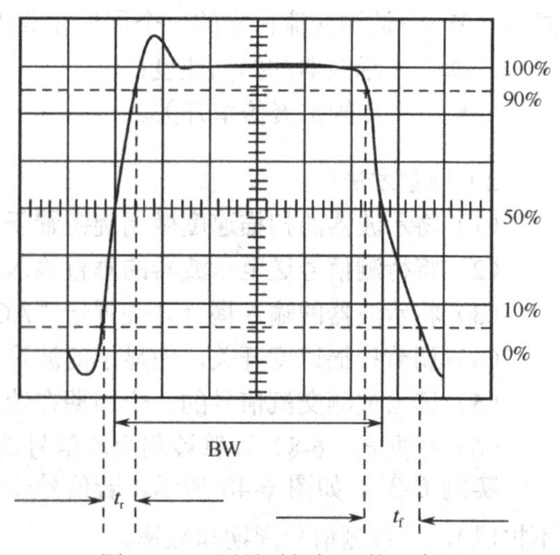

图 6-49　测量时间间隔的示意图

器本身存在的上升时间，因此可按下式进行修正：

$$t_r = \sqrt{t_{rx}^2 - t_{ro}^2} \tag{6-10}$$

式中 t_r——被测脉冲的实际上升时间；

t_{ro}——示波器本身固有的上升时间；

t_{rx}——从屏幕上读出的上升时间。

通常情况下，如果 t_{rx} 和 t_{ro} 相差很小，尽管采用了式（6-10）进行修正，仍会有较大的误差；$t_{rx}>t_{ro}$ 时，t_{ro} 可以忽略。

6.8.3 测量相位差

相位差是指两个同频率信号的相位差，其测量方法有线性扫描法、椭圆法等。

1. 线性扫描法

用双踪示波器测量两个信号相位差时，可将其中一个被测信号送入 CH1 通道，另一个信号送入 CH2 通道。选择相位超前的信号作为触发源信号，当测量信号的频率较高时采用“交替”显示；当测量信号的频率较低时采用“断续”显示。适当调整“Y 位移”，使两个信号重叠起来，如图 6-50 所示。这时可从图中直接读出 x_1 和 x_2 的长度，得到相位差。

计算公式如下：

$$\Delta\varphi = \frac{x_2}{x_1} \times 360^\circ \tag{6-11}$$

式中，x_1 和 x_2 的单位为 cm 或 div；$\Delta\varphi$ 为两个信号的相位差。

若 x_1 为 1.4div，x_2 为 5.0div，则相位差为：$\Delta\varphi = \frac{1.4\text{div}}{5.0\text{div}} \times 360^\circ = 100.8^\circ$

在测量相位时，X 轴扫描因数“微调”旋钮不一定要置于“校准”位置，但其位置一经确定，在整个测量过程中不得改动。

注意，在采用“交替”显示时，一定要采用相位超前的信号作为固定的内触发源，而不是使 X 系统受两个通道的信号轮流触发；否则会产生相位误差。若被测信号的频率较低，应尽量采用“断续”显示方式，也可避免产生相位误差。

2. 椭圆法

当两个正弦波信号分别加到示波器的 X 和 Y 输入端时，两个信号同时在示波器的 X 和 Y 偏转板间产生电场，同时对电子束产生作用，使电子束在荧光屏上扫描，得到如图 6-51 所示的椭圆形波形，相位差的大小可按下式进行计算：

$$\Delta\varphi = \arcsin\frac{A_x}{B_x} = \arcsin\frac{A_y}{B_y} \tag{6-12}$$

式中，A_x 为椭圆横轴与两个交点的水平间距；A_y 为椭圆纵轴与椭圆两个交点的垂直间距；B_x 为两个垂直线与椭圆切点的水平距离；B_y 为两个水平线与椭圆切点的垂直距离。

此法只能算出相位差的绝对值，而不能决定其符号。

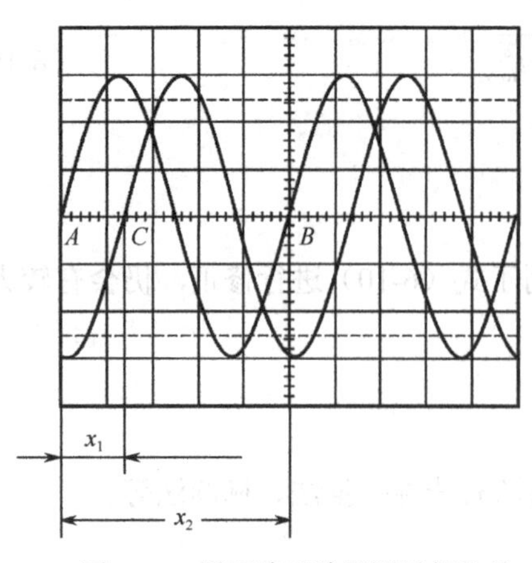

图 6-50 用双踪示波器测量相位差

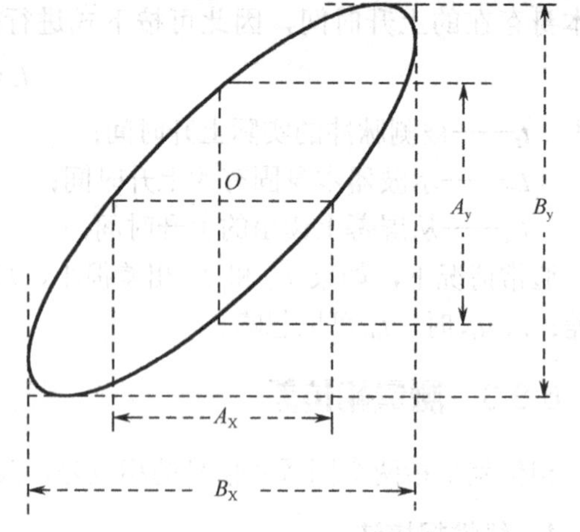

图 6-51 椭圆法测量相位差

6.8.4 测量频率

频率的测量有周期法、李沙育图形法等。

1. 周期法

根据周期与频率的关系，可先测出周期，然后再换算出频率。根据式（6-8），测出信号一个周期的水平距离，计算出信号的周期 T，从而求出信号的频率 $f=1/T$。

2. 李沙育图形法

李沙育图形法测量频率时，应该使示波器工作于 X-Y 方式，将一个频率已知的信号与被测的信号同时输入到示波器的两个输入端，调节已知信号的频率，使荧光屏上得到李沙育图形，利用该图形可测出被测信号的频率。

当示波器工作于 X-Y 方式时，两个输入信号分别控制电子束的水平方向和垂直方向的位移，并且二者对电子束的作用时间总是相等的，故信号的频率越高，波形经过垂直线和水平线的次数越多（Y 轴信号经过水平线，X 轴信号经过垂直线），也就是垂直线和水平线与李沙育图形的交点数分别与 Y 和 X 两信号的频率成反比。李沙育图形存在以下关系：

$$N_x \cdot f_x = N_y \cdot f_y \qquad (6\text{-}13)$$

式中，f_x、f_y 分别为两个输入信号的频率；N_x、N_y 分别为水平线、垂直线与李沙育图形的交点数，确定方法是，在李沙育图形上分别作两条不通过图形本身的交点也不与图形相切的水平线和垂直线，数出图形与水平线的交点及与垂直线的交点，即为 N_x、N_y 的值。

如图 6-52 所示，在“8”字上分别作一条水平线和一条垂直线，可见，通过水平线的次数为 4，通过垂直线的次数为 2 次，可得：

$$\frac{f_y}{f_x} = \frac{4}{2} = 2$$

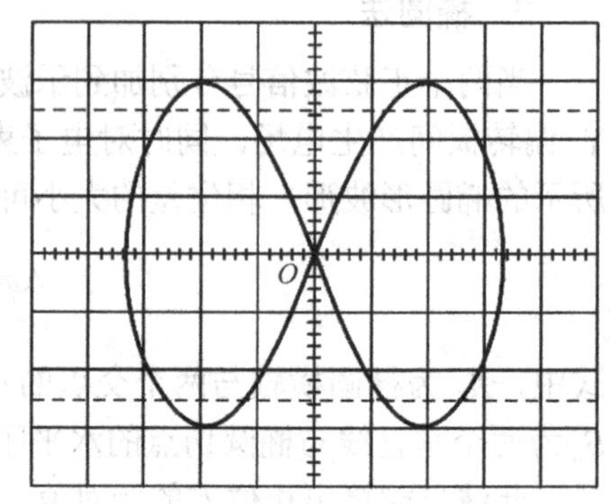

图 6-52 李沙育图形法测频率比

图 6-53 为不同频率比和不同相位差时的李沙育图形，如果能根据这些图形确定比值 N_x/N_y，而标准信号源的频率 f_x 又是已知的，就可以算出被测信号频率 f_y。

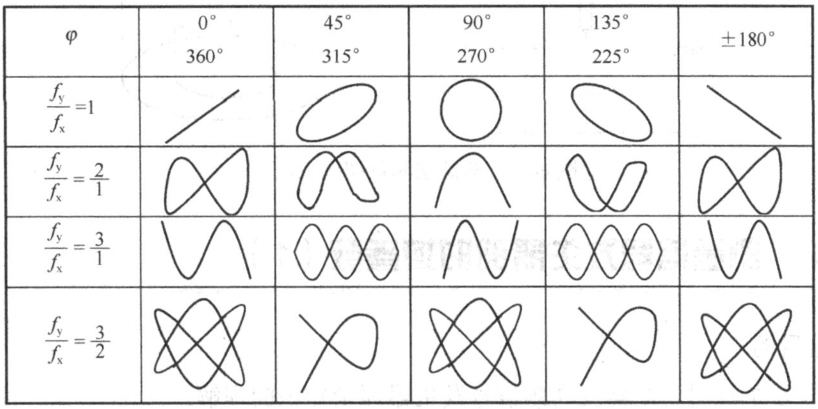

φ	0° 360°	45° 315°	90° 270°	135° 225°	±180°
$\frac{f_y}{f_x}=1$					
$\frac{f_y}{f_x}=\frac{2}{1}$					
$\frac{f_y}{f_x}=\frac{3}{1}$					
$\frac{f_y}{f_x}=\frac{3}{2}$					

图 6-53　不同频率比和不同相位差时的李沙育图形

6.8.5　测量调幅系数

1．线性扫描法

该方法是将被测信号加到示波器 Y 轴输入端，选择合适的垂直衰减和扫描速度，在荧光屏上得到稳定的波形，如图 6-54 所示。

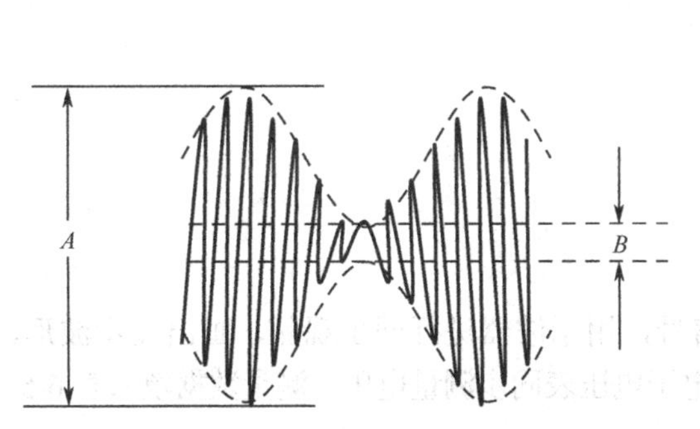

图 6-54　线性扫描法测量调幅系数

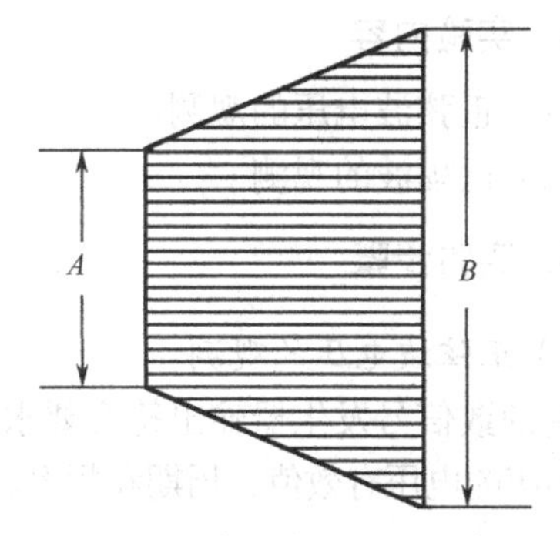

图 6-55　梯形法测量调幅系数

测出 A、B 的长度，代入下式即可得到调幅系数：

$$m_a=\frac{A-B}{A+B}\times 100\%\qquad(6\text{-}14)$$

2．梯形法

采用梯形法测量调幅系数，示波器工作于 X-Y 方式，将调幅波和调制信号分别加到示波器的 X 轴和 Y 轴输入端，在荧光屏上显示如图 6-55 所示的图形。测出 A、B 的长度，利用式（6-14）计算即可。

3．椭圆法

该方法是将被测信号用 RC 电路移相后加到示波器 X-Y 方式下的 X 和 Y 输入端，得到

如图 7-56 所示的图形，测出 A、B 的长度，利用式（6-14）计算即可。

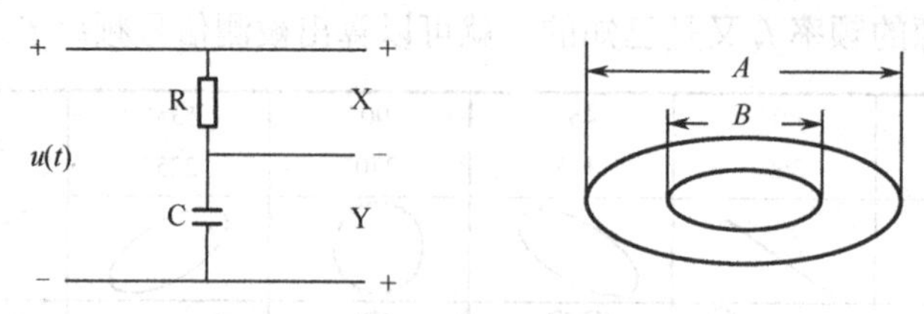

图 6-56　椭圆法测量调幅系数

实验 6　测量信号发生器的时域参数（1）

1. 实验目的

（1）进一步加深对示波器及高频信号发生器理论知识的理解。

（2）熟练掌握双踪示波器及高频信号发生器的基本操作方法。

（3）熟练掌握电子电压表的使用。

2. 实验仪器

（1）双踪示波器 CA8020A

（2）函数信号发生器

（3）电子电压表

3. 实验内容

（1）正弦波电压的观测

（2）调幅波的观测

4. 实验步骤

1）正弦波电压的观测

用函数信号发生器输出符合要求的信号，用示波器进行同步观测，画出显示波形，并计算出相应的电压有效值、周期和频率。用电子电压表同步测量电压。测量数据填入表 6-5。

表 6-5　正弦波电压测量数据记录及处理（注意读数及数据的处理要规范）

测量内容 \ 参考值		500kHz 1.0V	1MHz 1.0V	5MHz 1.0V	10MHz 1.0V
测电压	V/div 挡位				
	波形高度（$U_{p\text{-}p}$）div				
	$U_{p\text{-}p}$				
	示波器测量 U（有效值）				
	电压表测量 U（有效值）				
	万用表测量 U（有效值）				
测周期	T/div 挡位				
	一个周期距离（div）				
	周　　期				
	频　　率				

2）调幅波的观测

用函数信号发生器输出符合要求的调幅信号，用示波器进行同步观测，画出显示波形，并计算出相应的调幅度。测量数据填入表 6-6。

表 6-6　调幅度测量数据记录及处理

项　目＼次　数	A（div）	B（div）	M	平均值
1				
2				
3				

注：$M=(A-B)/(A+B)\times100\%$

5．实验结果分析

（1）比较正弦波电压测量结果，计算测量误差，并分析产生误差的原因。

（2）比较调幅波测量结果，计算测量误差，并分析产生误差的原因。

6．问题讨论

（1）在示波器中为什么要在 Y 通道设置延迟线？

（2）若要观测 100MHz 的信号，应该选择频带宽度为多少的示波器？为什么？

（3）若要观测上升时间为 9ns 的脉冲信号，应该选择频带宽度为多少的示波器？试计算说明。

（4）在观测调幅波的调幅度时，应特别注意调节哪个旋钮？为什么？

（5）用电压表测量不同波形的电压时，读数的实际意义有何区别？

（6）用示波器、电子电压表和万用表测量电压时各有何特点？

实验 7　测量信号发生器的时域参数（2）

1．实验目的

（1）掌握数字示波器的主要技术性能及其含义。

（2）熟悉和掌握数字示波器的组成及各控制键的作用，并做到正确使用。

（3）利用数字示波器进行实际测量。

2．实验器材

（1）数字示波器 1 台

（2）函数信号发生器 1 台

3．实验操作步骤

1）测量简单信号

观测电路中一未知信号，迅速显示和测量信号的频率和峰峰值。

（1）欲迅速显示该信号，可按以下步骤操作。

① 将探头菜单衰减系数设定为“10×”，并将探头上的开关设定为“10×”。

② 将 CH1 的探头连接到电路被测点。

③ 按下 AUTO 按钮。

数字存储示波器将自动设置使波形显示达到最佳。在此基础上，可以进一步调节垂直、水平挡位，直至波形的显示符合要求。

（2）进行自动测量信号的电压和时间参数数字存储示波器可对大多数显示信号进行自动测量。欲测量信号频率和峰峰值，可按以下步骤操作。

① 按 MEASURE 按键，以显示自动测量菜单。

② 按下 F1 键，进入测量菜单种类选择。

③ 按下 F3 键，选择电压类型。

④ 按下 F5 键翻至 2/4 页，再按 F3 键选择测量类型为峰峰值。

⑤ 按下 F2 键，进入测量菜单种类选择，再按 F4 键选择时间类。

⑥ 按 F2 键选择测量类型为频率。

此时，峰峰值和频率的测量值分别显示在 F1 键和 F2 键的位置，如图 6-57 所示。

2）观察正弦波信号通过电路产生的延时

与测量简单信号相同，设置探头和数字存储示波器通道的探头衰减系数为“10×”。将数字存储示波器 CH1 通道与电路信号输入端相接，CH2 通道则与输出端相接。操作步骤如下。

（1）显示 CH1 通道和 CH2 通道的信号。

① 按下 AUTO 按钮。

② 继续调整水平、垂直挡位直至波形显示满足测试要求。

③ 按 CH1 按键选择 CH1，旋转垂直位置旋钮，调整 CH1 波形的垂直位置。

④ 按 CH2 按键选择 CH2，类似前面的操作，调整 CH2 波形的垂直位置。使通道 1、2 的波形既不重叠在一起，又利于观察比较。

（2）测量正弦信号通过电路后产生的延时，并观察波形的变化。

① 自动测量通道延时。

◆ 按 MEASURE 按钮以显示自动测量菜单。按 F1 键，进入测量菜单种类选择。

◆ 按 F4 键，进入时间类测量参数列表；按两次 F5 键，进入 3/3 页。

◆ 按 F2 键，选择延迟测量；按 F1 键，选择从 CH1，再按 F2 键，选择到 CH2，然后按 F5 键确定。此时，可以在 F1 区域的“CH1-CH2 延迟”下看到延迟值。

② 观察波形的变化（见图 6-58）。

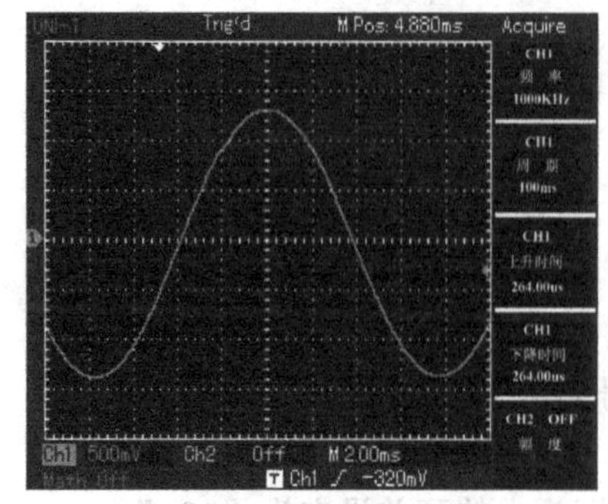

图 6-57　自动测量信号

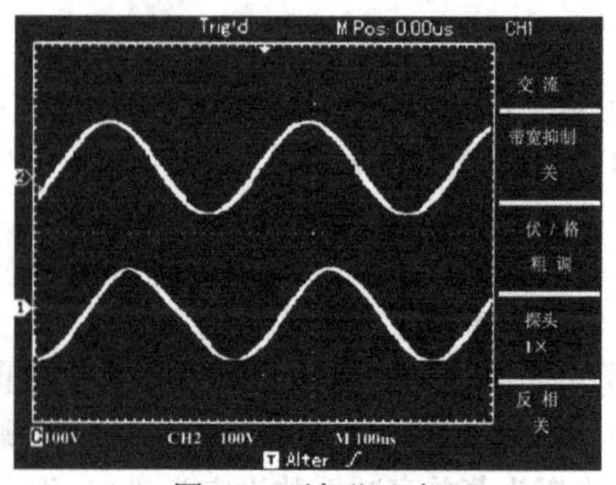

图 6-58　波形延时

3）减少信号上的随机噪声

如果被测试的信号上叠加了随机噪声，可以通过调整数字存储示波器的设置，滤除或减小噪声，避免其在测量中对本体信号的干扰（波形见图 6-59）。

操作步骤如下。

（1）如前所述，设置探头和 CH1 通道的衰减系数。

（2）连接信号使波形在数字存储示波器上稳定地显示。具体操作参见前例，水平时基和垂直挡位的调整见前面相应内容的描述。

（3）通过设置触发耦合改善触发。

① 按下触发区域 MENU 按钮，显示触发设置菜单。

② 触发耦合置于低频抑制或高频抑制。低频抑制是设定一个高通滤波器，可滤除 80kHz 以下的低频信号分量，允许高频信号分量通过；高频抑制是设定一个低通滤波器，可滤除 80kHz 以上的高频信号分量，允许低频信号分量通过。通过设置低频抑制或高频抑制可以分别抑制低频或高频噪声，以得到稳定的触发。

（4）通过设置采样方式减少显示噪声。

① 如果被测信号上叠加了随机噪声，导致波形过粗，可以应用平均采样方式，去除随机噪声的显示，使波形变细，以便于观察和测量。取平均值后随机噪声被减小而信号的细节更易观察。

具体的操作是：按面板菜单区域的 ACQUIRE 按钮，显示采样设置菜单。按 F1 键设置获取方式为平均状态，然后按 F2 键调整平均次数，依次由 2～256 以 2 倍步进，直至波形的显示满足观察和测试要求（见图 6-60）。

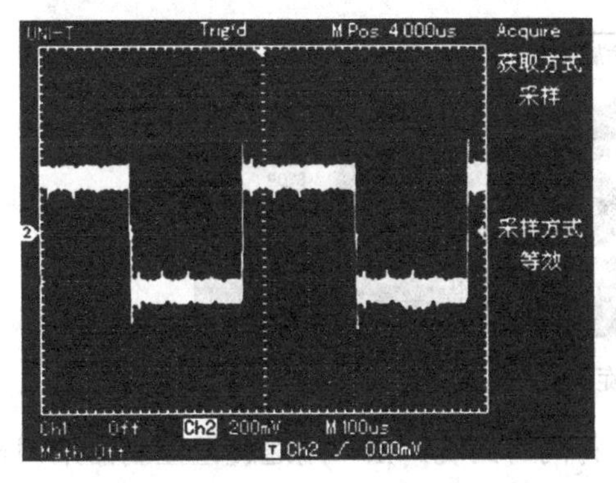

图 6-59　减少信号上的随机噪声

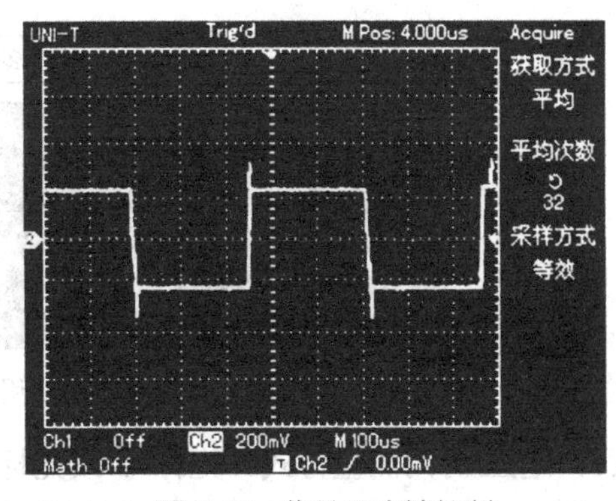

图 6-60　信号噪声被抑制

② 减少显示噪声也可以通过降低波形亮度来实现。

4）应用光标测量

本数字存储示波器可以自动测量 28 种波形参数。所有的自动测量参数都可以通过光标进行测量，使用光标可迅速对波形进行时间和电压测量。欲测量信号上升沿处的 Sinc 频率，可按以下步骤操作。

（1）按下 CURSOR 按钮以显示光标测量菜单。

（2）按下 F1 键设置光标类型为时间。

（3）旋转多用途旋钮控制器，将光标 1 置于 Sinc 的第一个峰值处。

（4）按 SELECT 按钮使光标被选中，然后再旋转多用途旋钮控制器，将光标 2 置于 Sinc 的第二个峰值处。则光标菜单中自动显示$1/\Delta T$值，即该处的频率，如图 6-61 所示。

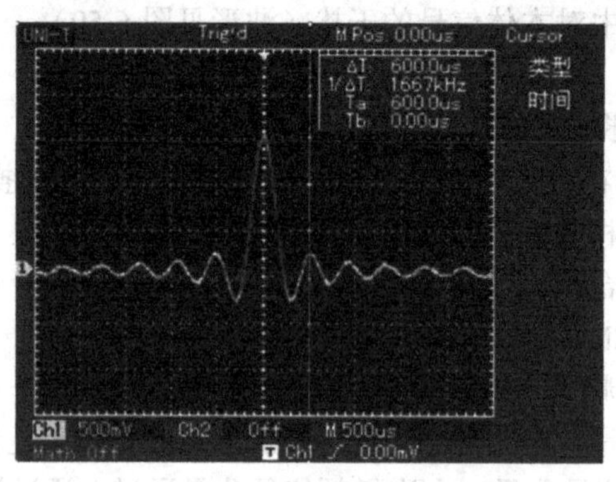

图 6-61　光标测量信号频率

注：如果用光标测量电压，则在上述第（2）步中，将光标类型设置为电压。

注意： 按下 CURSOR 按钮显示测量光标和光标菜单，然后使用多用途旋钮控制器改变光标的位置。如图 6-62 所示。在 CURSOR 模式可以移动光标进行测量，有三种模式：电压、时间和跟踪。当测量电压时，按面板上的 SELECT 和 COARSE 按钮，以及多用途旋钮控制器，分别调整两个光标的位置，即可测量ΔV。同理，如果选择时间可测量ΔT。在跟踪方式下，并且有波形显示时，可以看到数字存储示波器的光标会自动跟踪信号变化。

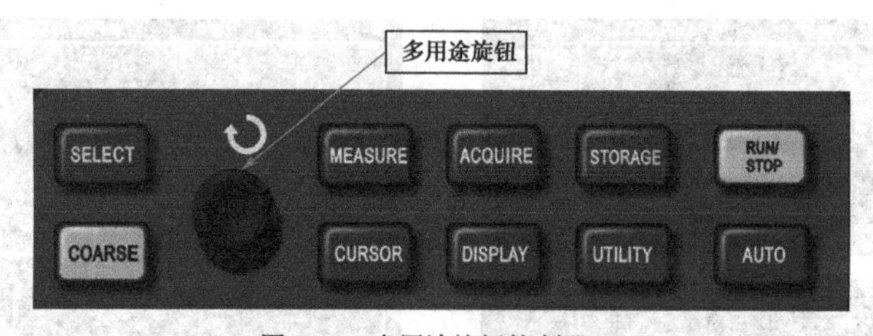

图 6-62　多用途旋钮控制器

（1）电压/时间测量方式：光标 1 或光标 2 将同时出现，由多用途旋钮控制器来调整光标在屏幕上的位置，通过 SELECT 按钮选择调整哪一个光标。显示的读数即为两个光标之间的电压或时间值。

（2）跟踪方式：水平与垂直光标交叉成为十字光标。十字光标自动定位在波形上，通过旋转多用途旋钮控制器，可以调整十字光标在波形上的水平位置。数字存储示波器同时显示光标点的坐标。

（3）当光标功能打开时，测量数值自动显示于屏幕右上角。

5）测试两通道信号的相位差

测试信号经过某一电路产生的相位变化。将数字存储示波器与电路连接，监测电路的输入/输出信号。欲以 X-Y 坐标图的形式查看电路的输入/输出特征，可按以下步骤操作。

（1）将探头菜单衰减系数设定为“10×”，并将探头上的开关设定为“10×”。

（2）将 CH1 的探头连接至网络的输入，将 CH2 的探头连接至网络的输出。

（3）若通道未被显示，则按下 CH1 和 CH2 菜单按键，打开两个通道。

（4）按下 AUTO 按钮。

（5）调整垂直标度旋钮，使两路信号显示的幅值大约相等。

（6）按 DISPLAY 菜单按键，以调出显示控制菜单。

（7）按 F2 键以选择 X-Y。数字存储示波器将以李沙育图形模式显示该电路的输入/输出特征。

（8）调整垂直标度和垂直位置旋钮，使波形达到最佳效果。

（9）应用椭圆示波图形法观测并计算出相位差（见图 6-63 椭圆示波图形法）。

参见图 6-63，根据式（6-12）可得出相位差为：$\varphi=\pm\arcsin\left(\dfrac{A}{B}\right)$或$\varphi=\pm\arcsin\left(\dfrac{C}{D}\right)$。如果椭圆的主轴在 I、III 象限内，则所求得的相位差角应在 I、IV 象限内，即在（0～π/2）或（3π/2～2π）内；如果椭圆的主轴在 II、IV 象限内，则所求得的相位差角应在 II、III 象限内，即在（π/2～π）或（π～3π/2）内。

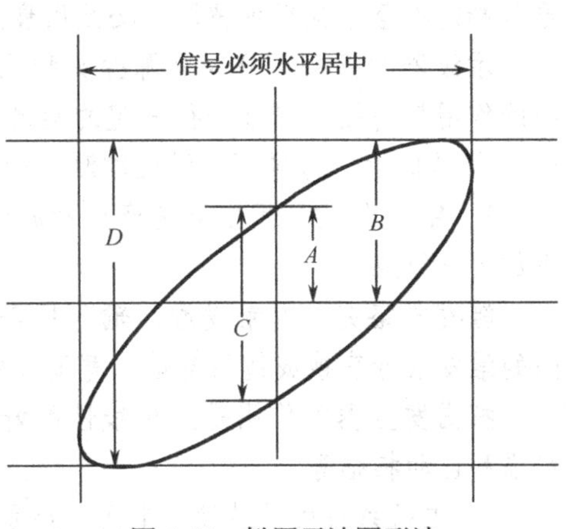

图 6-63　椭圆示波图形法

另外，如果两个被测信号的频率或相位差为整数倍，则根据图形可以推算出两信号之间的频率及相位关系。

如表 6-7 所示为 X-Y 相位差表。

表 6-7　X-Y 相位差表

信号频率	相位差					
	0°	45°	90°	180°	270°	360°
1：1						

4．实验报告要求

（1）画出数字示波器的面板结构图，并说明各按键的功能。

（2）画出所观察到的各种信号的波形图，并做好相关数据的记录。

（3）写出心得体会。

知识梳理与总结

1．示波器能够在荧光屏上显示电信号的波形，便于对其进行定性观察和定量测量。根

据目前的发展状况，示波器可分为模拟示波器和数字示波器两大类，其新产品已发展成为集显示、测量、运算、分析、记录等功能于一体的智能化测量仪器。

2. 示波管是示波器中常用的显示器件，它由电子枪、偏转系统和荧光屏三部分组成。电子枪的作用是产生高速聚焦的电子束去轰击荧光屏；偏转系统的作用是控制电子束在水平方向和垂直方向上的偏转；荧光屏的作用是将电信号变为光信号进行显示。

3. 通用示波器主要由Y系统、X系统、主机系统三大部分组成。

4. Y系统是被测信号的输入通道，它对被测信号进行衰减、放大并产生内触发信号。

Y 系统由探头、输入电路、延迟线和放大器等组成。为了保证示波器的高灵敏度，以便检测微弱的电信号，必须设置前置放大器和后置放大器；为了保证大信号加到示波器的输入端时不至于损坏示波器，必须用衰减器先对信号进行衰减。

示波器的探头可分为有源探头和无源探头，无源探头对输入信号具有衰减作用。延迟线的作用是将被测信号进行一定的延迟，以便在 X 轴扫描信号产生之后，再将被测信号加到Y偏转板上，这样可以保证被测信号能得到完全的观察。

5. X 系统的作用主要是产生和放大扫描锯齿波信号，它由触发电路、扫描发生器和水平放大器组成。

触发电路完成对触发源、输入耦合方式、触发极性（斜率）和触发电平的选择，将不同的触发信号变换成边沿陡峭、宽度适中、极性和幅度一定的触发信号。

扫描发生器的作用是产生线性度好的锯齿波电压。其扫描方式可分为连续扫描、触发扫描和自动扫描等。

6. 主机系统由示波管、电源、显示电路、Z轴电路、校准信号发生器等组成。

电源电路用于向示波管及其他电子线路提供工作所需的高、低电压。

显示电路给示波管的各电极加上一定数值的电压，使电子枪产生高速聚束的电子流。

Z 轴电路为辉度调整电路，在锯齿波扫描正程期间使光迹辉度加亮，在扫描回程期间使扫描线消隐。

校准信号发生器用于提供校准方波信号，以便随时校准示波器的垂直灵敏度、扫描时间因数和探头电容补偿等。

7. 为了在同一个屏幕上同时观察多个信号波形或同一信号波形的不同部分，需要进行多波形显示。多波形显示以双波显示最为常见。

双线示波器利用同一示波管里的两个电子枪和两副偏转板来显示两个波形。

双踪示波器的示波管只有一个电子枪，由 Y 轴电子开关分时接通两个通道的信号，实现双踪显示。根据时间分割方法的不同，双踪显示可分为交替和断续两种方式。

双扫描示波器产生两种扫描信号（A 扫描和 B 扫描），可根据需要利用X轴电子开关对其加以控制。双扫描分为B加亮A、A延迟B、AB组合、AB交替4种方式。

8. 取样示波器利用非实时取样原理实现对高频周期信号的显示，其显示的波形由一系列不连续的光点构成。

取样示波器中要解决的关键问题是每隔 $mT + \Delta t$ 取样一次，X、Y 偏转板上的电压改变一次数值，这在X通道中的步进脉冲发生器的控制下完成。

9. 数字存储示波器可将被测模拟信号转换为数字量以实现运算处理和长期存储。

数字存储示波器的工作主要由波形的取样与存储、波形的显示、波形的测量与处理等几部分组成，其中取样和存储是其最基础的工作。数字存储示波器的取样方式有实时取样和等效实时取样两种。

10. 要根据被测信号特点和示波器的性能来选择合适的示波器，并注意正确的操作方法。

示波器使用前应进行自校。

模拟示波器主要根据屏幕上的 X 轴和 Y 轴坐标标尺进行定量测量。

数字示波器除了可利用坐标标尺进行测量外，还有许多先进的自动测量功能。

练习题 6

1．填空题

（1）示波管由________、偏转系统和荧光荧三部分组成。

（2）示波器荧光屏上，光点在锯齿波电压作用下扫动的过程称为________。

（3）调节示波器“水平位移”旋钮，是调节________的直流电位。

（4）欲在 $X=10\text{div}$ 长度对测量信号显示两个完整周期的波形，示波器应具有的扫描速度为________。

（5）取样示波器采用________取样技术扩展带宽，但它只能观测________信号。

（6）当示波器两个偏转板上都加________时，显示的图形称为李沙育图形，这种图形在________和频率测量中常会用到。

（7）示波器为保证输入信号波形不失真，在 Y 轴输入衰减器中采用________。

（8）示波器的“聚焦”旋钮具有调节示波器中________极与________极之间电压的作用。

（9）在没有信号输入时，仍有水平扫描线，这时示波器工作在________状态；若工作在________状态，则无信号输入时就没有扫描线。

2．判断题

（1）双踪示波器中电子开关的转换频率远大于被测信号的频率时，双踪显示工作在“交替”方式。(　　)

（2）示波器的电阻分压探头通常为 100∶1 分压，输入阻抗很高，一般用来测量高频高电压。(　　)

（3）电子示波器是时域分析的最典型仪器。(　　)

（4）用示波法测量信号的时间、时间差、相位和频率都是以测量扫描距离 D 为基础的。(　　)

（5）用示波器测量电压时，只要测出 Y 轴方向距离并读出灵敏度即可。(　　)

3．选择题

（1）通用示波器可观测（　　）。

A. 周期信号的频谱　　B. 瞬变信号的上升沿

C. 周期信号的频率　　D. 周期信号的功率

（2）在示波器垂直通道中设置电子开关的目的是（　　）。

A. 实现双踪显示　　B. 实现双时基扫描

C. 实现触发扫描　　D. 实现同步

（3）当示波器的扫描速度为20s/div时，荧光屏上正好完整显示一个正弦信号，如果显示信号的4个完整周期，则扫描速度应为（　　）。

A. 80s/div　　B. 5s/div

C. 40s/div　　D. 小于10s/div

（4）给示波器Y及X轴偏转板分别加$u_y = U_m \sin \omega t$、$u_x = U_m \sin(\omega t/2)$，则荧光屏上显示（　　）图形。

A. 半波　　B. 正圆　　C. 横8字　　D. 竖 8 字

（5）为了在示波器荧光屏上得到清晰而稳定的波形，应保证信号的扫描电压同步，即扫描电压的周期应等于被测信号周期的（　　）倍。

A. 奇数　　B. 偶数　　C. 整数　　D. 2/3

（6）用示波器显示两个变量a与b的关系时，a、b分别接在示波器的Y、X通道，显示图形为椭圆，则（　　）。

A. a与b同相，且幅度相同

B. a与b相差90°，且幅度一定相同

C. a与b相差90°，但其幅度不一定相同，其关系依x、y输入增益而定

D. a与b幅度、相位关系不能确定

（7）在示波器上表示亮点在荧光屏上偏转1div时，所加的电压数值的物理量是（　　）。

A. 偏转灵敏度　　B. 偏转因数

C. 扫描速度　　D. 频带宽度

4. 简答题

（1）用双踪示波器观测两个同频率正弦波a、b，若扫描速度为0.2ms/div，而荧光屏显示两个周期的水平距离是8div。问:（1）两个正弦波的频率是多少？（2）若正弦波a比b相位超前1.5div，则两个正弦波的相位差为多少？用弧度表示。

（2）已知示波器的灵敏度微调处于“校正”位置，灵敏度开关置于0.5V/div，信号峰峰值为5V。试求屏幕上峰与峰之间的距离。如果再加上一个10∶1的示波器探头，结果又是多少？

第7章 频域测量与仪器应用

教学导航

教	知识重点	1. 时域测量和频域测量的概念及它们的联系与区别 2. 频率特性测试仪（扫频仪）的基本组成、工作原理和测量幅频特性曲线的方法 3. 频谱分析仪的基本组成、工作原理、主要工作性能和正确使用方法 4. 失真度仪的基本组成、工作原理和正确操作方法
	知识难点	1. 扫频仪测量幅频特性曲线的原理和使用方法 2. 频谱分析仪的基本组成、工作原理、主要工作性能和实际操作方法
	推荐教学方式	1. 通过对一个实际案例的介绍，导出频域测量系统的理论知识，激发学生的学习兴趣 2. 采用实验演示法、多媒体演示法、任务设计法、小组讨论法、案例教学法、项目训练法等教学方法，加深学生对理论的认识和巩固 3. 通过实验巩固扫频仪、失真度仪、频谱分析仪的正确使用与维护
	建议学时	6学时
学	推荐学习方法	1. 本章要重点掌握频域分析的有关概念，扫频仪、频谱分析仪和失真度仪的组成框图、基本原理、应用和维护的技能 2. 理论的学习要结合仪器的使用过程及实验来理解，注意理论联系实际 3. 查有关资料，加深理解，拓展知识面
	必须掌握的理论知识	1. 时域测量和频域测量的概念及它们的联系与区别 2. 频率特性测试仪（扫频仪）的基本组成、工作原理 3. 频谱分析仪的基本组成、工作原理、主要工作性能 4. 失真度仪的基本组成、工作原理
	必须掌握的技能	1. 能规范地使用扫频仪测量电路的幅频特性曲线和相频特性曲线 2. 能正确地使用频谱分析仪对常见信号和电路进行频率分析 3. 能规范地使用失真度仪对电路的失真度进行测试

案例 6 电视机中放幅频特性曲线的测量

电视机中频通道的特性是保证整机质量的重要因素，用来调试电视机中频通道特性的仪器就是扫频仪。

1．LA7688N 图像中放电路

LA7688N 图像中放电路如图 7-1 所示。

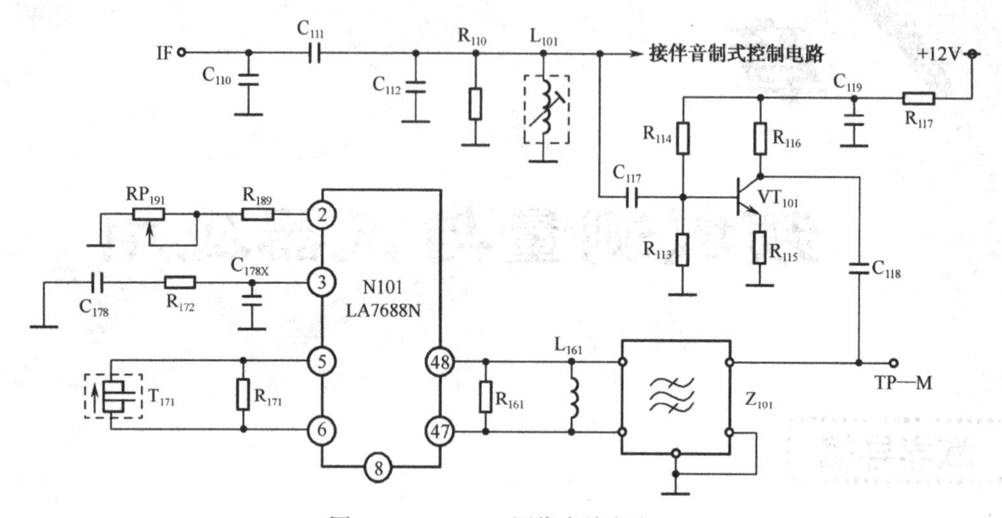

图 7-1 LA7688N 图像中放电路

图 7-1 中，VT_{101} 是预中放部分，起前置放大作用，Z_{101} 为 SAWF，起集中选频作用；LA7688N 为彩色电视机图像中频放大器 IC。

2．中放幅频特性曲线的测量

按图 7-2 所示接好测量电路。

扫频信号输出端通过 0.01μF 电容送至预中放管 VT_{101} 的输入端；被测信号由 LA7688N 内部经预视放从⑧脚取出，经过开路电缆送至扫频仪的输入端。这样就可以测量出电视机中放电路的幅频特性、相频特性和增益等电路的性能。

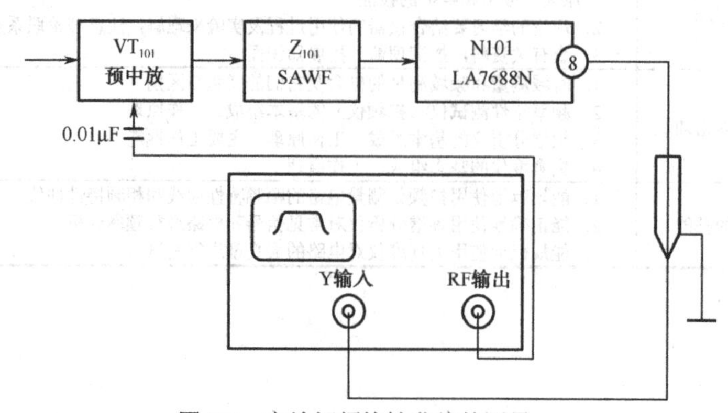

图 7-2 中放幅频特性曲线的测量

7.1　频域测量的概念与分类

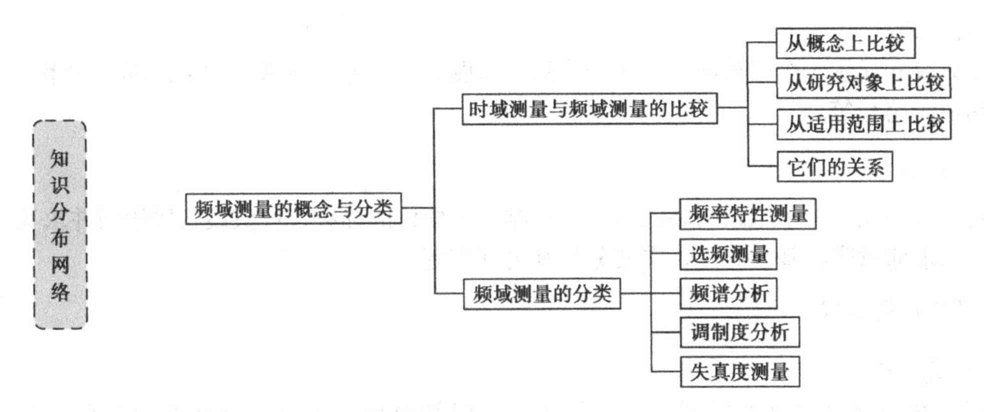

7.1.1　时域测量与频域测量的比较

对于一个较为复杂的信号，它具有时间-频率-幅度的三维特性，如图 7-3 所示。它既可以为时间 t 的函数，又可以为频率 f 的函数；既可以在时域上对它进行分析，也可以在频域上对它进行分析，从而获得其不同的变化特性。两种分析方法既有区别，又有联系。

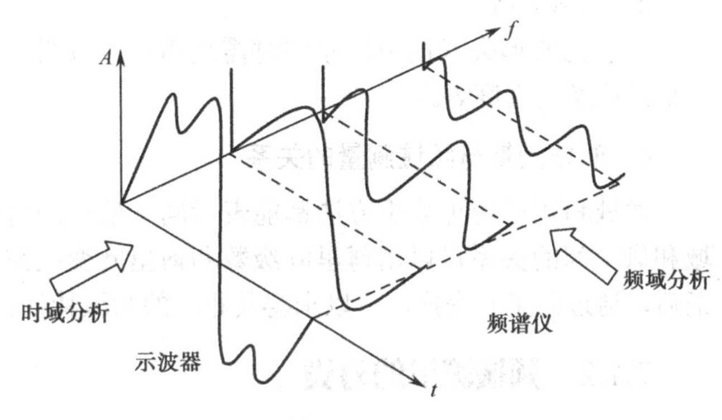

图 7-3　时域与频域的关系图

1. 概念比较

1）信号的时域测量与分析

信号的时域测量与分析研究信号的瞬时幅度 u 与时间 t 的变化关系，即在时间域内观察和分析信号。这时幅度 u 是时间 t 的函数，可以表示为 $u = F(t)$。通常以时间 t 为水平轴，幅度 u 为垂直轴，所得到的图形称为波形图。其典型测量仪器为示波器。

2）信号的频域测量与分析

信号的频域测量和频谱分析研究电路网络或电信号中各频率成分的幅度 u 与频率 f 的关系，即在频域内观察和分析电路网络或电信号。这时幅度 u 是频率 f 的函数，可以表示为 $u = F(f)$。通常以频率 f 为水平轴，幅度 u 为垂直轴，所得到的图形称为幅频特性或频谱图。其典型测量仪器有频率特性测试仪（扫频仪）和频谱分析仪（频谱仪）。

3）信号的频谱

从广义上讲，信号的频谱是指组成信号全部频率分量的总集；从狭义上讲，在一般的频谱测量中，常将随频率变化的幅度称为频谱。信号的频谱又分为连续频谱和离散频谱（线状频谱）两种类型。连续频谱可视为谱线间隔无穷小，离散频谱中各条谱线分别代表某个频率分量的幅度，每两条谱线之间的间隔相等。频谱测量指的是频域内测量信号的各种频率分量，以获得信号的各种参数，其数学基础是傅里叶变换。

2．研究的对象比较

1）时域分析

它是研究和显示一个信号随时间 t 变化的波形图并求其相关参数。如求周期、频率、上升时间和放大倍数等。

2）频域分析

它是研究和显示一个电路网络或电信号随频率 f 变化的幅频特性或线状频谱图并求其相关参数。如求通频带、基波分量、谐波分量及失真度等。

3．适用范围比较

1）时域分析

当研究波形严重失真的原因时，就需要采用时域分析。如测量脉冲的上升和下降时间，测量过冲和振铃等，都需用时域测量技术，而且只能在时域里进行测量。

2）频域分析

当研究波形失真很小的原因时需采用频域分析。如测量各种信号的电平、频率响应、频谱纯度及失真度等。

4．时域测量与频域测量的关系

时域和频域两种分析方法都能表示同一信号的特性，它们之间是可以互相转换的。时域和频域间的关系可以用傅里叶级数和傅里叶变换来表征，因而在测得一个信号的时域特征后，通过傅里叶变换，可以求得其相应的频域特征；反之亦然。

7.1.2　频域测量的分类

在实际应用中，根据频域测量的对象和目的不同，可将频域测量分为以下几种类型。

1）频率特性的测量

它主要是对电路网络的频率特性进行测量，包括幅频特性、相频特性、带宽及回路 Q 值等特性的测量。

2）选频测量

它是利用选频电压表，通过调谐滤波的方法，选出并测量信号中某些频率分量的大小。

3）频谱分析

它是利用频谱分析仪分析信号中所含的各个频率分量的幅值、功率、能量和相位关系，以及振荡信号源的相位噪声特性、空间电磁干扰等。

4）调制度分析测量

它是指对各种频带的射频信号进行解调，恢复调制信号，测量其调制度，如调幅波的调幅系数、调频波的频偏、调频指数及它们的寄生调制参数测量等。

5）谐波失真度的测量

当信号通过非线性器件时都会产生新的频率分量，俗称非线性失真，这些新的频率分量包括谐波和互调两种类型。

7.2　线性系统频率特性测量

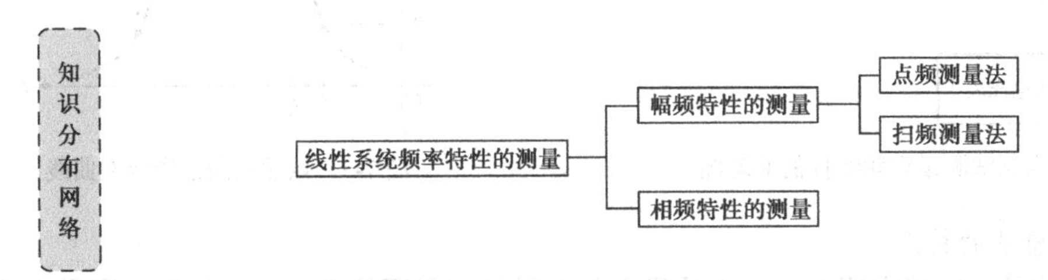

线性网络对正弦输入信号的稳态响应称为网络的频率响应，也称为频率特性。一般情况下，网络的频率特性是复函数。它的绝对值表示频率特性的幅度随频率变化的规律，称为幅频特性。表示线性系统在其输入电压 u_i 不变时，输出电压 u_o 随频率 f 的变化规律，可用公式 $u_\mathrm{o}=F(f)\big|_{u_\mathrm{i}=C}$ 表示，其中 C 为常数。频率特性的相位表示网络的相移随频率变化的规律，称为相频特性。表示输入电压 u_i 不变时，线性系统产生的相移$\Delta\varphi$随频率 f 的变化规律，可用公式 $\Delta\varphi=F(f)\big|_{u_\mathrm{i}=C}$ 表示。可见，线性系统频率特性测量包括幅频特性测量和相频特性测量，下面分别予以介绍。

7.2.1　幅频特性的测量

幅频特性的测量方法分为点频测量法和扫频测量法。

1．点频测量法（静态测量法）

1）点频测量法的概念

点频测量法又称描点法，是通过逐点测量一系列规定频率点上网络的增益（或衰减）来确定幅频特性曲线的方法，其原理如图 7-4 所示。图中的信号发生器为正谐波信号发生器，作为被测网络的信号源，提供频率和电压幅度均可调节的正谐波输入信号；电压表用来监测被测网络输入端和输出端的电压，其中电压表 I 作为网络输入端的电压幅度指示器，电压表 II 作为网络输出端的电压幅度指示器；示波器主要用来监测网络输入端与输出端的波形。

2）点频法的测量方法

在被测网络的整个工作频段内，改变信号发生器输入网络的信号频率（注意，在改变输入信号频率的同时，要保持输入电压的幅度恒定，这里用电压表 I 来监测），在被测网络输出端用电压表 II 测量出各频率点相应的输出电压，并做好测量数据的记录。在整个测量过程中，应注意观察示波器所显示的输入与输出波形，保持不能失真。然后以横轴表示频率的变化，纵轴表示输出电压幅度的变化，将每个频率点及对应的输出电压进行描点，连成光滑的曲线，即可得到被测网络的幅频特性曲线，如图 7-5 所示。

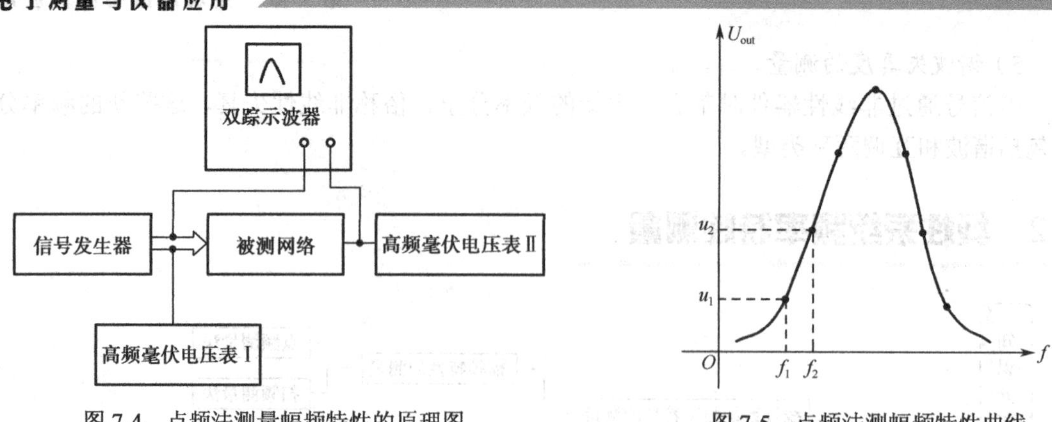

图 7-4　点频法测量幅频特性的原理图

图 7-5　点频法测幅频特性曲线

3）点频测量法的特点

点频测量法是一种静态测量法，它的优点是测量时不需要特殊的仪器仪表，测量方法简单，测量的准确度比较高，能反映出被测网络的静态特性，是工程技术人员在没有频率特性测试仪的条件下进行现场测量研究和分析的基本方法之一。但是由于测试频率点是不连续的，因而这种方法的缺点是操作烦琐、工作量较大、测量速度也比较慢而且容易漏测某些突变点，不能反映被测网络的动态特性。

2．扫频测量法（动态测量法）

1）扫频测量法的概念

扫频测量法是在点频测量法的基础上发展起来的。所谓“扫频”就是利用某种方法，使激励正谐波信号的频率随时间变化并按一定规律在一定范围内反复扫描。这种频率扫描的信号就是“扫频信号”。扫频测量法就是将等幅的扫频信号加至被测电路的输入端，然后用显示器来显示信号通过被测电路后的幅度变化。由于扫频信号的频率是连续变化的，因此在屏幕上可以直接显示出被测电路的幅频特性。其基本工作原理如图 7-6 所示。由图可知，它是利用一个扫频信号发生器取代点频测量法中的正谐波信号发生器，用示波器取代点频测量法中的电子电压表而组成的。

2）扫频测量法的基本原理

（1）扫描电压的产生。由扫描电路产生的线性良好的锯齿波电压，也称为扫描电压（如图 7-6 中的 u_1）。这个锯齿波电压一方面加到扫频振荡器中对其振荡频率进行调制，使其输出信号的瞬时在一定的频率范围内由低到高做线性变化，但其幅度不变，这就是前面所说的扫频信号；另一方面，该锯齿波电压通过 X 放大器放大后加到示波管的 X 偏转系统，控制电子束水平偏转，配合 Y 偏转信号来显示图形。

（2）扫频信号的产生。图 7-6 中的扫频信号发生器是关键环节，由它产生一个幅度恒定且频率随时间线性连续变化的信号作为被测网络的输入信号，即扫频信号（如图 7-6 中的 u_2）。该扫频信号经过被测网络后就不再是等幅的，而是幅度按照被测网络的幅频特性进行相应的变化，它相当于调幅波（如图 7-6 中的 u_3）。该调幅波包络线的形状就是被测电路的幅频特性。再通过检波器取出该调幅波上的包络线（如图 7-6 中的 u_4），最后经过 Y 通道放大，加到示波器的 Y 偏转系统，来控制电子束垂直偏转，最终在荧光屏上显示。

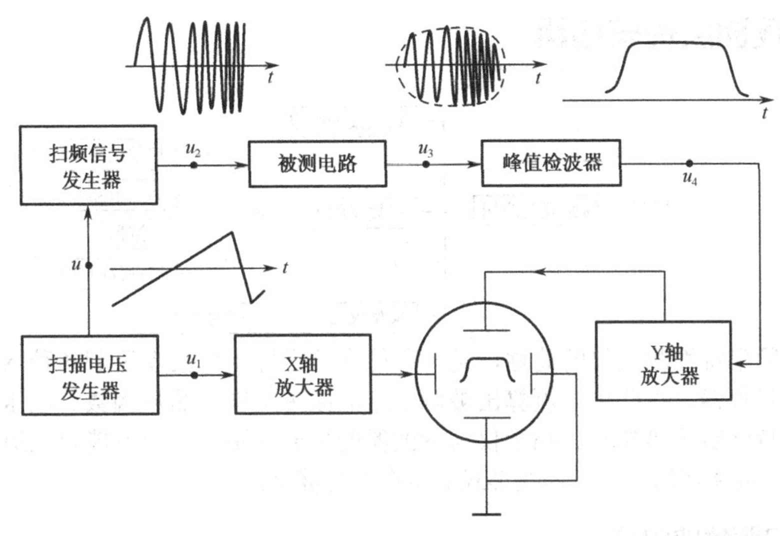

图 7-6　扫频法测量幅频特性

（3）时间–频率变换（*t-f* 变换）。由于示波管的水平扫描电压同时又用于调制扫频振荡器形成扫频信号，因此示波管荧光屏光点的水平移动与扫频信号随时间的变化规律完全一致，所以水平轴也就变换成频率轴。这就是说，在荧光屏上显示的波形就是被测网络的幅频特性曲线。

3）扫频测量法的特点

扫频测量法的优点是测量过程简单，速度快，既不会产生漏测现象，还可以边测量边调试，从而大大提高了工作效率。扫频法反映的是被测网络的动态特性，测量结果与被测网络的实际工作情况基本吻合，这一点对于某些网络的测量尤为重要，如滤波器动态滤波特性的测量等。扫频测量法的不足之处是测量的准确度比点频测量法低。

7.2.2　相频特性的测量

线性系统的频率特性还包括相频特性。在一些实际的应用系统中，相频特性对系统的性能有很大的影响。如在视频信号的传输中，相位失真会直接影响系统的传输质量，因而，此时保证系统良好的相频特性就显得非常重要。

在测量线性系统的相频特性时，以被测电路输入端信号作为参考信号，输出端信号作为被测信号，如图 7-7 所示。先调节正谐波发生器输出信号的频率，用相位计测量输出端信号与输入端信号之间的相位差（注意，在改变信号频率时，应保持其电压幅度恒定），再用描点法得到相位差随频率的变化规律，即为线性系统的相频特性。

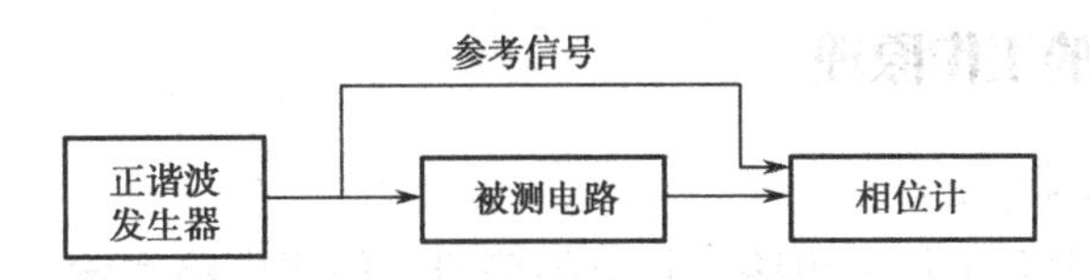

图 7-7　线性系统的相频特性测量

7.3 扫频仪的原理与应用

知识分布网络

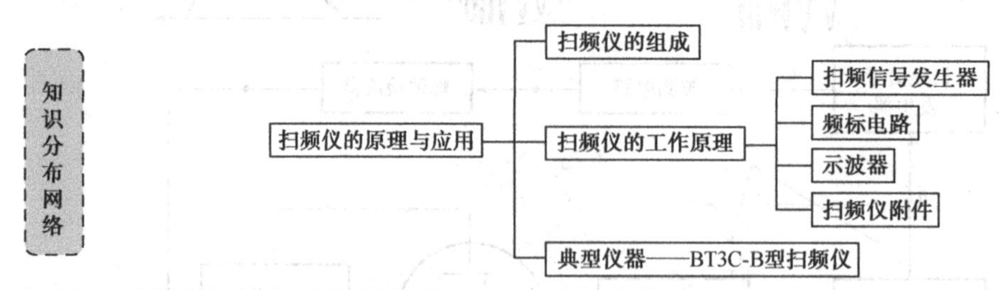

扫频仪是频率特性测试仪的简称，是一种能在荧光屏上直接观测到各种网络频率特性曲线的频域测量仪器，由此可以测算出被测电路的频带宽度、品质因数、电压增益、输出阻抗及传输线特性阻抗等参数。扫频仪与示波器的主要区别在于前者能自己提供测试时所需要的信号源，并将测试结果以曲线形式显示在荧光屏上。

7.3.1 扫频仪的组成

扫频仪是将扫频信号源与示波器的 X-Y 显示功能结合在一起，用示波管直接显示被测网络的幅频特性曲线，是用来描述网络传输函数的仪器。是一种快捷、简便、实时、动态、多参数、直观的测量仪器，广泛用于电子工程等领域。如电视机、收录机等家用电器的测试、调试都离不开频率特性测试仪。频率特性测试仪主要由扫描信号发生器、频标电路和示波器三个部分组成，此外，扫频仪还有一套附件——检波探头和电缆探头。其基本结构如图 7-8 中的虚线框所示。

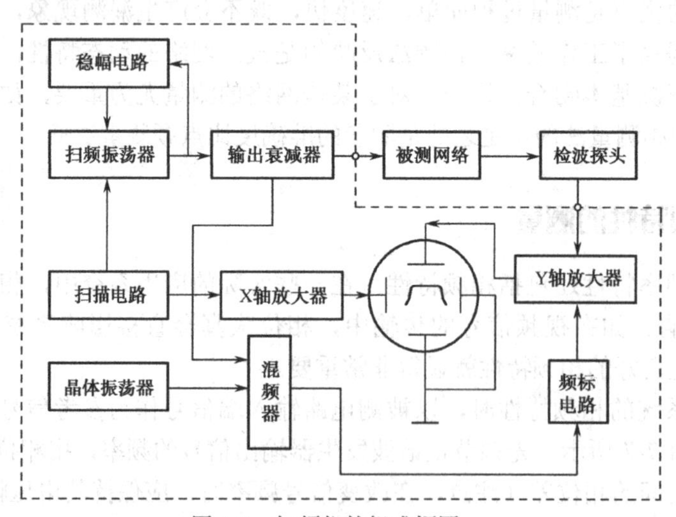

图 7-8　扫频仪的组成框图

7.3.2 扫频仪的工作原理

1. 扫频信号发生器

扫频信号发生器主要由扫描电路、扫频振荡器、稳幅电路和输出衰减器等构成，是组成频率特性测试仪的关键部分。它具有一般正谐信号发生器的工作特性，输出信号的幅度

和频率均可调节；另外，它还具有扫频工作特性，其扫频范围（频偏宽度）也可以调节。

1）扫描电路

扫描电路也称扫描发生器，用于产生扫频振荡器产生扫频信号所需要的调制信号及示波管所需要的扫描信号。它既是扫频信号发生器的组成部分，也是示波器的组成部分。扫描电路的输出信号有时不是锯齿波，而是正谐波或三角波。这些信号一般是由 50Hz 市电通过降压之后获得的，或由其他正谐波信号经过限幅、整形、放大及积分之后得到。这种电路可以简化电路结构，降低成本。由于调制信号与扫描信号的波形相同，因此该电路并不会使所显示的幅频特性曲线失真。

2）扫频振荡器

扫频振荡器是扫频信号发生器的核心部分，它的作用是产生等幅的扫频信号。产生扫频信号的方法很多，有磁调电感法、YIC（Yttrium Iron Garnet，钇铁石榴石）谐振法、变容二极管法等方法，比较常用的是变容二极管法。

变容二极管扫频振荡器的原理如图 7-9 所示。图中，VT_1 组成电容三点式振荡电路；VD_1、VD_2 为变容二极管，它们与 L_1、L_2 及 VT_1 的结电容构成振荡回路；C_1 为隔直电容；L_2 为高频阻流圈。调制信号经 L_2 加至变容二极管 VD_1、VD_2 两端，当调制电压随时间作周期性变化时，VD_1、VD_2 结电容的容量也随之变化，使振荡器产生扫频信号。变容二极管扫频振荡器的电路结构简单，频偏宽，对调制信号几乎不消耗功率，一般用于晶体管类的扫频仪。

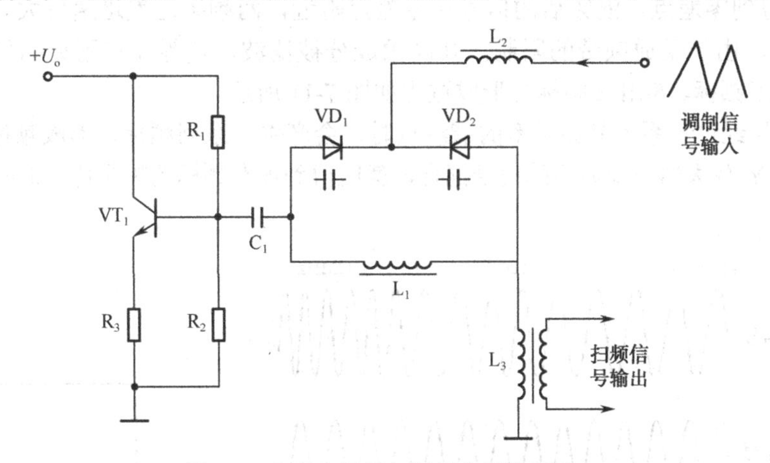

图 7-9　变容二极管扫频振荡器原理图

3）稳幅电路

稳幅电路的作用是减少寄生调幅，保证扫频信号的幅度恒定，扫频振荡器在产生扫频信号的过程中，都会不同程度地改变振荡回路的 Q 值，从而使振荡幅度随调制信号的变化而变化，即产生了寄生调幅。抑制寄生调幅的方法很多，最常用的方法是从扫频振荡器的输出信号中取出寄生调幅分量并加以放大，再反馈到扫频振荡器去控制振荡管的工作点或工作电压，使扫频信号的振幅恒定。

4）输出衰减器

输出衰减器用于改变扫频信号的输出幅度。在扫频仪中，衰减器通常有两组：一组为

粗衰减，一般每挡按照 10dB 或 20dB 步进衰减；另一组为细衰减，每挡按照 1dB 或 2dB 步进衰减。多数扫频仪的输出衰减量可达到 100dB。

2．频标电路

频率标记电路简称频标电路，它的作用是产生具有频率标记的图形，叠加在幅频特性曲线上，以便读出各点相应的频率值。频标的产生通常采用差频法，其原理框图如图 7-10 所示。

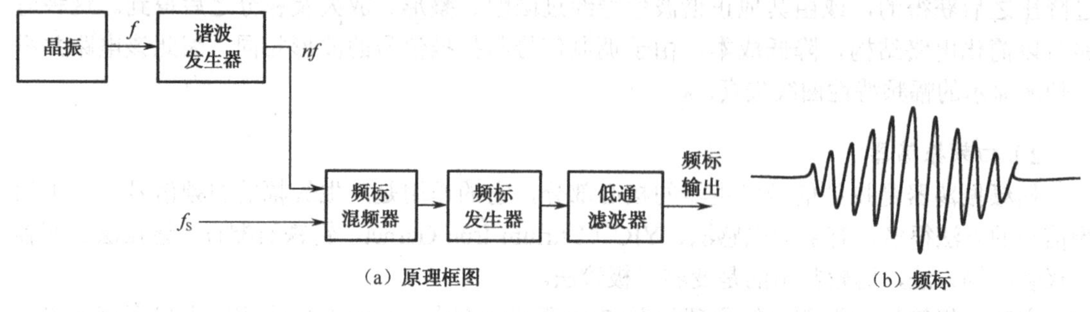

（a）原理框图　　（b）频标

图 7-10　差频法产生频标的原理框图

图 7-10 中，对晶体振荡器输出的正弦波进行限幅、整形、微分，形成含有丰富谐波成分的尖脉冲，再与扫频信号混频而得到菱形频标。设晶体振荡器的频率为 f，其谐波为 nf，扫频信号的频率为 f_s，f_s 是一个频率大范围变化的信号。晶振谐波与扫频信号在混频器中混频，$f_s=nf$ 时得到零差点。混频后的信号在零差点附近，两频率之差迅速变大。该信号通过低通滤波器时，由于受通频带的限制，其高频成分被滤波，使零差点附近的信号幅度迅速衰减而形成菱形频标。5MHz 频标的形成过程如图 7-11 所示。

当扫频信号经过一系列晶振频率的谐波点时，会产生一系列频标，形成频标群。把这些频标信号加至 Y 放大器与检波后的信号混合，就能得到加有频标的幅频特性曲线，如图 7-12 所示。

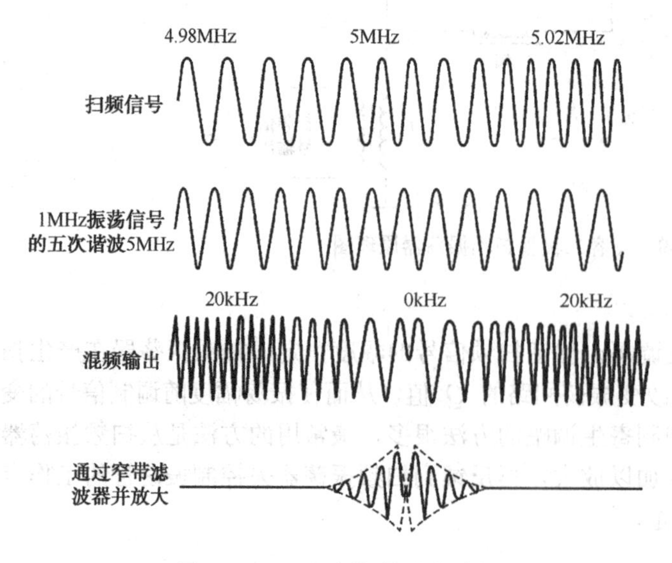

图 7-11　5MHz 频标的形成过程

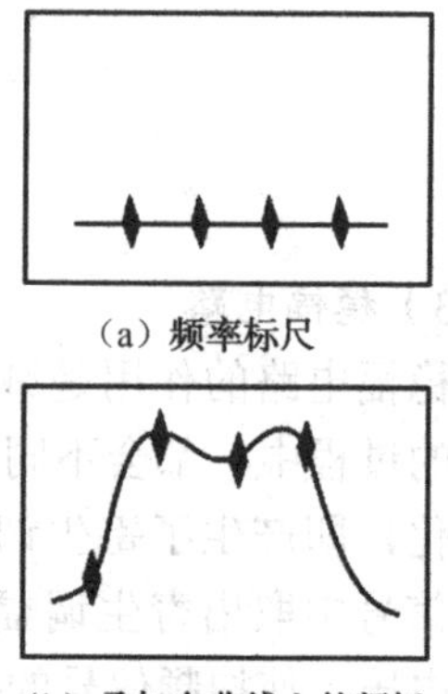

（a）频率标尺

（b）叠加在曲线上的频标

图 7-12　荧光屏上的频标

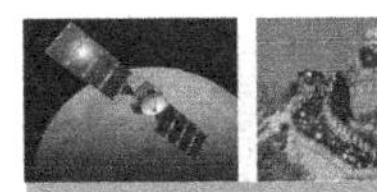

为提高分辨力，在低频扫频仪中常采用针形频标。在显示曲线上，针形频标是一根细针，宽度比菱形频标窄，在测量低频电路时有较高的分辨力。只要在菱形频标产生电路后面增加整形电路，使每个菱形频标信号产生一个单窄脉冲，便可形成针形频标。

3．示波器

示波器主要包括垂直通道、水平通道和主机通道三个部分，与前面所讲的“通用示波器”部分相似，这里不再赘述。

4．扫频仪附件

扫频仪附件包括检波探头（也称输入探头）和电缆探头（也称输出探头），它是扫频仪外部的一个电路部件。其中检波探头用于直接探测被测网络的输出电压，它与示波器的衰减探头外形相似（体积稍大），但电路结构和作用不同，其内含有晶体二极管，起包络检波作用。而电缆探头则用于将等幅的扫频信号传送至被测网络的输入端。由此可知，扫频仪有一个输出端口和一个输入端口，输出端口输出等幅扫频信号，以作为被测网络的输入测试信号；输入端口接收被测网络经检波后的输出信号，在测试时频率特性测试仪与被测网络构成闭合回路。

7.3.3　典型仪器——BT3C-B 型扫频仪

BT3C-B 型频率特性测试仪是由 1～300MHz 宽带 RF 信号源和 7 寸大屏幕显示器组成的一体化宽带扫频仪，广泛应用于 1～300MHz 范围内各种无线电网络接收和发射设备的扫频动态测试。如各种有源无源四端网络、滤波器、鉴频器及放大器等的传输特性和反射特性的测量，特别适用于各类发射和差转台、MATV 系统、有线电视广播及电缆的系统测试。其内部采用先进的表面安装技术（SMT），关键部件选用先进的优质器件，输出衰减器由电控衰减并采用轻触式步进控制，输出衰减量由 LED 数字显示。确保了整机工作的可靠性，其独特的设计构思提高了仪器的性价比。本仪器功能齐全，既可满足 1～300MHz 范围内全频段一次扫频宽带测试需要，也可进行窄带扫频和给出稳定的单频信号输出。输出动态范围大，谐波值小，输出衰减器采用电控衰减，适用于各种工作场合。具有多种标志可供用户选择。该产品体积小、重量轻、便于携带，适合室内外各种不同工作环境，是工厂、院校和科研部门的理想测试仪器。

1．性能参数

（1）有效频率范围：1～300MHz。

（2）扫频方式：全扫、窄扫、点频三种工作方式。

（3）中心频率：窄扫中心频率在 1～300MHz 范围内连续可调。

（4）扫频宽度：全扫——优于 300MHz；
窄扫——在 1～20MHz 范围内连续可调；
点频——连续正弦波 1～300MHz 连续可调。

（5）输出电平及阻抗：输出电平—— 0dB 时 500mV±10%（75Ω负载时）；
输出阻抗——75Ω。

（6）稳幅输出平坦度：1～300MHz 范围内系统平坦度优于±0.35dB。

（7）扫频线性：相邻 10MHz 线性比优于 1∶1.3。

（8）输出衰减：粗衰减——10dB×7 步进，误差优于±2%*A*±0.5dB（*A* 为示值）；

细衰减——1dB×9 步进，误差优于±0.5dB；

电控，数字显示。

（9）标记种类、幅度：菱形标记——给出 50MHz、10/1MHz、外接三种菱形标记；

外频率标记——仪器外频标输入端输入约 6dB 的 10～300MHz 正谐波信号，可产生外频率标志的菱形标记；

标记幅度——菱形标记显示不低于 0.5cm，10/1MHz 可分，幅度连续可调。

（10）垂直显示与垂直偏转因数：分为×1、×10 两种；Y 幅度连续可调。垂直偏转因数优于 $0.5\text{mV}_{\text{p-p}}$/div。

（11）水平显示：水平幅度在 0.5～1.2 倍屏幕范围内连续可调，位移量大于 2 格。

（12）显示器：7in 中余辉磁偏转显示管。

（13）安全性能：仪器电源进线与机壳之间绝缘电阻大于 2MΩ，泄漏电流小于 5mA，并且在 1 500V 正弦交流试验电 1min 应无飞弧或击穿现象。

（14）工作电压：AC 220±10%，50Hz±5%。

（15）仪器功耗：约为 50W。

（16）仪器尺寸及重量：尺寸为 380mm×200mm×360mm，重量为 8kg。

（17）仪器连续工作时间：不低于 8h。

2．面板功能及操作说明

BT3C-B 型频率特性测试仪的实物及前面板结构如图 7-13 所示，下面分别介绍面板上各个控制装置、旋钮的名称、作用和基本操作方法。

（1）屏幕：位于面板的左上角，显示的频率为左低右高。

（2）电源开关：按下电源接通。

（3）亮度旋钮：用于调节屏幕上显示图形的明暗程度。

（4）X 位移旋钮：用于调节屏幕上显示图形的水平位置。

（5）X 幅度旋钮：用于调节屏幕上显示图形的水平幅度（即调节水平方向的增益）。

（6）外频输入接口：当“频标方式”选择按键置于“外标”时，外来的标准信号发生器的信号由此插座输入，此时在扫描线上显示外接频标信号的标记。

（7）LED 显示器：用于显示衰减 dB 数，在 00～79 之间变化。

（8）细衰减按钮：0～9dB 步进，“+”增加衰减量，“−”减少衰减量。

（9）粗衰减按钮：0～70dB 步进，“+”增加衰减量，“−”减少衰减量。

（10）Y 输入接口：被测电路的输出端用检波探头连接输入，其信号经垂直放大器放大，便可显示出该信号的曲线波形。

（11）Y 位移旋钮：用于调节屏幕上的垂直显示位置。

（12）扫频输出端口：输出 RF 扫频信号，可用 75Ω匹配电缆探头或开路电缆来连接，引送到被测电路的输入端，以便进行测试。

（13）Y 增益旋钮：用于调节屏幕上图形的垂直幅度（即调节垂直方向的增益）。

（14）Y 方式选择按键：分为 AC/DC 选择、×1/×10 选择、+/−极性选择 3 个按键。

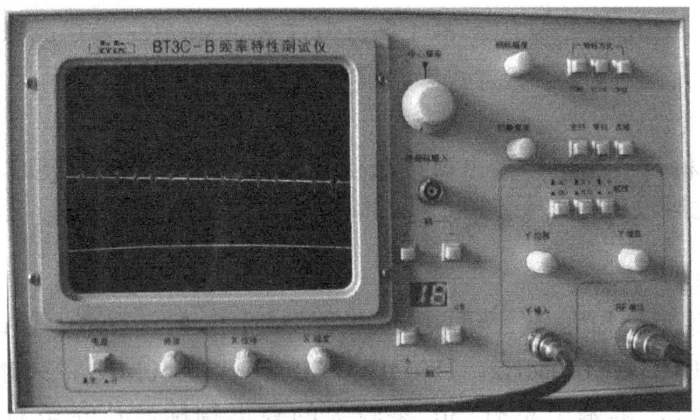

（a）BT3C-B型扫频仪实物图

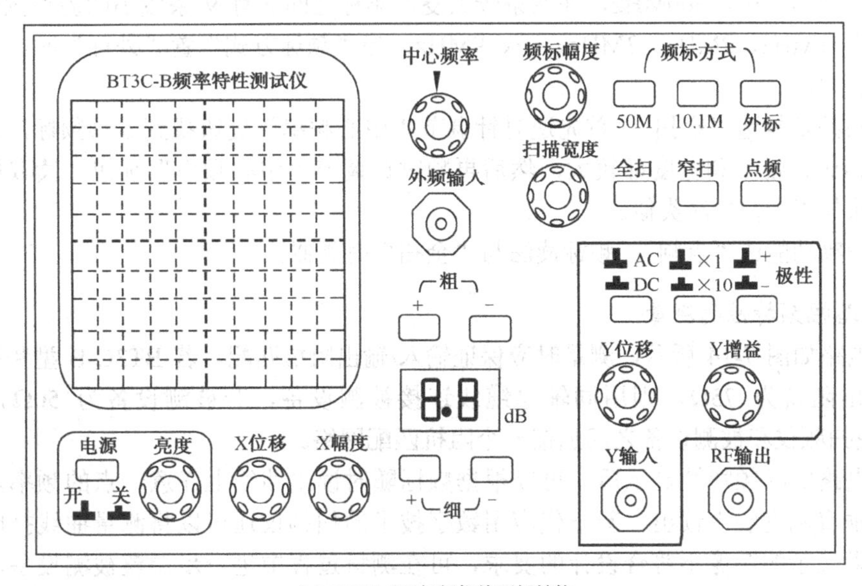

（b）BT3C-B型扫频仪前面板结构

图 7-13　BT3C-B 型扫频仪

（15）扫频功能选择按键：分为全扫、窄扫、点频（CW）3 挡。

（16）频标方式选择按键：分为 50MHz、10/1MHz（面板上为 10.1M）和外标 3 种方式。

（17）扫频宽度旋钮：用于在窄扫状态下调节频率范围。

（18）频标幅度旋钮：用于调节频标幅度的大小。幅度不宜太大，以观察清楚为准。

（19）中心频率旋钮：能连续改变中心频率，用于在窄扫及点频时调节中心频率。

3. 使用方法

1）仪器的基本操作和检查

（1）基本操作检查：先接通电源按下开关，将“粗”、“细”衰减器均置零，扫频功能选“全扫”，频标方式为 50MHz，检波探头接“RF 输出”端口，再将检波探头输出与“Y 输入”端口直接相连，并适当调节“Y 位移”旋钮和“Y 增益”旋钮，此时可在显示屏上看到一个检波后的方框，说明仪器工作正常。使用时还应适当调节“亮度”、“X 位移”和“X 幅度”等旋钮，使波形显示清晰。

（2）频率检查：在屏幕上应有 6 条（有时为 7 条）50MHz 菱形频标，并可看到左边的零频频标（幅度最大）。当“频标方式”改变时，频标也应相应改变，“扫频功能”改变，扫频方式也相应改变。

（3）输出功能检查：在扫频输出口接毫伏表，将“粗”、“细”衰减器均置零，扫频功能键置“点频”，此时输出应大于 500mV±10%。

2）频标的读法

（1）扫频功能选“全扫”：当“频标方式”置 50MHz 时，屏幕上总有 6 条菱形频标，从左至右依次为 50MHz、100MHz、150MHz、200MHz、250MHz、300MHz；当“频标方式”置 10/1MHz 时，屏幕上总有 30 条较大的菱形频标，从左至右依次为 10MHz、20MHz、30MHz、…、300MHz，在两条较大菱形频标之间又有 9 条较小的菱形频标，从左至右依次为 1MHz、2MHz、3MHz、…、9MHz；当“频标方式”置“外标”时，显示外接信号频率的频标。

（2）扫频功能选“窄扫”：首先逆时针调节“中心频率”旋钮找到零频频标，该频标与其他频标相比，幅度和宽度都较大，然后再顺时针调节“中心频率”旋钮，读取屏幕上的频标，读法与“全扫”时类似。

（3）扫频功能选“点频”：频标读法与“全扫”时类似。

3）电路幅频特性的测量

测量电路如图 7-14 所示，测量时应保证输入/输出阻抗匹配。若 BT3C-B 型频率特性测试仪的输出阻抗为 75Ω，则用同轴电缆线连接被测设备，若被测设备为 50Ω，则应在 BT3C-B 型扫频仪和被测设备之间加接一个阻抗匹配网络。

被测电路的幅频特性显示后，可以根据频标随时读出曲线上任意一点的频率，显示幅度可以从垂直刻度线上读出。新一代应用数字技术的扫频仪还可以将测量曲线打印或存储输出。如果显示的图像不符合设计的要求，可在测量过程中进一步调整被测设备，这也是动态测量的最大优点。这种幅频特性的测量为各种电路的调整带来了极大的方便，例如，滤波器、宽带放大器、调频接收机的中放和高放、雷达接收机、单边带接收机、电视接收机的视频放大、高放和中放通道，以及其他有源和无源四端口网络等，其频率特性都可以用扫频仪进行测量。图 7-15 给出了典型滤波器的频率特性曲线。

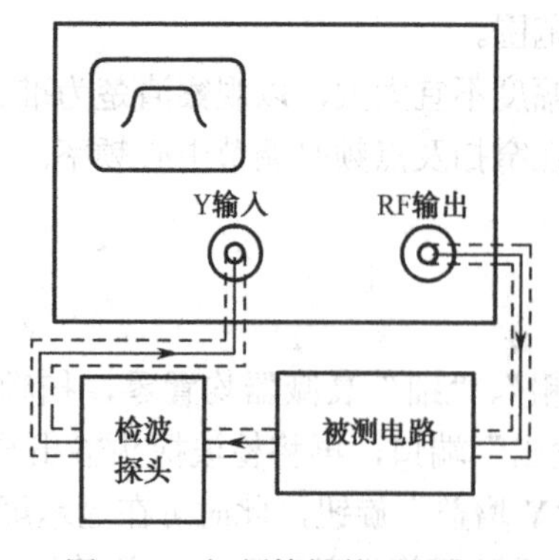

图 7-14　幅频特性的测量电路

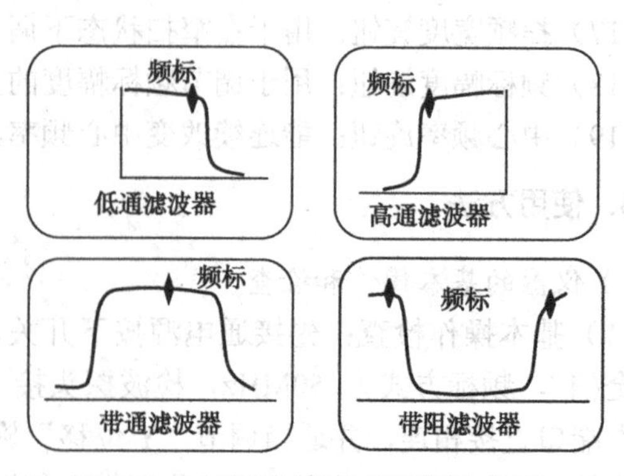

图 7-15　典型滤波器的频率特性曲线

4）电路参数的测量

从上面所测得的幅频特性曲线上可以求得各种电路参数。

（1）增益的测量：在稳定的幅频特性曲线上，先用“粗”、“细”衰减按钮控制扫频信号的电压幅度，使其符合电路设计时要求的输入信号幅度。衰减器的总衰减量不小于放大器设计的总增益。记下此时屏幕上显示的幅频特性的高度 A，输出总衰减设为 B_1（dB）；再将检波器探头直接和扫频输出端短接，改变“输出衰减”，使幅频特性的高度仍然为 A，此时输出衰减器的读数若为 B_2（dB），则该放大器的增益可由式（7-1）计算：

$$A_V = B_1 - B_2 \tag{7-1}$$

（2）带宽的测量：先调节扫频仪的输出衰减和 Y 增益，使频率特性曲线的顶部与屏幕上某一水平刻度相切［如图 7-16（a）中与 AB 线相切］；然后保持 Y 增益不变，将扫频仪输出衰减减小 3dB，则此时屏幕上的曲线将上移而与 AB 线相交，两交点处的频率分别为下限频率 f_L 和上限频率 f_H［如图 7-16（b）所示］。可由式（7-2）计算被测电路的频带宽度：

$$BW = f_H - f_L \tag{7-2}$$

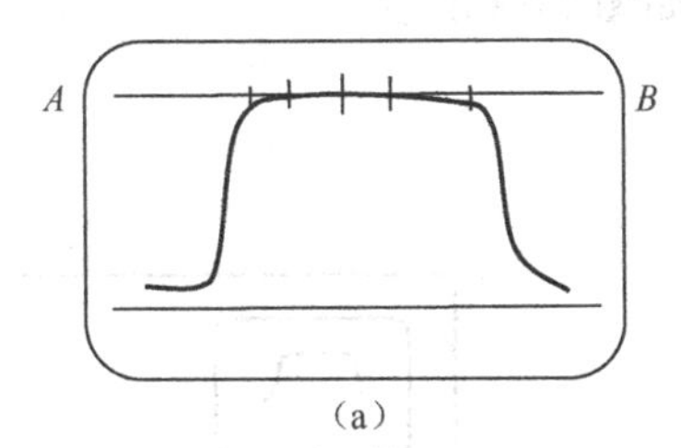

（a）

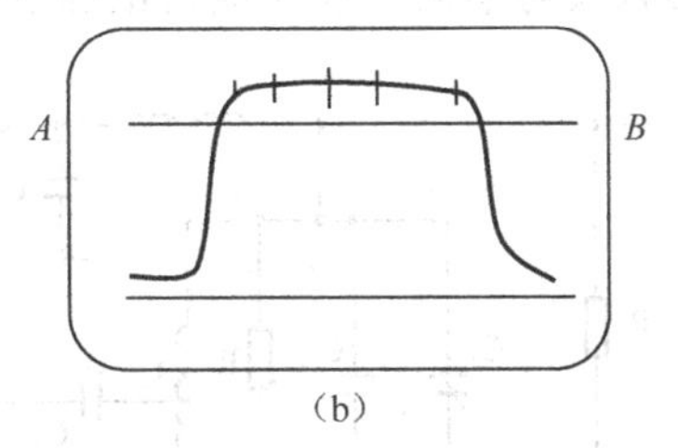

（b）

图 7-16　扫频仪测量带宽

（3）回路 Q 值的测量：测量电路的连接和测量方法与测量回路的带宽相同。用外接频标测出回路的谐振频率 f_0 及上、下截止频率 f_H、f_L，然后按下式计算出回路的 Q 值。

$$Q = \frac{f_0}{BW} = \frac{f_0}{f_H - f_L} \tag{7-3}$$

实验 8　频率特性测试仪的使用

1．实验目的

（1）掌握 BT3C-B 型频率特性测试仪的面板装置和操作方法。

（2）会用 BT3C-B 型频率特性测试仪测试单调谐放大电路的频率特性。

2．实验器材

（1）BT3C-B 型频率特性测试仪 1 台。

（2）单调谐放大电路板 1 块。

（3）直流稳压电源 1 台。

3．实验内容与步骤

1）仪器的基本操作与检查（BT3C-B 型频率特性测试仪的面板图如图 7-13 所示）

按下“电源”开关，预热 5～10min，进行下列调整。

（1）调节“亮度”旋钮，使扫描线亮度适中。

（2）将“粗”、“细”衰减器均置零，扫频功能选“全扫”，频标功能置 50MHz，检波器接“RF 输出”口，再将检波器输出与“Y 输入”端口直接相连，并适当调节“Y 位移”旋钮和“Y 增益”旋钮，Y 方式选择开关置“×1”挡，此时可在显示屏上看到一个检波后的方框，说明仪器工作基本正常。使用时还应适当调节“X 位移”和“X 幅度”等旋钮，使波形显示清晰。

（3）频率检查：在屏幕上应有 6 条 50MHz 标志，并可看到左边的零频频标。当频标按键改变时，频标也相应改变，扫频功能改变，扫频方式也相应改变。

（4）输出功率的检查：在扫频输出口接毫伏表，将“粗”、“细”衰减器均置零，扫频功能键置“点频”，此时输出应大于 500mV±10%。

2）测试单调谐放大电路的幅频特性曲线

（1）单调谐放大电路如图 7-17 所示。

（2）将扫频仪与单调谐放大电路正确连接，如图 7-18 所示。

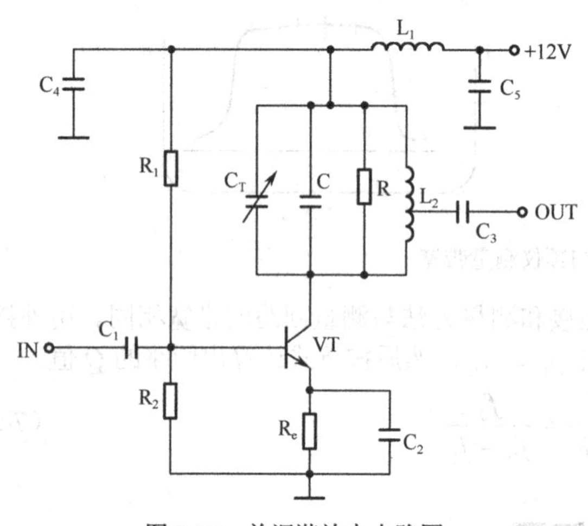

图 7-17　单调谐放大电路图

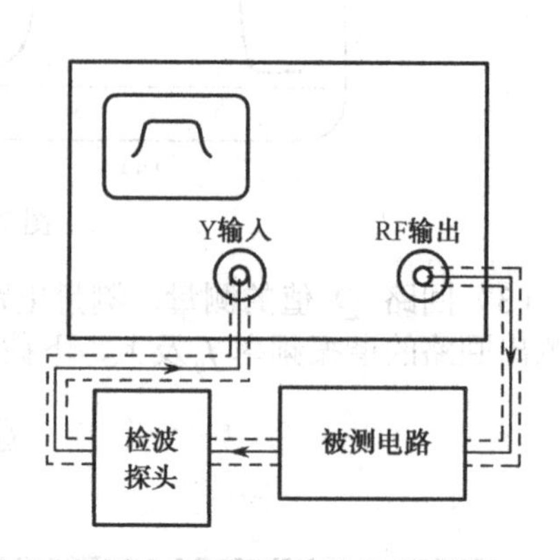

图 7-18　测试电路连接图

3）增益测量

先将扫频仪检波探头与扫频仪信号输出端连接，将 Y 方式选择置“×1”（相当于衰减 20dB）的位置，调节“Y 增益”旋钮，使图形高度为 H 格（如 5 格），记下此时扫频信号输出衰减 LED 显示的读数，设为 B_2 dB。然后接入单调谐放大电路，在不改变 Y 方式选择及“Y 增益”旋钮位置的前提下，调节“粗”、“细”衰减按键，使图形高度仍保持为 H 格。若此时输出衰减 LED 显示的读数为 B_1 dB，则放大器增益 $A_V = B_1 - B_2$。

4）测量单调谐放大电路的带宽及品质因数 Q 等参数（自拟操作步骤）

4．实验报告要求

（1）自制表格，记录测量数据。

（2）总结测量过程，列出注意事项。

（3）分析可能出现的误差，提出减小误差的方法。

（4）写出心得体会。

案例 7　用频谱分析仪测量有线电视信号

频谱分析仪是用来显示输入信号的功率（或幅度）对频率分布的仪器，称为频谱仪。其主要功能是测量信号的频率响应，横轴代表频率，纵轴代表信号的功率或电压的数值，可以用线性或对数刻度来显示测量的结果。频谱分析仪的应用范围相当广泛，如用于卫星接收系统、无线电通信系统、基站辐射场强的测量、电磁干扰等高频信号的测量与分析，同时它也是研究信号成分、信号失真度、信号衰减量、电子组件增益等特性的主要仪器。总之，频谱仪以图形方式显示被测信号的频谱、幅度、频率，既可以全景显示，也可以选定带宽测量。下面以德力 DS8831Q 频谱分析仪测量电视射频信号的幅度为例引入课题。

有线电视信号的幅度测量就是我们常说的电平测量，有线电视的幅度是一个信号最基本也是非常重要的指标，下面就如何测量一个有线电视信号的幅度进行说明。

（1）如图 7-19 所示是频谱分析仪的开机默认界面。

（2）接上有线电视线后，我们眼前的这个界面是有线信号的频谱图，要对信号进行测量，首先应进入“有线电视测量”，按下“有线电视测量”按键，如图 7-20 所示。

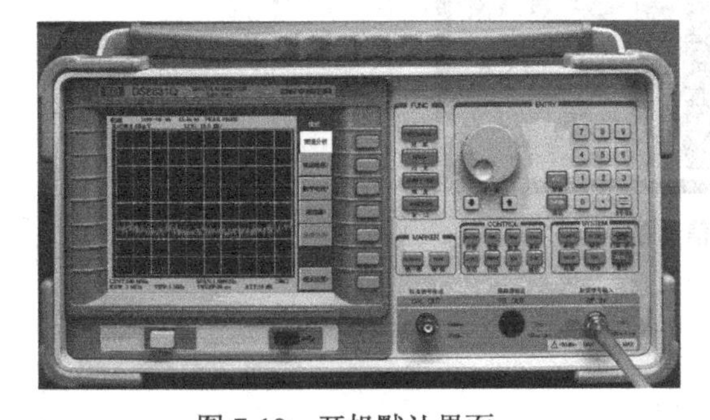

图 7-19　开机默认界面

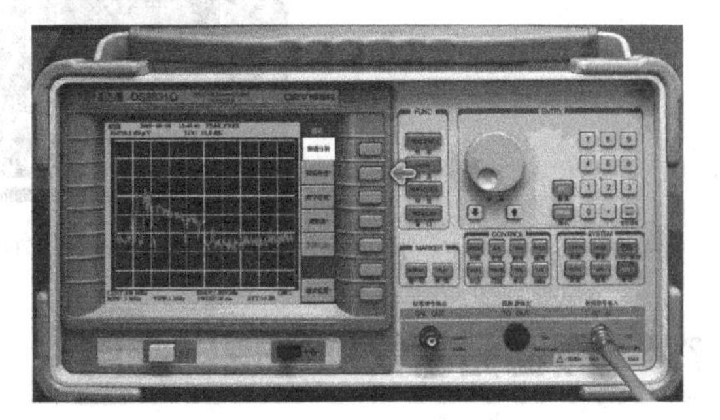

图 7-20　选择测量类型

（3）当前是有线电视测量下的一些子菜单，要对某频道的信号进行测量，应按“频道测量”按键，如图 7-21 所示。

（4）进入“频道测量”，既然是“频道测量”，就应该进入具体的频道，当前界面要求输入“频道号”，在这里选取“D7”频道为例，如图 7-22 所示。

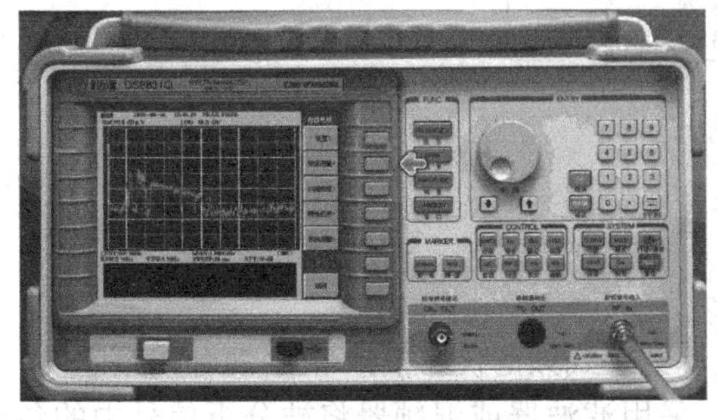

图 7-21　选择测量类别

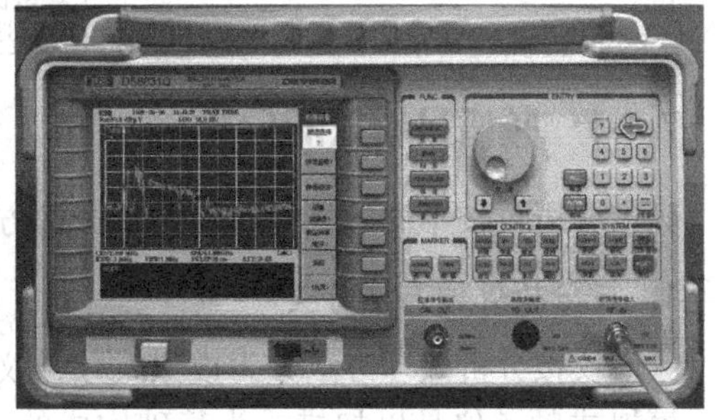

图 7-22　选择测量频道

（5）选取频道 7 进行测量，输入“7”，按“确定”键，如图 7-23 所示。

（6）由屏幕上的文字可以看到“D7”频道的中心频率为 177.78MHz，带宽为 8MHz。要对该频道进行幅度测量，可选择“载波频率/电平”菜单，直接按下此键即可进行信号的幅度测量，如图 7-24 所示。

（7）屏幕上会显示出图像信号和音频信号的幅度值，如图 7-25 所示。

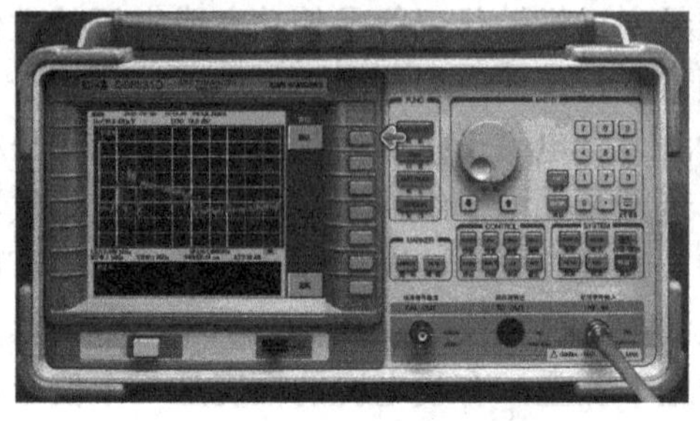

图 7-23 输入测量频道号

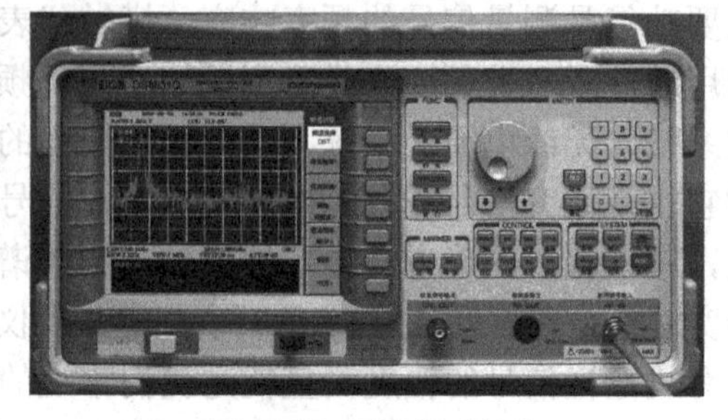

图 7-24 测量信号幅度

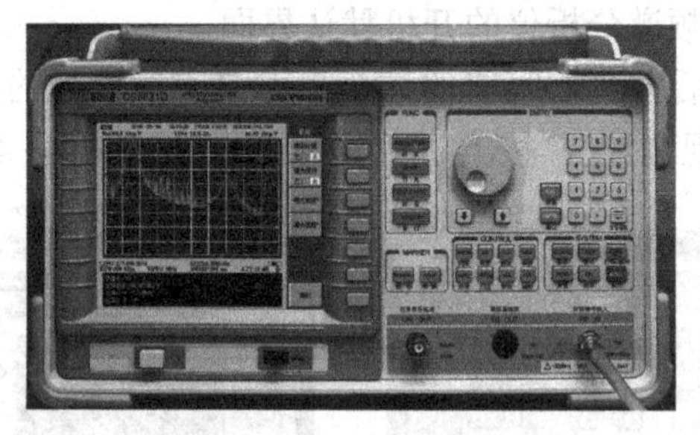

图 7-25 显示信号的信息

7.4 频谱分析仪的原理与应用

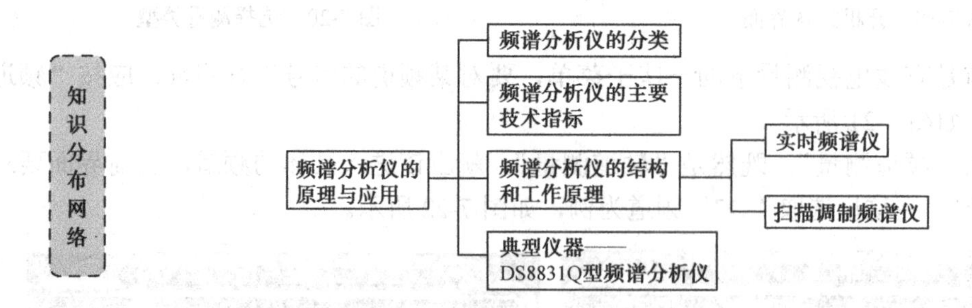

7.4.1 频谱分析仪的分类

频谱分析仪按不同的特性有不同的分类方法。

1. 按分析处理方法分类

频谱仪按分析处理方法分为模拟式频谱仪、数字式频谱仪、模拟/数字混合式频谱仪。

模拟式频谱仪是以扫描式为基础构成的，采用滤波器或混频器将被分析信号中的各种频率分量逐一分离。早期的频谱仪几乎都属于模拟滤波式或超外差式结构，并被沿用至今。数字式频谱仪是非扫描式的，以数字滤波器或傅里叶变换为基础构成。它的精度高、性能灵活，但受到数字系统工作频率的限制。目前单纯的数字式频谱仪一般用于低频段的实时分析，尚达不到宽频带高精度频谱仪的分析要求。

2．按处理实时性分类

频谱仪按处理实时性分为实时频谱仪和非实时频谱仪。实时分析应达到的速度与被分析信号的带宽及所要求的频率分辨率有关。一般认为，实时分析是指在长度为 T 的时间段内，完成频率分辨率达到 $1/T$ 的频谱分析；或者待分析信号的带宽小于仪器能够同时分析的最大带宽。在一定频率范围内数据分析速度与数据采集相匹配，不发生积压现象，这样的分析就是实时分析；如果待分析的信号带宽超过这个频率范围，则是非实时分析。

3．按频率周刻度分类

频谱仪按频率周刻度分为恒带宽分析式频谱仪和恒百分比带宽分析式频谱仪。恒带宽分析式频谱仪以频率轴为线性刻度，信号的基频分量和各次谐波分量在横轴上等间距排列，适用于周期信号和波形失真分析。恒百分比带宽分析式频谱仪的频率轴采用对数刻度，频率范围覆盖较宽，能兼顾高、低频段的频率分辨率，适用于噪声类广谱随机信号的分析。目前许多数字式频谱仪可以方便地实现不同带宽的傅里叶分析及两种频率刻度的显示，故这种分类方法并不适用于数字式频谱仪。

频谱仪还有其他的分类方法，例如，按输入通道数目分类，有单通道、多通道频谱仪；按工作频带分类，有高频、低频、射频微波等频谱仪；按频带宽度分类，有宽带频谱仪、窄带频谱仪；按基本工作原理分类，有扫描式频谱仪、非扫描式频谱仪。

7.4.2　频谱分析仪的主要技术指标

1．输入频率范围

输入频率范围是指频谱仪能够正常工作的最大频率区间，单位是赫兹（Hz）。该范围的上限和下限由扫描本振的频率范围决定。现代频谱仪的频率范围通常可从低频段到高频段，甚至为波段，如 1kHz～4GHz。这里的频率是指中心频率，即位于显示频谱宽度中心的频率。

2．分辨力带宽

分辨力带宽是指分辨频谱中两个相邻分量之间的最小谱线间隔，单位为赫兹（Hz）。它表示频谱仪能够把两个彼此靠得很近的等幅信号在规定的点处分辨开来的能力。在频谱仪屏幕上看到的被测信号的谱线实际上是一个窄带滤波器的动态幅频特性图形（类似钟形曲线），因此，分辨力取决于这个幅频产生的带宽。定义这个窄带滤波器幅频特性的 3dB 带宽为频谱仪的分辨力带宽。

3．灵敏度

灵敏度是指在给定分辨力带宽、显示方式和其他影响因素下，频谱仪显示最小信号的能力，以 dBm 、dBμ 、dBV 、V 等单位表示。超外差频谱仪的灵敏度取决于仪器的内噪声。当测量小信号时，信号谱线是显示在噪声谱线之上的。为了易于从噪声频谱中看到信

号谱线，一般信号电平应比内部噪声电平高 10dB。另外，灵敏度还与扫频速度有关，扫频速度越快，动态幅频特性的峰值越低，导致灵敏度越低，并产生幅值差。

4．动态范围

动态范围是指能以规定的准确度测量同时出现在输入端的两个信号之间的最大差值。动态范围的上限受非线性失真的制约。频谱仪的幅值显示方式有两种：线性和对数。对数显示的优点是在有限的屏幕上和有效的高度范围内，可获得较大的动态范围。频谱仪的动态范围一般在 60dB 以上，有时甚至达到 100dB 以上。

5．频率扫描宽度

频率扫描宽度又叫分析谱宽、扫宽、频率量程、频率跨度和频谱宽度，通常是指频谱仪显示屏在最左和最右垂直刻度线内所能显示的响应信号的频率范围（频谱宽度）。根据测试需要可自动调节或人为设置。扫描宽度表示频谱仪在一次测量（即一次频率扫描）过程中所显示的频率范围，可以小于或等于输入频率范围。频谱宽度通常分为以下三种模式。

（1）全扫频：频谱仪一次扫描其有效频率范围。

（2）每格扫频：频谱仪每次只扫描规定的频率范围。用每格表示的频谱宽度可以改变。

（3）零扫频：频率宽度为零，频谱仪不扫频，变成调谐接收机。

6．扫描时间

扫描时间是指进行一次全频率范围的扫描并完成测量所需要的时间，也叫分析时间。通常扫描时间越短越好，但为保证测量精度，扫描时间必须适当。与扫描时间相关的因素主要有频率扫描范围、分辨率宽度、视频滤波。现代频谱仪通常有多挡扫描时间可选择，最小扫描时间由测量通道的电路响应时间决定。

7．幅度测量精度

幅度测量精度可分为绝对幅度精度和相对幅度精度两种，均由多方面因素决定。绝对幅度精度是针对满刻度信号的指标，受输入衰减、中频增益、分辨刻度逼真度、频响及校准信号本身精度等的综合影响。相对幅度精度与测量方式有关，在理想情况下仅有频响和校准信号精度两项误差来源，测量精度可以很高。仪器在出厂前均要经过校准，各种误差已被分别记录下来并用于对实测数据进行修正，显示出来的幅度精度已有所提高。

8．1dB 压缩点和最大输入电平

（1）1dB 压缩点：在动态范围内因输入电平过高而引起的信号增益下降 1dB 时的点。1dB 压缩点表明了频谱仪的过载能力，通常出现在输入衰减 0dB 的情况下，由第一混频决定。输入衰减增大，1dB 压缩点的位置将同步增高。为避免非线性失真，所显示的最大输入电平（参考电平）必须位于 1dB 压缩点之下。

（2）最大输入电平：反映了频谱仪正常工作的最大限度，它的值一般由通道中的第一个关键器件决定。0dB 衰减时，第一混频是最大输入电平的决定性因素；衰减量大于 0dB 时，最大输入电平的值反映了衰减器的负载能力。

7.4.3　频谱分析仪的结构和工作原理

频谱分析仪工作原理的关键问题是如何将输入信号U_i（被测信号）按频率成分由低到高分离出来，然后将各频率分量的幅度谱线在 CRT 显示器上进行显示。其通常用带通滤波器（或电调谐滤波、混频器）借助于扫描信号来进行分离。下面介绍实时频谱仪和扫描频谱仪的基本结构及工作原理。

1. 实时频谱仪

实时频谱仪因为能同时显示其规定频率范围内的所有频率分量并保持两个信号间的时间关系（相位信息），所以不仅能分析周期性信号、随机信号，而且能分析瞬时信号。其工作原理是针对不同的频率信号而匹配相应的滤波器和检波器，再经同步多工扫描器将信号传送到 CRT 显示器上。其优点是能显示周期性散波的瞬间反应，缺点是价格昂贵且性能受限于频宽范围、滤波器的数目与最大的多工交换时间。实时频谱仪主要分为多通道频谱仪和快速傅里叶频谱仪两种类型。

1）多通道频谱仪

多通道频谱仪的组成和工作原理如图 7-26 所示。输入信号同时加到中心频率为f_{01}、f_{02}、f_{03}、…、f_{0n}的 n 个带通滤波器上，由于$f_{01}<f_{02}<f_{03}<\cdots<f_{0n}$，所以这 n 个带通滤波器实现了对输入被测信号按频率成分由低到高的分离。经过电子开关后送到检波器；检波器用于对带通滤波器分离出来的频率信号进行幅度检波、放大并送到 CRT 的垂直偏转电极板上。电子开关（S）是一个受扫描发生器产生的锯齿波信号控制的电子扫描开关，用来将 n 个信号轮流接入示波管的垂直偏转系统，使这 n 个信号在 CRT 显示器上轮流显示出来。但由于扫描速度快，示波管有余辉时间，再加上人眼的“视觉滞留”，所以我们看到的是 n 个信号同时显示在 CRT 显示器上。扫描发生器产生的锯齿波信号也同时加在示波管的水平偏转系统上，产生扫描时间基线。由于受滤波器数量及带宽的限制，这类频谱仪主要工作在音频范围。

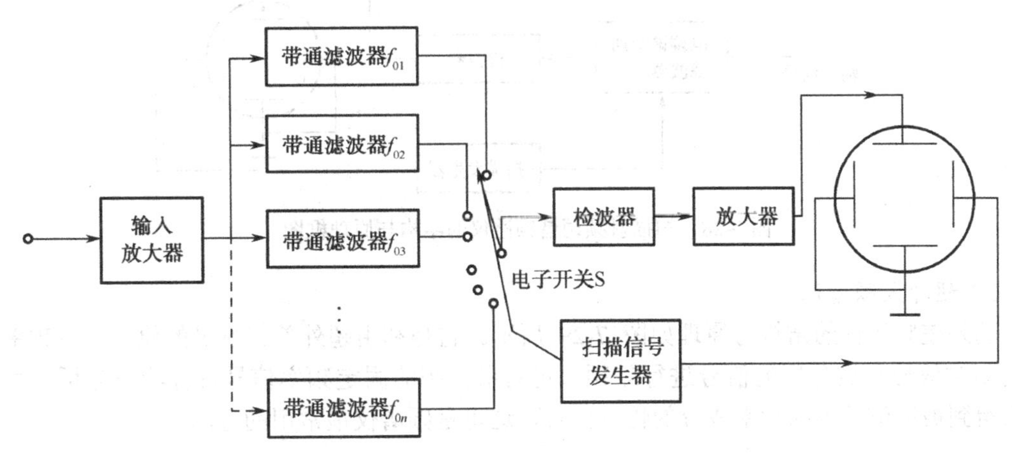

图 7-26　多通道频谱仪的组成和原理框图

2）快速傅里叶频谱仪

快速傅里叶分析法是一种软件计算法。当知道被测信号 $f(t)$的取样值 f_k时，可以用计算机按快速傅里叶变换（FFT）的计算方法求出 $f(t)$的频谱。现在已经有专门的 FFT 信号处理器，将它与数据采集和显示电路配合，可以组成快速傅里叶频谱仪，如图 7-27 所示。图中低通滤波器、取样电路、A/D 转换器和存储器等组成数据采集系统，将被测信号转换成数字量并送入 FFT 信号处理器中，按 FFT 计算法计算出被测信号的频谱并显示在显示器上。根据采样定理——最低采样速度应大于或等于被采样信号的最高频率分量的两倍，所以快速傅里叶频谱仪的工作频段一般在低频范围内。例如，HP3562A 的分析频带为 64μHz～100kHz，RE-201 的频率范围为 20Hz～25kHz。

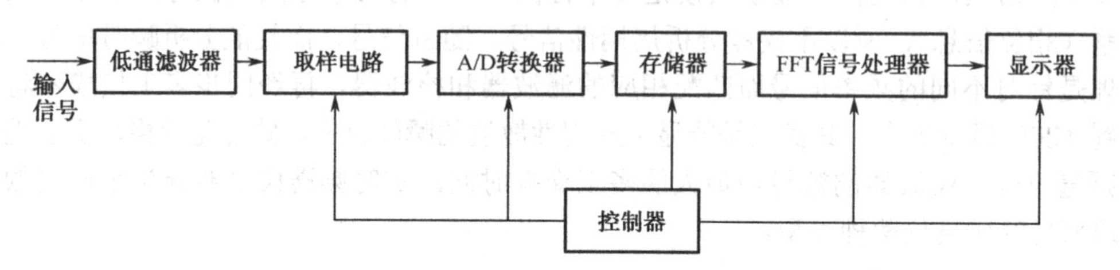

图 7-27　快速傅里叶频谱仪原理框图

2. 扫描调谐频谱仪

扫描调谐频谱仪因只对输入信号按时间顺序进行扫描调制，故只能分析在规定时间内频谱几乎不变的周期性信号。这种频谱仪有很宽的工作频率范围：DC 至几十兆赫兹。常用的扫描调谐频谱仪又分为扫描射频调谐频谱仪和超外差频谱仪两种。

1）扫描射频调谐频谱仪

扫描射频调谐频谱仪的结构与工作原理如图 7-28 所示。它是利用中心频率可调的带通滤波器（即电调谐带通滤波器）来调谐和分辨输入信号的，但是这种类型的频谱仪分辨力、灵敏度等指标比较差，所以开发的产品不多。

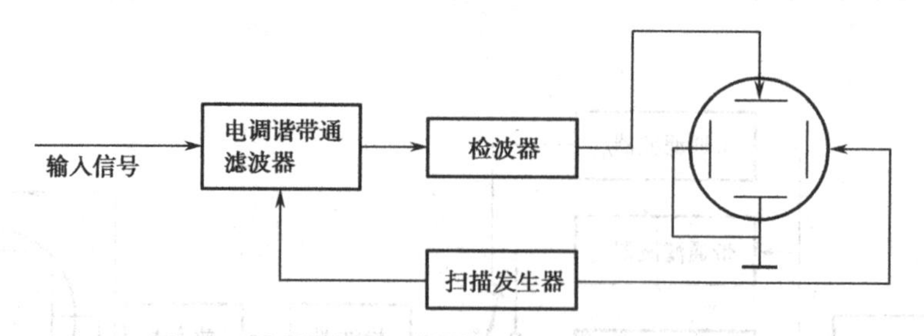

图 7-28　扫描射频调谐频谱仪的结构与原理框图

2）超外差频谱仪

超外差频谱仪的结构与原理如图 7-29 所示。它是利用超外差接收机的原理，将频率可变的扫频信号与被分析的信号进行差频，再对所得到的固定频率信号进行测量分析，由此依次得到被测信号不同频率成分的幅度信息，这也是频谱仪最常用的方法。

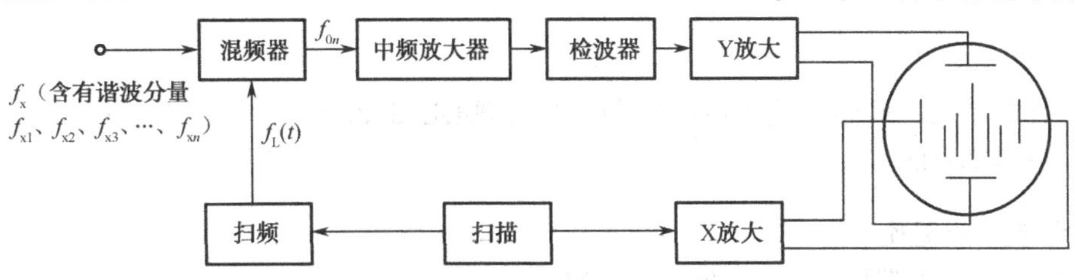

图 7-29　超外差频谱仪的结构与原理框图

实质上超外差频谱仪是一种具有扫频和窄带滤波功能的超外差接收机，它与其他超外差接收机的原理相似，它是利用扫频振荡器作为本机振荡器，中频电路具有频带很窄的滤波器，按外差方式选择所需频率分量。这样，当扫频振荡器的频率在一定范围内扫动时，会与输入信号中的各个频率分量在混频器中产生差频（中频），使输入信号的各个频率分量依次落入窄带滤波器的通道内，最终被滤波器选出并经检波器加到示波器的垂直偏转系统上，其光点的垂直偏转正比于该频率分量的幅值，由于示波器的水平扫描电压就是调制扫频振荡器的调制电压（由扫描发生器产生），所以水平轴变成频率轴，因此屏幕上显示的是输入信号的频谱图。

超外差频谱仪是目前应用最广泛的频谱仪，它具有从几赫兹（Hz）～几百吉赫兹（GHz）的极宽带频率范围、从几赫兹（Hz）～几兆赫兹（MHz）的分辨力带宽、80dB 以上的动态范围等高技术指标，如 HP8566B、AV4301/2，国产的 BP-1、QF-4031 等均属于超外差频谱仪。

7.4.4　典型仪器——DS8831Q 型频谱分析仪

德力全新 DS8831 系列实时数字频谱分析仪采用 8MHz 测量带宽，实时高速 DSP 数字处理技术，30Hz～8MHz 的数字中频带宽分析，可快速一次无缝截获和存储一段 RF 载波信号，再对截获信号进行实时分析和计算，具有在时间相关的频域、时域、相位域、调制域的同步分析功能。

在 DS8831 实时频谱仪系列产品中，DS8831F 为无线电监测频谱仪，可对客户设置的频段进行自动监测，如电磁环境监测、无线电设备工作状态监测、无线电干扰源监测、自动值守、记录和打印报告等。

DS8831Q 有线电视综合测试仪是世界上首款数字电视专用频谱仪，可实现模拟电视指标分析、数字 QAM 调制与传输分析、HFC 网络非线性失真分析、视频监测、网络泄露或侵入干扰分析、上行通道监测等功能。DS8831Q 以其实时的高速监测能力，在频域、时域、码域和各种调制域进行快速测量和计算，实现过去多种仪器才能完成的工作。

1. DS8831Q 主要测量指标

1）频率指标

（1）频率范围：1～1 000MHz

（2）基准频率稳定度：$\pm1\times10^{-6}$或$\pm1\times10^{-7}$

（3）频率温度稳定性：$\pm2\times10^{-6}$(0～50)℃

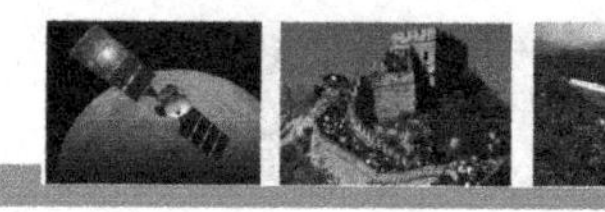

2）频率计数器

（1）计数精度：±（频率读数×2×10^{-6}）±1（信噪比>25dB）

（2）分辨率1Hz

3）频率扫描宽度

范围：0Hz（零带扫宽），1kHz～1 000MHz

4）扫描时间和触发方式

扫描时间范围：20ms～250s（频率扫描宽度≥1KHz）；20μs～250s（频率扫描宽度=0Hz）；1ms～250s（频率扫描宽度1M～100MHz，快扫模式）

（2）时间精度：±0.2%

（3）触发方式：自由触发、单次触发、视频触发、行触发

5）内置放大器

（1）频率范围：1～1 000MHz，500kHz～3 000MHz

（2）增益：20dB，15dB

（3）噪声系数：4dB（典型值）

（4）最大安全输入电平：+20dBm（峰值功率/入口衰减15dB）；100V DC

6）显示范围

（1）对数刻度：0.1～0.9dB/格，0.1dB步进；1～40dB/格，1dB步进

（2）线性刻度：10格

（3）刻度单位：dBm，dBmV，dBμV，mV

（4）频标读数分辨率：参考电平的0.03 dB——对数；参考电平的0.03%——线性

7）输入/输出指标

（1）输出校准：频率——150 MHz ± 2 ×10-6（内部自动校准）；
幅度——20dBm ± 0.5dB（在+25℃时，内部自动校准）

（2）射频输入：输入接头——BNC或F接头

（3）输入阻抗：75Ω（8831 B/Q）或50Ω（8831 A/T）

（3）驻波比：典型值<1.5（10～1 000MHz，衰减器≥10dB）

2．面板功能及使用方法

DS8831Q 型频谱仪的面板结构如图 7-30 所示，各键的功能及使用方法如下。

（1）荧光屏：TFT 彩色 LCD 显示屏，用于波形和参数的显示，其对角线的长度为 6.4 英寸，显示格式为 X 轴方向为 640 像素，Y 轴方向为 480 像素。

（2）电源：即电源开关，当打开仪器后面板上的电源开关后，按下此键打开仪器，弹起此键关闭仪器。

（3）USB1.1 接口：外接移动存储器。

（4）软键：对应测量中相应的功能选择。

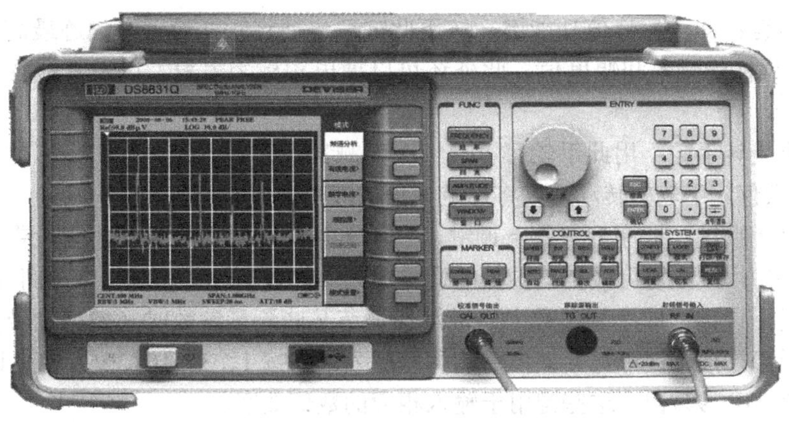

（a）DS8831Q型频谱仪面板实物图

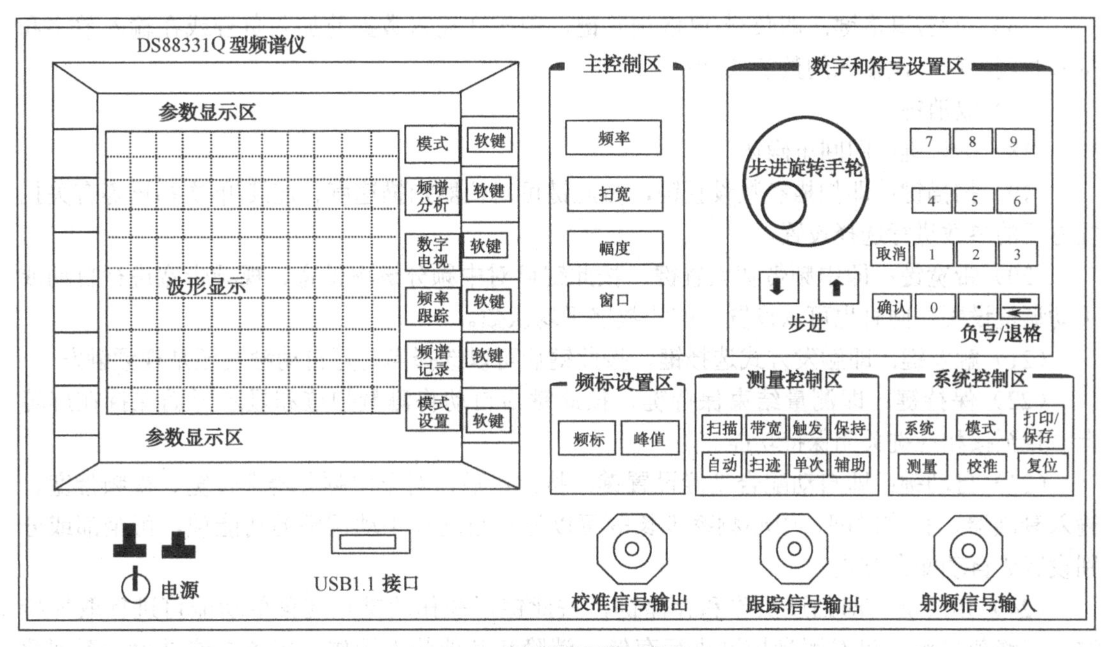

（b）DS8831Q型频谱仪面板示意图

图 7-30　DS8831Q 型频谱仪面板结构图

（5）频率键：即频率参数设置键，按下此键可以设置中心频率、起始频率、终端频率、频率步长等有关的频率参数。

（6）扫宽键：即频率间隔设置键，按下此键可以设置扫描频率间隔、扫宽缩放、全带扫宽、零带扫宽等有关测量的频率扫宽参数。

（7）幅度键：即幅度设置键，按下此键可进行参数电平值、输入衰减器自动/手动控制、对数/线性切换、电平幅度单位、显示刻度等有关电平测量的参数设置。

（8）窗口键：即窗口显示操作键，按下此键可根据相应的软键菜单进行开启/关闭多窗口显示方式、窗口间切换、控制区域间隔和位置窗口缩放等窗口控制功能的操作。

（9）频标键：即频标操作控制键，按下此键可进行每个频标的打开与关闭、读取、比较等操作，仪器允许测量扫迹最多可打开 8 个频标。

（10）峰值键：即频标峰值功能键，按下此键后自动将频标设置在扫迹最高的幅度峰值上，同时显示频标的频率和幅度值。此外还可以调出频标峰值表，以及其他峰值点搜索的功能。

（11）步进旋转手轮：用此手轮可以连续改变测量频率、参考电平、频标位置等需要改变的测量状态数值。手轮的转动速度将影响量值的改变速率。

（12）步进下调键：即序列参数下调键，在调节某些测量参数时（如测量带宽、视频带宽、扫宽范围等），按此键可根据该参数的调整序列（如按 1、3、10、…）向下调整参数。

（13）步进上调键：即序列参数上调键，在调节某些测量参数时（如测量带宽、视频带宽、扫宽范围等），按此键可根据该参数的调整序列（如按 1、3、10、…）向上调整参数。

（14）数字（0～9）键：这些键用于输入相应的数值数字。

（15）小数点键：用于在输入数据时加入小数点。

（16）负号/退格键：即负号/退格删除键，用于在输入数据前加入负号或在输入数字和符号时删除前一次输入的数字或字符。

（17）取消键。

（18）确认键：即回车确认。

（19）扫描键：即扫描参数设置键，按此键可对仪器扫描速度、连续/单次扫描等有关扫描方式的参数进行选择设置。

（20）带宽键：即中频带宽设置键，按此键可对中频分辨率带宽、视频带宽进行自动或手动调整设置，同时也可以设置当前的数字平均次数。

（21）触发键：即触发方式选择键，按此键后可以选择当前是自动触发还是视频触发。

（22）保持键：即测量结束保持键，按此键后自动将测量扫迹和显示界面保持在屏幕上，直至按相应键关闭保持功能。

（23）自动键：即自动配合功能设置键，按此键后，对于中频分辨率带宽、视频带宽、输入衰减器、扫描时间、中心频率步长等可以进行自动和手动调整的功能项，可全部或分别设置成自动配合方式。

（24）扫迹键：即扫迹操作和存储键，按此键后操作软键相应菜单功能可进行取样检波、正峰值检波，可对测量扫迹进行存储、消隐和其他状态操作，每条扫迹是由一系列数据点组成的，这些数据点将在屏幕显示的同时也存储在相应的存储器中。

（25）单次键：即单次触发扫描键，在测量时将频谱仪测量扫描变为单次扫描。

（26）辅助键：即辅助控制操作键，按此键后，进行相应操作可以测量通道功率，也可以进行 AM/FM 信号的解调和监听操作。

（27）系统键：即系统参数设置键，对于仪器整机使用和控制方面的操作，按此键后按照相应的软键菜单功能来进行。

（28）模式键：即测量仪器测量模式键，按此键后根据测量领域的需要可选择相应的软件菜单功能，将仪器设置为频谱分析、有线电视、数字电视、回传测量、跟踪测量。

（29）打印/保存键：即屏幕复制/保存图片键，按此键后根据操作者对打印格式的设置将当前屏幕的显示内容打印出来，或存储到磁盘上。

（30）测量键：即指标测量功能键，按此键后选择相应的软键菜单功能可以对 *N*dB 带宽测量有关信号的指标进行分析测量。

（31）校准键：即仪器校准设置键，按此键后，可选择“幅频校准”、“频率校准”、“幅度校准”等几种模式对仪器进行校准，确保仪器的准确性。

（32）复位键：按此键后，可以在不关闭整机电源的情况下对仪器进行复位操作，仪器的软件将重新开始运行。

（33）校准信号输出端口（CAL OUT）：此端口输出幅度为-20dBm、频率为 150MHz 的校准射频信号。

（34）射频信号输入端口：此端口是频谱仪的信号输入端，频率范围为 1MHz～1GHz，幅度范围为+20dBm MAX，最高直流电压不超过 100V DC。

（35）跟踪信号输出端口。

3. 仪器使用方法

1）简单信号频率、幅度的测量

频谱分析的目的是测试指定频率点上信号强度的变化。频谱仪的基本参数设置有两点：①频率相关——频率、频率范围、RBW/VBW、…；②幅度相关——幅度设置、检波方式。打开频谱分析仪，接入信号以后进行以下操作。

（1）频率设置

① 设置当前测试中心频率或起始频率、终止频率。

② 可以按当前频道表号输入，例如，如果想测试中心频率为 500MHz 的信号，操作“频率”设置键，输入“500MHz”。

③ 设置当前测试频率的宽度。例如，想要测试宽度为 20MHz 的频率，操作“扫宽”设置键，输入“20MHz”。

④ 配合中心频率，可以设置任意需要测试的频率范围的信号。

⑤ 按“带宽”键进入带宽测试：“分辨带宽”目的是使测试信号的分辨能力达到最佳；“视频带宽”和“视频平均”目的是使显示的信号更平滑。“分辨带宽”和“视频带宽”随频率带宽的设定自动调整，用户也可以根据实际测试情况手动调整。

（2）幅度设置

按电平幅度设置键进入幅度设置，目的是使幅度测试更准确：设置参考电平（根据信号幅度的高低设置参考电平）；衰减器设置（通常为自动）；显示刻度（对数/线性）；显示单位（dBμV、dBmV、dBm）；电平偏移（根据实际情况进行误差修正）；前置放大器设置（小信号时需要打开前置放大器）。

（3）频谱信号的读取

按频标操作控制键和频标峰值功能键读取测试频点对应的信号幅度；按“通用频标”键读取测试频点的信号幅度；按“差值频标”键读取不同频点对应的信号幅度差；按“峰值”键读取屏幕中最高的信号，显示其幅度和频率。

（4）文件的存储和输出

文件的存储：按“打印/保存”键，保存当前显示的图片，格式为 bmp 格式。文件的输出，将保存的文件输出到 U 盘上：插入 U 盘，按系统参数设置键，选择“打印保存”→“保存设置”，设置“选择文件”，选择“传送到 USB 设备”。

2）模拟电视的测试

（1）功能

① 有线电视广播技术规范的16项技术指标。

- 系统输出电平
- 任意频道间电平差
- 相邻频道间电平差
- 图像/伴音电平差（A/V）
- 频道内频响
- 载噪比（C/N）
- 载波复合二/三次差拍 CSO/CTB
- 交扰调制比（CM）
- 交流声调制（HUM）
- 微分增益（DG）
- 微分相位（DP）
- 色度/亮度延时差（CLDI）
- 回波值
- 图像载波准确度
- 图像伴音/载频间距
- 系统输出口相互隔离度

② 频道扫描。

③ 自动测试。

（2）设置频道表

按“模式”键进入主画面，按“模式设置”键进入频道表的选取和编辑，根据需要切换模拟/数字、有效/无效等参数。

（3）测量设置

按“有线电视”键进入模拟电视测试画面，设置幅度单位（dBμV、dBmV、dBV）、放大器开关选择、频道/频率输入选择。

（4）频道测量

按“频道测量”键进入频道测量画面，测量电平、C/N、CSO/CTB、HUM、伴音频偏调制度、交扰等参数。如果是标准频道测量可直接输入频道号，如 DS/，输入“7”按“确定”键；增补频道如 Z7，输入“107”按“确定”键。

（5）频道电平测量

按“载波频率/电平”键进入测量画面，给出当前频道电平、视音比，如果打开频率计数，可以精确测试视音载波的频偏。

（6）频道 C/N 的测量

按“载噪比”键进入电平测量画面，按“开始测试”和“继续”键，给出测试结果。

（7）频道 CSO/CTB 测量

按“差拍干扰”键进入 CSO/CTB 测量，测量时需要关闭载波，再按“继续”键。

（8）频道 HUM 测量

按“哼声调制”键进入 HUM 测量，还可以进行其他的测量。

（9）频道扫描

按“有线电视”键进入模拟电视测试画面，按“扫描频道”键进入频道扫描测试，支持模拟和数字测试。

3）数字电视的测试

按“数字电视”键进入数字电视测量画面，数字电视功能有 MER/BER/通道功率/星座图/BER 统计分析/信道响应测试，如图 7-31 所示。

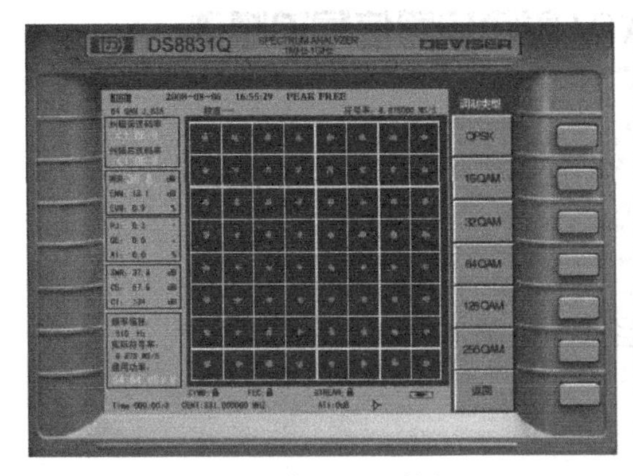

（a）数字电视星座图

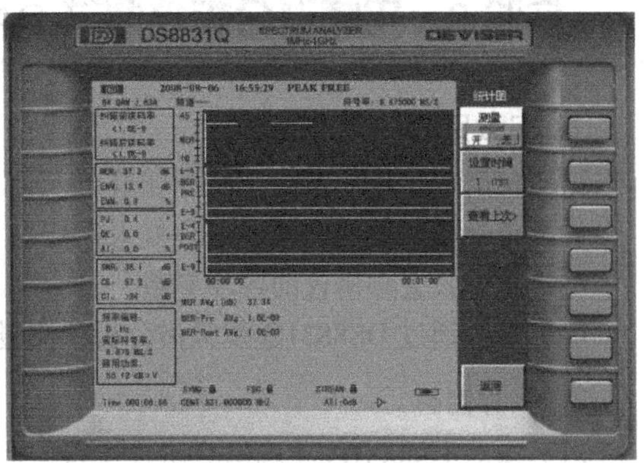

（b）数字电视统计图

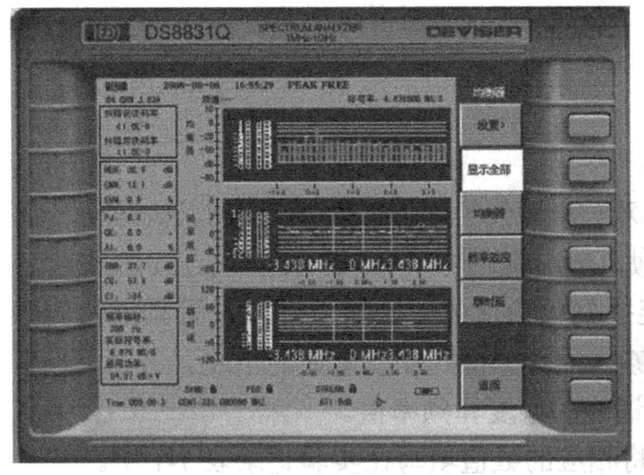

（c）数字电视信道冲击响应图

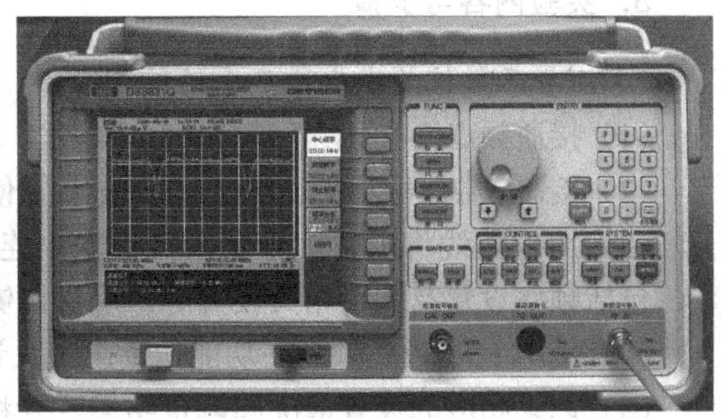

（d）通道功率图

图 7-31　数字电视测量功能图

（1）数字电视的设置

- 符号率设置——中国为 6.87MS。
- 数字电视制式设置——中国为 j83A。
- 数字电视调制方式设置——中国为 64QM。
- 极性设置为自动。
- 门限根据需求设置。
- 频率或频道设置。

（2）通道功率的测量

接上数字信号，开启频谱分析仪，按“数字电视”键进入数字电视测试界面，按“通道测量”键、“通道功率”键、“频率设置”键，输入中心频率（如输入 331MHz），这样就完成了通道功率参数测量。

（3）其他测量［MER/BER（调制差错率/比特误码率）、星座图、统计图、均衡器］

接上数字信号，开启频谱分析仪，按“数字电视”键进入数字电视测试界面，按“频率设置”键，输入中心频率（如输入 331MHz），完成默认的“MER/BER”测量；按“QAM”键进入“星座图、统计图和均衡器”等参数的测量。

实验9 用频谱分析仪测试CATV射频电视信号的频谱

1. 实验目的

（1）理解频谱仪的组成、原理和应用。

（2）理解频谱仪的功能特点、技术指标。

（3）正确设置频谱仪的各项参数。

（4）掌握通过DS8831Q型频谱分析仪测量各种输入波形信号的频谱参数。

2. 实验器材

（1）德力DS8831Q型频谱分析仪1台。

（2）函数信号发生器1台。

（3）有线电视信号源1台。

（4）彩色电视机1台。

3. 实验内容与步骤

1）测量函数信号发生器产生的信号频谱

（1）接通频谱仪电源，不连接任何电缆线，观察频谱仪的显示，检查仪器的默认情况。

（2）接通函数信号发生器的电源，通过设置使其输出单一频率（如2MHz）的连续正谐波。

（3）用电缆线将函数信号发生器的输出连接到频谱仪的射频输入端。设置频谱仪的参数，包括频率设置及频率相关设置等，确保能够在屏幕上得到幅度最大的谱线。

（4）使用Marker（频标）功能，读出最大谱线的幅度和频率值。

（5）记录相应的设置情况和测量结果，并将相应的数值填写在实验记录表7-1中。

（6）改变信号发生器的输出波形，使其输出方波、三角波，重复步骤（4）、（5），将相应的测量结果记录在表7-1中。

表7-1 频谱分析仪测量信号的频谱

		正谐波		方波		三角波	
		2MHz	4MHz	2MHz	4MHz	2MHz	4MHz
最大谱线	频率						
	幅度						
谐波谱线1	频率						
	幅度						
谐波谱线2	频率						
	幅度						
谐波谱线3	频率						
	幅度						

2）测试模拟电视射频信号的参数

（1）接通频谱仪电源，不连接任何电缆线，观察频谱仪的显示，检查仪器的默认情况。

（2）接上有线电视信号到频谱仪的射频输入端口，设置频谱仪参数，选择有线电视的频道数，对某一个频道的幅度、C/N 参数、CTB、CSO、图像/伴音电平差等参数进行测量。

3）测试彩色电视机中频信号（8MHz）（自拟操作步骤）

4．实验报告要求

（1）画出 DS8831Q 型频谱分析仪的面板结构图，并说明各按键的功能。

（2）画出观察到的各种信号波形图，并做好相关数据的记录。

（3）写出心得体会。

案例 8　用失真度仪测量放大电路的失真度

KH4116 型自动低失真度测量仪是一台新型自动数字化的仪器，是根据当前科研、生产、计量检测、教学和国防等用户实现快速精确测量的迫切需要而重新设计的。其最小失真测量达到 0.01%，是一台性能价格比高的智能型仪器，是 KH41 系列全数字失真仪家族中的新成员。

本仪器采用有效值检波，全自动电压、失真度和频率测量，电压、失真、频率全部由 LED 显示。电压测量输入范围：300μV～300V，10Hz～500kHz；失真度测量输入范围：300mV～300V，10Hz～110kHz，失真度为 100%～0.01%。幅度显示单位可为 V、mV、dB，失真度显示单位可选择%或 dB。下面以本仪器测量放大电路的参数引入课题。

连接电路如图 7-32 所示，本项测试可对放大电路的电压、频率、失真度三项指标进行测试。测试中使用的仪表有 KH1653C 信号源、KH4116 自动失真度测试仪和双踪示波器。

（1）电压测试：测试放大电路的输出电压。

（2）频率测试：测试放大电路的输出频率。

（3）失真度测试：测试放大电路的输出失真度，并通过示波器监视输出，可直接观察被测信号的波形，特别是在失真测量状态，使用者可直接观察到被测信号的失真主要是由哪次谐波形成的及滤谐状态；在小失真信号测量时，可以直接观察到整机的滤谐状态。

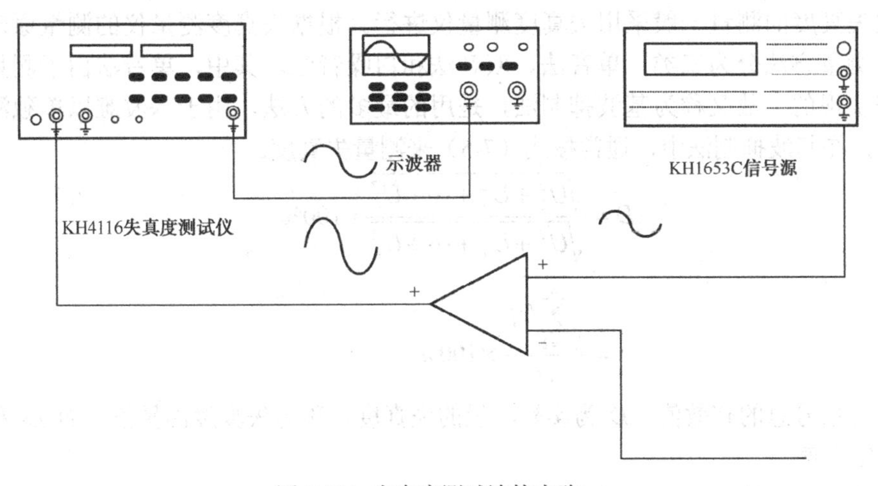

图 7-32　失真度测试连接电路

7.5 失真度分析仪的原理与应用

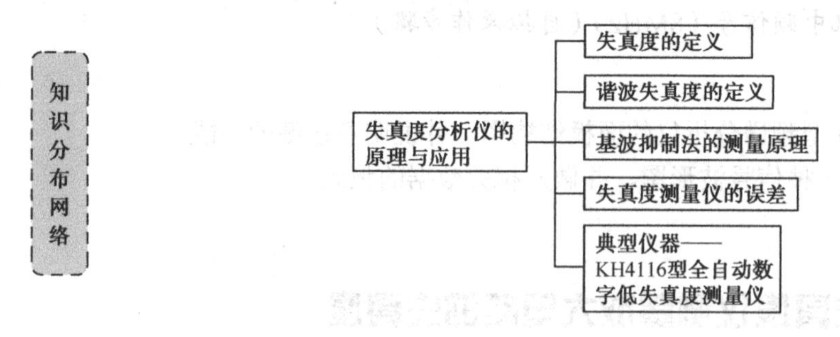

7.5.1 失真度的定义

正弦波信号通过某一电路后，如果该电路中存在非线性，则输出的信号中除包含原基波分量外，还会含有其他谐波分量，这就是电路产生的谐波失真，也称为非线性失真。常用谐波失真度（非线性失真度）来描述信号波形失真的程度。

7.5.2 谐波失真度的定义

信号的谐波失真度是信号的全部谐波能量与基波能量之比的平方根值。对于纯电阻负载，则定义为全部谐波电压（或电流）有效值与基波电压（或电流）有效值之比，即

$$D_0=\frac{\sqrt{U_2^2+U_3^2+\cdots+U_n^2}}{U_1}\times 100\% =\frac{\sqrt{\sum_{i=2}^{n}U_i^2}}{U_1}\times 100\% \tag{7-4}$$

式中，U_1 为基波电压有效值；U_2、U_3、…、U_n 为各次谐波电压有效值；D_0 为谐波失真度，简称为失真系数或失真度。

谐波失真度的测量一般采用失真度测量仪进行。根据失真度测量仪的测量原理和研究方法可将测量方法分为三类：单音法、双音法和白噪音法。其中，单音法由于测量是用抑制基波来实现的，故又称为基波抑制法，是用的最多的方法。由于基波难以单独测量，为方便起见，在基波抑制法中，通常按式（7-5）来测量失真度。

$$D=\frac{\sqrt{U_2^2+U_3^2+\cdots+U_n^2}}{\sqrt{U_1^2+U_2^2+\cdots+U_n^2}}\times 100\% =\frac{\sqrt{\sum_{i=2}^{n}U_i^2}}{U}\times 100\% \tag{7-5}$$

式中，U 为信号总的有效值；D 为实际测量的失真度，称为失真度测量值。而 D_0 称为谐波失真度的定义值。

可以证明，定义值 D_0 与测量值 D 之间存在如下关系：

$$D_0 = \frac{D}{\sqrt{1-D^2}} \tag{7-6}$$

当失真度小于 10%时，可以认为 $D_0 \approx D$，否则应按式（7-6）换算。

失真度是一个量纲为 1 的量，通常以百分数表示。

测量失真度时，要求信号源本身的失真度很小，否则应按式（7-7）计算被测电路的失真度 D。

$$D = \sqrt{D_1^2 - D_2^2} \tag{7-7}$$

式中，D_1 为被测电路输出信号失真度的测量值；D_2 为信号源失真度。

7.5.3　基波抑制法的测量原理

所谓基波抑制法，就是将被测信号中的基波分量滤除，测量出所有谐波分量总的有效值，再确定与被测信号总有效值相比的百分数即为失真度值。

根据基波抑制法组成的失真度测量仪的简化原理框图如图 7-33 所示，它由输入信号调节器、基波抑制电路和电子电压表组成。

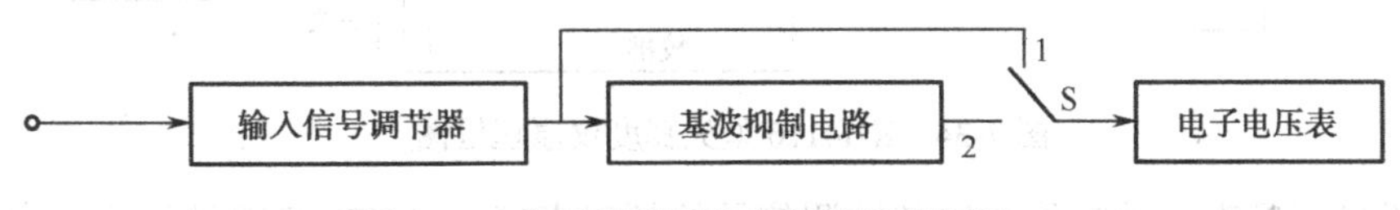

图 7-33　失真度测量仪的简化原理框图

测量分为两步进行。

第一步：校准。首先使开关 S 置于“1”位，此时测量的结果是被测信号电压的总有效值。适当调节输入电平调节器，使电压表指示为某一规定的基准电平值，该值与失真度 100%相对应，实际上就是使式（7-5）中的分母为 1。

第二步：测量失真度。然后使开关 S 置于“2”位，调节基波抑制电路的有关元件，使被测信号中的基波分量得到最有效的抑制，也就是使电压表的指示最小。此时测量的结果为被测信号谐波电压的总有效值。由于第一步测量已校准，所以此时电压表的数值可定度为 D 值。

7.5.4　失真度测量仪的误差

1）理论误差

理论误差是由于 D 与 D_0 并不完全相等而产生的误差。其相对误差为：

$$r = \frac{D - D_0}{D_0} \tag{7-8}$$

理论误差是系统误差，可由式（7-6）予以纠正。

2）基波抑制度不高引起的误差

由于基波抑制网络特性不理想，在测量谐波电压总有效值时含有基波成分在内，使测量值增大而引进误差。

3）电平调节和电压表的指示误差

在校准过程中要求把电压表的指示值校准到规定的基准电平上，使其能表示 100%失真度值。如果电平调节有误差或电压表指示值有误差，都将影响最后的测量结果。

其他还有杂散干扰等引入的误差。

7.5.5 典型仪器——KH4116 型全自动数字低失真度测量仪

1. 组成与工作原理

KH4116 型失真度仪采用基波滤除的工作原理，如图 7-34 所示。

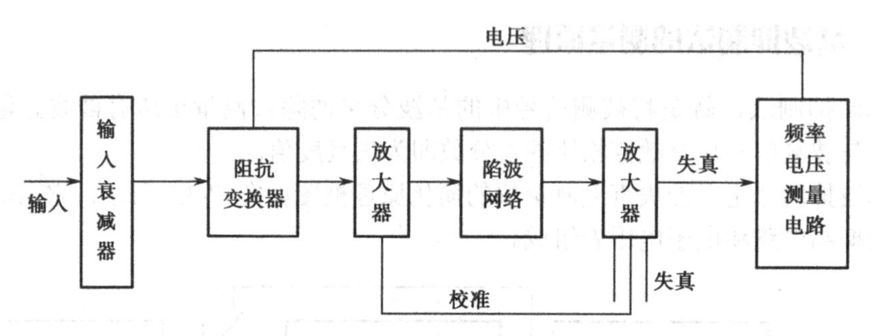

图 7-34 KH4116 型失真度仪原理框图

仪器增设了频率计数功能，可使被测信号的频率直接由 LED 精确地显示出来。仪器面板上保留了示波器输出监视插孔，便于使用者直接观察被测信号的波形。特别是在失真度测量状态，使用者可直接观察到被测信号的失真主要由哪次谐波形成及谐波的状态，在测量小失真信号时，可以直接观察到整机滤除谐波的状态。仪器的陷波网络滤除特性可达 90～100dB，从而保证了 0.01%的低失真测量精度。特别是仪器采用了清零功能，合理地删除噪声影响，使测量精度大大提高。仪器设计了 600kHz 的低通滤波器，从而保证了整机在使用中避免外来干扰的进入，并设计了 400Hz 高通滤波器（在面板上有，供使用者选用），当测量高于 400Hz 的信号失真时，按下它可以消除 50Hz 的电源干扰。

1）失真度的测量

$$D=\frac{\text{noise（噪声）}+\text{distortion（谐波）}}{\text{signal（信号）}+\text{noise}+\text{distortion}} \tag{7-9}$$

显示单位定义：%单位=D×100%，dB 单位＝20log$D$。

当失真度大于 10%时，应按下式计算进行修正：

$$D=\frac{D_0}{\sqrt{1-D_0^2}} \tag{7-10}$$

式中，D_0 为本仪器的显示值，D 为经修正后的真实失真度量值。

2）信噪比（S/N）测量

$$D=\frac{\text{signal}+\text{noise}}{\text{noise}}\text{，dB 单位}=20\log D \tag{7-11}$$

将信号源设定在一定的输出值，然后按 OFF 键，即可读出 S/N 的 dB 值。

3）信杂比（SINAD）的测量

$$S = \frac{\text{signal} + \text{noise} + \text{distortion}}{\text{noise} + \text{distortion}}，\text{dB 单位} = 20\log S。\tag{7-12}$$

2. 基本特性指标（见表 7-2）

表 7-2　KH4116 型全自动数字低失真度测量仪基本特性指标

项　目		技 术 参 数
失真度参数	频率范围	不平衡：10Hz～110kHz；平衡：10Hz～40kHz
	输入信号电压范围	300mV～300V
	失真度测量范围	0.01%～100%
	准确度	20Hz～20kHz：±0.5dB（满度值）；10Hz～110kHz：±1dB（满度值） 失真在 0.03%及以下时：±2（1+0.002%）dB
	固有噪声	输入回路，不清零时：≤0.008% 输入回路，清零时：≤0.004%
电压测量	电压测量范围	不平衡：10Hz～500kHz，300V～300μV 平　衡：10Hz～120kHz，300V～300μV
	以 1kHz 为基准的频响	不平衡：20Hz～20kHz：≤±0.5dB 10Hz～100kHz：≤±1dB 100～500kHz：≤±1.5dB 平　衡：10Hz～120kHz：±1dB
	电压表准确度	（以 1kHz 为基准）±3%，固有噪声≤50μV
	电压表有效值波形误差	≤3%（输入信号波峰因数≤3 时）
频率测量	电压测量时频率范围	10Hz～500kHz，输入信号≥5mV
	准确度	0.1%±2 个字
	测频灵敏度	优于 10mV
输入阻抗		输入电阻 100kΩ，输入并接电容 100pF
电源电压		200（1±10%）V，50/60Hz

3. 面板布置及其功能说明

KH4116 型失真度仪面板分布如图 7-35 所示。

（1）电源开关：将仪器电源线插入仪器后面板插座中，另一端接 220V 交流电源，再按下此键即可接通仪器电源。

（2）被测信号输入端：包括“HIGH”和“LOW”插座，“HIGH”和“LOW”是为测量平衡输入信号设置的。

① 当测不平衡信号时，信号接入“HIGH”端，BAL 按键抬起。注意，此时“LOW”输入端子内部接地，切勿将信号接入此端。

② 当测平衡信号时，必须先按下 BAL 键，然后再将信号高端接“HIGH”，低端接“LOW”。

（3）BAL/UN-BAL：平衡输入或不平衡输入的切换开关，按下此开关可测量平衡输入信号，弹起此开关，可测量不平衡输入信号。

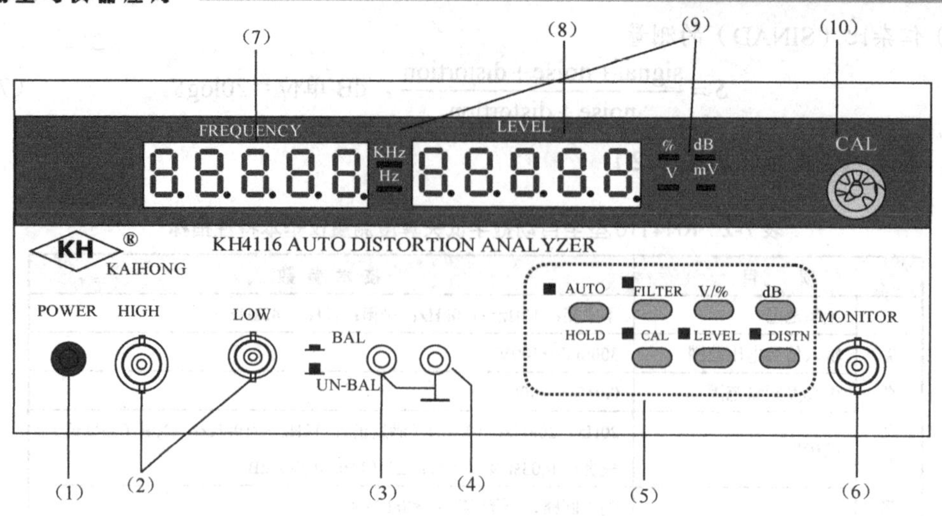

图 7-35　KH4116 型失真度仪的面板图

（4）接地端子：前面板上的接地端子是机壳接地用的，在使用本仪器前，应首先将该接地端子与被测设备接地端子连接，再可靠地接入大地。

（5）按键控制区。

◆ FILTER 键：为 400Hz 的高通滤波器，在被测信号大于 400Hz 时，按下此键，对应指示灯亮，内部接入该滤波器，再按该键，对应指示灯灭，断开此滤波器。接入该高通滤波器可基本消除 50Hz 电源干扰，特别是在测量小信号失真时按下此键，可提高小失真的测量准确度。

◆ V/%、dB 键：选择电平的显示方式。测量电压时，可选择 V、mV、dB 显示；测量失真度时，可选择%、dB 显示。

◆ AUTO 键：专门用来锁定滤谐网络的。当测量复杂信号失真度时，频率测量准确度可能变差，为防止网络误动，在电压测量状态下或校准显示“CAL..”时可按下此键锁定网络，以便准确滤谐。如果显示的频率不是要测量的信号频率，需送入一个失真小的同频率信号，按该键锁定此频率，再进行测量。当自动跟踪频率时，对应该键指示灯亮；当锁定频率时，指示灯灭。

◆ CAL 键：按此键进入校准状态，对应指示灯亮。

● 当 LEVEL 窗口显示为“LU”时表示低于校准电平，需向右旋转校准电位器旋钮，使显示“CAL..”即可；

● 当 LEVEL 窗口显示为“OU”时表示高于校准电平，需向左旋转校准电位器旋钮，使显示“CAL..”即可；

● 当 LEVEL 窗口显示为“CAL..”时，表示满足校准电平要求，校准完成。

注意，输入信号电平应为 300mV～300V。该机为宽范围校准，只要 LEVEL 窗口显示为“CAL..”即可。

◆ LEVEL 键：电平测量。按下此键，对应指示灯亮，进入电压自动测量状态，单位自动显示为 V 或 mV。

◆ DISTN 键：失真度测量。按下此键，对应指示灯亮，进入失真度测量状态，单位自

动显示为%。首次进入失真度测试状态测试时间一般大于 6s，此后再测试，则可较快得出准确结果。一般被测信号频率低，滤谐时间长；频率高，滤谐时间短。

注意：只有先进行校准，并且显示“CAL..”后方可按失真键进入失真测量；如果改变输入信号必须重新进行校准。

（6）示波器 BNC 插孔：将示波器输入接到该插孔可直接观看被测信号的波形或滤谐后的谐波波形，该输出端输出阻抗约为 600Ω。

（7）FREQUENCY：被测信号的频率显示窗。

（8）LEVEL：显示被测信号的幅度、失真度及校准状态指示。

（9）单位指示灯：用于指示当前显示数值的单位量纲。

（10）CAL（校准电位器）：在进行失真度测量前先按此键对输入信号进行校准。按下此键若 LEVEL 窗口显示“LU”应向右旋转电位器；若显示“OU”应向左旋转电位器，直到窗口显示“CAL..”，则校准完成，此时可按 DISTN 键进入失真度自动测量。

4．使用注意事项

（1）电压测量：测量不平衡电压信号时，只需将信号电缆接入本仪器的“HIGH”端，将 BAL/UN BAL 键抬起，则被测的信号电压和频率就会自动显示出来；测量平衡电压信号时，首先按下 BAL/UN BAL 键，然后将高端接入“HIGH”，低端接入“LOW”，即可实现平衡输入信号的自动测量。电压显示单位可通过按 V/%或 dB 键设置。

（2）失真度测量：对不平衡或平衡信号的接入法同电压测量，被测信号电压应大于或等于 300mV。首先按下 CAL 键，调节电位器使 LEVEL 窗口显示“CAL..”，再按下 DISTN 键进入失真测量，系统自动进入滤谐状态，无须任何操作，显示稳定后即可记录数据；但若输入信号改变，则必须重新校准，可直接按 CAL 键进行校准。失真度可选择 dB 或%显示，按失真键时，仪器自动选择%显示。

（3）频率测量：频率测量自动进行，无须进行任何操作。

实验 10　用失真度仪测量信号发生器的失真度

1．实验目的

（1）学会操作 KH4116 型失真度测量仪器。

（2）能用 KH4116 型失真度测量仪测量信号的电压和失真度。

2．实验器材

（1）TFG 2000G 系列 DDS 函数信号发生器 1 台。

（2）KH4116 型失真度测量仪 1 台。

（3）YX-4320 双踪示波器 1 台。

3．实验内容与步骤

（1）认识 KH4116 型失真度仪的面板旋钮和功能。按 KH4116 型失真度仪的操作规程进行练习和操作。

（2）测量电路及连接方式自行设计。

（3）测量电压。用信号发生器输出一定频率和幅度的正弦波信号，接入 KH4116 型失真度仪的输入端，则被测信号的电压和频率会自动显示出来（自动测量状态）。将测量的数据记入表 7-3 中。

表 7-3　失真度仪测量的电压记录

信号发生器输出 $2V_{P\text{-}P}$	失真度仪显示的频率	失真度仪显示的电压	示波器观察到的波形
f=1kHz 正谐波信号			
f=10kHz 正谐波信号			

（4）测量失真度。

① 用信号发生器输出一定频率和幅度的正弦波信号，接入 KH4116 型失真度仪的输入端，按下“校准”键，如果显示“OU”或“LU”，则调节“校准调节”旋钮，使显示为“CAL..”。

② 完成校准并且频率显示稳定后，按下“失真”键，仪器进入测量失真度的调谐状态。先分别旋转“相位调节”和“平衡调节”两个粗调旋钮找到最小失真点（“调谐指示”为最小），再用两个细调旋钮精确调至最佳滤谐处（“调谐指示”为最小）即可。

③ 当调谐到最小时可按下“保持”键，以保持测量显示数值。将测得的数据记入表 7-4 中。

表 7-4　失真度测量

信号发生器输出 $10V_{P\text{-}P}$	信号失真度值	示波器观察到的波形
f=1kHz 正谐波信号		
f=10kHz 正谐波信号		

注意：在失真度测量过程中，禁止触动“校准”旋钮，改变输入信号后，仪器须重新校准。

4．实验报告要求

（1）完整地记录实验内容和实验数据。

（2）记录实验过程中遇到的问题并进行分析，写出心得体会。结合失真度测量仪的工作原理分析实验过程中出现的各种现象的原因。

知识梳理与总结

1．时域测量和频域测量是从不同的测量角度去观测同一个网络，两者各有特点，互为补充，要根据具体的测量内容来选择。

2．线性系统对正弦信号的稳态响应称为系统的频率响应，也称为频率特性。其测量包括幅频特性和相频特性测量两种类型，测量幅频特性有点频测量法和扫频测量法两种方法。点频测量法是一种静态测量法，其优点在于测量方法简单，测量准确度较高，能反映

出被测网络的静态特性。而扫频测量法的优点主要表现为测量过程简单、速度快、不会产生漏测现象、工作效率高。

3. 频率特性测试仪主要用于测量网络的幅频特性。它是根据扫频测量法的原理设计而成的，其核心功能部件是扫频振荡器。

4. 频谱分析仪是用于显示输入信号的功率（或幅度）对频率分布的仪器，简称为频谱仪。其主要功能是测量信号的频率响应。

频谱分析仪工作原理的关键问题是如何将输入信号按频率成分由高到低进行分离，然后将各种频率分量的幅度线谱在显示器上显示出来。通常用带通滤波器或电调谐滤波器或混频器借助于扫描信号来进行分离。目前使用最多的是超外差频谱仪。

5. 失真度测量仪主要用来测量正弦波信号的谐波失真。目前的失真度测量仪大多根据基波抑制原理制成。测量一般分两步进行：先测量被测信号总有效值，并适当调节使示值为规定的基准电平值，与 100%的失真度相对应，此步骤称为校准；然后使被测信号基波充分抑制，测出其谐波电压总有效值，并直接定度为谐波失真度测量值 D。

失真度测量仪也可作为电子电压表使用。

练习题 7

简答题

1. 什么是线性系统的频率特性？它可以用什么来表征？
2. 什么是扫频测量？与经典的正弦波点频测量相比，它有哪些优点？
3. 说明光点扫描式扫频图示仪测量电路幅频特性曲线的原理。
4. 简述扫频信号源的主要工作特性。
5. 扫频信号源的有效扫频宽度可用什么来表示？如何定义？
6. 扫频信号源的扫频线性可用什么来表示？如何定义？
7. 扫频信号源的振幅平稳性可用什么来表示？如何定义？
8. 不论采用哪一种扫频方法，对扫频信号的基本要求是什么？
9. 扫频图示仪常用哪两种方法产生扫频信号？哪一种适用频率较高？

10. 某音频放大器对一个纯正弦信号进行放大，对输出信号频谱进行分析，观察到的频谱如图 7-36 所示。已知谱线间隔恰为基波频率 f，求该信号失真度。

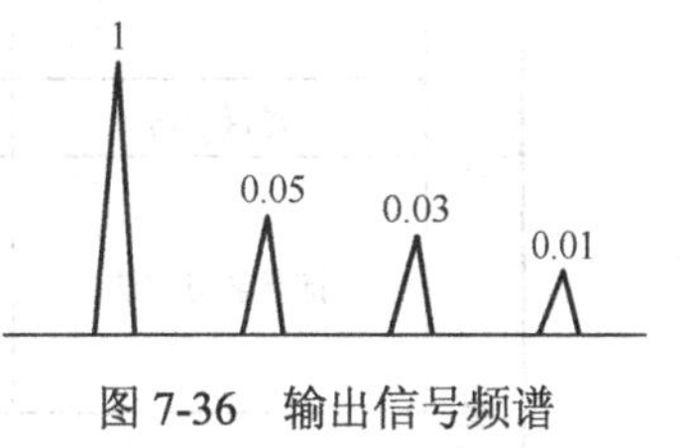

图 7-36　输出信号频谱

11. 用某失真度仪分别在 1kHz、50kHz 和 100kHz 三个频率上测得某放大器输出信号的失真度为 9.8%、19.8%和 29.5%。如果不经换算，直接将测量值作为失真度定义值，试计算由此引起的理论误差。

12. 用某失真度测量仪测量功放的输出信号失真，在频率为 20Hz、400kHz 和 1MHz 时失真度测量仪指示值分别为 26.5%、22.5%和 19.8%。求各信号的失真度为多少。

第8章 数据域的测量与仪器应用

教学导航

教	知识重点	1．数据域分析的基本概念 2．逻辑分析的组成和工作原理 3．逻辑分析仪的正确操作方法和维护方法 4．逻辑分析仪的测量技能，电路仿真测试
	知识难点	逻辑分析仪的组成、触发方式和显示方式
	推荐教学方式	1．通过对一个实际案例的介绍，导出数据域测量系统的理论知识，激发学生的学习兴趣 2．采用实验演示法、多媒体演示法、任务设计法、小组讨论法、案例教学法、项目训练法等教学方法，加深学生对理论的认识和巩固 3．通过实验巩固对实际逻辑分析仪的使用与维护
	建议学时	6学时
学	推荐学习方法	1．本章要重点掌握数据域分析的基本概念，逻辑分析仪的组成框图、基本原理、应用和维护 2．理论的学习要结合仪器的使用过程及实验来理解，注意理论联系实际 3．查有关资料，加深理解，拓展知识面
	必须掌握的理论知识	1．数据域分析的基本概念 2．逻辑分析仪的组成框图、基本原理 3．逻辑分析仪的基本应用
	必须掌握的技能	能规范地使用逻辑分析仪对数字电路的逻辑功能进行分析

案例 9　逻辑分析仪在嵌入式系统调试中的应用

如今，嵌入式系统的功能越来越强，但设计和验证问题也变得越来越复杂。使用逻辑分析仪，可以提高查找和解决问题的效率，尤其是对最困扰嵌入式系统工程师的时序问题和一些硬件本身固有的问题。

逻辑分析仪（Logic Analyzer）是一种数字数据域测试的常用仪器，它可以把测试通道上的逻辑信号捕捉并存储下来，供设计人员分析。与示波器相比，逻辑分析仪具有测量通道数多（一般有 32 个通道）、触发功能完善、分析功能强大等优点。

现在，逻辑分析仪的发展出现了两种趋势：传统逻辑分析仪和虚拟逻辑分析仪。传统逻辑分析仪功能强大，集数据采集、分析和波形显示于一身，但是价格十分昂贵；虚拟逻辑分析仪是 PC 技术和测量技术结合的产物，触发和记录功能由虚拟逻辑分析仪硬件完成，波形显示、输入设置等功能由 PC 完成，因此不会对逻辑分析仪的性能造成影响，同时节省了显示和输入方面的成本，在开发工程师熟悉的 Windows 操作系统下工作，操作起来更加方便。与传统逻辑分析仪相比，虚拟逻辑分析仪具有质优价廉、方便使用等优点。图 8-1 所示是用逻辑分析仪测试数字电路的时序图。

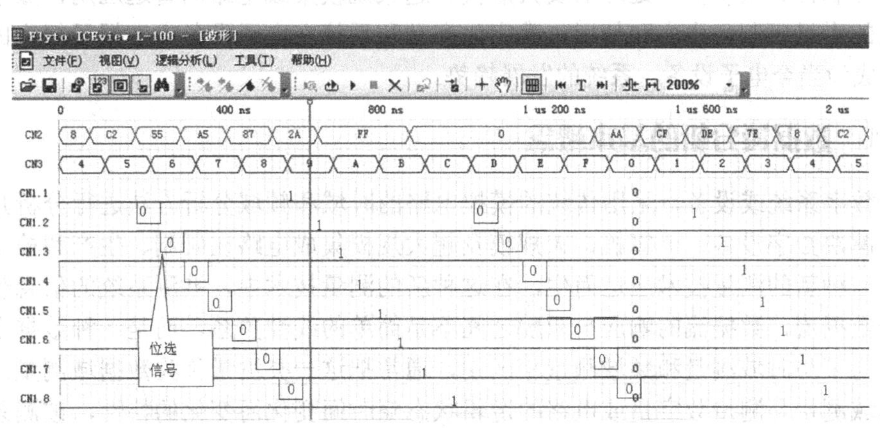

图 8-1　用逻辑分析仪测试数字电路的时序图

通常，嵌入式系统设计可以分为硬件部分和软件部分，从硬件电路的调试到驱动程序的测试几乎都需要逻辑分析仪的帮助。逻辑分析仪在嵌入式系统调试中的应用可以分为以下三个层次。

第一层：测试信号的时序和时间，这是逻辑分析仪最基本的应用。

第二层：利用逻辑分析仪的辅助功能分析总线协议。

第三层：与在线仿真器一起构成组合调试平台，调试驱动程序。

总之，逻辑分析仪在嵌入式系统调试中的应用主要有：基本数字电路的时序分析、捕获电路中产生的毛刺、确定关键信号的建立时间和保持时间、验证电路逻辑、分析总线协议、配合调试工具单步调试程序，以及配合在线仿真器调试驱动软件。借助在线仿真器+逻辑分析仪这种新的调试平台，可以提高查找和解决问题的效率，增加产品的可靠性并能加快产品的生产速度。

8.1 数据域分析基础知识

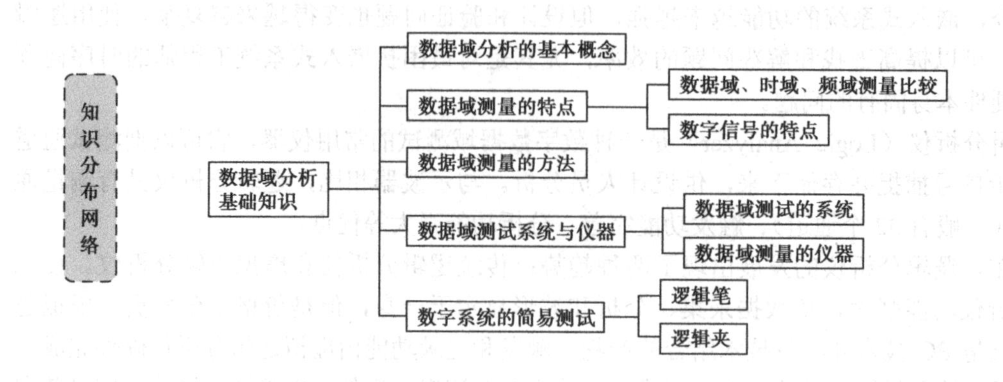

电子线路通常分为模拟电路和数字电路两种类型，以模拟电路为主构成的整机电路或系统称为模拟系统，而以数字电路为主构成的整机电路或系统称为数字系统。随着微型计算机、微控制器、数字信号处理器及大规模、超大规模集成电路的普遍应用，数字化、微型化产品的大量研制、生产和使用，数字化产品和系统在电子设备中占据了很大的比重，数字化已成为当今电子设备、系统的发展趋势。

8.1.1 数据域分析的基本概念

对于数字系统或设备，采用传统的模拟电路的时域和频域分析方法进行分析是行不通的。为了解决数字设备、计算机、大规模及超大规模集成电路在研制、生产和检修中的测量问题，一种新的测量技术应运而生，在这种新的测量技术中，被测系统的信息载体主要是二进制数据流，数据流的响应与激励之间不是简单的线性关系，而是一种数据之间的逻辑关系；为了与时域测量和频域测量相区别，通常把这一类测量称为数据域测量。也就是说，数据域测量是测量数字量或电路的逻辑状态随时间变化而变化的特性，被测系统的信息载体主要是二进制数据流，其理论基础是数字电路和逻辑代数。

8.1.2 数据域测量的特点

1. 数据域测量与时域测量、频域测量的比较

本书前面讨论了时域分析及频域分析仪器，时域分析是以时间为自变量，以被测信号（电压、电流等）为因变量进行分析的。例如，示波器就常用来观察信号电压的瞬时值随时间的变化，它是典型的时域分析仪器。时域分析如图 8-2（a）所示。频域分析是在频域内描述信号的特征。例如，频谱分析仪是以频率为自变量，以各频率分量的信号值为因变量进行分析的，典型的频域分析如图 8-2（b）所示。数据域分析是以离散时间或事件作为自变量的数据流的分析。

数字逻辑电路以二进制数字的方式来表示信息，在每一时刻，多位 0、1 数字的组合（二进制码）称为一个数据字，数据字随时间的变化按一定的时序关系形成数字系统的数据流。

数据域分析如图 8-2（c）所示，表示一个简单的十进制计数器，自变量为计数时钟的作用序列，输出值是计数器的状态。这个计数器的输出是由 4 位二进制码组成的数据流。对这种数据流可以用两种方法表示：用各有关位在不同时钟作用下的高、低电平表示［图 8-2（c）中的①］；或者用在时钟序列作用下的“数据字”表示［图 8-2（c）中的②］，这个数据字由各信号状态的二进制码组成。两种表示方式形式虽然不同，表示的数据流内容却是一致的。除了用离散的时间作自变量外，数据域分析还可以用事件序列作自变量。

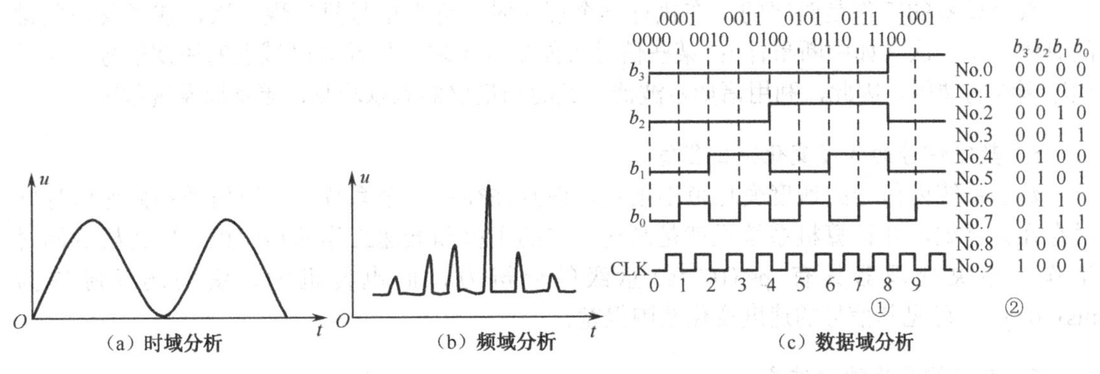

图 8-2　时域、频域和数据域分析的比较

在数据域分析中，人们关注的通常并不是每条信号线上电压的确切数值和对它们测量的准确程度，而是需要知道各信号处于低电平还是高电平，以及各信号互相配合在整体上表示什么意义。

2．数字信号的特点

数据域的测试和时域、频域测试有很大不同，这是由数字系统内的数字信号所决定的。下面来讨论数字信号的主要特点。

1）数字信号一般是多路传输

一个数据字、一组信息或一条计算机指令或地址都是由按一定编码规则的位（bit）组成的，因此，对这些信号要进行多路传输，而数据域测试仪器应能同时进行多路测试。

2）数字信号按时序传递

数字系统都具有一定的逻辑功能，为完成该功能，通常要严格按一定的时序工作，设备中的信号都是有序的信号流，因而对数字设备的测试最重要的就是要检测各信号间的时序和逻辑关系是否合乎要求。

3）数字信号的传递方式多种多样

数字系统中数据的传递方式是多种多样的，在同一个计算机系统，数据和信号可以有同步传输、异步传输两种方式。在有的设备中，信号有时并行传递，有时串行传递，如图 8-3 所示，输入信号是 4 位并行传递方式，输出信号是串行传递方式。并行传递方式是以硬设备换取速度，串行传递方式实质上是以时间换取硬设备。在远距离数据传输中，一般采用串行传递方式。

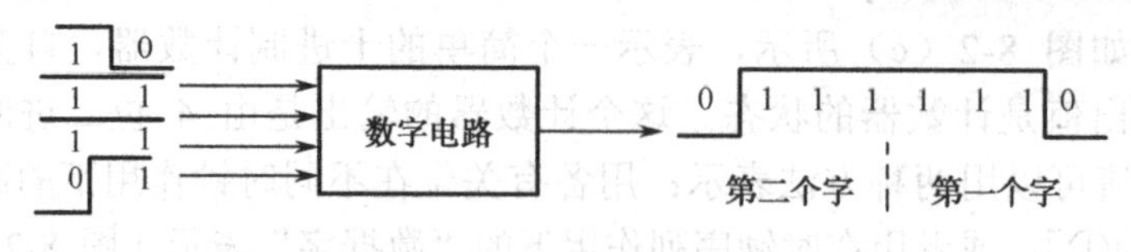

图 8-3 输入/输出数据流

4）数字信号多是单次或非周期性的

数字设备的工作是时序的，在执行一个程序时，许多信号只出现一次，或者仅在关键的时候出现一次（如中断事件）；某些信号可能重复出现，但并非时域上的周期信号，如子程序例程的调用。因此，利用诸如示波器一类的测量仪器难以观测，更难以发现故障。

5）数字信号的速度变化范围很宽

数字系统内信号的速度变化范围很宽，而且往往在一个系统中高速信号和低速信号同时存在。例如，在计算机系统里就是高速工作的主机和低速工作的打印机、电传机等同时工作。中央处理器具有 ps（10^{-12}s）量级的分辨力，而电传机输入键的选通脉冲为 ms（10^{-3}s），可见其信号的速度变化范围很宽。

6）数字信号为脉冲信号

数字信号为脉冲信号，各通道信号的前沿很陡，其频谱分量十分丰富。因此，数据域测量必须注意选择开关器件，并注意信号在电路中的建立和保持时间。

8.1.3 数据域测量的方法

对于一个有故障的数字系统，首先要判断其逻辑功能是否正常，其次确定故障的位置，最后分析故障原因，这个过程称为故障诊断。要实现故障诊断，通常在被测器件的输入端加上一定的测试序列信号，然后观察整个输出序列信号，将观察到的输出序列与预期的输出序列进行比较，从而获得诊断信息。数字系统的测量方法一般有穷举测试法、结构测试法、功能测试法和随机测试法 4 种。

1）穷举测试法

穷举测试法就是对输入全部组合进行测试，如果所有的输入信号和输出信号的逻辑关系都是正确的，就判断数据系统是正确的，否则就是错误的。该方法的优点是能检测出所有的逻辑关系，缺点是测试时间和测试次数随输入端数目 n 的增加呈指数关系的增加。

2）结构测试法

对于一个具有 n 个输入端的系统，如果用穷举测试法测试，需要 2^n 组不同的输入信号才能对系统进行完全测试。显然穷举测试法无论从人力还是物力上都是行不通的。解决此问题的方法是从系统的逻辑结构出发，考虑会出现哪些故障，然后针对这些特定的故障生成测试码，并通过故障模型计算每个测试码的故障覆盖范围，直到所考虑的故障被覆盖为止，这就是结构测试法。该测试法是最常用的方法。

3）功能测试法

功能测试法不检测数字系统内每条信号线的故障，只验证被测电路的功能，因而比较容易实现。目前，LSI、VLSI 电路的测试大部分都采用功能测试法，对微处理器、存储器

等的测试也可采用功能测试法。

4）随机测试法

随机测试法采用的是“随机测试适量产生”电路，随机地产生可能的组合数据流，将所产生的数据流加到被测电路中，然后对输出进行比较，根据比较结果即可知道被测电路是否正常。该方法不能完全覆盖故障，因此只能用于要求不高的场合。

8.1.4　数据域测试系统与仪器

1. 数据域测试系统的组成

数据域测试系统的组成如图 8-4 所示。由图可见，数据域测试系统主要包括数字信号源、被测数字系统及测试仪器三个部分。一个被测的数字系统可以用它的输入和输出特性及时序关系来描述，它的输入特性可用数字信号源产生的多通道时序信号激励，而它的输出特性可用逻辑分析仪测试，获得对应通道的时序响应，从而得到被测数字系统的特性。

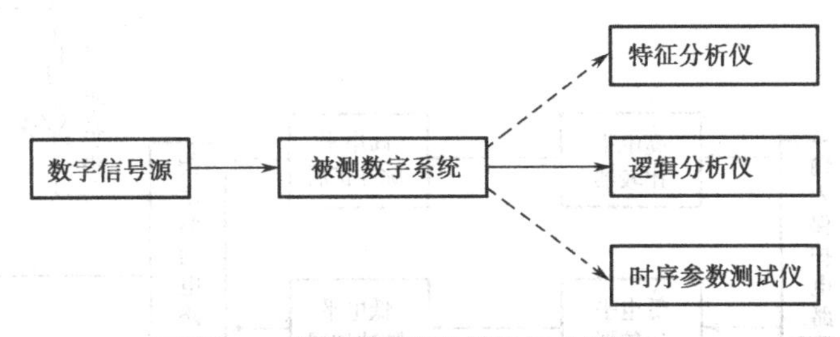

图 8-4　数据域测试系统的组成框图

根据测试内容的不同，可采用不同的测试方法和测试设备。如果还需要进一步测试被测系统信号的时域参数，如数字信号（脉冲）的上升时间、下降时间及信号电平等，可在被测系统的输出端接上一台数字存储示波器，这样既可以测试数字系统的时序特性，又可以测试其时域参数。为了使用方便，出现了同时具有逻辑分析和数字存储功能的逻辑示波器。

2. 数据域测量的仪器

数据域测量的仪器是指用于数字电子设备或系统的软件与硬件设计、调试、检测和维修的电子仪器。针对数据域测量的特点与方法，数据域分析测试必须采用与时域、频域分析截然不同的分析测试仪器和方法。目前，常用的数据域测量的仪器有逻辑笔、逻辑夹、数字信号源、逻辑分析仪、特征分析仪、无码分析仪、数字传输测试仪、协议分析仪、规程分析仪、PCB 测试系统、微机开发系统和在线仿真器（ICE）等。

以上测试仪器中，逻辑笔是最简单、最直观的，其主要用于逻辑电平的简单测试，而对于复杂的数字系统，逻辑分析仪是最常用、最典型的仪器，它既可以分析数字系统和计算机系统的软、硬件时序，又可以和微机开发系统、在线仿真器、数字电压表、示波器等组成自动测试系统，以实现对数字系统的快速自动化测试。

8.1.5　数字系统的简易测试

对于一个简单的数字电路，如分立元件、中小规模电路和数字系统的部件等，可以利用示波器、逻辑笔、逻辑比较器或逻辑脉冲发生器等简单而价廉的数据域测试仪器进行测试。

常见的简易逻辑电平测试设备有逻辑笔和逻辑夹，它们主要用来判断信号的稳定电平、单个脉冲或低速脉冲序列。其中，逻辑笔用于测试简单信号，逻辑夹用于测试多路信号。

1. 逻辑笔

1）逻辑笔的作用

逻辑笔的外观像一只电工使用的试电笔，但内部结构和作用不同。试电笔只有一个指示灯，用来判断交流电是火线还是零线。而逻辑笔有两个或三个指示灯，主要用来判断数字电路中某一个端点的逻辑状态是高电平还是低电平。

2）逻辑笔的结构

逻辑笔的结构如图 8-5 所示。由图可知，逻辑笔主要由输入保护电路，高、低电平比较器，高、低电平扩展电路，指示驱动电路及高、低电平指示电路 5 部分组成。

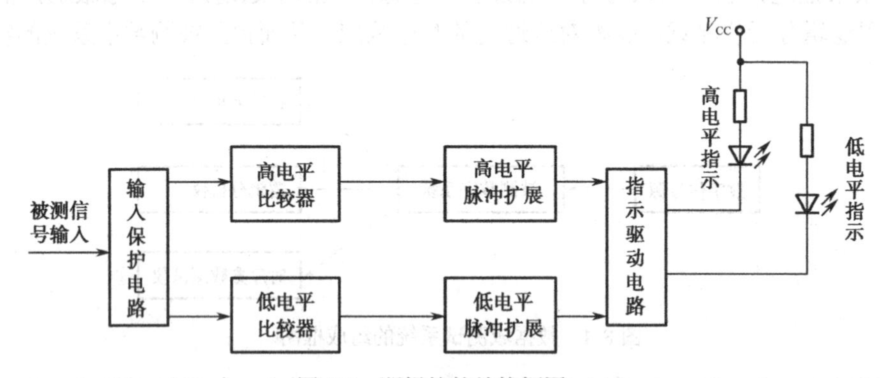

图 8-5　逻辑笔的结构框图

3）逻辑笔的工作原理

被测信号由探针接入，经过输入保护电路后同时加到高、低电平比较器，然后将比较结果分别加到高、低脉冲扩展电路进行展宽，以保证测量单个窄脉冲时也能将指示灯点亮足够长的时间，这样，即使是频率高达 50MHz、宽度最小至 10ns 的窄脉冲也能被检测到。展宽电路的另一个作用是通过高、低电平展宽电路的互换，使电平测试电路在一段时间内指示某一确定的电平，从而只有一种颜色的指示灯亮。保护电路用来防止输入信号电平过高时损坏检测电路。

逻辑笔通常设计成能兼容两种逻辑电平的形式，即 TTL 逻辑电平和 CMOS 逻辑电平，这两种逻辑的高、低电平门限是不一样的，测试时需要通过开关在 TTL/CMOS 间进行选择。

4）逻辑笔的应用

（1）逻辑笔的指示灯

不同的逻辑笔提供不同的逻辑状态指示。通常逻辑笔只有两只指示灯："H"灯指示逻辑"1"（高电平），"L"灯指示逻辑"0"（低电平）。一些逻辑笔还有"脉冲"（或称 PULSE）指示灯，用于指示检测到输入电平跳变或脉冲。

（2）逻辑笔具有记忆功能

如果测试点为高电平，"H"灯亮，此时即使将逻辑笔移开测试点，该灯仍然保持点亮，以便记录被测状态，这对检测偶然出现的数字脉冲是非常有用的。当不需要记录此状态时，可扳动逻辑笔的“MEM/PULSE”开关至“PULSE”位。在“PULSE”状态下，逻辑笔还可以用来对正、负脉冲进行测试。

（3）逻辑笔对输入电平的响应（见表 8-1）

表 8-1 逻辑笔对输入电平的响应

序号	被测点逻辑状态	逻辑笔的响应
1	稳定的逻辑“1”	“H”灯稳定地亮
2	稳定的逻辑“0”	“L”灯稳定地亮
3	逻辑“1”和逻辑“0”之间的中间态	“H”、“L”灯均不亮
4	单次正脉冲	“L”→“H”→“L”灯依次亮，“PULSE”灯闪
5	单次负脉冲	“H”→“L”→“H”灯依次亮，“PULSE”灯闪
6	低频序列脉冲	“H”、“L”、“PULSE”灯闪
7	高频序列脉冲	“H”、“L”灯亮，“PULSE”灯闪

由表 8-1 可知，通过用逻辑笔对被测点的测量，可以得出 4 种逻辑状态，具体如下。

① 逻辑“高”：输入电平高于逻辑电平阈值，说明这是有效的高逻辑信号。

② 逻辑“低”：输入电平低于逻辑电平阈值，说明这是有效的低逻辑信号。

③ 高阻抗状态：输入电平既不是逻辑高，也不是逻辑低。一般来说，这表示数字门是在高阻抗状态或逻辑探头没有连接到门的输出端（开路），此时“H”、“L”两个指示灯都不亮。

④ 脉冲：输入电平从有效的低逻辑电平变到有效的高逻辑电平（或相反）。通常当脉冲出现时，“H”和“L”两个指示灯会闪烁，而通过逻辑笔内部的脉冲展宽电路，即使是很窄的脉冲，也能使“PULSE”指示灯亮足够长的时间，以便于观察。

2. 逻辑夹

逻辑笔在同一时刻只能显示一个被测试点的逻辑状态，而逻辑夹则可以同时显示多个被测点的逻辑状态。在逻辑夹中，每一路信号都先经过一个门判电路，门判电路的输出则通过一个非门来驱动一个发光二极管，当输入信号为高电平时，发光二极管亮；否则，发光二极管灭。也就是说，逻辑夹可以看成是由两只或两只以上的逻辑笔组合在一起构成的。

8.2 逻辑分析仪

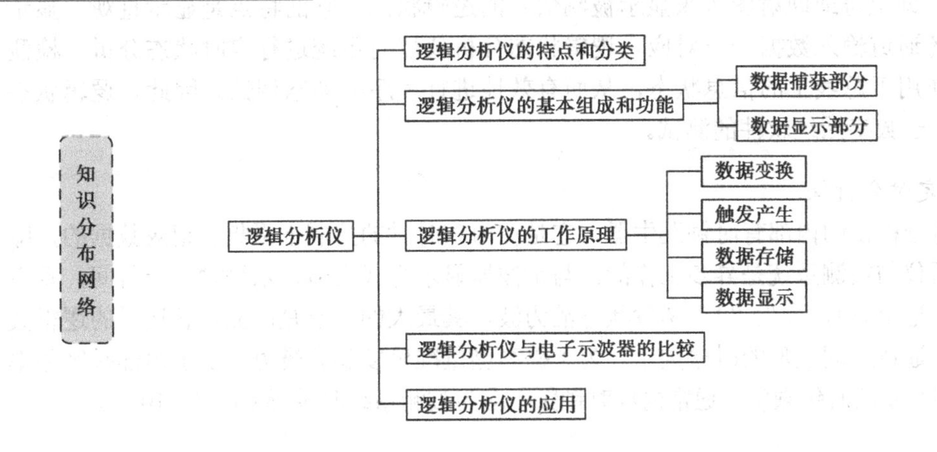

逻辑笔和逻辑夹的局限性在于它们无法对多路数据信号进行状态分析，而且只能测试逻辑电平。随着数字系统复杂程度的增加，尤其是微处理器的高速发展，采用简单的逻辑电平测试设备已经不能满足测试的要求。而逻辑分析仪是数据域测量中最典型、最重要的工具，它将仿真功能、模拟测量、时序和状态分析及图形分析功能集于一体，为数字电路硬件和软件的设计、调试提供了完整的分析和测试。

8.2.1 逻辑分析仪的特点和分类

1．逻辑分析仪的特点

为了满足对数据的检测要求，逻辑分析仪通常具有以下一些特点。

（1）具有足够多的输入通道。这是逻辑分析仪的重要特点，便于多通道的同时检测。

（2）具有快速的存储记忆功能。利用它的存储功能可以捕获、显示触发前或触发后的数据，这样有利于分析故障产生的原因。

（3）具有极高的取样速率。为了对高速数字系统中的数据流进行分析，逻辑分析仪必须以高于被测系统时钟频率 5～10 倍的速率对输入电平进行采样，以便进行定时分析。进行状态分析时逻辑分析仪的采样频率也必须与高速数字系统的时钟同步。

（4）具有丰富的触发功能。由于逻辑分析仪具有灵活的触发能力，它可以在很长的数据流中对要观察分析的信号做出准确的定位，从而捕获对分析有用的信息。

（5）具有灵活直观的显示方式。采用不同的显示方式，更有利于快速地观察和分析问题。

（6）具有限定功能。所谓限定功能就是对所获取的数据进行鉴别、挑选的一种能力。限定功能解决了对单方向传输情况的观察，以及对复用总线的分析。

2．逻辑分析仪的分类

根据显示方式和定时方式的不同，逻辑分析仪可分为逻辑状态分析仪和逻辑定时分析仪两大类型，但其结构基本相同。

1）逻辑状态分析仪

逻辑状态分析仪的内部没有时钟发生器，它用被测系统时钟来控制记录速度，状态数据的采集是在被测系统的时钟（对逻辑分析仪来说，称为外时钟）控制下实现的，即逻辑状态分析仪和被测系统是同步工作的。其主要用于检测数字系统的工作程序，并用字符“0”和“1”、助记符或映射图等来显示被测信号的逻辑状态。它的特点是显示直观，显示的每一位与各通道输入数据一一对应。逻辑状态分析仪能对系统进行实时状态分析，检测在系统时钟作用下总线上的信息状态，从而有效地进行程序的动态调试。因此，逻辑状态分析仪主要用于数字系统软件的测试。

2）逻辑定时分析仪

逻辑定时分析仪的内部有时钟发生器，它是在内部时钟的控制下采集、记录数据的，即逻辑定时分析仪与被测系统是异步工作的。与示波器显示方式类似，水平轴代表时间，垂直轴显示的是一连串只有“0”、“1”两种状态的为波。其最大的优点是能显示各通道的逻辑波形，特别是各通道之间波形的时序关系。为了提高测量准确度和分辨力，要求内部时钟频率要远高于被测系统的时钟频率，通常内部时钟频率应为被测系统时钟频率的 5～10 倍。

逻辑定时分析仪通常对输入信号进行高速采样、大容量存储，从而为捕捉各种不正确的“毛刺”脉冲提供了手段，可较为方便地对微处理器和计算机等数字系统进行调试与维修。因此，逻辑定时分析仪主要用于数字系统硬件的调试与测试。

上述两类分析仪虽然在显示方式和功能侧重上有所不同，但是基本用途是一致的，即可对一个数据流进行快速的测试分析。随着微机系统的广泛应用，在其调试和故障诊断过程中，往往既有软件故障又有硬件故障，因此近年来出现了把“状态”和“定时”分析组合在一起的分析仪——智能逻辑分析仪，这给使用者带来了更大的便利，也是现在逻辑分析仪的主流。

8.2.2　逻辑分析仪的基本组成和功能

不同厂家的逻辑分析仪，尽管在通道数、取样频率、内存容量、显示方式及触发方式等方面有较大的区别，但其基本组成结构是相同的。逻辑分析仪的基本组成如图 8-6 所示，由图可以看出，逻辑分析仪是由数据捕获和数据显示两部分组成的。

1. 数据捕获部分

（1）组成：数据捕获部分主要包括输入变换、时钟选择、数据存储、触发产生、采用等模块。

（2）作用：快速捕获并存储要观察的数据。

（3）基本功能：输入变换电路将各通道的输入信号变换成相应的数据流；触发产生部分则根据数据捕获方式，在数据流中搜索特定的数据字。当搜索到特定的数据字时，就产生触发信号去控制数据存储器开始存储有效数据或停止存储数据，以便将数据流进行分块（数据窗口）。

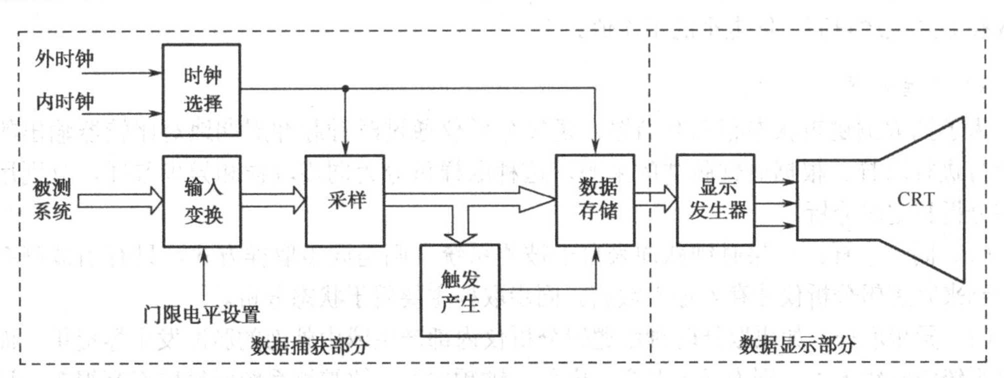

图 8-6　逻辑分析仪的基本组成

2. 数据显示部分

（1）组成：数据显示部分由显示发生器和 CRT 显示器组成。

（2）作用：将存储在数据存储器中的数据进行处理并以多种显示方式（如定时图、状态图、助记符、ASCII 码等）显示出来，以便对捕获的数据进行观察和分析。

（3）基本功能：将数据存储器输出的二进制数据转换成能驱动 CRT 显示器显示的模拟电压或电流信号，然后送到 CRT 显示器中显示出人眼能够观察的光信号。

8.2.3 逻辑分析仪的工作原理

由图 8-6 可知，逻辑分析仪主要包括数据变换、触发产生、数据存储、数据显示 4 个阶段，下面对这 4 个阶段分别予以介绍。

1．数据变换

数据变换阶段主要分为信号输入、信号转化和数据采样部分。

1）信号输入

被测信号是由逻辑分析仪的多通道探头输入的。该探头是由若干个探头集中起来构成的，其触针细小，以便于探测高密度集成电路。对于逻辑分析仪而言，各个通道的输入探头电路完全相同。为了不影响被测点的点位，每个通道探针的输入阻抗都很高。为了减小输入电容，在高速逻辑分析仪中多采用有源探针。

2）信号转化（或称量化）

信号转化的原理如图 8-7 所示。每个通道的输入信号经过内部比较器和比较电平调整（门限电平或阈值电平）相比较之后，判为逻辑“1”或逻辑“0”。通常，若输入信号电平高于阈值电平则输出为逻辑“1”，反之则为逻辑“0”。为了检测不同逻辑电平的数字系统，输入的门限电平可由使用者选择，以便和被测系统的阈值电平相配合，一般可在±10V 范围内调节。通常门限电平取被测系统逻辑高、低电平的平均值。

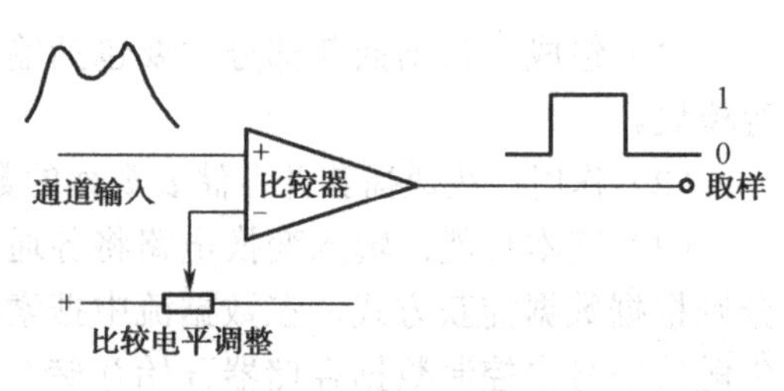

图 8-7　信号转化原理图

3）数据采样

为了把被测逻辑状态存入存储器，逻辑分析仪通过时钟脉冲周期地对比较器输出的数据信号进行取样。根据时钟脉冲的来源，这种取样可分为同步取样和异步取样，分别用于状态分析和定时分析。

（1）同步取样：如果时钟脉冲来自于被测系统，则是同步取样方式，只有当被测系统时钟到来时逻辑分析仪才存入输入数据。同步取样主要用于状态分析。

（2）异步取样：如果取样时钟由逻辑分析仪内部产生或由外部的脉冲发生器提供，而与被测系统的时钟无关，则为异步取样。内部时钟频率可以比被测系统时钟频率高很多，这样可以使单位时间内获取的数据更多，显示的数据更精确。异步取样主要用于定时分析。

（3）同步取样与异步取样的比较：如图 8-8 所示，同步取样与异步取样除了取样时钟脉冲的来源不同外，同步取样对于相邻两系统时钟边沿之间产生的毛刺干扰无法检测到，如图 8-8 中输入通道 2 的情况。同时，同步取样也无法反映各通道输入数据间的时间关系。异步取样时，由于使用逻辑分析仪的内部时钟采集数据，只要频率足够高，就能获得比同步取样更高的分辨力。由图 8-8 可以看出，异步取样不仅能采集输入数据的逻辑状态，而且能反映各通道输入数据间的时间关系，图中异步取样能显示通道 2 数据的最后一次跳变发生在通道 1 数据最后一次跳变之前；同时，又将通道 2 被测信号中的毛刺干扰记录下来。毛刺宽度往往很窄，如果在相邻两时钟之间就无法检测出来，但是由于逻辑定时分析仪的内部时钟高达数百兆，因此通过锁定功能，它可以检测出宽度仅有几纳秒的毛刺。

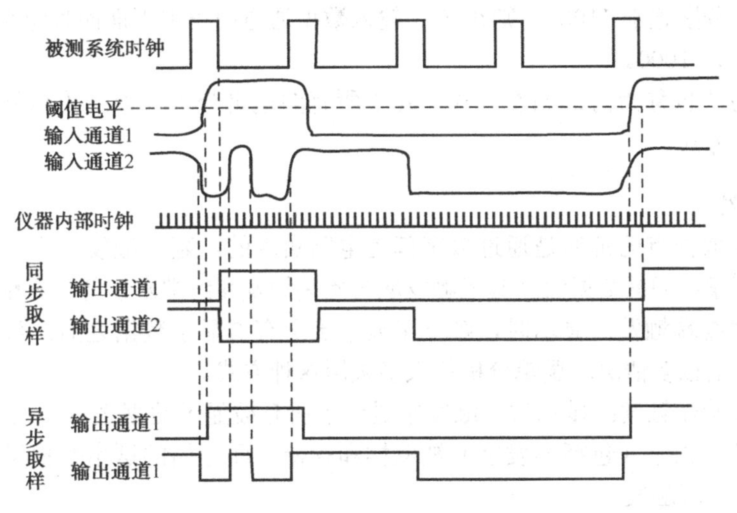

图 8-8　同步取样和异步取样示意图

根据以上特点可以知道，同步取样用于状态分析，异步取样则用于定时分析。

2. 触发产生

数字设备因软、硬件故障所发生的错误数据往往与正确数据混杂在一起，这些错误数据只发生在程序流程中的某一些时间间隔内，也就是出现在数据流的某一区段中。为了分析这些数据，寻找出错误原因，要求逻辑分析仪不仅能收集、存储这些数据，而且一旦发现这些数据能予以捕捉，这就是所谓的数据触发控制。数据触发控制实质上是不断搜索被测数据流中某指定的数据字，一旦识别发现这个数据字后立即按规定条件产生触发脉冲停止或启动存入数据，使有关数据稳定地保持在数据存储器中，以便于显示分析。用于触发的数据字称为触发字，当触发字作为启动数据采集时，触发字是数据流的第一个数据；当触发字作为停止数据采集时，内存中采集存放的数据是触发字出现以前的数据，而触发字是数据流的最后一个数据。

应当指出，逻辑分析仪的触发功能和普通的电子示波器不同。电子示波器只有触发之后扫描才开始产生，它只能观察触发后的波形。而逻辑分析仪的触发是停止或开始存储、捕获数据时，它可以记忆和显示触发前或触发后的数据。

为了有效地捕捉数据流，逻辑分析仪一般都设有多种触发方式。在进行数字信号观察时，如何选择触发方式非常重要。下面分别介绍几种触发功能。

1）组合触发

逻辑分析仪具有“字识别”触发功能，将逻辑分析仪各通道的信号和其预置的触发字进行比较，当一一对应的各位相等时就会产生触发信号，此即组合触发功能。它为在测试复杂的数据流中选择观察、分析某些特定的数据块提供了有效的方法，可以对这一特定字发生前、后一段时间内信息的变化情况进行捕捉、存储、分析和观察。

触发条件可以通过仪器面板上的“触发字选择”来控制，每一个输入探头上都有一个

触发字选择开关，每一个通道都可以取 1、0、x 三种触发条件，“1”和“0”分别表示产生触发的条件为高电平和低电平；“x”为“任意”。例如，某个仪器有 5 个通道，对应通道的触发字选择开关分别置于 1100x，则在 5 个输入数据通道中出现下面两种组合中的一种时产生触发：11001 或 11000。

组合触发方式也称为内部触发方式，几乎所有的逻辑分析仪都采用这种触发方式，故也称为基本触发方式。

2）延迟触发

延迟触发对取样点的延迟是通过数字延迟电路实现的。延迟触发可以方便地设置存储器窗口，以便观察不同的数据流。延迟触发应与始端触发和终端触发等方式配合使用。

（1）存储器终端触发：显示时，触发字显示于所有被显示数据之后。可以观测被测系统发生故障以前的很多情况。逻辑分析仪大多采用这种方式。

（2）存储器始端触发：显示时，触发字显示于所有被显示数据之首。由于有 M（存储器容量）个新的数据字（包括触发字）被取样和存储，而存储的这串数据又是以触发字为首的，所以称为始端触发。

（3）存储器中间触发：显示时，触发字显示于所有被显示数据的中间。此时存储器可存入触发前和触发后的部分数据。

综上所述，逻辑分析仪可采用由产生触发点开始的数字延迟方法，自由设定存储范围。

3）序列触发

序列触发是一种多级触发，由多个触发字按规定的次序排列，只有当被观察的程序按同样的顺序先后满足所有触发条件时才能有效触发。

4）限定触发

限定触发是对设置的触发字加限定条件的触发方式。有时设定的触发字在数据流中出现较为频繁，为了有选择地存储和显示特定的数据流，逻辑分析仪中增加一些附加通道作为约束或选择所设置的触发条件。

限定触发筛选掉一部分触发字，并不对它进行数据采集、存储、显示。

5）“毛刺”触发

这种触发方式可以在输入信号中检出“毛刺”脉冲（如干扰脉冲）。它利用滤波器从输入信号中取出一定宽度的脉冲作为触发信号，以利于寻找由于外界干扰而引起误动作的原因。

6）手动触发与外部触发

在测量时，利用人工方式可以在任何时候加以触发或强制显示测量数据，也可以由外部输入脉冲充当触发信号，这就是手动触发与外部触发。

在微机应用程序中，往往包含了许多分支和循环程序，为了检测、分析这些分支和循环程序中可能存在的错误，提高分析测试效率，逻辑分析仪提供了一些由多个条件组合而成的高级触发方式，如序列触发、计数触发等。

7）计数触发

在较复杂的软件系统中常存在循环嵌套，为此可用计数触发对循环进行跟踪。当触发

字出现的次数达到预置值时产生触发。

现代逻辑分析仪还有其他一些触发方式，随着数字系统及微机系统的发展，对逻辑分析仪的触发方式也提出了越来越高的要求，新的触发方式还会随之出现。所以在使用时，应注意正确选择触发方式。

3．数据存储

逻辑分析仪按“先进先出”的方式存储数据。通常将数据存入随机存储器（RAM）中，因而，写数据时按写地址计数器规定的地址向 RAM 中存入数据。每当时钟脉冲到来时，计数器值加 1，并循环计数。每一个时钟脉冲到来时，采样电路每捕获一个新的数据，存储器也存入一个新数据。存储器存满数据后继续写入时，首先存入的数据因新数据的存入而被冲掉。

现在的逻辑分析仪除具有高速 RAM 外，有的还增加了一个参考存储器，在进行状态显示时可以并排地显示两个存储器中的内容，以便进行比较。

4．数据显示

逻辑分析仪将被测信号以数字的形式不断地写入存储器，在触发信号到来之前，这个过程不停地进行。一旦触发信号到来，逻辑分析仪立即停止数据收集、存储而转入显示阶段，把已存入存储器中的数据处理成便于观察分析的格式显示在 CRT 屏幕上。显示方式通常有状态表显示、定时显示、矢量图显示、映射图显示和分解模块显示等几种。

1）状态表显示

状态表显示就是将数据信息用“1”、“0”组合的逻辑状态表的形式显示在屏幕上。状态表的每一行表示一个时钟脉冲对多通道数据采集的结果，代表一个数据字，可将存储的内容以二进制、八进制、十进制、十六进制的形式显示在屏幕上［如图 8-2（c）中的状态表］。常用十六进制数显示地址和数据总线上的信息，用二进制数显示控制总线和其他电路节点上的信息，或者将总线上出现的数据翻译成各种微处理器的汇编语言源程序，实现反汇编显示，后者特别适合于软件调试。

有些逻辑分析仪有两组存储器，一组用来存储标准数据或正常操作数，另一组用来存储被测数据。这样，可以在屏幕上同时显示两个状态表，并把两个表中的不同状态用高亮度字符显示出来，以便于比较。

2）定时显示

定时显示是将存入存储器的数据信息按逻辑电平和时间关系显示在 CRT 上，即显示各通道波形的时序关系。由于受时钟频率的限制，取样点不可能无限密，因此定时显示在 CRT 上的波形不是实际波形，不含有被测信号的前、后沿等参数信息，而是取样点上信号的逻辑电平随时间变化的伪时域波形，称为“伪波形”。定时显示可清楚地描述数字系统的时序关系。

如图 8-2（c）所示图形，图中并行数据字从左自右以列显示，第 0 个数据字在最左边，往右依次为 1、2、3、…数据字，每一行代表一个通道若干位时间内的逻辑波形。

采用定时显示方式，便于检查出被测波形中各种不正常的毛刺脉冲，以利于逻辑硬件工作状态的检测。

3）矢量图显示

矢量图又称为点图，是把要显示的数字量用逻辑分析仪内部的数模转换（D/A）电路转换成模拟量，然后显示在屏幕上。它类似于示波器的 X-Y 模式显示，X 轴表示数据实际出现的顺序，Y 轴表示被显示数据的模拟数值，刻度可由用户设定，每个数字量在屏幕上形成一个点，称为“状态点”。系统的每个状态在屏幕上各有一个对应的点，这些点分布在屏幕上组成一幅图，称为“矢量图”。这种显示模式多用于检查一个带有大量子程序的主程序的执行情况。如图 8-9 所示是程序的执行情况，被监测的是微机系统的地址总线，X 轴是程序的执行顺序，Y 轴是呈现在地址线上的地址。

4）映射图显示

映射图显示可以观察系统运行全貌的动态情况，它是用一系列光点来表示一个数据流。如果用逻辑分析仪观察微机的地址总线，则每个光点是程序运行中一个地址的映射。如图 8-10 所示是某程序运行时的映射图。

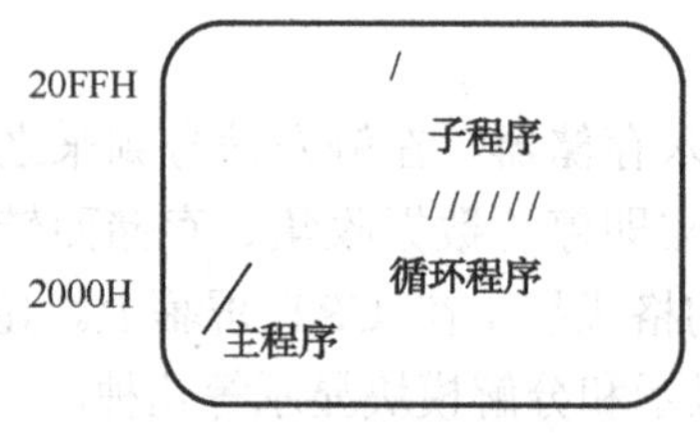

图 8-9　程序执行的矢量图显示

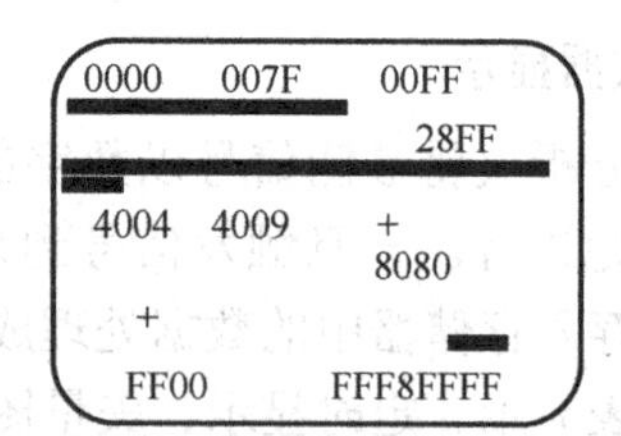

图 8-10　程序执行的映射图

5）分解模块显示

分解模块显示是指在同一屏幕上同时显示多种模式，如将一个屏幕分成两个窗口，上面窗口显示该处理器在同一时刻的定时图，下面窗口显示经反汇编后微处理器的汇编语言源程序。由于上、下两个窗口的图形在时间上是相关的，因而对电路的定时和程序的执行可同时进行观察，软、硬件也可同时测试。

逻辑分析仪的这种多种显示功能，在复杂的数字系统中能较快地对错误数据进行定位。例如，对于一个有故障的系统，首先用映射图对系统全貌进行观察，根据图形变化，确定问题的大致范围；然后用矢量图显示对问题进行深入检查，根据图形的不连续特点缩小故障范围；最后用状态表找出错误的字或位。

8.2.4　逻辑分析仪与电子示波器的比较

电子示波器是时域分析的主要仪器，而逻辑分析仪是数据域分析的主要仪器。下面从测试方法、显示和触发方式等方面对二者进行比较。

（1）逻辑分析仪能同时观察多通道信号，如 8、16、32、64 路等并行数据；而示波器难以同时显示这么多个输入信号。

（2）波形显示方法。逻辑分析仪是将输入信号的波形转换成数字量，用时钟对数据流取样，注入存储器中，然后以低速方式显示。即逻辑分析仪的数据采集部分与显示部分是独立的，可以分开工作。而普通示波器是即时显示输入信号波形，输入信号直接进入 Y 放大器，其显示部分与放大器等环节是同时工作的。

（3）逻辑分析仪有存储器，连续存储数据，可以显示偶然出现的数据信息，并可从记录的状态来寻找故障源，而普通示波器难以做到。

（4）逻辑分析仪有时间图和状态表等多种显示方式，实现数据域测量。示波器只能显示电压与时间的关系，进行时域测量，或根据需要进行 X-Y 显示。

（5）逻辑分析仪具有多种捕捉数字信号的触发方式，能观察触发时刻前、后的信号。而示波器只能显示触发后的信号。

逻辑分析仪采用微处理器控制，母线结构，面板键盘化，显示规格化、数字化，操作简便，直观清晰，功能强；它又有数据存储功能，实现记忆与数据处理，对于分析和显示都很方便。这是逻辑分析仪与通用示波器的本质区别。

通过上述比较，二者是截然不同的两种测量仪器，不能互相取代，也不能说孰优孰劣，应根据不同测试要求灵活选用。一般来说，利用逻辑分析仪可以较容易地判断出数字系统发生故障的部位，然而对于故障发生的原因，往往需采用示波器进行分析。从某种意义上说，逻辑分析仪对于数字电子设备的重要性恰似示波器在模拟电子设备中的地位，二者都会得到迅速发展。

8.2.5　逻辑分析仪的应用

逻辑分析仪广泛地应用于数字系统的测试中，主要用于测试数字集成电路的逻辑功能、微处理器系统的逻辑状态及检测数字系统的故障等。

1．测试数字集成电路

对各种类型的数字集成电路尤其是对大规模集成电路进行测试时，需要使用逻辑分析仪。测试时，将被测数字电路芯片接入逻辑分析仪中，利用合适的显示方式，得到具有一定规律的图像。如果显示不正常，则可以通过显示中不正确的图形找出逻辑错误的位置。

2．测试时序关系及干扰信号

利用逻辑（定时）分析仪可以检测数字系统中各种信号间的时序关系、信号的延迟时间及各种干扰脉冲等。

例如，测定计算机通道电路之间的延迟时间时，可将通道电路的输入信号接至逻辑分析仪的一组输入端，而将通道电路的输出信号接至逻辑分析仪的另一组输入端，然后利用脉冲间隔的变化和在荧光屏上的字符显示，测出输入与输出间的延迟时间。

3．检测微处理器系统的运行情况

在微处理器的运行与维修过程中，经常会遇到硬件和软件相互联系及与外部设备间的信息传送等问题。微处理器总线所传送的信号一般为多路并行，有的达到 16 位甚至 32 位以上，这时可以用逻辑分析仪准确而快速地显示出来。图 8-11（a）是将微处理器的数据总线和地址总线上的信号分别接入逻辑分析仪的示意图，用“读/写控制”（R/W）作为触发输入信号，正在运行的微处理器的地址或数据线上的内容便通过分析仪显示出来，如图 8-11（b）所示。当发现故障时，还可利用不同的触发方式显示出故障前后的信息情况，从而可以迅速排除故障，提高测试效率。

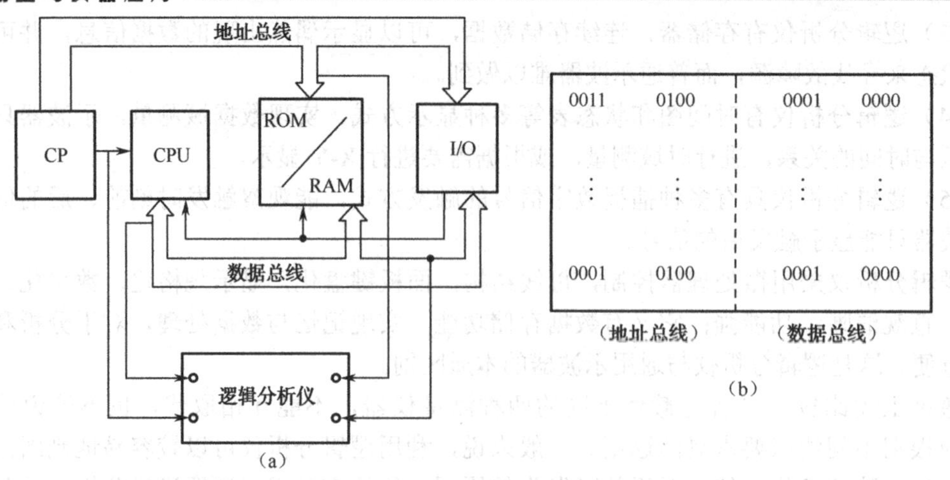

图 8-11 检测微处理器系统的运行情况

4. GPIB 接口的测试

GPIB（也称 IEEE-488）接口是自动测试系统中用于系统连接的通用接口，它的总线由 16 条信号线组成，分为三组：8 条数据线，5 条管理线，3 条挂钩线。数据线上所传送的数据在 3 条挂钩线的管理下异步进行。用逻辑分析仪对 GPIB 母线进行测试是很方便的。首先将逻辑分析仪的数据输入探头分别接到 GPIB 的 16 条信号线上。由于 GPIB 母线是按负逻辑定义的，因此，数据输入的电平选择也应设置为负逻辑。关于时钟的选择，由于 GPIB 的数据传递是采用三线挂钩异步传递的，并且三条挂钩线都能控制数据线上数据的传递，因此三条挂钩线均可作为逻辑分析仪的外接同步时钟，以实现数据的捕获。为了保证捕获有效的数据，应选择正确的同步时钟边沿。最后，再选择适当的触发方式和数据显示方式，则可在逻辑分析仪的 CRT 上显示出 GPIB 的全部工作过程。显然，这对于 GPIB 接口功能的调试、自动测试系统的组建及系统应用软件的调试都是十分方便、有效的。

5. 数字系统自动测试系统

由带 GPIB 总线控制功能的微型计算机、逻辑分析仪和逻辑发生器及相应的软件可以组成数字电路的自动测试系统。该系统能够完成中小规模数字集成芯片的功能测试、某些大规模集成电路逻辑功能的测试、程序自动跟踪、在线仿真及数字系统的自动分析功能。测试系统的硬件组成如图 8-12 所示。图中，可利用微处理器对逻辑发生器编程，发出测试中所需的激励信号。

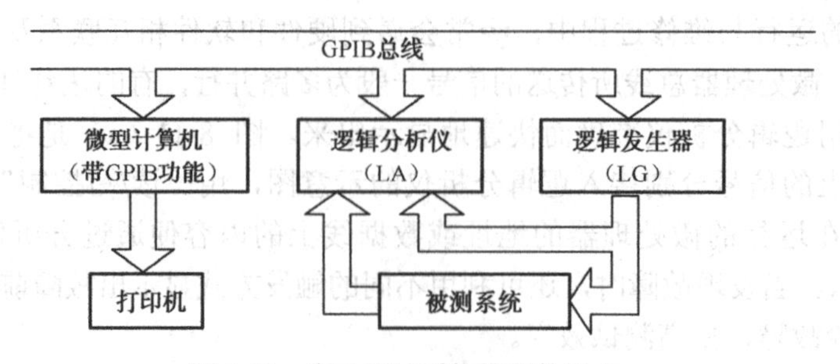

图 8-12 自动测试系统的硬件组成

8.3 典型仪器——Flyto L-100 逻辑分析仪

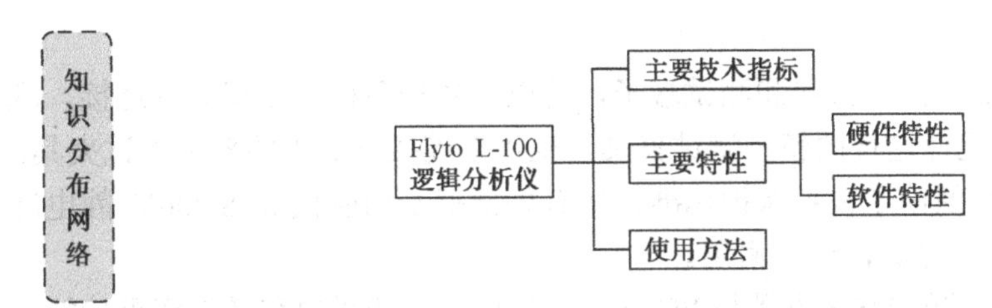

Flyto L-100 系列逻辑分析仪是一种通用型逻辑分析仪，可用于各种数字电路的信号测量和调试工作，它功能强大、品质优良、软件时尚，使用和携带都非常方便，而且价格低廉。除了具备逻辑分析仪的标准功能外，L-100 系列逻辑分析仪还具有实时逻辑示波器功能，用户可以像在示波器上一样实时观察周期性的信号波形，即接即用，非常方便。其外形和连接方式如图 8-13 所示。

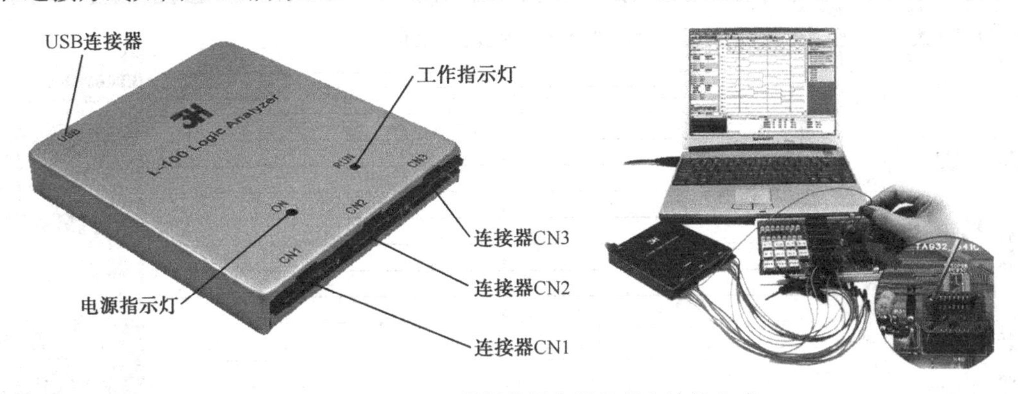

图 8-13　Flyto L-100 逻辑分析仪的外形和连接方式

8.3.1 Flyto L-100 逻辑分析仪的主要技术指标

Flyto L-100 逻辑分析仪的主要技术指标如表 8-2 所示。

表 8-2　Flyto L-100 逻辑分析仪的主要技术指标

外形体积	99cm×89cm×14cm（长×宽×高）
信号接口	2.54mm 高品质锁紧式连接器，可选配通用型测试端子
保护性能	所有端子可耐受 8 000V 静电冲击，所有端子可耐受±30V 电源冲击
信号电平	L-100：TTL/CMOS；L-100-VT：2 组，每组 0～+3.3V 独立可调
采样频率	10Hz～100MHz 标准时钟/同步采样/条件采样（2 组/24b）
信号通道	24
采样深度	32K
延时功能	0～32K 采样周期
主计数器	37b（128Gb）
触发条件	6 组，24b，带数字滤波器

8.3.2 Flyto L-100 逻辑分析仪的特性

1. 外接连线

（1）L-100 配备了高品质的连接器和测试端子，可以与各种各样的测试夹具连接，既可以连接像 0.3mm 间距表贴元件这样的精密测试夹具，也可以连接低成本的普通测试夹具。

（2）L-100 采用高水平的电子设备保护标准，所有外部端子均能抵抗 8 000V 静电冲击和±30V 电源冲击，设备安全可靠，经久耐用。

（3）L-100 仅用一条标准的 USB 电缆与 PC 连接，能同时完成供电和通信双重功能，无须附加外接电源。

2. 软件界面

L-100 全新的软件具有三种主流的时尚风格，软件界面如图 8-14 所示。

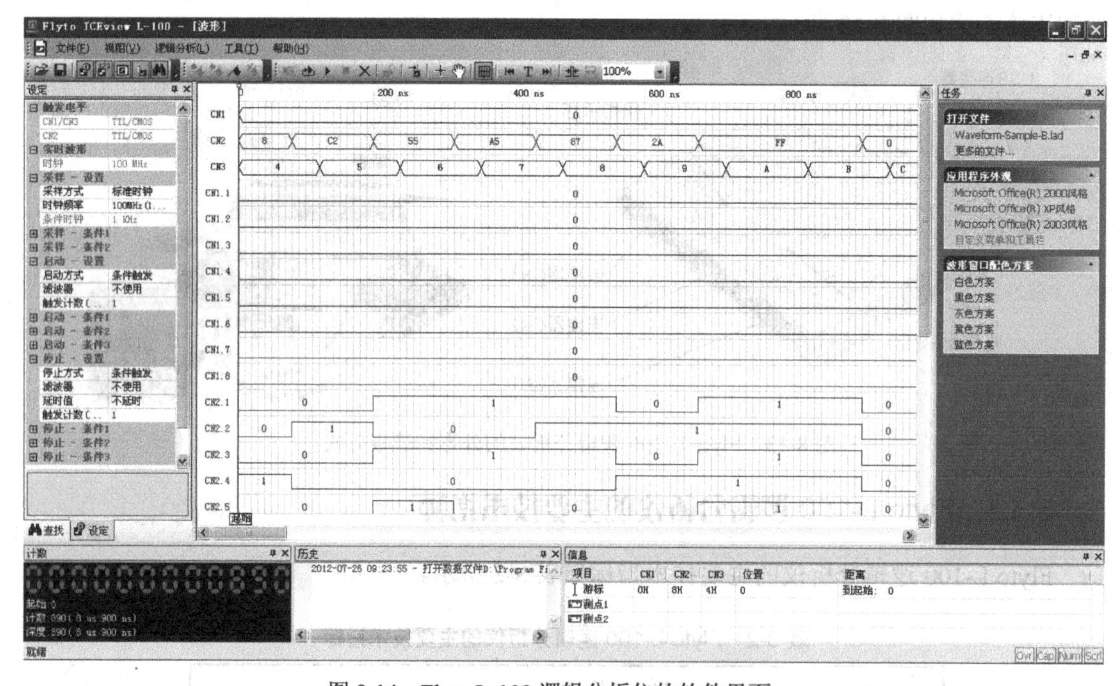

图 8-14 Flyto L-100 逻辑分析仪的软件界面

（1）所有界面窗体可以任意停靠和编组。

（2）具有“换肤”功能，用户可以选择自己喜欢的软件界面风格，如 Office 2000、Office XP、Office 2003 等。

（3）具有智能菜单（Intelligent Menu）和各种自定制（Customization）功能，其操作方法与通常的 Windows 环境操作相同。

3. 软件的特点

（1）L-100 逻辑分析仪将强大的硬件功能与时尚的软件界面融为一体，使原本复杂的时序分析和条件设置工作变得高效而简捷。

（2）L-100 软件界面的窗体色彩柔和、构图规范，操作易学易记。为了方便用户，还带有典型参数设置的范例文件。

（3）L-100 具有时间轴和电压轴可以任意缩放的波形观测系统，用户既可以将全体采样数据压缩至一屏来观察全局情况，也可以将特定的局部放大来观察波形的细微时间特性。

（4）L-100 具有高效的万用标尺系统，用户可以精确而方便地进行波形定位和相位差测量工作。

（5）L-100 具有波形存储、调用、条件搜索和定位书签功能，并具有设置参数的存储和调用功能，使用户的观测和分析工作变得非常方便。

8.3.3　Flyto L-100 逻辑分析仪的使用方法

1．安装程序

在 PC 上从光盘中安装相关程序。

2．连接设备

（1）逻辑分析仪的测试信号连接器与测试信号连接端子连接。

（2）测试信号连接端子与待测试器件连接。

（3）待测试器件与脉冲信号发生器连接。

（4）逻辑分析仪与 PC 连接。

3．启动软件

启动 Flyto ICEview L-100 逻辑分析仪软件有如下几种方式。

（1）从桌面快捷方式启动：在桌面上找到 ICEview L-100 的图标，双击该图标，即可启动 Flyto ICEview L-100 软件。

（2）使用程序组启动：单击“开始”按钮，按照“程序”→“Flyto”→“Flyto ICEview L-100”的顺序进入 ICEview L-100 程序组，然后单击“ICEview L-100 逻辑分析仪”（在 Windows XP 和 Windows 2003 环境下，顺序变为“开始”→“所有程序”→“Flyto”→“Flyto ICEview L-100”）。

（3）从一个保存的波形启动：在 Windows 资源管理器中，双击一个保存过的波形文件（*.lad），或者从文档菜单中单击某个最近使用过的波形文件，此时 ICEview L-100 软件会自动启动并装入波形。

4．测试器件

注意：脉冲信号发生器输出电平必须与器件的工作电源电压相对应。

使用 L-100 逻辑分析仪进行工作时，逻辑分析仪的工作参数采用的是 Flyto ICEview L-100 的默认设置，即 100MHz 采样，立即启动和不自动停止。根据需要对此设置进行更改，然后单击工具栏上的启动按钮，即可对信号进行采样。

在采样过程中，计数窗口中的跟踪计数器数值会持续变化，直到最后溢出为止。在跟踪计数器溢出后，计数窗口中的数值使用红色显示，并标有“溢出”字样。

逻辑分析仪停止跟踪后，在波形窗口中会看到数据，此时可以使用游标和测点对波形

进行时序测量和分析。在停止方式为“不触发”模式下，停止逻辑分析仪运行的方法是单击“停止跟踪”按钮。

L-100T 型号的逻辑分析仪还可以作为逻辑示波器使用。单击逻辑分析仪工具栏上的按钮，即可在波形窗口中观察到波形的即时变化，单击停止按钮可停止波形采集与显示。

5．测试结果的分析

1）波形窗口

波形窗口主要包括三部分内容：信号名称、标记、波形。信号名称位于屏幕的左边，显示每个信号的名称属性；标记区域用来标记跟踪记数器对应于波形的计数值（或对应的时间）；波形部分用来显示信号波形的变化和数值。

波形窗口如图 8-15 所示，其中：1——信号名称；2——游标；3——标记区；4——总线波形（由一组信号构成的波形）；5——位波形（一个信号构成的波形）。

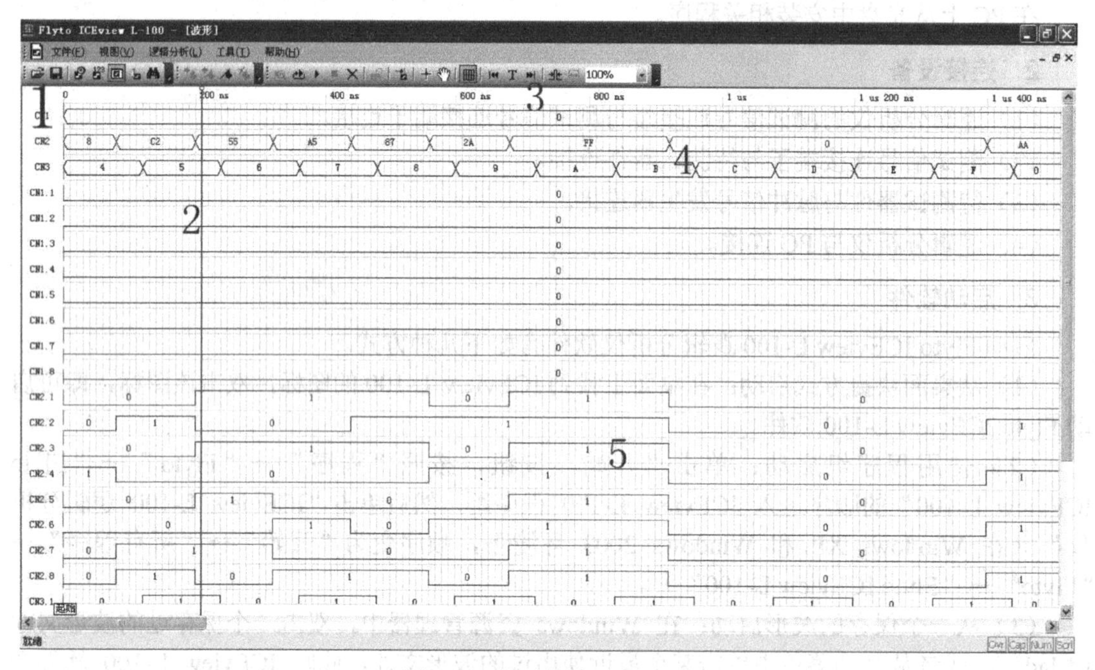

图 8-15　测试的波形窗口

2）查看波形数据

波形数据的查看有两种方式，一种是通过波形窗口直接查看，另一种是通过信息窗口间接查看。

如图 8-16（a）所示的波形窗口中，持续不变的信号组数据显示为一个六边形，数值显示在六边形中央。持续不变的通道数据显示为一条直线，直线在网格中的相对高低代表了通道采集到的数据的 0 或 1。

如图 8-16（b）所示的信息窗口中，最多有三个位置的数据可以查看，即游标位置、测点 1 和测点 2 的位置。测点 1 和测点 2 是临时测量工具，测点 1 为初始单击的位置，测点 2 为当前拖曳的位置。每个位置对应的信号组数据会显示在信息窗口中，如果某个位置的数据信息不可用，则显示为 NA。

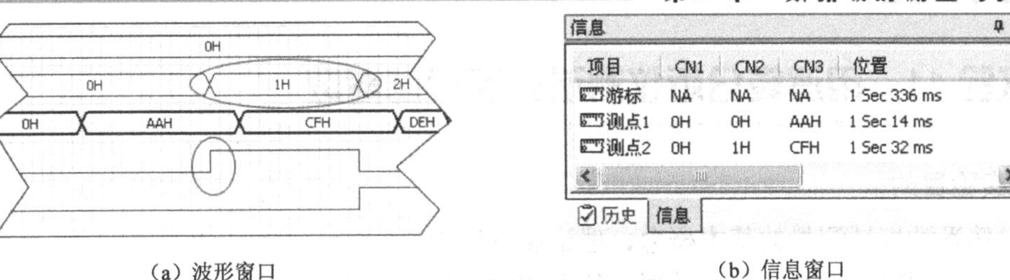

（a）波形窗口　　　　（b）信息窗口

图 8-16　波形数据显示图

3）使用测点

波形窗口提供了两个测点可用来测量距离信息。要使用一个测点，可以单击鼠标左键，在单击的位置显示一条竖线，这条竖线就是测点 1，如图 8-17（a）所示。

要使用两个测点，可以单击并拖动鼠标左键，在单击的位置显示一条竖线，为测点 1，在鼠标指针当前的位置同样也显示一条竖线，为测点 2，如图 8-17（b）所示。

在信息窗口中显示了测点本身的信息、测点与游标间的距离信息，以及测点 1 和测点 2 之间的距离信息。如图 8-17（c）所示，CN1、CN2、CN3 在游标位置对应的数据分别为 0H、3H、0DEH，在测点 1 位置对应的数据分别为 0H、4H、7EH，在测点 2 对应的数据分别为 0H、5H、8H。

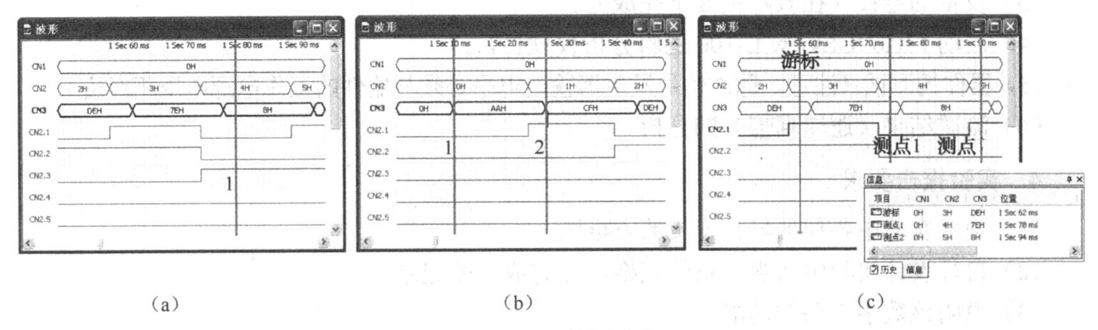

（a）　　　　（b）　　　　（c）

图 8-17　波形的测试点

4）存储和装入波形

Flyto ICEview L-100 支持波形的存储和装入。如图 8-18 所示，要存储波形，可单击"文件"菜单中的"保存"命令或使用工具栏上的"保存"按钮，这时会打开一个文件对话框要求指定文件位置与文件名。文件格式可以有两种，一种为 Flyto ICEview L-100 专用数据文件格式，扩展名为*.lad，另一种为通用的数据文件，格式为*.csv，可以根据需要来选择要保存的文件格式。

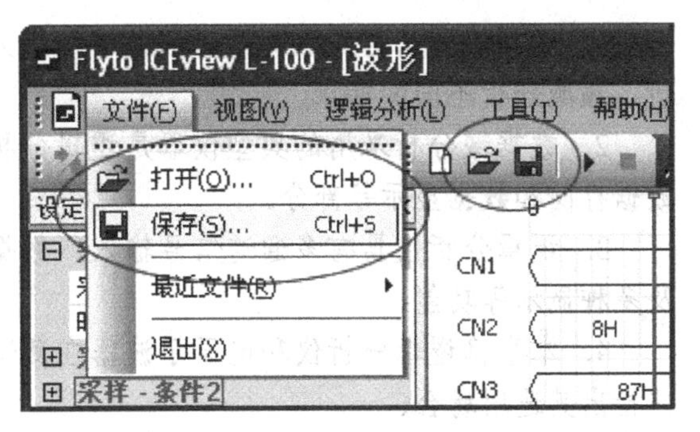

图 8-18　波形的存储

实验 11　用逻辑分析仪测试数字电路参数

1. 实验目的

（1）熟悉数据域测量的基本概念、理论和方法。
（2）了解逻辑分析仪的测量原理、基本结构和使用方法。
（3）学会使用逻辑分析仪。

2. 实验器材

（1）Flyto L-100 型 24 通道逻辑分析仪 1 台。
（2）PC（安装 Windows 98 以上操作系统）1 台。
（3）脉冲逻辑信号发生器 1 台。
（4）测试用的数字电路 1 个。

3. 实验内容与步骤

（1）了解 Flyto L-100 型 24 通道逻辑分析仪的相关参数。
（2）在 PC 上从光盘中安装相关程序。
（3）设备的连接（在教师指导下完成）。
（4）启动 Flyto ICEview L-100 逻辑分析仪软件。
（5）器件的测试（注意，脉冲信号发生器输出电平必须与器件的工作电源电压相对应）。
（6）测试结果（逻辑真值）的分析。

4. 实验报告要求

（1）画出实验中各仪器器材连接的方框图。
（2）自行设计实验中所需记录的表格，并完成实验记录。
（3）说明该数字电路的功能。

知识梳理与总结

1. 数据域分析是对以离散时间或事件作为自变量的数据流的分析。它有很多和时域分析、频域分析不同的特点。

2. 数据域分析采用的典型仪器是逻辑分析仪，其基本组成包括数据获取、触发识别、数据存储和数据显示等部分。

3. 逻辑分析仪具有多通道信号输入、数据获取方式、多种触发方式、多通道信号存储及多种显示等功能。

4. 本章将逻辑分析仪和电子示波器在测试方式、显示和触发方式等方面进行了比较，并指出其适用场合。

练习题 8

简答题

1. 什么是数据域测量？数字系统测量的关键是什么？
2. 数字信号 0、1 是如何规定的？数字信号有哪些特点？
3. 简述逻辑分析仪的组成。
4. 逻辑分析仪是如何获取数据的？
5. 逻辑分析仪有哪几种触发方式？各有何特点？
6. 逻辑分析仪有哪几种显示方式？
7. 简述逻辑分析仪的工作过程。
8. 逻辑分析仪有哪些基本应用？

第9章 自动测试技术及应用

教学导航

教	知识重点	1．自动测试技术的基本概念、自动测试系统的组成和特点 2．智能仪器的基本组成、工作原理和功能 3．虚拟仪器的概念、硬件组成方案和软件结构
	知识难点	1．自动测试系统的基本组成；GPIB 总线系统和 VXI 总线系统的工作原理 2．网络化仪器的特点；现场总线系统的工作原理
	推荐教学方式	1．从自动测试系统的实际应用入手，通过对应用的分析加深对自动测试系统的感性认识 2．另举一实用的自动测试系统案例进行分析，巩固理论知识，将理论与实际结合起来，同时拓展学生的知识面
	建议学时	6 学时
学	推荐学习方法	1．本章注重对概念、自动测试系统中各种仪器、总线组成的理解 2．通过案例，将计算机与各仪器硬件、总线组成一个实际的测试系统，并对其进行操作 3．查有关资料，加深理解，拓展知识面
	必须掌握的理论知识	1．自动测试技术的基本概念、自动测试系统的组成和特点 2．智能仪器的基本组成、工作原理和功能 3．虚拟仪器的概念、硬件组成方案和软件结构
	必须掌握的技能	将计算机与各仪器硬件、总线组成一个实际的测试系统，并对其进行操作

通常将在计算机控制下能自动进行各种信号测量、数据处理、传输，并以适当方式显示或输出测试结果的系统称为自动测试系统，简称 ATS（Automated Test System），这种技术称为自动测试技术。在自动测试系统中，整个工作都是在预先编制好的测试程序统一指挥下完成的，系统中的各种仪器和设备是智能化的，均可进行程序控制。

9.1 自动测试技术的发展

自动测试系统（ATS）是一个不断发展的概念，随着各种高新技术在检测领域的运用，它不断被赋予各种新的内容和组织形式。自动测试技术创始于 20 世纪 50 年代，从 20 世纪 50 年代发展到 21 世纪的今天，大致分为以下三代。

1. 早期的自动测试技术

早期的自动测试系统多为专用系统，往往是针对某项具体测试任务而设计的，通常也称为第一代自动测试系统。

早期的自动测试系统主要用于重复工作量大、可靠性要求高、测试速度要求快的复杂测试及测试人员难以停留的场合等。常见的第一代自动测试系统主要有数据自动采集系统、产品自动检测系统、自动分析及自动监测系统等。这些自动测试系统至今仍然在使用，它们能完成复杂的、大量的测试任务，承担繁重的数据分析、信息处理工作，快速、准确地给出测试结果，在测试系统功能丰富、性能提高、使用方便等很多方面比人工测试有明显改进，甚至可以完成不少人工测试无法完成的任务，显示出很大的优越性。

早期自动测试系统的主要问题是系统组建者需自行解决仪器与仪器、仪器与计算机之间的接口问题。当系统比较复杂时，系统的组建不仅复杂费事、价格昂贵，而且适应性差，即缺乏通用性。

2. GPIB 总线和 VXI 总线

进入 20 世纪 70 年代，随着标准化的通用接口总线的出现，产生了采用通用接口总线的第二代自动测试系统。在这种自动测试系统中，所有设备都用标准化的接口和总线，并按积木的形式连接起来。系统中的各种控制设备，包括计算机和可控开关等均称为器件（或装置），各器件均配有标准化接口，用统一的无源总线连接起来。

1972 年美国惠普（HP）公司推出通用接口总线 HPIB。该通用接口后来为美国电气与电子工程学会（IEEE）及国际电工委员会（IEC）所接受，并正式颁布了标准文件，称为 GPIB（General Purpose Interface Bus）、IEEE-488 或 IEC-625。国内一般称为 GPIB 或 IEEE-488。GPIB 以它的灵活适用得到了广泛的使用，成为测试系统仪器的基本配置。迄今为止，国际上许多仪器公司已经生产了大量带有 GPIB 接口的测试仪器，这些仪器既可以单独使用，也可以通过 GPIB 总线组合成自动测试系统。

1987年HP、Colorado Data Sys、Racal Dane、Tektronix和Wavetek 5家仪器制造商联合推出了一种新的通用接口总线VXI（VME bus eXtensions for Instrumentation），即VME（Versa bus Modlule European）总线标准在仪器领域的扩展。VXI总线系统像GPIB系统一样，可以把不同国度、不同供货商提供的插件式仪器和其他插件式仪器组成测试系统。采用VXI总线的测试系统，以其小型便携、高速工作、灵活适用和性能先进等突出优点，显示了充沛的生命力。经过十余年的发展，VXI产品的生产厂商已达百家，产品超过千余种，安装的系统已达上万套。

20世纪80年代末，VXI系统广泛采用图形用户接口与开发环境，如HP的VEE和NI公司的LabVIEW，但这些软件不兼容。1993年，美国5家仪器制造公司提出应在VXI软件技术基础上实现软件标准化，因此建立了VXI"即插即用"系统联盟。目前，VXI测试系统已广泛应用于通信、航空、电子、汽车、医疗设备的测试。

3. 虚拟仪器

GPIB总线和VXI总线的出现，最重要的一个原因是计算机技术的迅速发展。从早期的自动测试系统到GPIB仪器和VXI仪器，可以看出，计算机与仪器之间的相互关系正在发生改变。在早期的自动测试系统中，仪器占据主要位置，计算机系统起辅助作用；而到了GPIB仪器和VXI仪器，计算机系统占据了越来越重要的地位。

基于这样一种趋势，出现了"计算机即仪器"和"软件即仪器"的测量仪器新概念。用强有力的计算机软件代替传统仪器的某些硬件，而由计算机直接参与测试信号的产生和测量特性的分析，即由计算机直接产生测试信号和测试功能。这样，仪器中的一些硬件甚至整个仪器都从系统中消失，而由计算机及其软件来完成它们的功能。

1986年美国国家仪器公司（NI）提出了一个新型的仪器概念——虚拟仪器（Virtual Instrument，VI）。虚拟仪器是计算机技术介入仪器领域所形成的一种新型的、富有生命力的仪器种类，在虚拟仪器中计算机处于核心地位，计算机软件技术和测试系统更紧密地结合成了一个有机整体，仪器的结构概念和设计观点等都发生了突破性变化。

从构成上来说，虚拟仪器就是利用现有的计算机，配上相应的硬件和专用软件，形成既有普通仪器的基本功能，又有一般仪器所没有的特殊功能的高档低价的新型仪器。在使用上，虚拟仪器利用PC强大的图形环境，建立界面友好的虚拟仪器面板（即软件面板），操作人员通过友好的图形界面及图形化编程语言控制仪器运行，完成对测量的采集、分析、判断、显示、存储及数据生成。

虚拟仪器技术的实质就是充分利用最新的计算机技术来实现和扩展传统仪器的功能。虚拟仪器的基本构成包括计算机、虚拟仪器软件、硬件接口模块等。在这里，硬件仅仅是为了解决信号的输入/输出，软件才是整个系统的关键。当基本硬件确定以后，就可以通过不同的软件（如用于数据分析、过程通信及图形用户界面的软件）实现不同的功能。虚拟仪器应用软件集成了仪器的所有采集、控制、数据分析、结果输出和用户界面等功能，使传统仪器的某些硬件乃至整个仪器都被计算机软件代替。因此，从某种意义上说软件就是仪器。

9.2 智能仪器及应用

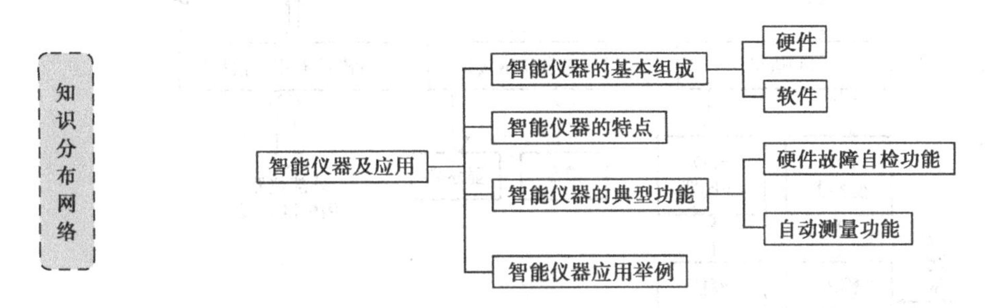

智能仪器是计算机与电子技术相结合的产物，是含有微型计算机或微处理器的测量仪器，以微处理器为核心，代替常规电子线路，具有对数据的存储、运算、逻辑判断及自动化操作等功能，因而被称为智能仪器。

20世纪70年代微处理器诞生以来，计算机技术得到了迅猛的发展。微型计算机的问世和普及，是信息革命的一个最重要的助推器，微型计算机问世不久，便很快应用于电子测量和仪器之中。利用微型计算机的记忆、存储、数学运算、逻辑判断和命令识别等能力，发展了微型计算机化仪器和自动测试系统。随着计算机技术和电子测量技术的发展，在测试系统中解决了通用接口母线的标准化问题，使得微型计算机化仪器和自动测试系统得到了飞速发展。随着微型计算机和电子测量的结合，先后出现了智能仪器、GPIB 总线仪器、VXI 总线仪器系统等，使电子测量在测量原理与方法、仪器设计、仪器性能和功能、仪器使用和故障检修方面都有了巨大的进步，可以说，在高准确度、高性能、多功能的测量仪器中，已经很少有不采用微型计算机技术的了。

在智能仪器中，每个仪器都包含一个或数个微处理器，并且以微型计算机的软、硬件为核心，对传统仪器进行了重新设计，使仪器测量部分和微机部分互相融合。与传统仪器相比，智能仪器的性能明显提高、功能大大丰富，而且多半具有自动量程转换、自动校准、自动检测，甚至具有自动切换备件进行维修的能力。智能仪器大多配有通用接口，以便多台仪器共同构成自动测试系统。

9.2.1 智能仪器的基本组成

智能仪器由硬件和软件两部分组成。

1. 硬件

硬件主要包括主机电路、模拟量输入/输出通道、人机接口和标准通信接口电路等，如图9-1所示。

（1）主机电路用来存储程序与数据，并进行一系列的运算和处理，参与各种功能控制。通常由微处理器、程序存储器、输入/输出（I/O）接口电路等组成，或者本身就是一个单片微型计算机。

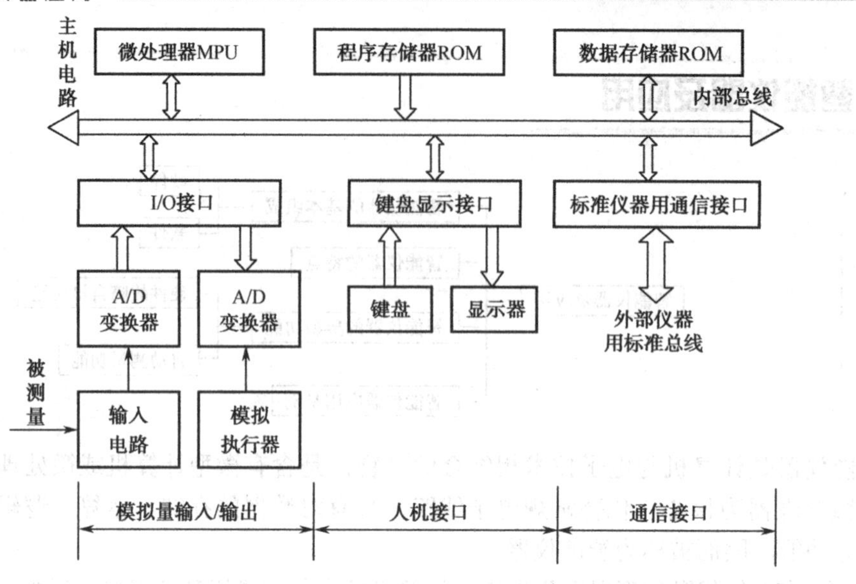

图 9-1　智能仪器硬件结构

（2）模拟量输入/输出通道用来输入/输出模拟量信号，实现模拟量与数字量之间的变换。主要由 A/D 变换器、D/A 变换器和有关的模拟信号处理电路等组成。

（3）人机接口用于操作者与仪器之间的沟通，主要由仪器面板上的键盘和显示器等组成。

（4）标准通信接口用来实现仪器与计算机的联系，使仪器可以接收计算机的程控命令。一般情况下，智能仪器都配有 GPIB（或 RS-232C）等标准通信接口。

2. 软件

软件即程序，主要包括监控程序和接口管理程序两部分。

监控程序面向仪器面板和显示器，负责完成以下工作：通过键盘操作，输入并存储所设置的功能、操作方式与工作参数；通过控制 I/O 接口电路进行数据采集，对仪器进行预定的设置；对数据存储器所记录的数据和状态进行各种处理；以数字、字符、图形等形式显示各种状态信息及测量数据的处理结果。

接口管理程序主要面向通信接口，负责接收并分析来自通信接口总线的各种有关功能、操作方式与工作参数的程控操作码，并根据通信接口输出仪器的现行工作状态及测量数据的处理结果，以响应计算机的远程控制命令。

9.2.2　智能仪器的特点

与传统测量仪器相比较，智能仪器具有以下特点。

（1）具有较完善的可程控能力

智能仪器内部有微处理器，一般配有 GPIB 或 RS-232 等接口，并且采用 ASCⅡ码进行信息传递，使智能仪器具有可程控操作的能力。

（2）面板控制（本地控制）简单灵活

智能仪器使用键盘代替传统仪器中的旋转式或琴键式切换开关来实施对仪器的控制，这样既有利于提高仪器的技术指标，又方便了仪器的操作。

（3）输入/输出方式灵活多样

智能仪器可通过键盘输入任何数据或文字信息，或者用磁带、软盘等输入程序；能以数字、字符、图形显示等方式输出。输入/输出方式灵活多样。

（4）电路结构简单，测量精确度高，测量功能多样化

微处理器具有强大的数据运算、数据处理和逻辑判断功能，这使得智能仪器能够有效地消除由于漂移、增益变化和干扰等因素所引起的误差，从而提高仪器的测量精度，使电路结构进一步简化，测量功能更加多样化。

（5）自动控制、自动调整能力增强

智能仪器运用微处理器进行控制，可以方便地协调控制仪器的工作，实现测量仪器的自动控制，并具有一定的可编程能力及自动调零、自检、自校等功能，操作简单、维修方便。

9.2.3 智能仪器的典型功能

1. 硬件故障自检功能

自检功能是指利用事先编制好的检测程序对仪器主要部件进行自动检测，并对故障进行定位。自检方式有以下三种类型。

1）开机自检

开机自检是在仪器正式投入运行之前，即仪器接通电源或复位之后所进行的全面检查。自检中如果没有发现问题，就进入测量程序；如果发现问题，则及时报警，以避免仪器带故障工作。

2）周期性自检

周期性自检是指在仪器运行过程中间断进行的自检操作，这种操作可以保证仪器在使用过程中一直处于正常状态。周期性自检不影响仪器的正常工作，因而只有当出现故障给予报警时，用户才会觉察。

3）键盘自检

具有键盘自检功能的仪器面板上设有“自检”按键，当用户对仪器的可信度产生怀疑时，便通过该按键来启动一次自检过程。在自检过程中，如果检测到仪器出现某些故障，智能仪器一般都以文字或数字的形式显示“出错代码”。另外，往往还以指示灯的闪烁或声音等方式进行报警，以引起操作人员的注意。

2. 自动测量功能

智能仪器通常具有自动量程变换、自动零点调整、自动校准及自动触发电平调节等自动测量功能。

1）自动量程变换

自动量程变换是指仪器在很短的时间内自动选定最合理的量程。这样可以使仪器获得高精度的测量，并简化操作。自动量程变换一般由初设量程开始，逐级比较，直至选出最合适的量程为止。假设某电压表共有 0.1V、1V、10V、100V 四个量程，它的自动量程变换流程如图 9-2 所示。

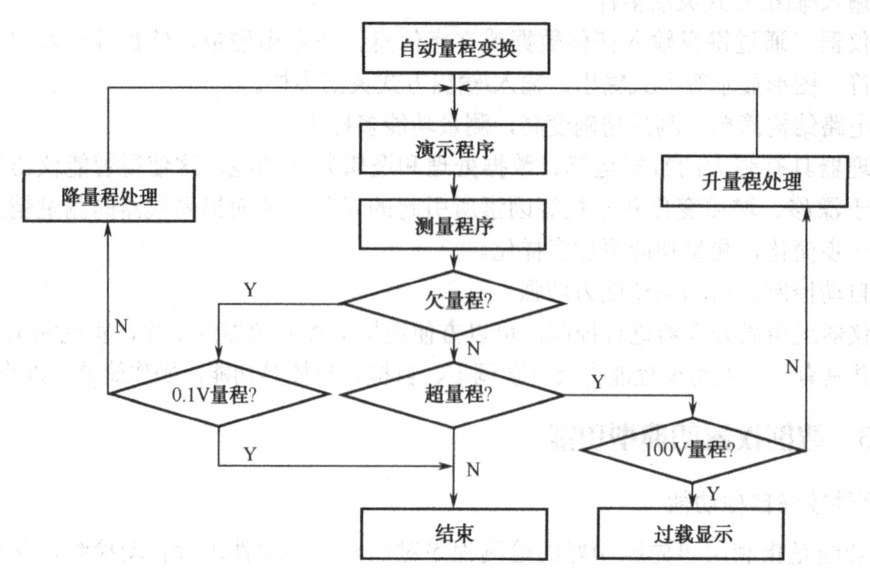

图 9-2　电压表自动量程变换流程图

2）自动触发电平调节

智能仪器自动触发电平调节原理图如图 9-3 所示。其中，输入信号经过可编程衰减器传送到比较器，比较器的比较电平（即触发电平）由 D/A 变换器设定。当经过衰减器的输入信号的幅度达到某一比较电平时，比较器输出将改变状态。触发探测器将检测到的比较器的输出状态送到微处理器，由此测出触发电平。

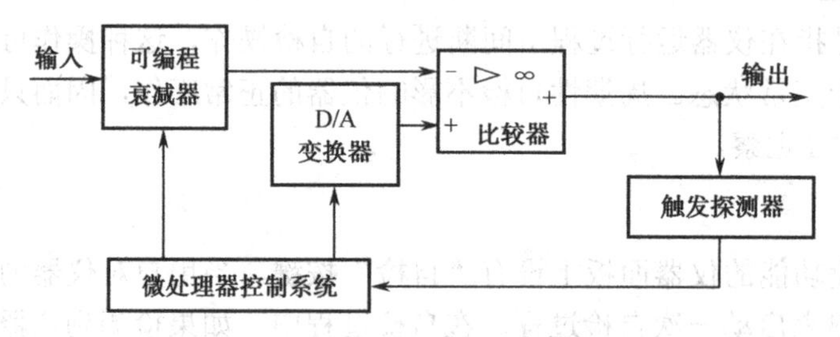

图 9-3　自动触发电平调节原理图

3）自动零点调整

仪器零点漂移的大小及零点是否稳定是影响测量精确度的重要因素之一，智能仪器能够在微处理器的控制下，自动产生一个与零点偏移量相等的校正量和零点偏移量进行抵消，从而有效地消除零点偏移等对测量结果的影响，这就是智能仪器的自动零点调整功能。

4）自动校准

智能仪器自动校准时，操作者按下“自动校准”按键，仪器显示屏便提示操作者应输入标准电压，操作者按提示要求将相应标准电压加到输入端后，再按一次“自动校准”键，仪器进行一次测量并将标准量存入校准存储器，然后显示器提示下一个要求输

入的标准电压值，再重复上述测量存储过程。当对预定的校正测量完成之后，校准程序还能自动计算每两个校准点之间的修正公式系数，并把这些系数存入校准存储器，于是在仪器内部固存了一张校准表和一张修正公式系数表。在正式测量时，它们将与测量结果一起形成经过修正的准确测量值，该方法称为校准存储器法。为防止数据丢失，存储器采用 EEPROM（Electrically Erasable Programmable Read-Only Memory，电擦除只读存储器）或使用锂电池供电的非易失性存储器 RAM（Ramdom Access Memory，随机存储器）。

除上述功能外，智能仪器还利用微处理器对测量过程中产生的随机误差、系统误差、粗大误差自动进行处理，以减小测量误差对测量结果的影响。另外，在不增加任何硬件设备的情况下，还可以利用微处理器采用数字滤波方法消除或削弱测量中的干扰和噪声的影响，提高测量的可靠性和精确度。

9.2.4　智能仪器应用举例

智能仪器自 20 世纪 70 年代出现以后，由于其具有许多优点，发展速度相当快，现在几乎所有的数字化仪器内都装有微计算机芯片。本书前面介绍的 DDS 函数发生器、数字存储示波器、频谱分析仪等都或多或少属于智能仪器。本节主要以国产 HG-1850 型智能数字电压表（DVM）为例，介绍智能 DVM 的组成原理及工作模式。

1．组成原理

HG-1850 型智能 DVM 采用 Intel 8080A CPU，多斜积分式 A/D 变换器，量程可以自动变换，最大显示数为 112 200，可用于测量 10μV～1 000V 的直流电压，有 1V、10V、100V、1 000V 四个量程。

图 9-4 为 HG-1850 型智能 DVM 原理框图，主要由模拟部分、数字部分组成。输入放大器和 A/D 变换器是保证仪器精度等技术指标的关键部分，为了免受干扰，仪器的模拟部分和数字部分在电气上采取相互隔离的措施，两部分单独供电，之间的信息经光电耦合器进行传递。

2．工作模式

HG-1850 型智能 DVM 具有 5 种工作模式，即测量模式、自检模式、用户程序模式、编程模式和自校准模式。

1）测量模式

测量模式是最基本的工作方式，在测量模式下用户可通过键盘选择适当的测量方式和量程，微处理器根据键盘选定的量程送出相应的开关量（控制字），使输入放大器组成相应的组态。测量时，被测电压首先经过输入放大器进入 A/D 变换器，然后 A/D 变换器把放大器输出的电压变成数字量存入到相应的内存单元。接着，微处理器根据不同量程的校准参数并按相应的数学模型计算出正确的测量结果。若进行数据处理，还要调用有关的数据处理程序，否则直接显示测量结果。一次测量结束后，程序自动返回进行下一次测量，如此不断地循环测量。

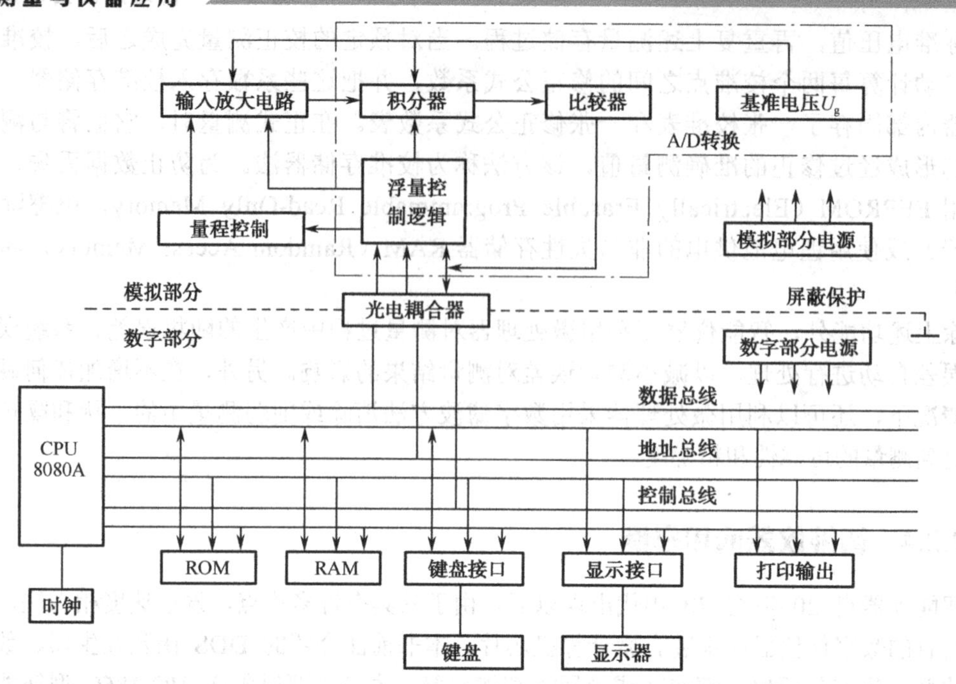

图 9-4　HG-1850 型智能 DVM 原理框图

2）自检模式

按下“自检”键时，仪器进入自检模式。在自检模式下，微处理器按预定程序检查模拟单元各部分的工作状态。如果一切正常，显示器显示“pass”字样，然后返回测量模式。若某一部分有故障，显示器将显示此故障的代码，然后等待 10s，再次检查模拟单元是否正常，直至故障被排除为止。

3）编程模式

按下“编程”键时，仪器进入编程模式。在编程模式下，用户可以利用仪器面板的键盘编制所需要的计算程序。编程结束后，程序又返回测量模式下继续进行测量。

4）用户程序模式

按下“用户”键时，仪器进入用户程序模式。用户程序是按照使用者的需要事先编制并固化在 ROM 中的测量、控制或数据处理程序。如果要结束用户程序模式进入测量模式，需要按下“返回”键。

5）自校准模式

自校准模式是由程序控制自动进入的。仪器内部设立了一个 9b 的二进制自校计数器 M，每一次测量之后 M 的内容加 1，当计数器计满 512 次（约 3min）后，调用一次自校准程序，如此循环往复。

3. 系统软件工作流程

HG-1850 型智能 DVM 系统软件工作流程图如图 9-5 所示。仪器通电后程序首先进行初始设置：设置仪器为测量模式、自动量程状态、显示位为$5\frac{1}{2}$、9b 自校计数器 M 初值为全 1（即十进制数 511 或 1FFH）。初始设置完成后，程序使 M 的内容增加 1，直至 M 产生溢出并成为全零，程序在 M 为零后转入自校准程序，使仪器按顺序测得各个量程的校准参数并存入相应存储单元，为修正每次测量结果做好准备。全部校准参数测完后程序返回 A 点，M 再次增加 1，其内容不再为零，接着程序转入扫描键盘。之后再根据键盘的输入信息来确定程序如何分支。

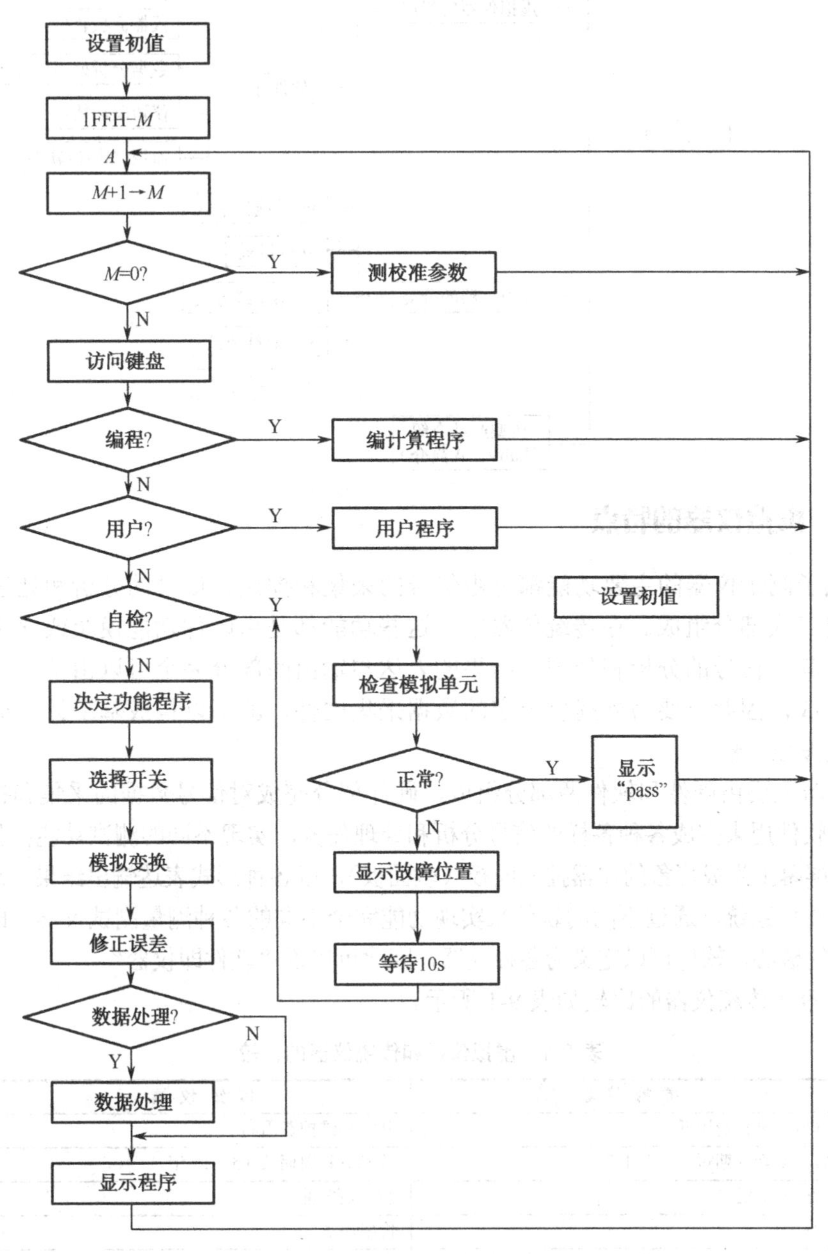

图 9-5　HG-1850 型智能 DVM 系统软件工作流程图

9.3 虚拟仪器

知识分布网络

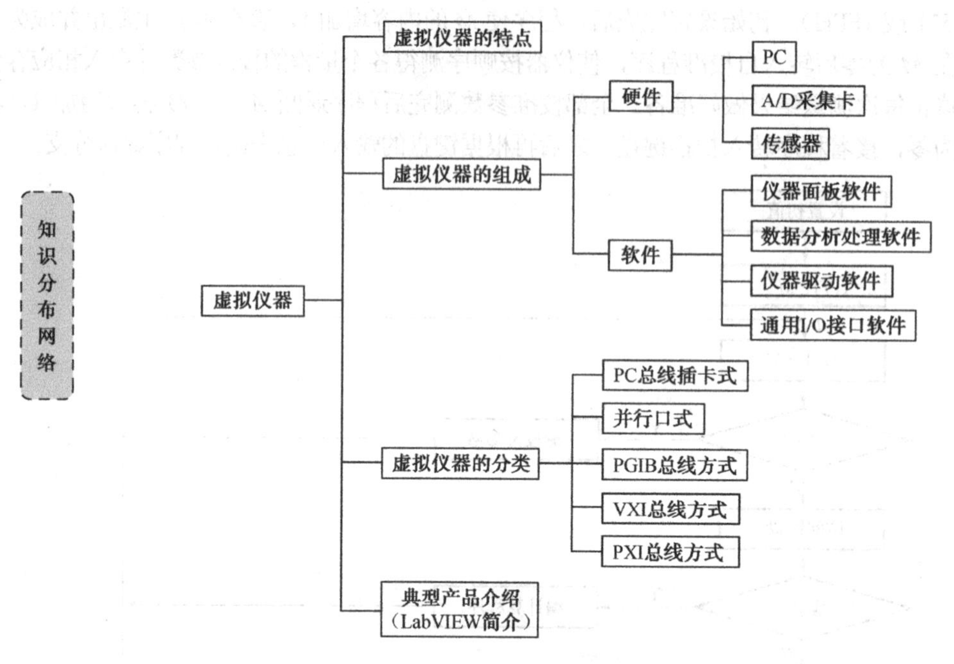

9.3.1 虚拟仪器的特点

所有电子测量仪器的主要功能都可由信号的采集和控制、信号的分析和处理、结果的表达与输出三大部分组成。在传统仪器中，这些功能都是由硬件功能模块或固化软件来完成的。但这其中信号的分析和处理、结果的表达与输出两部分完全可以由基于计算机的软件系统来完成，因此只要另外提供一定的数据采集硬件，就可以构成基于计算机的测量仪器，这就是虚拟仪器。

虚拟仪器主要由硬件和软件两部分组成，硬件部分完成对信号数据的采集和控制量的输出；计算机软件用来完成各种各样的信号分析和处理任务，实现不同的测试功能；另外，用软件在计算机屏幕上生成形象的仪器控制面板（软面板），以各种形式表达输出结果。因此，可以使用相同的硬件系统，通过不同的软件来实现功能完全不同的各种测量测试仪器，即软件系统是虚拟仪器的核心，软件可以定义为各种仪器，因此可以说“软件即仪器”。

虚拟仪器和传统仪器的比较如表 9-1 所示。

表 9-1 虚拟仪器和传统仪器的比较

虚 拟 仪 器	传 统 仪 器
开发和维护费用低	开发和维护费用高
技术更新周期短（0.5～1 年）	技术更新周期长（5～10 年）
软件是关键	硬件是关键
价格低	价格昂贵
开发灵活，与计算机同步，可重复使用和重配置	功能固定
可用网络连接周边各仪器	只可连接有限的设备
自动、智能化、远距离传输	功能单一，操作不便

9.3.2　虚拟仪器的硬件构成与分类

虚拟仪器的发展取决于三个重要因素：①计算机是载体；②软件是核心；③高质量的 A/D 采集卡及调理放大器是关键。概括地说，虚拟仪器主要由硬件和软件两部分组成，下面首先介绍虚拟仪器的硬件。

如图 9-6 所示，虚拟仪器的硬件系统构成可分为传感器、测控功能模块、计算机硬件平台三部分。

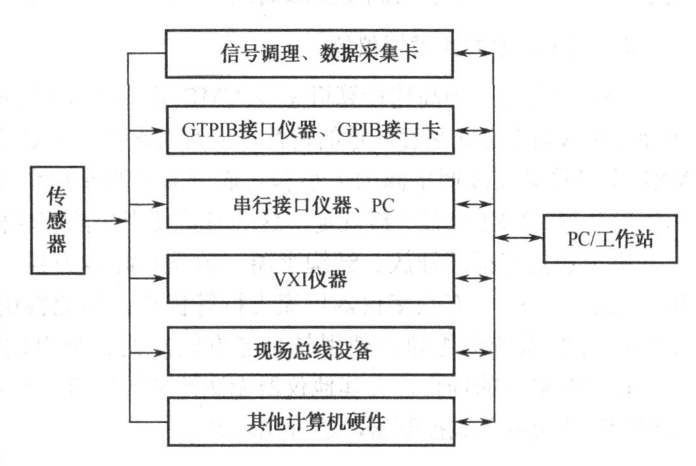

图 9-6　虚拟仪器的硬件系统构成

计算机硬件平台可以是各种类型的计算机，如普通台式计算机、便携式计算机、工作站、嵌入式计算机等。计算机管理着虚拟仪器的软、硬件资源，是虚拟仪器的硬件基础。计算机技术在显示、存储能力、处理能力、网络、总线标准等方面的发展，推动了虚拟仪器系统的快速发展。

按照测控功能硬件所采用的总线方式的不同，虚拟仪器可分为如下 5 种类型。

1．PC 总线插卡式虚拟仪器

这种方式借助于插入计算机机箱内的数据采集卡与专用的软件如 LabVIEW 相结合构成测试系统。它充分利用了计算机的总线、机箱、电源及软件的便利，但是同时也受 PC 机箱和总线的限制，比如笔记本电脑就无法使用这种硬件。另外，它还有电源功率不足、机箱内部的噪声电平较高、插槽数目不多、插槽尺寸比较小、机箱内无屏蔽等缺点。

2．并行口式虚拟仪器

这种方式把虚拟仪器的硬件集中安装在一个采集盒内，并通过电缆和计算机的并行口相连接。仪器软件装在计算机上，通过电缆控制采集盒内的硬件。它通常可以完成各种测量测试仪器的功能，如数字存储示波器、频谱分析仪、逻辑分析仪、任意波形发生器、频率计、数字万用表、功率计、程控稳压电源、数据记录仪、数据采集器等。它突破了计算机机箱空间狭小的限制，可以在一个采集箱内安装多个数据采集硬件。它的最大优点是可以与笔记本计算机相连，方便野外作业，又可与台式 PC 相连，实现台式和便携式两用，非常方便。

3．GPIB 总线方式虚拟仪器

GPIB 技术是 IEEE-488 标准的虚拟仪器早期的发展阶段。它的出现使电子测量独立的单台手工操作向大规模自动测试系统发展，典型的 GPIB 系统由一台 PC、一块 GPIB 接口卡和若干台 GPIB 形式的仪器通过 GPIB 电缆连接而成。在标准情况下，一块 GPIB 接口可带多达 14 台仪器，电缆长度可达 40m。

GPIB 技术可用计算机实现对仪器的操作和控制，替代传统的人工操作方式，可以很方便地把多台仪器组合起来，形成自动测试系统。GPIB 测试系统的结构和命令简单，主要应用于台式仪器，适合于精确度要求高但不要求对计算机高速传输状况时应用。

4．VXI 总线方式虚拟仪器

VXI 总线是一种高速计算机总线 VME 总线在 VI 领域的扩展，它继承了 GPIB 总线易于使用和 VME 总线高吞吐量的特性，而且可编程。VXI 总线规定了仪器模板的工作环境，VXI 主机箱必须注明电源的大小和它们所需要的冷却系统，而且，对于模块间的传导干扰与辐射干扰，VXI 也有严格规定，这些参数使用户能够轻松地配置一个 VXI 工作系统。

由于它具有标准开放、结构紧凑、数据吞吐能力强、定时和同步精确、模块可重复利用、灵活性极佳、有众多仪器厂家支持等优点，因此很快得到广泛的应用。经过十多年的发展，VXI 系统的组建和使用越来越方便，尤其是组建大、中规模自动测量系统及对速度、精度要求高的场合，有其他仪器无法比拟的优势。然而，组建 VXI 总线要求有机箱、零槽管理器及嵌入式控制器，造价比较高。

5．PXI 总线方式虚拟仪器

PXI 是一种专为工业数据采集与自动化应用量身定做的模块化仪器平台，是 PCI 总线在仪器领域的扩展。为更适应于工业应用，PXI 扩充了 CompactPCI 规范，对提供优异的机械完整性及易装易卸的 PCI 硬件定义了坚固的结构形式。PXI 产品对工业环境中的振动、冲击、温度和湿度等环境性能试验提供了更高更细的要求。PXI 在 CompactPCI 机械规范上增加了必须的测试环境和主动冷却。这样一来，可以简化系统集成并确保多供应商产品的互操作性。由于运用了 CompactPCI，PXI 的每个总线提供的扩展槽个数差不多是台式 PCI 系统的两倍。因此，PXI 系统可以提供比台式系统更多的扩展槽，故有更强的 I/O 能力。另外，PXI 增加了触发总线、用于高速定时的系统参考时钟、用于进行多板精确同步的星形触发总线及相邻仪器模块进行高速通信的局部总线，故 PXI 更能满足仪器用户的需要。由于 PXI 总线的机械、电气、软件特性是采用成熟 PC 技术的直接结果，因此熟悉台式 PC 的仪器系统开发商，花很少的时间和费用便可将它们的资源应用到更坚固的 PXI 系统中。

9.3.3　虚拟仪器的软件结构

自 1986 年 NI 提出虚拟仪器（Virtual Instrument）的概念以来，虚拟仪器这种计算机操纵的模块化仪器系统便在世界范围内得到了广泛的认同和应用。在虚拟仪器系统中用灵活强大的计算机软件代替传统仪器的某些硬件，特别是系统中应用计算机直接参与测试信号的产生和测量特征的解析，使仪器中的一些硬件甚至整件仪器从系统中“消失”，而由计算机的软、硬件资源来完成它们的功能。虚拟仪器测试系统的软件主要为仪器面板软件、数据分析处理软件、仪器驱动软件和通用 I/O 接口软件，如图 9-7 所示。

1．仪器面板软件

仪器面板软件即测试管理层，是用户与仪器之间交流信息的纽带。利用计算机强大的图形化编程环境，使用“所见即所得”的可视化技术，从控制模块上选择所需的对象，

放在虚拟仪器的前面板上。控制模板上的对象包括开关、滑尺、下拉列表、控制按钮和弹出式对话框等输入对象和数字显示、仪表盘、温度计表和可显示波形的 X-Y 图、极化图、Smith 图、幅度-相位图等显示对象，并能很容易通过标记、颜色、点线和标尺等各种各样的可视化方式对数据进行灵活显示。当虚拟仪器建成后，就能在虚拟仪器工作时利用前面板控制整个系统。与传统仪器前面板相比，虚拟仪器软面板的最大特点是软面板由用户自己定义。因此，不同用户可根据自己的需要和爱好组成灵活多样的虚拟仪器控制面板。

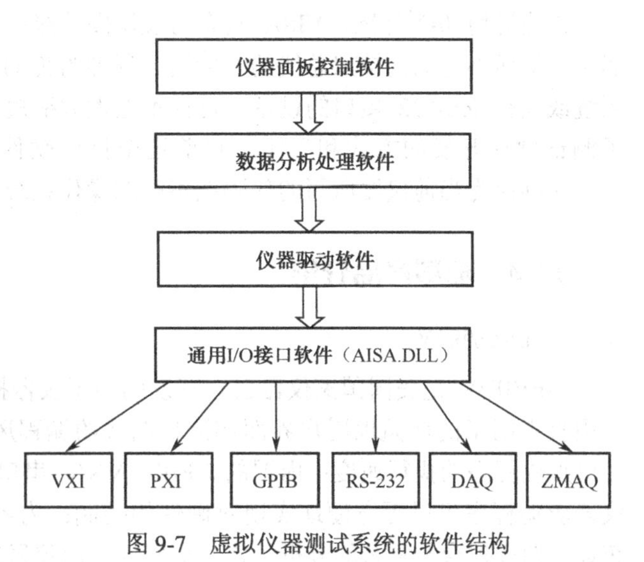

图 9-7　虚拟仪器测试系统的软件结构

2．数据分析处理软件

利用计算机强大的计算能力和虚拟仪器开发软件的功能强大的函数库可极大地提高虚拟仪器的数据分析处理能力。如 HP VEE 可提供 200 种以上的数学运算和分析功能，从基本的数学运算到微积分、数字信号处理和回归分析。LabVIEW 的内置分析能力能对采集到的信号进行平滑窗口、数字滤波、频域转换等分析处理。用户只需在开发平台上以图形或对象方式相应调出软件分析库中的分析函数，即能完成对信号的分析处理要求，节省了大量的开发时间。

3．仪器驱动软件

虚拟仪器驱动程序是处理与特定仪器进行控制通信的一种软件。仪器驱动器与通信接口及使用开发环境相联系，它提供一种高级的、抽象的仪器映像，还能提供特定的使用开发环境信息，如图形化的表达方式，以此来支持使用开发环境。仪器驱动器是虚拟仪器的核心，是用户完成对仪器硬件控制的纽带和桥梁。

虚拟仪器驱动程序的核心是驱动程序函数/VI 集，函数/VI 是指组成驱动程序的模块化子程序驱动程序。一般分为两层，低层是仪器的基本操作，如初始化仪器，配置仪器输入参数、收发数据、查看仪器状态等。高层是应用函数/VI 层，它根据具体的测量要求调用低层的函数/VI。一些虚拟仪器开发软件，如 LabVIEW 和 HP VEE，不但提供世界各地主要厂家生产的多种仪器驱动程序，为用户程序设计节约了时间和精力，而且为用户提供了重要的模块化代码，使用户可以很方便地进行仪器驱动程序的开发设计。

4．通用 I/O 接口软件

在虚拟仪器系统中，I/O 接口软件作为虚拟仪器系统软件结构中承上启下的一层，其标块化与标准化越来越重要。VXI 总线即插即用联盟为其制定了标准，提出了自底向上的 I/O 接口软件模型即 VISA（Virtual Instrumentation Software Architecture）。

作为通用 I/O 标准，VISA 具有与仪器硬件接口无关性的特点，即这种软件结构是面向器件功能而不是面向接口总线的。应用工程师为带 GPIB 接口仪器所写的软件也可用于 VXI 系统或具有 RS-232 接口的设备，这样不但大大缩短了应用程序的开发周期，而且彻底改变了测试软件开发的方式和手段。目前这个接口软件已经为当今主要仪器厂商所接受，因此，能确保为当前仪器所写的代码在不同的操作系统间移植。

9.3.4 典型产品介绍

1. LabVIEW

LabVIEW 是美国国家仪器公司开发的用于仪器控制与数据采集图形化的编程语言，它采用直观明了的前面板用户界面和流程图式的编程风格使编程工作简单高效；内置的编译器可加快程序的执行速度；内置的 GPIB、VXI、串口和插入式 DAQ 板的库函数，560 多种仪器驱动程序可以更方便地实现对硬件的控制；内容丰富的高级分析库可进行信号处理、统计、曲线拟合及复杂的分析工作，更好地实现仪器功能；利用 ActiveX、DDE 及 TCP/IP 进行网络连接和远程通信，构成自动测试系统和网络化仪器；可用于 Windows 2000/NT/9X、Mac OS、HP-UX、Sun 及 Linux 操作系统。

LabVIEW 的最大特点在于它是一个图形化的编程系统，它提供了一种全新的程序编写方法，即对称为“虚拟仪器”的软件对象进行图形化的组合操作，而不是像 VC、Delphi 等语言那样采用文本编程。利用 LabVIEW 编程，通过交互式图形前面板进行系统控制和结果显示；通过组合各种常用的框图模块来指定仪器功能。用户可以利用上千种设备进行数据采集，包括 GPIB、VXI、串口设备，以及插入式数据采集卡等，也可以通过网络、交互应用通信和结构化查询语言（SQL）等方式与其他的数据源相连。完成数据采集后，还可以利用 LabVIEW 中功能强大的数据分析程序，将原始数据转换成有意义的结果。

图 9-8 所示是一个简单的 LabVIEW 虚拟仪器程序。一个 LabVIEW 程序一般由前面板、方框图（流程图）、图标和连接器三部分组成。前面板用于实现和用户的交互；方框图用于实现仪器的功能；图标和连接器用于将此程序作为其他程序的子程序时代表该程序。

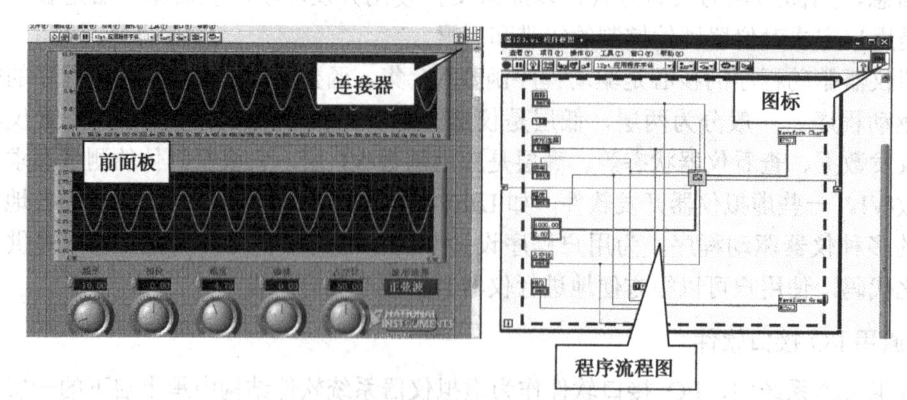

图 9-8 LabVIEW 虚拟仪器程序

2．6034E/6035 系列数据采集卡

NI 公司的 6034E/6035 系列数据采集卡是 PCI 总线插卡式的数据采集设备，可将其插入 PC 主机箱的 PCI 插槽中，并通过电缆和信号采集附件相连。

该系列数据采集卡的主要性能如下。

（1）16 路 SE（Single-Ended，单端的）/8 路 DI（Differential，差动的）模拟输入。

（2）模拟输入精度：16 位。

（3）取样率：200 kS/s。

（4）磁盘写入速度：200 kS/s。

（5）信号输入范围：±0.05～±10V。

（6）2 路模拟输出，输出精度 12 位。

（7）8 条数字输入/输出线。

（8）两路 24 位计数器/定时器。

9.4 自动测试系统

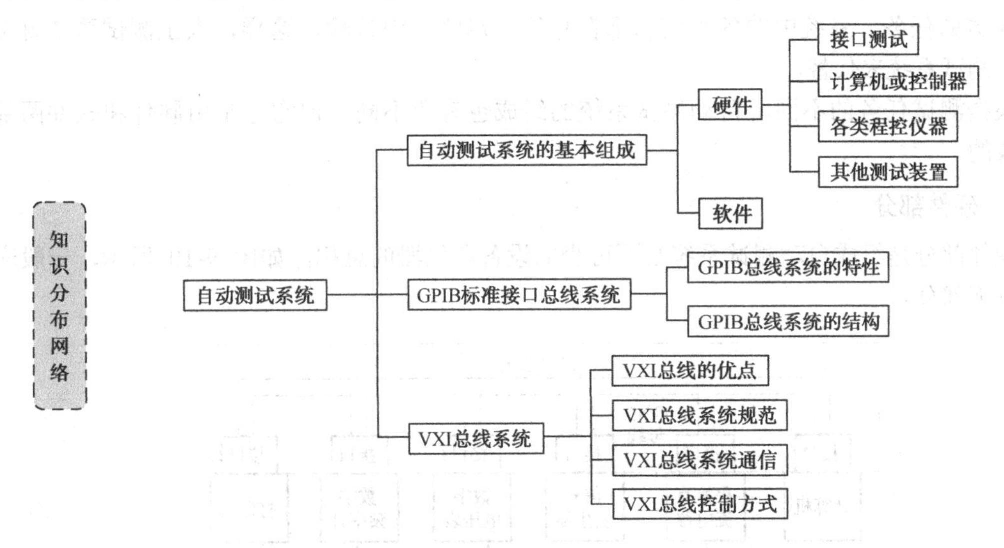

自动测试系统，就是在计算机的控制和管理下，很少需要人工参与，由各种测量仪器对电量、非电量进行自动测量、数据处理，并且以显示或打印等方式给出测量结果的系统。事实上现在测量与控制早已密不可分，更多的是自动测控系统，这里只讨论测试系统。

9.4.1 自动测试系统的基本组成

首先观察一个简单的人工测试系统实例，图 9-9 为人工测试放大器幅频特性的系统，其测试步骤是：

（1）调节直流电压源为放大器建立静态工作点；

（2）在每个测试点调节信号源产生一个幅度固定、频率变化的正弦信号作为激励；

（3）由电压表读取每一频率下的输出电压；

（4）在 U-f 坐标平面上描绘出放大器的幅频特性曲线。

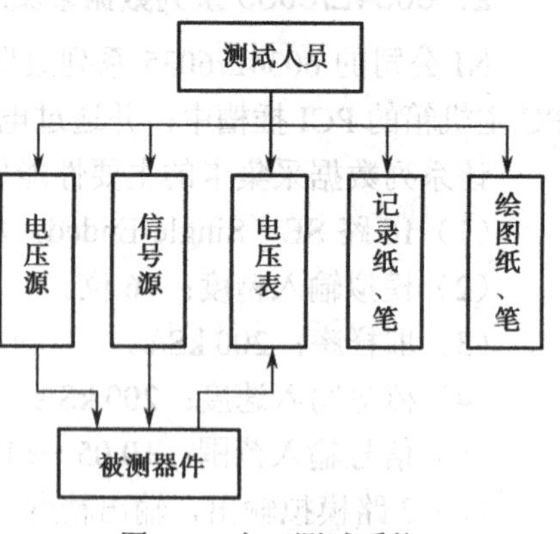

图 9-9　人工测试系统

从上例可见，人工测试系统由三部分组成，即人、被测件和仪器设备。在该系统中，人的作用主要有两个：①对测试过程的指挥，如确定操作步骤、确定系统内信息的流通方向；②执行对设备的操作，如操作按键、旋钮、开关及读取数据等。

设想把上述测试工作中人的工作分成两类，并由若干人分工完成。其中指挥者只负责对测试过程的指挥；另一些人分别站在每台仪器设备前，一方面“代表”本台装置与系统内其他装置的“代表”通信，如听取指挥者的命令，与系统内的其他装置交换测试数据等，另一方面按指挥者的要求对本台装置进行具体的操作，使它工作在要求的状态。在此基础上可以考虑一种自动测试方案：由计算机代替指挥者，按预先编好的程序指挥测试过程；由接口电路担任通信联络和操作仪器的任务。系统中的各种信息都在总线（母线）中传输，这样，人工测试系统就可由自动测试系统来代替。

根据测试任务的不同，自动测试系统的组成也有所不同，但它总是由硬件和软件两部分组成的。

1．硬件部分

硬件部分是组成自动测试系统必不可少的设备和仪器的总称，如图 9-10 所示，一般应包括以下部分。

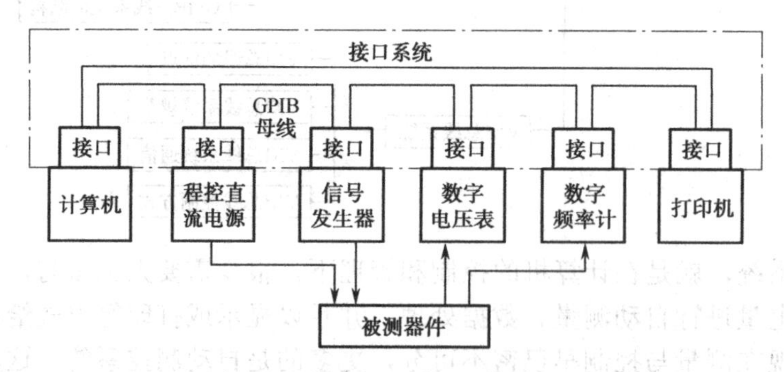

图 9-10　自动测试系统硬件部分

1）接口系统

接口系统是组成自动测试系统的关键部件。它的作用是根据测量目的把所需的全部测试装置连接起来，组成一个完整的系统。

2）计算机或控制器

计算机或控制器负责指挥系统中的所有其他设备，完成测试要求的各项测量任务。

3）各类程控仪器

所有接于接口系统的电子仪器、智能仪器或虚拟仪器，它们都受主控计算机的控制，完成某种测量任务或输出一定的激励信号。

4）其他测试装置

其他测试装置包括显示器、打印机、绘图仪等，用于自动显示或记录系统的测试结果。

2．软件部分

在自动测试系统中，软件是计算机用以控制并和装置通信必不可少的部分。软件的质量对系统能否进行自动测量及测量方法是否优越、测量结果是否准确有直接的影响。

现在的自动测试系统大多采用 GPIB 总线和 VXI 总线连接计算机和其他设备。在这种自动测试系统中，各设备都用标准化的接口和总线按搭积木的形式连接起来。系统中的各控制设备，包括计算机和可控开关等均称为器件（或装置），各器件均配有标准化接口，用统一的无源总线连接起来。

9.4.2　GPIB 标准接口总线系统

1．GPIB 标准接口总线系统的基本特性

通用接口总线（GPIB 总线）是国际通用的接口标准，目前生产的微机化仪器几乎无一例外地都配有 GPIB 接口。GPIB 标准包括接口与总线两个部分。接口部分由各种逻辑电路组成，与各仪器装置安装在一起，用于对传送的信息进行发送、接收、编码和译码。总线部分是一条无源的多芯电缆，用于传输各种消息。将具有 GPIB 接口的仪器用 GPIB 总线连接起来的标准接口总线系统如图 9-11 所示。

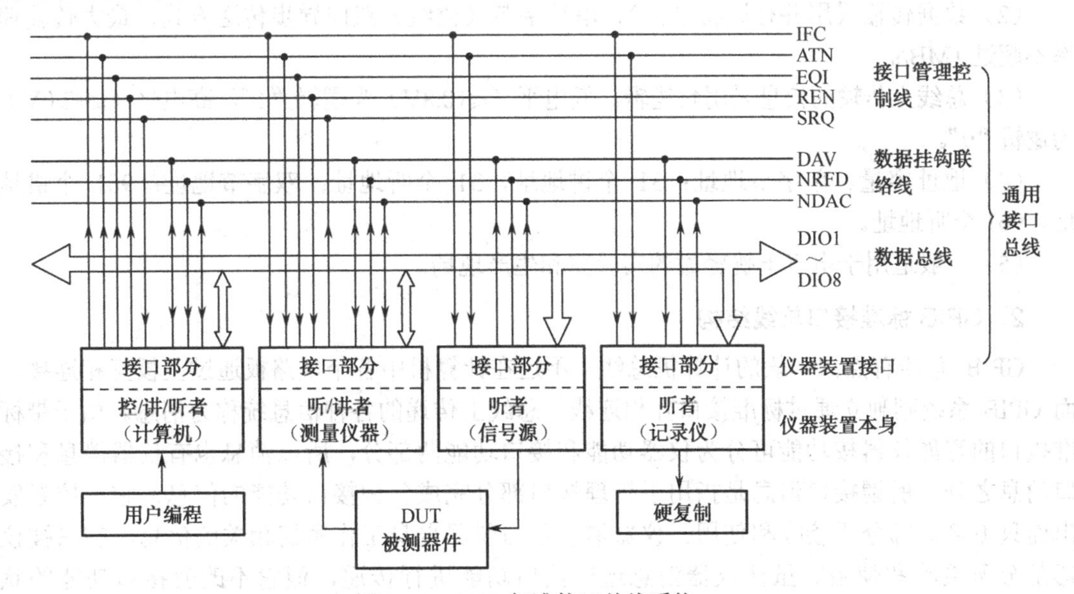

图 9-11　GPIB 标准接口总线系统

GPIB 仪器之间的通信是通过接口系统发送仪器消息和接口消息来实现的。仪器消息通常称为数据，包括该仪器的编程指令、测量结果、机器状态和数据文件等。接口消息通常称为命令，执行诸如总线初始化、对仪器寻址、将仪器设置为远程方式或本地方式等操作。

在一个 GPIB 接口总线系统中，要进行有效的通信联络，至少要有“讲者”、“听者”、“控者”三类仪器装置。讲者是通过总线发送仪器消息的仪器装置，如测量仪器、数据采集器、计算机等。在一个 GPIB 系统中，可以设置多个讲者，但在任意时刻只能有一个讲者起作用。听者是通过总线接收由讲者发出消息的仪器装置，如打印机、信号源等。在一个 GPIB 系统中，可以设置多个听者，并且允许多个听者同时工作。控者是数据传输过程中的组织者和控制者，如对其他设备进行寻址或允许讲者使用总线等。控者通常由计算机担任，GPIB 系统不允许有两个或两个以上的控者同时起作用。控者、讲者、听者被称为 GPIB 系统功能的三要素，系统中的某一台装置可以同时具有其中一个、两个或全部功能。GPIB 系统中的计算机一般同时具有讲者、听者和控者的功能。控者除了要管理接口系统外，还要与系统内各有关器件交换测量数据等消息，所以担任控者的器件一般要能听、能讲、能控。系统内的另一类器件也要能听、能讲，如数字电压表，它有时需要作为听者接收控者发来的程控指令，有时又要作为讲者把测得的电压值传送给打印机、绘图仪等器件。第三类器件只需要听不需要讲，如打印机和绘图仪，它们只需要接收控者发来的程控指令和电压表等讲者发来的测试数据，而不需要发送数据。此外还有一类器件，只需要讲不需要听，如纸带读出器。

GPIB 标准接口总线系统的基本特性如下。

（1）可以用一条总线互相连接若干台装置，以组成一个自动测试系统。系统中装置的数目最多不超过 15 台，互连总线长度不超过 20m。

（2）数据传输采用并行比特（位）、串行字节（位组）双向异步传送方式，最大传输速率不超过 1MB/s。

（3）总线上传输的信息采用负逻辑。低电平（≤+0.8V）为逻辑“1”，高电平（≤+2.0V）为逻辑“0”。

（4）地址容量。单字节地址：31 个讲地址，31 个听地址；双字节地址：961 个讲地址，961 个听地址。

（5）一般适用于电气干扰轻微的实验室和生产现场。

2．GPIB 标准接口总线结构

GPIB 总线有点像一般的计算机总线，不过在计算机中各个电路板通过主板互相连接，而 GPIB 系统则独立通过标准接口互相连线。总线上传递的各种信息统称为消息。由于带标准接口的智能仪器按功能可分为仪器功能和接口功能两部分，所以消息也有仪器消息和接口消息之分。所谓接口消息是指用于管理接口部分完成各种接口功能的信息，它由控者发出而只被接口部分所接收和使用。仪器消息是与仪器自身工作密切相关的信息，它只被仪器部分所接收和使用。虽然仪器消息通过接口功能进行传递，但它不改变接口功能的状态。接口消息和仪器消息的传递如图 9-12 所示。

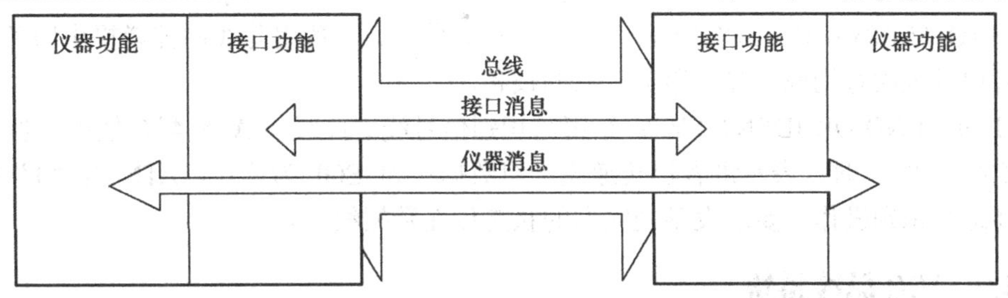

图 9-12　GPIB 接口消息和仪器消息的传递

总线部分是一条无源的多芯电缆，用于传输各种消息。总线有 24 线和 25 线两种标准，虽然线的数目和接口略有差异，但用于传递消息的 16 条信号线在各种标准中是完全相同的，其余几条线是地线和屏蔽线，对系统功能没有太大影响，如图 9-13 所示为 GPIB 连接器。GPIB 标准接口总线中的 16 条信号线按功能分为以下三组。

图 9-13　GPIB 连接器

（1）8 条双向数据总线（DIO1～DIO8）：其作用是传递仪器消息和大部分接口消息，包括数据、命令和地址。由于这一标准没有专门的地址总线和控制总线，因此必须用其余两组信号线来区分数据总线上的信息类型。

（2）3 条数据挂钩联络线（DAV、NRFD 和 NDAC）：用于控制总线的时序，以保证数据总线能正确、有节奏地传输信息，这种传输技术称为三线挂钩技术。三条挂钩联络线的作用如下。

① DAV（DATA VALID）：数据有效信号线。当数据线上出现有效的数据时，讲者置 DAV 线为低电平，示意听者从数据线上接收数据。

② NRFD（NOT READY FOR DATA）：接收数据未就绪信号线。只要有一个听者未准备好接收数据，NRFD 线就为低电平，示意讲者暂时不要发出信息。

③ NDAC（NOT DATA ACCEPTED）：数据未收到信号线。只要有一个听者尚未从数据线上接收完数据，NDAC 线就为低电平，示意讲者暂时不要撤掉数据总线上的信息。

（3）5 条接口管理控制线（ATN、IFC、REN、SRQ 和 EOI）用于控制 GPIB 总线接口的状态。这 5 条接口管理控制线如下。

① ATN（ATTENTION）：注意信号线。此线由控者使用，用来指明数据线上数据的类型。当 ATN 为“1”时，数据总线上的信息是由控者发出的接口信息（命令、设备地址等）。这时，一切设备均要接收这些消息。当 ATN 为“0”时，数据总线上的信息是受命为讲者的设备发出的仪器消息（数据、设备的控制命令等），一切受命为听者的设备都必须听。

② IFC（INTERFACE CLEAR）：接口清除信号线，此线由控者使用。当 IFC 为“1”时，整个接口系统恢复到初始状态。

③ REN（REMOTE ENABLE）：远程控者信号线，此线由控者使用。当 REN 为“1”时，仪器可能处于远程工作状态，从而封锁设备的手工操作；当 REN 为“0”时，仪器处于本地工作方式。

④ SRQ（SERVICE REQUEST）：服务请求信号线。设备用此线向控者提出服务请求，然后控者通过依次查询确定提出服务请求的设备。

⑤ EOI（END OR IDENTIFY）：结束与识别信号线。此线与 ATN 配合使用，当 EOI 为“1”、ATN 为“0”时，表示讲者已传递完一组数据；当 EOI 为“1”、ATN 为“1”时，表示控者要进行识别操作，要求设备把它们的状态放在数据线上。

9.4.3 VXI 总线系统

VXI 总线是 VME 总线在仪器领域的扩展（VME bus eXtensions for Instrumentation），是计算机操纵的模块化自动测试系统。

1. VXI 总线的优点

1）满足插件式仪器的标准化要求

随着插件式仪器的出现，其标准化的要求也提了出来。正像用 GPIB 总线为不同厂家生产的智能仪器连成系统提供方便一样，VXI 总线为把模块式仪器组成系统提供了方便。

2）满足测试系统小型化和便携性的要求

在 VXI 总线仪器系统中，对插件的尺寸都作了严格的规定，主机架也与之严格配套。VXI 总线就在主机架后面板的多层印制电路板中。插件与后面板上的 VXI 总线用确定的连接器连接，系统在机械和电气上相容。

3）满足提高测试速度的要求

GPIB 系统的数据传输速率上限通常只有 1Mb/s，这往往不能满足测试要求。在采用 VXI 总线的系统中通过减小插件的尺寸、缩短连线、使用多 CPU 等方法，使系统的工作速度大大提高，其最高传输速度可达 40Mb/s，是 GPIB 系统的 40 倍。

4）满足适应性和灵活性的要求

VXI 系统把标准化和灵活性和谐地统一了起来，它允许系统组建者选择不同生产商的器件进行组合，而且可以由一个或几个插件组成一个器件，也允许一个插件包含一个以上的器件，甚至像存储器等插件有时还允许为多个器件所共用，使仪器结构更开放，且便于组成多 CPU 的分布式系统。

5）满足了降低系统费用的要求

从长远的观点看，VXI 系统的价格将低于类似的 GPIB 系统。另外，在更新系统部件时，只需换掉不需要的插件，这比 GPIB 系统中淘汰整台仪器要节省得多。系统的组建、变换和维修方便，插件利用率高等，也有利于提高经济效益。

2. VXI 总线系统规范

VXI 总线规范是一个开放的体系结构标准，其主要目标是使设备之间以明确的方式通信；减小测试系统的物理尺寸；为测试系统提供更高的数据吞吐率；提供更高的适应性和灵活性；降低系统的开发和维护费用。

VXI 总线规范除电气和机械标准外，还包括包装、电磁兼容性、电源分布、VXIO 主机箱和嵌入模块的冷却方法与气流要求等。所有模块装入 VXI 主机箱的插槽，并通过模块前面板提供开关、LED 指示、测试点与 I/O 连接等。

1）VXI 总线系统机械结构

VXI 总线系统或其子系统由一个 VXI 总线主机箱、若干 VXI 总线器件、一个 VXI 总线零槽模块、VXI 总线资源管理器和主控制器组成。零槽模块完成系统背板管理，包括提供时钟源和背板总线仲裁等，当然它也可以同时具有其他的仪器功能。资源管理器在系统上电或复位时对系统进行配置，以使系统用户能够从一个确定的状态开始系统操作。在系统正常工作后，资源管理器就不再起作用。主机箱用于容纳 VXI 总线仪器，并为其提供通信背板、电源和冷却装置。

VXI 总线规范定义了 4 种尺寸的 VXI 插件模块，如图 9-14 所示。较小的尺寸 A 和 B 是 VME 总线模块定义的尺寸。较大的 C 和 D 尺寸模块是为高性能仪器所定义的，它们增大了模块间距，以便对包含用于高性能测量场合的敏感电路的模块进行完全屏蔽。A 尺寸模块只有 P1 连接器，B 和 C 尺寸模块有 P1 和 P2 连接器，D 尺寸模块包括 P1、P2 和 P3 连接器。

目前最常用的是 C 尺寸的 VXI 总线系统，这主要是因为 C 尺寸的 VXI 总线系统体积较小，成本相对较低，又能发挥 VXI 总线作为高性能测试平台的优势。

2）VXI 总线系统电气结构

VXI 总线完全支持 32 位 NME 计算机总线。除此之外，VXI 总线还增加了用于模拟供电和 ECL 供电的额外电源线、用于测量同步和触发的仪器总线、模拟相加总线及用于模块之间通信的本地总线。

VXI 总线规范定义了 3 个 96 针的 DIN 连接器 P1、P2 和 P3。P1 连接器是系统必备的，P2 和 P3 两个连接器可选。

P1：VME 计算机总线，提供 16b 数据传输总线，16Mb 地址，仲裁总线，优先中断总线，公用总线。

P2：中间行增加 VME 32b 数据总线，4Gb 地址；外部行增加 10MHz 时钟总线，TTL&ECL 触发总线，12 根本地总线，模拟加法总线，模块识别总线，电源总线。

P3：增加高性能 100MHz 时钟总线，100MHz 同步总线，ECL 星形总线，ECL 触发总线，24 根本地总线，电源总线。

VXI 总线的电气结构如图 9-15 所示，从功能上可分为 VME 计算机总线、时钟和同步总线、模块识别总线、触发总线、模拟加法总线、局部总线、星形总线、电源总线。

3. VXI 总线系统通信

通信是 VXI 总线标准的又一个重要组成部分。VXI 总线规范定义了几种器件类型和通信协议。

器件（Device）是组成 VXI 总线系统最基本的逻辑单元。每个 VXI 总线器件都有一个唯一的逻辑地址（Unique Logical Address，ULA），编号从 0～255，即一个 VXI 总线系统最多有 256 个器件。通常一个器件占据一个 VXI 模块，但 VXI 总线规范允许多个器件驻留在一个插槽中以提高系统的集成度和便携性，也允许一个复杂器件占用多个插槽。VXI 总线通过 ULM 进行器件寻址，而不是通过器件的物理位置。

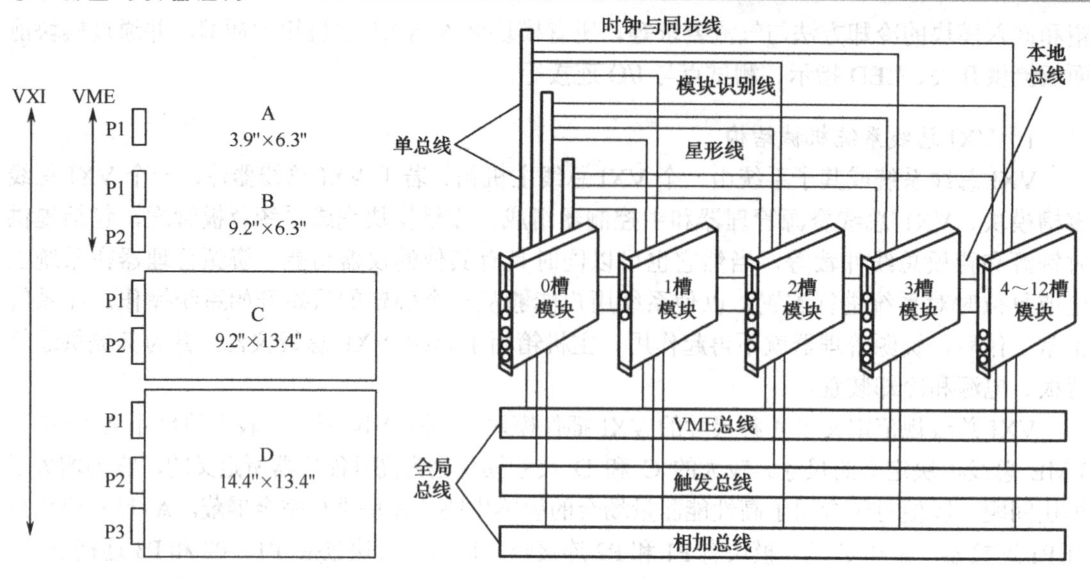

图 9-14　VXI 模块尺寸与总线分布　　　　图 9-15　VXI 总线电气结构

根据器件所支持的通信协议能力可将其分成寄存器基器件、消息基器件、存储器器件和扩展器件 4 类，最常见的 VXI 总线器件是寄存器基器件和消息基器件。

寄存器基器件是最简单的 VXI 总线器件，通过寄存器读/写来通信，常用于功能简单的器件。它通过 VXI 总线定义的配置元素来完成配置，并通过器件相关寄存器来工作。寄存器基器件具有很高的通信速度，随着众多产品对 VXI plug&play 标准的支持，其编程难的问题也得到了解决。

消息基器件通常是 VXI 总线系统中具有本地智能的器件。高性能仪器通常都是消息基的。除了 VXI 总线系统最基本的配置寄存器外，消息基仪器还具有一组通信寄存器，并支持基于 ASCII 码的字串行协议，以同系统中的其他消息基器件通信。

VXI 总线定义了一个命令者/从属者通信协议，便于用户利用 VXI 器件分层的概念建立一种分层体制。这种分层结构就像一棵倒置的树，命令者是有一个或多个相关低层器件（即从属者）的顶层器件，而从属者则像一个树杈。在多级嵌套的分层结构中，一个器件既可以是命令者，也可以是从属者。

一个 VXI 模块有且只能有一个命令者，而命令者对其一个或多个从属者的通信和配置寄存器享有绝对控制权。如果从属者是消息基器件，则命令者通过从属者的通信寄存器按照字符串协议与从属者进行通信；如果从属者是寄存器基器件，则通过器件专有的寄存器操作实现通信。对消息基器件，从属者通过响应字符串命令或按字符串协议向其命令者查询实现与命令者的通信；对寄存器基器件，从属者通过器件专有寄存器的状态与其命令者进行通信。

4. VXI 总线控制方式

VXI 系统中的 0 槽插件和资源管理器是进行 VXI 总线控制的重要模块。

VXI 机箱最左边的插槽（0 号插槽）负责主板管理，它包括背板时钟（Backplaneclock）、配置信号（Configuration Signals）、同步与触发信号（Synchronization and Trigger Signals）等

系统资源，因而只能在该槽中插入具有 VXI“0 槽”功能的设备——即所谓的 0 槽模块，通常简称为 0 槽。

VXI 资源管理器（RM）是位于逻辑地址为 0 的一个消息基命令器，可以装在 VXI 模块或外部计算机上，可以把它理解为一个软件模块，它主要负责对系统的配置。RM 与 0 槽模块一起进行系统中每个模块的识别、逻辑地址的分配、内存配置，并用字符串协议建立命令者/从属者之间的层次体制。

总地来说，VXI 控制器有嵌入式和外接式两类，而外接控制器又有很多不同的方案可供选择。

1）嵌入式 VXI 控制器（内控式）

嵌入式 VXI 控制器就是把计算机做成 VXI 总线模块，直接安装到 VXI 主机箱中，并通常占据 0 槽位置。采用嵌入式控制器的 VXI 系统具有最小的物理尺寸。不仅如此，嵌入式控制器能够直接访问 VXI 总线背板信号，并直接读/写 VXI 总线器件的寄存器，而不会像外接控制器那样通过总线转换引入软件开销，因此具有最高的数据传输性能。数据在仪器之间以二进制的形式并行、高速传输，主控计算机就像传统智能仪器内部的微处理器一样工作，因而获得了最高的系统性能。

2）外接式 VXI 控制器（外控式）

VXI 总线外接式控制方式是一种灵活且性能价格比很高的控制方案，得到了广泛应用。根据所采用的外部总线分类，外接式控制器又有直接扩展和转换扩展两种方式。

（1）直接扩展式。直接扩展就是将部分 VXI 总线信号线直接扩展到机箱外作为外总线，连接计算机和 VXI 机箱控制器，如 MXI/MXI-2 总线控制方案。MXI/MXI-2 总线直接将 PC 扩展总线和 VXI 总线耦合起来，通过硬件数据传输周期转换，在 PC 扩展总线和 VXI 总线之间并行地进行数据传输，具有很高的随机读/写和字串行性能。MXI/MXI-2 总线还扩展了 VXI 总线的状态、中断、时钟和触发等总线，是一种高性能外接控制方案。

这种系统控制方案从 0 槽模块的硬件构成到主控机与 VXI 主机箱之间的连接方式都类似于 GPIB 控制方案，但从功能上完全等效于嵌入式控制方案。因此，该方案既有外挂式的灵活性（可以使用用户现有的各种计算机或工作站），又有嵌入式的高性能（持续系统吞吐率达 23MB/s）。

（2）转换扩展式。转换扩展就是用一些与 VXI 总线无直接联系的通用总线（如 GPIB、1394、MXI-3、光纤通路等）来连接计算机和 VXI 总线控制器，从而构成 GPIB-VXI、VXI-1394、MXI-3、FOXI 等控制方案。由于这些外总线通常都是串行或位数很少的并行总线，数据传输过程中需要进行大量的总线转换工作，首字节延迟较长，随机读/写和字串行性能较低。并且采用这些控制方式的计算机不能直接访问 VXI 总线的状态、中断、时钟和触发等信号线，系统的实时性和同步性能要受到影响。但是这些系统的组建成本通常相对较低，GPIB-VXI 系统可利用已有的 GPIB 仪器，VXI-1394 和 MXI-3 系统的块数据传输性能高，MXI-3 和 FOXI 总线的工作距离远，因此它们适合在一些性能要求不是很高、经费不是很充裕或者有特殊要求的场合中应用。

9.5 网络化仪器

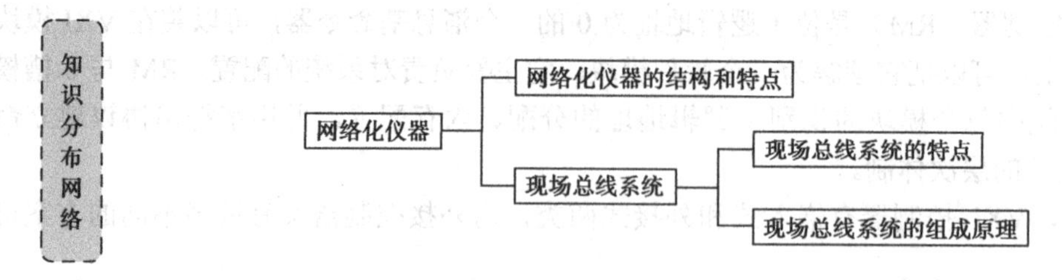

9.5.1 网络化仪器的结构和特点

网络技术的发展，尤其是 Internet 的发展，使得人们可以以极快的速度在更远的距离相互交换信息。Internet 是由成千上万个大大小小的网络组成的高速网络，它不仅连接了几千万台计算机，而且连信息型家电等都连了上去，它几乎影响了人们生活的各个领域。电子测量与仪器技术也不例外，现场总线技术从工业现场设备底层向上发展，逐步扩展到网络化；计算机网络从 Internet 顶层向下渗透，直至能和底层的现场设备通信，基于 Internet 的远程测控系统应运而生。它通过现场控制网络（或现场总线）、企业网和 Internet 把分布于各局部现场、独立完成特定功能的控制计算机互连起来，构成以资源共享、协同工作、远程监测和集中管理、远程诊断为目的的全分布式设备状态监测和故障诊断系统，这就是所谓的基于 Internet 的网络化仪器。

1. 网络化仪器的体系结构

网络化仪器是智能仪器和虚拟仪器进一步发展的结果，是计算机技术、网络通信技术与仪表技术相结合的产物，以智能化、网络化、交互性为特征，结构比较复杂，多采用体系结构来表示其总体框架和系统特点。网络化仪器的体系结构包括基本网络系统硬件、应用软件和各种协议。可以将信息网络体系结构内容（OSI 七层模型）、相应的测量控制模块和应用软件及应用环境等有机地结合在一起，形成一个统一的网络化仪器体系结构的抽象模型。该模型可更本质地反映网络化仪器具有的信息采集、存储、传输和分析处理的原理特征。

首先是硬件层，主要是指远端的传感器等信号采集单元，它包括微处理器系统、信号采集系统、硬件协议转换和数据流传输控制系统。硬件协议转换和数据流传输控制功能依靠 FPGA/CPLD 实现，这样可使硬件具有可更改性，为功能拓展和技术升级留有空间。网络化仪器的另一个逻辑层是嵌入式操作系统内核，该层的主要功能是提供一个控制信号采集和数据流传输的平台。其前端模块单元的主要资源有处理器、存储器、信息采集单元和信息（程序和数据）；主要功能是合理分配、控制处理器，控制信号的采集单元以使其正常工作，并保证数据流的有效传输。该逻辑层主要由链路层、网络层、传输层和接口等组成。

除上述两个逻辑层外，网络化仪器还不可缺少嵌入式操作系统的服务层和应用层。根据需要，提供 HTTP、FTP、TFTP、SMTP 等服务。其中，HTTP 用以实现 Web 仪器服务，如通过 Web 页上的软面板控制远程仪器；FTP 和 TFTP 用于实现向用户传送数据，从而形成用户数据库资源；而 SMTP 则用来发送各种确认和告警信息。这样，就可以很容易地组

成不同使用权限的系统。低级用户无须自己再安装任何应用软件，直接利用 Internet Explorer 或 Netscape 等浏览器浏览数据就可以实现对测量数据的观测。高级用户可经网络修改配置来控制状器在不同状态下的运行；经网络传来的数据，可交由专门的数据处理软件分析，以实现最优化的决策和控制；并且，还可利用一些专门的软件分析传来的数据，以实现 MIS（管理信息系统）应用等。

2．网络化仪器的优点

（1）通过网络，用户能够对测量仪器进行远程控制，对测量数据进行远程分析。随着数据传输速度的进一步提高，测量的实时性也越来越好。用户通过网页上的软面板进行仪器控制和数据分析，仿佛身临其境。

（2）通过网络，可以实现仪器的共享。一个用户能远程监控多个测量过程，而多个用户也能同时对同一测量过程进行监控。例如，一个用户可以在一台计算机上打开示波器、万用表、计数器等远程微机化仪器的软面板，同时进行多项测量；工程技术人员在其办公室里监测一个生产过程，质量控制人员可在另一地点同时收集这些数据，建立数据库。

（3）通过网络，可大大增强用户的工作能力。用户可利用若干台普通仪器设备采集数据，然后将数据送到另一台功能强大的远程计算机进行分析，并在网络上实时发布。

（4）通过网络，可大大提高用户工作的可靠性。一旦测量过程中发生问题，有关数据可以立即展现在用户面前，以便采取相应措施。制造商也可以打开该仪器的软面板，对故障进行分析处理。用户还可就自己感兴趣的问题在世界范围内进行讨论。例如，软件工程师可以利用网络化软件工具将开发程序或应用程序下载给远方的目标系统，进行调试或实时运行，就像目标系统在隔壁房间一样方便。

总之，网络通过释放系统的潜力改变了测量技术的以往面貌，打破了在同一地点进行采集、分析和显示的传统模式。依靠网络技术，人们能够有效地控制远程仪器设备，在任何地方进行采集、分析和显示。在广泛的工业领域中，可实现数据网络和控制网络的集成，即现场总线和计算机网络融为一体，实现真正的虚拟工厂（Virtual Plant）和虚拟制造（Virtual Manufacture）。不久的将来，越来越多的测试和测量仪器将融入 Internet。

9.5.2 现场总线系统

现场总线是应用在生产现场、在微机化测量控制设备之间实现双向串行多节点数字通信的系统，也称为开放式、数字化、多点通信的底层控制网络。

现场总线技术将专用微处理器置入传统的测量控制仪表，使它们具有数字计算和数字通信能力，成为能独立承担某些控制、通信任务的网络节点。它们通过普通双绞线等多种途径进行信息传输联络，把多个测量控制仪表、计算机等作为节点连接成网络系统，依照公开、规范的通信协议，在生产控制现场的多个微机化自控设备之间及现场仪表与监控、管理的远程计算机之间，实现数据传输与信息共享，从而形成各种适应实际需要的自动控制系统。简而言之，它是把单个分散的测量控制设备变成网络节点，共同完成某种任务的网络系统与控制系统。

现场总线既是通信网络，又是自动测控系统。它作为通信网络，不同于日常用于声音、图像、文字传送的网络，它所传送的是接通、关断电源，开关阀门的指令与数据，直

接关系到处于运行操作过程之中的设备、人身的安全，要求信号在粉尘、噪声、电磁干扰等较为恶劣的环境下能够准确、及时到位，同时还具有节点分散、报文简短等特征。它作为自动化系统，在系统结构上发生了较大变化，其显著特征是通过网络完成信号的传送联络，既可由单个节点、也可由多个网络节点共同完成所要求的自动化功能，是一种由网络集成的自动化系统。

1．现场总线系统的特点

1）系统的开放性

开放是指相关标准的一致性、公开性，强调对标准的共识与遵从。一个开放系统是指它可以与任何遵守相同标准的其他设备或系统连接。通信协议一致公开，使得不同厂家的设备之间可以实现信息交换。用户可按照自己的需要，把来自不同供应商的产品组成任意大小的系统，通过现场总线构筑自动化领域的开放互联系统。

2）互操作性与互用性

互操作性是指实现互联设备间、系统间的信息传递与沟通；而互用性则意味着不同生产厂家性能类似的设备可实现相互替换。

3）现场设备的智能化与功能自治性

现场总线将传感测量、补偿计算、工程量处理与控制等功能分散到现场设备中完成，仅靠现场设备即可完成自动控制的基本功能，并可随时诊断设备的运行状态。

4）系统结构的高度分散性

现场总线是一种新的全分散性控制系统的体系结构，它从根本上改变了现有的集散控制系统（DCS）的体系结构，简化了系统结构，提高了性能。

5）对现场环境的适应性

现场总线工作在生产现场前端，作为工厂网络底层的现场总线是专为现场环境而设计的，支持双绞线、同轴电缆、光纤、射频、红外线、电力线等信号传输介质，具有较强的抗干扰能力，能采用两线制实现供电与通信，并可满足自身安全需求等。

2．现场总线系统的组成原理

图 9-16 所示为现场总线系统的一般组成结构。根据现场总线系统的定义，现场总线是连接智能现场设备和自动化系统的数字式、双向传输、多分支结构的通信网络。有通信就有协议，从这个意义上讲，现

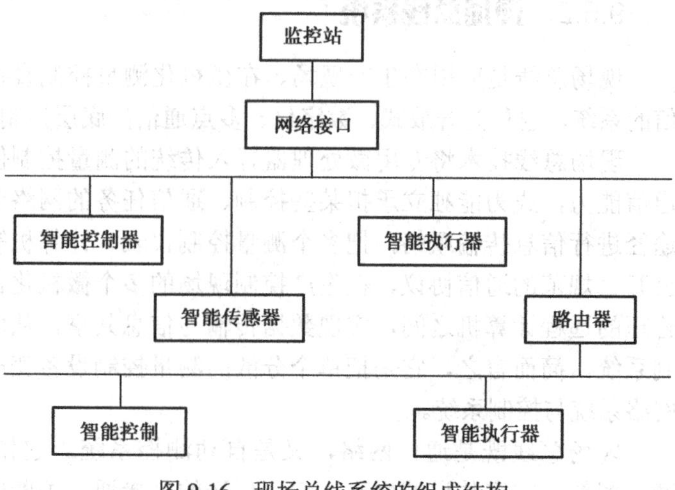

图 9-16　现场总线系统的组成结构

场总线就是一个定义了硬件接口和通信协议的标准。进一步说，现场总线不仅是一种通信技术，也不仅是数字仪表代替模拟仪表，而是用新一代的现场总线控制系统 FCS 代替集散式系统（DCS），实现智能仪表、通信网络和控制系统的集成。

下面通过如图 9-17 所示的一个简单现场总线控制系统的实例来说明现场总线系统的主要组成部分。该系统主要包括一些实际应用的设备，如 PLC、扫描器、电源、输入/输出站、终端电阻等。其他系统也可以包括变频器、码流调速装置、人机界面等。

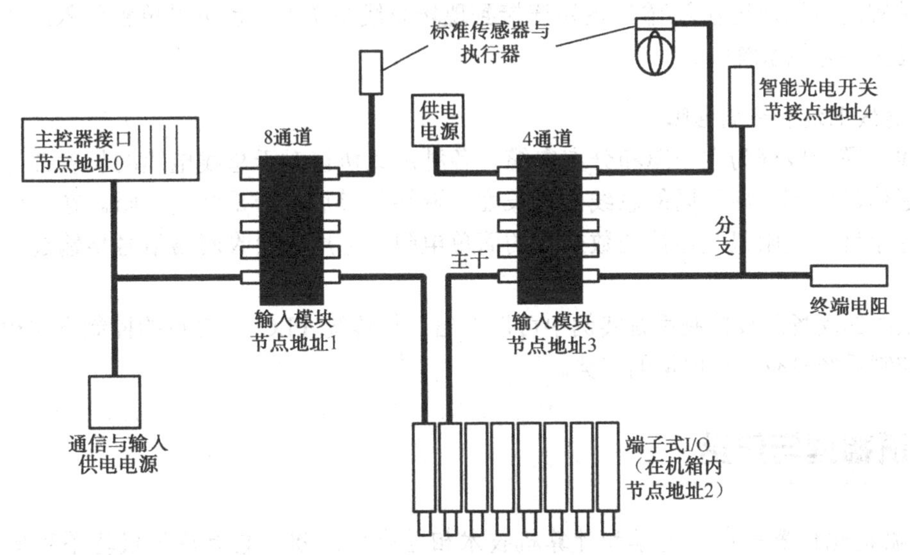

图 9-17　一个简单的现场总线控制系统

1）主控器（Host）

主控器可以是 PLC 或 PC，通过总线接口对整个系统进行管理和控制。

2）总线接口

总线接口有时也称为扫描器，它可以是独立的插卡，也可以集成在 PLC 中。总线接口作为网络管理器和主控器到总线的网关，管理来自总线节点的信息报告，并将其转换为主控器能够识别的数据格式传送到主控器。总线接口的默认地址通常设为“0”。

3）电源

电源用于供给网络上每个节点传输和接收信息所必需的能量。通常输入通道与内部芯片使用同一个电源，习惯上称为总线电源，而输出通道使用独立的电源，称为辅助电源。

4）输入/输出节点

在图 9-17 所示实例中，第一个节点是 8 通道的输入节点。输入有许多不同的类型，最常用的是 24V 直流的 2 线、3 线传感器或机械触点。该节点具有防水、防尘、抗振动等特性，适合于直接安装在现场。另一个节点是端子式节点，独立的输入/输出端子块安装在 DIN 导轨上，并连接一个总线直流耦合器。该总线直流耦合器是连接总线的网关。这种类型的节点是开放式的结构，必须安装在机箱中。端子式输入/输出系统包含许多种开关量与模拟量的输入/输出模块及串行通信、高速计数与监控模块。端子式输入/输出系统可以独立

使用，也可以组合使用。

节点地址 3 是一个输出站，它连接一个辅助电源，该电源用于驱动电磁阀和其他的电气设备。将辅助电源与总线电源分开可以极大地降低总线信号中的噪声强度。另外，大部分总线节点可以诊断出设备中的短路状态并报告给主控器，因此，即使发生短路也不会影响整个系统的通信。

节点地址 4 连接的是一个带有总线通信接口的智能型光电传感器，这说明普通传感器等现场装置既可以通过输入/输出模块连接到现场总线系统中，也可以单独装入总线通信接口，再连接到总线系统中。

5）总线电缆和终端电阻

总线电缆一般分为主干缆和分支电缆。各种总线协议对于总线电缆的长度都有规定，不同的通信波特率对应不同的总线电缆长度。网络的最后部分是终端电阻。在一些总线系统中，这个终端电阻只是连接两数据线的简单电阻，它用来吸收网络信号传输过程中的剩余能量。

从上面的现场总线控制系统实例中可以看出，与传统 PLC 点对点的控制方法相比，现场总线控制系统具有不可比拟的优势。

知识梳理与总结

1. 微机化仪器是电子仪器和计算机技术相结合的产物，它有传统仪器不可比拟的优点。按照两者结合方式的不同可分为智能仪器和虚拟仪器。

2. 智能仪器是内部装有微型计算机的仪器，它由测试单元电路和计算机芯片等组成，各部分通过总线相连。在智能仪器中，软件占有重要的地位。

3. 虚拟仪器是在计算机上加装一定的软、硬件构成的测试仪器。在虚拟仪器中，软件是其核心，决定着仪器的主要功能，“软件即仪器”。按照硬件系统构成方式的不同，虚拟仪器可分为 PC 总线插卡式、并行口式、GPIB 总线式、VXI 总线式、PXI 总线式 5 种类型。虚拟仪器软件部分的关键在于提供仪器硬件的驱动程序。

4. 自动测试系统的硬件部分由接口系统、计算机或控制器、各类程控仪器及其他测试装置等组成。软件是计算机用以控制并和装置通信必不可少的部分。系统中的各控制设备用统一的无源总线连接起来。常用的总线有 GPIB 总线和 VXI 总线两种。

5. 网络化仪器是网络技术和仪器技术相结合的产物，它使得异地远程测控成为可能。现场总线系统是局域网技术在测控领域的应用。

练习题 9

简答题

1. 什么是自动测试系统？自动测试系统是如何发展的？
2. 智能仪器和传统仪器相比有何不同？
3. 虚拟仪器由哪几部分组成？各部分有何功能？

4. 按照测控功能所采用的总线方式不同，虚拟仪器可分为哪几类？
5. 虚拟仪器软件主要用于完成何种功能？
6. 现在的自动测试系统多采用哪种总线连接计算机和其他设备？
7. 网络化仪器有何优点？
8. 现场总线系统的主要组成部分有哪些？

第10章 电子产品测量与调试

教学导航

教	知识重点	1. 电路静态、动态的基本概念，万用表对功放进行静态的测量与调试 2. 信号发生器、示波器、毫伏表和失真度仪对功放进行动态测量与调试 3. 独立完成仪器选择、测量计划制订、测试方案实施与评价
	知识难点	1. 用万用表对功放进行静态的测量与调试 2. 用信号发生器、示波器、毫伏表和失真度仪对功放进行动态测量与调试 3. 对复读机质量指标的测试
	推荐教学方式	1. 通过“项目导向，任务驱动”的方式，导出电子产品测量与调试的理论知识，激发学生学习的兴趣 2. 采用实验演示法、多媒体演示法、项目导向法、任务驱动法、小组讨论法、案例教学法、项目训练法等教学方法，加深学生对理论的认识和巩固 3. 通过综合实训巩固常用仪器的合理选择和正确操作与维护
	建议学时	8 学时
学	推荐学习方法	1. 通过项目导向、任务驱动认识项目的完成过程 2. 在测试项目中，根据需要正确选择仪器仪表，注意与前面章节的联系 3. 查有关资料，加深理解，拓展知识面
	必须掌握的理论知识	1. 电路静态和动态的基本概念与决定参数 2. 电子产品质量检测的基础知识 3. 收录机电性能指标及测量方法
	必须掌握的技能	1. 功率放大器静态和动态参数的测量方法与调试方法 2. 复读机主要性能指标的测量方法

10.1　功放静态参数的测量与调试

1．工作任务（见表 10-1）

表 10-1　功放静态参数测量与调试工作任务

功放静态测试——任务工作单					
姓　名		学　号		班　级	
测试项目名称	功放静态测试				
测试内容与要求	（1）测试集成功放各脚对地阻抗 （2）测试集成功放各脚静态电压 （3）测试静态总电流 （4）根据所给功放电路，找出测试点，拟定测试方案、步骤，完成测试任务				
测试仪器	名　称		型　号		
	数字万用表		DS-26A 型直流数字电压表		
测试参数	（1）测试集成功放各脚对地阻抗 （2）测试集成功放各脚静态电压 （3）测试静态总电流				

2．相关知识

功放是功率放大器的简称，它的功能是给扬声器提供一定的输出功率。当负载一定时，希望其输出的功率尽可能大、输出信号的非线性失真尽可能小、效率尽可能高。

1）功放的静态测试内容

静态测试是指测量时被测电路不加输入信号，用仪表对电路各个关键点直流参数的测试。功放静态测试包括：①不通电情况下，用万用表测量集成块各脚对地电阻；②将输入信号旋钮旋至零（不加信号时），接通直流电源，测试静态总电流及集成块各引脚对地电压。注意，接通电源前先将输入端短路接地，以免感应信号时静态电流过大。

2）LM386 构成的集成功放

（1）LM386 集成电路

LM386 集成电路的外形与引脚排列如图 10-1 所示。

LM386 是功放集成电路的一种，因其具有功耗低、工作电源范围宽、外围元件少和调节方便等优点，而广泛应用于通信设备、收录机和各类电子设备中。其主要参数为：工作电压范围为 4～12V，静态电流为 4mA，输出功率为 660mW（最大），电压增益为 46dB（最大），带宽为 300kHz，输入阻抗为 50kΩ，输入偏置电流为 250mA。

（a）外形图

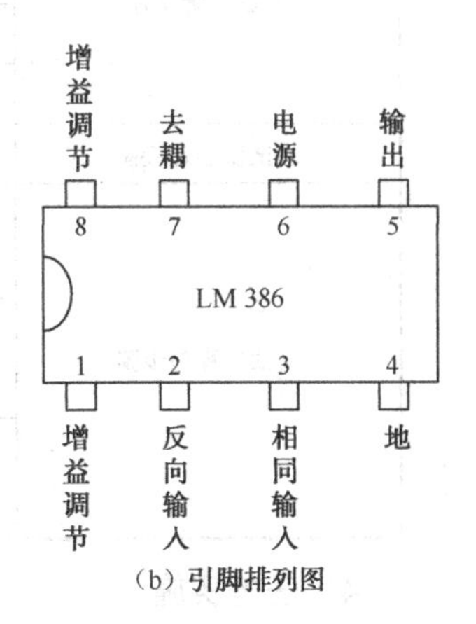

（b）引脚排列图

图 10-1　LM386 的外形与引脚排列

（2）功放电路的工作原理

用 LM386 组成的 OTL 功放电路如图 10-2 所示，信号从 3 脚同相输入端输入，从 5 脚经耦合电容（220μF）输出。

图 10-2 中，7 脚所接容量为 20μF 的电容为去耦滤波电容；1 脚与 8 脚所接电容、电阻适用于调节电路的闭环电压增益，电容取值为 10μF，电阻在 0～20kΩ 范围内取值，改变电阻，可以使集成功放的电压放大倍数在 20～200 之间变化，电阻值越小，电压增益越大；输出端 5 脚所接 100Ω 电阻和 0.1μF 电容组成阻抗校正网络，抵消负载中的感抗分量，防止电路自激，有时也可省去不用。

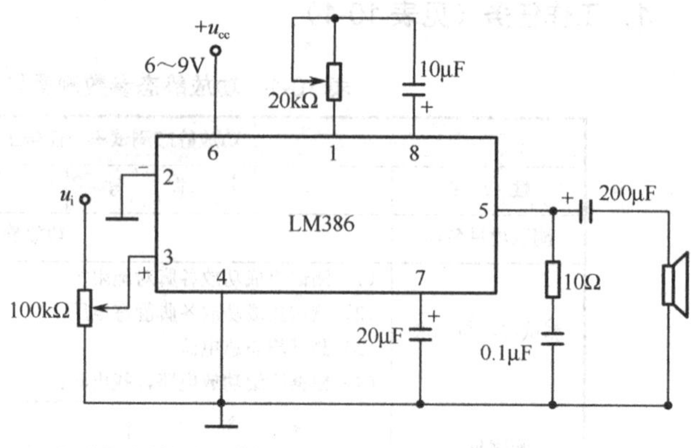

图 10-2　LM386 组成的 OTL 功放电路

3）静态测试所需仪器

功放静态测试用万用表即可。

3．计划决策

功放静态测试——计划工作单如表 10-2 所示。

表 10-2　功放静态测试——计划工作单

<table>
<tr><th colspan="3">功放静态测试——计划工作单</th></tr>
<tr><td colspan="2">签　名</td><td>日　期</td></tr>
<tr><td>准备</td><td colspan="2">（1）资料准备：查阅相关资料，分析功放电路原理图
（2）掌握万用表的使用
（3）列出疑难问题，讨论、咨询老师</td></tr>
<tr><td rowspan="4">测试位置确定</td><td>测试项目</td><td>原理图器件名称</td></tr>
<tr><td>（1）测试集成功放各脚对地电阻</td><td></td></tr>
<tr><td>（2）测试集成功放各脚电压</td><td></td></tr>
<tr><td>（3）测试静态总电流</td><td></td></tr>
<tr><td>测试仪器连接图</td><td colspan="2"></td></tr>
<tr><td rowspan="6">测试过程与步骤</td><td>测试序号</td><td>测试步骤</td></tr>
<tr><td>1</td><td></td></tr>
<tr><td>2</td><td></td></tr>
<tr><td>3</td><td></td></tr>
<tr><td>4</td><td></td></tr>
<tr><td>5</td><td></td></tr>
</table>

4．任务实施

功放静态测试——实施工作单如表 10-3 所示。

表 10-3　功放静测试——实施工作单

<table>
<tr><th colspan="11">功放静态测试——实施工作单</th></tr>
<tr><td>测试前准备</td><td colspan="10">（1）整理工作台
（2）布置、摆放仪器和实验设备</td></tr>
<tr><td rowspan="2">测试仪器检查</td><td>仪器设备名称</td><td colspan="3">完好情况</td><td colspan="3">签名</td><td colspan="3">日期</td></tr>
<tr><td>万用表</td><td colspan="3"></td><td colspan="3"></td><td colspan="3"></td></tr>
<tr><td rowspan="2">被测设备检查</td><td>外观检查</td><td colspan="3"></td><td colspan="3"></td><td colspan="3"></td></tr>
<tr><td>通电检查</td><td colspan="3"></td><td colspan="3"></td><td colspan="3"></td></tr>
<tr><td rowspan="10"></td><td rowspan="10">（1）各脚对地阻抗</td><td colspan="2" rowspan="2">引脚号</td><td colspan="2" rowspan="2">功能</td><td colspan="5">在路电阻</td></tr>
<tr><td colspan="2">红笔测</td><td colspan="3">黑笔测</td></tr>
<tr><td colspan="2">1</td><td colspan="2"></td><td colspan="2"></td><td colspan="3"></td></tr>
<tr><td colspan="2">2</td><td colspan="2"></td><td colspan="2"></td><td colspan="3"></td></tr>
<tr><td colspan="2">3</td><td colspan="2"></td><td colspan="2"></td><td colspan="3"></td></tr>
<tr><td colspan="2">4</td><td colspan="2"></td><td colspan="2"></td><td colspan="3"></td></tr>
<tr><td colspan="2">5</td><td colspan="2"></td><td colspan="2"></td><td colspan="3"></td></tr>
<tr><td colspan="2">6</td><td colspan="2"></td><td colspan="2"></td><td colspan="3"></td></tr>
<tr><td colspan="2">7</td><td colspan="2"></td><td colspan="2"></td><td colspan="3"></td></tr>
<tr><td colspan="2">8</td><td colspan="2"></td><td colspan="2"></td><td colspan="3"></td></tr>
<tr><td rowspan="3"></td><td rowspan="2">（2）各脚电压</td><td>引脚号</td><td>1</td><td>2</td><td>3</td><td>4</td><td>5</td><td>6</td><td>7</td><td>8</td></tr>
<tr><td>电压</td><td></td><td></td><td></td><td></td><td></td><td></td><td></td><td></td></tr>
<tr><td>（3）静态总电流</td><td colspan="9"></td></tr>
<tr><td>收获体会</td><td colspan="10"></td></tr>
<tr><td rowspan="2">签名</td><td>测试员</td><td colspan="3">日期</td><td colspan="3">检验员</td><td colspan="3">日期</td></tr>
<tr><td></td><td colspan="3"></td><td colspan="3"></td><td colspan="3"></td></tr>
</table>

5．检查评价

功放静态测试——评价工作单如表 10-4 所示。

表 10-4　功放静态测试——评价工作单

<table>
<tr><th colspan="8">功放静态测试——评价工作单</th></tr>
<tr><td rowspan="2">评价项目</td><td colspan="2" rowspan="2">评价内容</td><td rowspan="2">教师评价
（50%）</td><td colspan="2">学生评价</td><td rowspan="2">得分</td><td rowspan="2">总分</td></tr>
<tr><td>互评（30%）</td><td>自评（20%）</td></tr>
<tr><td rowspan="3">过程评价
（50%）</td><td>社会能力
（10%）</td><td>职业道德
协作沟通</td><td></td><td></td><td></td><td></td><td rowspan="5"></td></tr>
<tr><td>方法能力
（10%）</td><td>学习能力
计划能力</td><td></td><td></td><td></td><td></td></tr>
<tr><td>专业能力
（30%）</td><td>仪器检查能力
测试系统组建
仪器操作能力</td><td></td><td></td><td></td><td></td></tr>
<tr><td rowspan="2">终结评价
（50%）</td><td>测试结果
（30%）</td><td></td><td></td><td></td><td></td><td></td></tr>
<tr><td>测试报告
（20%）</td><td></td><td></td><td></td><td></td><td></td></tr>
<tr><td>学生签名</td><td colspan="2">日期</td><td colspan="2">教师签名</td><td colspan="3">日期</td></tr>
<tr><td></td><td colspan="2"></td><td colspan="2"></td><td colspan="3"></td></tr>
</table>

10.2 功放动态参数的测量与调试

10.2.1 功放输出功率的测试

1. 相关知识

1）功率放大器的动态指标

（1）最大输出功率

在功放的输入端输入 1kHz 正弦波信号，在输出端用示波器观察输出电压波形，逐渐加大输入信号幅度，使输出电压为最大不失真输出，用交流毫伏表测试此时的输出电压U_{om}，则最大输出功率为：

$$P_{om}=\frac{U_{om}^2}{R_L} \tag{10-1}$$

注意： 在最大输出电压测试完成后，应迅速减小 U_i，否则会损坏功率放大器。

（2）效率定义

$$\eta=\frac{P_{om}}{P_E}\times 100\% \tag{10-2}$$

式中，P_{om}为最大输出功率，P_E为直流电源供给的平均功率。可测试电源供给的平均电流I_{DC}，从而求得$P_E=U_{CC}\cdot I_{DC}$。

（3）噪声电压

测试时将功放输入端短路（$u_i=0$），用示波器观察输出噪声波形，并用数字毫伏表测试输出电压，即为噪声电压U_N。

2）功放输出功率测试所需仪器

功放的输出功率测试需要用信号发生器、示波器和数字交流毫伏表等。测试仪器连接如图 10-3 所示。

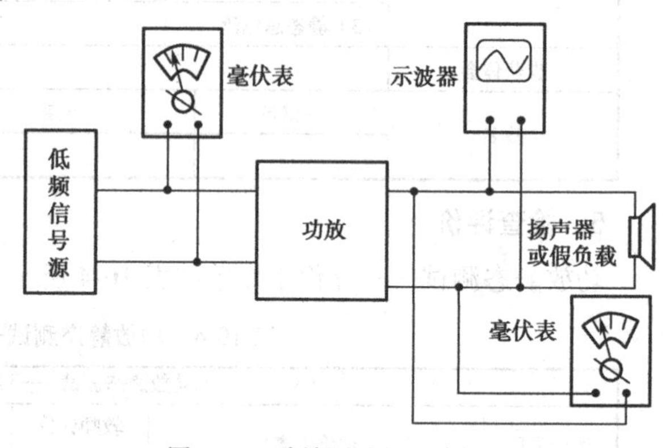

图 10-3　功放测试仪器连接图

2. 工作任务（见表 10-5）

表 10-5　功放输出功率测试工作任务单

功放输出功率测试——工作任务单					
姓　名		学　号		班　级	
测试项目名称	功放输出功率测试				
测试内容与要求	（1）功放的最大输出功率 （2）功放的效率 （3）功放的噪声 （4）根据所给功放电路，找出测试点，拟定测试方案、步骤，完成测试任务				

续表

功放输出功率测试——工作任务单		
测试仪器	名　称	型　号
	函数信号发生器	
	模拟示波器	
	数字毫伏表	
测试参数	（1）功放的最大输出功率 （2）功放的效率 （3）功放的噪声	

3．计划决策

功放输出功率测试——计划工作单如表 10-6 所示。

表 10-6　功放输出功率测试——计划工作单

功放输出功率测试——计划工作单		
签　名		日　期
准　备	（1）资料准备：查阅相关资料，分析功放电路原理图 （2）掌握信号发生器的使用 （3）掌握模拟示波器的使用 （4）掌握数字毫伏表的使用 （5）列出疑难问题，讨论、咨询老师	
试位置确定	测试项目	原理图器件名称
	输出功率	
	效率	
	噪声	
测试仪器连接图		
测试过程与步骤	测试序号	测试步骤
	1	
	2	
	3	
	4	
	5	

4．任务实施

功放输出功率测试——实施工作单如表 10-7 所示。

表 10-7　功放输出功率测试——实施工作单

功放输出功率测试——实施工作单			
测试前准备	（1）整理工作台 （2）布置、摆放仪器和实验设备		
测试仪器检查	仪器设备名称	完好情况	签名
	信号发生器		
	模拟示波器		
	数字毫伏表		

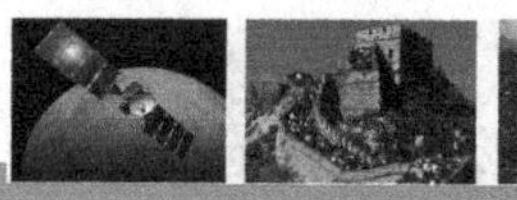

续表

功放输出功率测试——实施工作单				
被测设备检查	外观检查			
	通电检查			
测试数据记录	输出电压			
	静态电流			
测试结果				
收获与体会				
签名	测试员	日期	检验员	日期

5．检查评价

功放输出功率测试——评价工作单如表 10-8 所示。

表 10-8 功放输出功率测试——评价工作单

功放输出功率测试——评价工作单							
评价项目	评价内容		教师评价（50%）	学生评价		得分	总分
				互评（30%）	自评（20%）		
过程评价（50%）	社会能力（10%）	职业道德 协作沟通					
	方法能力（10%）	学习能力 计划能力					
	专业能力（30%）	仪器检查能力 测试系统组建 仪器操作能力					
终结评价（50%）	测试结果（30%）						
	测试报告（20%）						
学生签名	日期		教师签名	日期			

10.2.2 功放失真度的测试

1．相关知识

功放的失真度主要有谐波失真、互调失真、瞬态失真和相位失真等。谐波失真是由功率放大器中的非线性组件引起的，这种非线性会使声音信号产生许多新的谐波成分，谐波失真度越小越好。谐波失真与频率有关，通常在 1kHz 附近谐波失真量较小，在频响高、低端，谐波失真量较大。谐波失真还与功放的输出功率有关，当接近额定最大输出功率时，谐波失真急剧增大。目前，优质音响在整个音频范围内的总谐波失真一般小于 0.1%。

功放的额定功率是指输出失真小于某一数值（5%）时的最大功率。其表达式为：

$$P_o = \frac{U_o^2}{R_L} \qquad (10\text{-}3)$$

式中，R_L 为额定负载阻抗，U_0（有效值）为 R_L 两端的电压。

测量 P_o 的条件：信号发生器输出频率为 1kHz 的正弦波信号，用示波器观察 u_i 和 u_o 的波形，用失真度仪监测 u_o 的波形失真。

功放失真度的测试主要用失真度仪。测量失真度时，需要用一个正弦波信号作为被测电路的激励源，如图 10-4 所示。

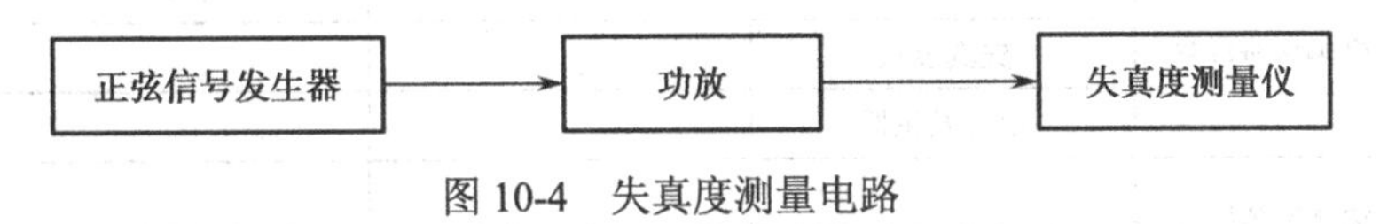

图 10-4　失真度测量电路

2. 工作任务（见表 10-9）

表 10-9　功放失真度测试工作任务单

功放失真度测试——工作任务单					
姓　名		学　号		班　级	
测试项目名称	功放失真度测试				
测试内容与要求	（1）从功放的输入端分别送 20Hz、100Hz、1kHz、5kHz、10kHz、15kHz 等不同频率的正弦波信号，将功放逐次调到额定功率输出值，并调节失真度仪分别测出各个频点的失真度 （2）根据所给功放电路，找出测试点，拟定测试方案、步骤，完成测试任务				
测试仪器	名　称			型　号	
	失真度测试仪				
	信号发生器				
测试参数	测试功放输入信号各个频点的失真度				

3. 计划决策

功放失真度测试——计划工作单如表 10-10 所示。

表 10-10　功放失真度测试——计划工作单

功放失真度测试——计划工作单		
签　名		日　期
准备	（1）资料准备：查阅相关资料，分析功放电路原理图 （2）掌握失真度仪的使用 （3）列出疑难问题，讨论、咨询老师	
测试频点的确定	测试序号	频　点
	1	20Hz
	2	100Hz
	3	1kHz
	4	5kHz
	5	10kHz
	6	15kHz
测试仪器连接图		
测试过程与步骤		

4．任务实施

功放失真度测试——实施工作单如表 10-11 所示。

表 10-11 功放失真度测试——实施工作单

功放失真度测试——实施工作单			
测试前准备	（1）整理工作台 （2）布置、摆放仪器和实验设备		
测试仪器检查	完好情况	签名	日期
	失真度仪		
	信号发生器		
被测设备检查			
测试数据记录	序号	信号频率	各频点失真度值
	1	20Hz	
	2	100Hz	
	3	1kHz	
	4	5kHz	
	5	10kHz	
	6	15kHz	
收获体会			
签名	测试员	日期	检验员	日期

5．检查评价

功放失真度测试——评价工作单如表 10-12 所示。

表 10-12 功放失真度测试——评价工作单

功放失真度测试——评价工作单							
评价项目	评价内容		教师评价（50%）	学生评价		得 分	总 分
				互评（30%）	自评（20%）		
过程评价（50%）	社会能力（10%）	职业道德 协作沟通					
	方法能力（10%）	学习能力 计划能力					
	专业能力（30%）	仪器检查能力 测试系统组建 仪器操作能力					
终结评价（50%）	测试结果（30%）						
	测试报告（20%）						
学生签名	日 期		教师签名		日 期		

10.3　测量技术在电子产品检验中的应用

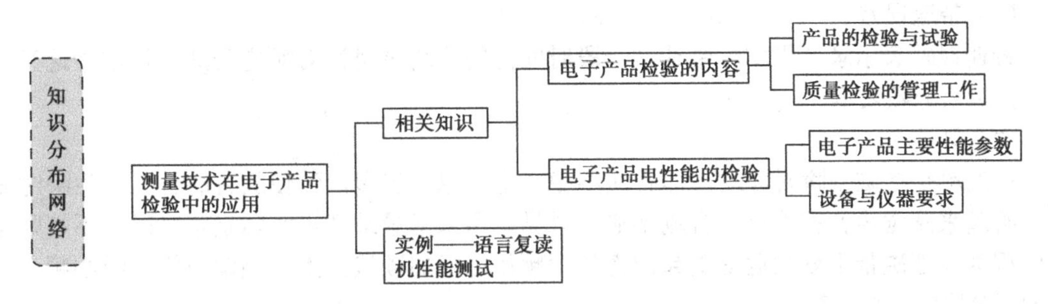

1. 电子产品检验的内容

电子企业质量检验的主要活动内容有两个方面：一是产品检验与试验；二是质量检验的管理工作。

1）产品的检验与试验

电子工业企业里的产品检验是企业实施质量管理的基础，检验工作的主要目的是“不允许不合格的料件进入下一道工序”。通过检验工作，可以了解企业产品的质量现状，以采取及时的纠正措施来满足用户的需求。电子企业的产品检验工作按照生产过程的不同阶段和检验对象划分为原材料、元器件、零部件和配套分机等进货检验，流水生产工序中的过程检验和整机检验。

2）质量检验的管理工作

为了保证质量管理体系的正常有效运行，必须做好质量检验的管理工作，工作内容主要包括以下三项。

（1）编制和实施检验与试验计划。其中包括编制质量检验计划，设计检验流程，编制检验规程，制定质量检验技术管理文件，设置检验站（组），配备人、财、物资等资源。

（2）不合格品的管理。

（3）质量检验记录、检验状态标识、检验证书、印章的管理。

总之，只有同时做好电子产品的检验工作及质量检验的管理工作，才能真正保证：只有合格的原材料、外购件才能投入生产，只有合格的零部件才能转入下一道工序或组装，只有合格的产品才能出厂或送到用户手中。

2. 电子产品电性能的检验

关于电子产品质量检验的知识在《电子产品质量检验》课程中都做了详细的讲述，下面以学生使用的复读机为例，简要介绍《电子测量与仪器应用》在电子产品检验中的应用——电参数的检验。

实例 10-1　语言复读机性能检测

1）复读机录/放音部分主要性能参数

复读机的性能参数反映了复读机在正常使用情况下磁带放音、录音是否清晰、准确，

有无变调、杂音，复读时间是否够长、复读后的音质是否理想等。复读机一般分为录放音性能参数、复读/跟读性能参数两个部分。为给测试一个比较的标准，现简要介绍以下几个主要参数的含义。

（1）带速误差

带速误差表示录音机实际带速（一段时间内的平均带速）对额定带速（标准带速）的偏差，以百分数表示。

（2）抖晃率

抖晃率是指磁带瞬时波动，即带速不稳，走带忽快忽慢，致使放音时音调发生瞬时变化，听起来感觉声音在颤抖，含糊不清。抖晃率用来衡量录音机实际走带时磁带不规则运动的程度，把磁带不规则运动引起的寄生调频作为附加频偏，附加频偏与规定中心频率之比的百分比定为抖晃率。

（3）信噪比

信噪比分为全通道信噪比和放音通道信噪比。

全通道信噪比是指音频信号通过录音机录音和放音全过程后，输出信号电平和噪声电平之比（分贝值）。信噪比越大，录音机放音时的噪声越小。

（4）谐波失真

谐波失真是指原有频率各种倍频的有害干扰。

（5）录音机频率响应

频率响应又称为幅频响应、幅频特性。人耳能听到的频率范围是 20Hz～20kHz，所以主机的音频响应范围应该至少达到这个范围。

另外，复读部分还有复读时间允差、信噪比、频率响应和谐波失真等参数，其含义与录放音部分相似，测试方法也基本一样，不同的是选择的测试状态不同，复读部分在复读时测试，录放音部分在录、放音时测试。

复读机录放音部分的主要性能参数及要求如表 10-13 所示。

表 10-13　复读机录放音部分的主要性能参数及要求

<table>
<tr><th>序　号</th><th colspan="3">基 本 参 数</th><th colspan="4">性 能 要 求</th></tr>
<tr><td>1</td><td colspan="3">带速误差</td><td colspan="4">±3%</td></tr>
<tr><td>2</td><td colspan="3">抖晃率</td><td colspan="4">≤0.5%</td></tr>
<tr><td>3</td><td colspan="3">参考频率</td><td colspan="4">315Hz</td></tr>
<tr><td rowspan="4">4</td><td rowspan="4">频率响应
/Hz</td><td colspan="2" rowspan="2">放音通道</td><td>f_1</td><td>f_2</td><td>f_3</td><td>f_4</td></tr>
<tr><td>125</td><td>250</td><td>4 000</td><td>6 300</td></tr>
<tr><td colspan="2" rowspan="2">全通道</td><td>f_1</td><td>f_2</td><td>f_3</td><td>f_4</td></tr>
<tr><td>250</td><td>500</td><td>2 000</td><td>4 000</td></tr>
<tr><td rowspan="4">5</td><td rowspan="4">信噪比
（A 计权）
/dB</td><td rowspan="2">全通道</td><td>双迹</td><td colspan="4">31</td></tr>
<tr><td>四迹</td><td colspan="4">28</td></tr>
<tr><td rowspan="2">放音通道</td><td>双迹</td><td colspan="4">36</td></tr>
<tr><td>四迹</td><td colspan="4">33</td></tr>
</table>

续表

序　号	基本参数		性能要求
6	谐波失真/%	全通道（电压）	≤7
7	通道平衡/dB	立体声	≤3
8	通道隔离/dB	相邻相关磁迹隔离度（串音）	≥22
		相邻无关磁迹隔离度（分离）	≥40

2）测量仪器、设备的选用与要求

本检验项目用的测试仪器、设备有音频信号发生器、电子毫伏表、失真度仪、示波器、数字频率计、带通滤波器、高通滤波器、抖晃仪、测试磁带等。

主要仪器设备的要求如下。

（1）音频信号发生器

频率范围：20Hz～20kHz。　　幅度误差：±1dB。

频率误差：±2%或±1Hz。　　输出阻抗：≤600Ω。

（2）电子毫伏表

测量范围：1mV～100V。　　频率范围：20Hz～20kHz，±3%。

测量误差：±2.5%。　　频率误差：±2%或±1Hz。

输入阻抗：≥500kΩ。

（3）失真度仪

频率范围：20Hz～20kHz。　　测量范围：1%～10%。

准确度：±5%。　　输入阻抗：≥500kΩ。

（4）示波器

频率范围：10Hz～200kHz。　　输入阻抗：≥500kΩ。

（5）数字频率计

测量频率范围：10Hz～1MHz。　　频率测量精度：3×10^{-3}，±1 个字。

输入波形：正谐波。　　输入幅度：0.1～30V。

输入阻抗：≥500kΩ。

（6）高通滤波器

截止频率：200Hz。　　阻带衰减率：每倍频衰减 24dB 以上。

（7）抖晃仪

频率范围：0.1Hz～200Hz。　　测量频率：3 150Hz。

指示方式：计权峰值。　　读数方式：20 测量方式。

3）语言复读机性能的测试

（1）语言复读机放音通道带速误差测试（见表 10-14 和表 10-15）。

（2）复读机抖晃率测试（见表 10-16 和表 10-17）。

（3）复读机放音通道频率响应测试（见表 10-18 和表 10-19）。

（4）复读机放音通道信噪比测试（见表 10-20 和表 10-21）。

（5）复读机放音通道谐波失真测试（见表 10-22 和表 10-23）。

表 10-14　复读机放音通道带速误差测试操作指导书

机　　型	工程编号	工程内容	操作指导书	电子类专业	制　　定	审　　核	批　　准
	J1101	复读机带速误差		电子产品质量检验			
				2012. 04. 05			

内容			
序号	位号	编号	标值
1			
2			
3			
4			
5			
6			

操作步骤：

① 按照下列测试系统框图连接复读机，测试仪器和假负载工装。

② 复读机通电，仪器通电。

③ 选择录有 3 150Hz 信号的带速测试带，复读机处于放音状态。

④ 用频率计测量放音时的输出信号频率，按照下式计算：

带速误差 $=(f_2-f_1)/f_1\times100\%$

式中：f_1——测试带录音频率，f_1=3 150Hz；f_2——测试带放音频率，Hz。

在测量时，数字频率计的闸门时间应取 10s，测试应在测试带的带头和带尾两处进行，取较差值。

测试带 → 被测复读机 → 假负载 → 数字频率计；假负载 → 示波器

注：这里的示波器起监视波形的作用

序号	工具、夹具、仪器	数量
1	假负载	1
2	通用示波器	1
3	测试带	1
4	数字频率计	1
5		
6		

更改	序号	更改日期	更改依据	具体措施	签名	确认

表 10-15　复读机放音通道带速误差测试作业注意书

工程编号：J1102	确认部门			发行：检验 QM
	电子产品检验	批　准	审　核	制　定

序　号	注意事项	适用机型	实施日期
1	电路连接好以后再打开电源		
2	注意读数为频率值		
3			
4			
5			
图　解			

复读机扬声器插座 → 假负载 → 数字频率计

备　注

表 10-16　复读机抖晃率测试操作指导书

机　型	工程编号	工程内容	操作指导书	电子类专业	制　定	审　核	批　准
	J1103	复读机抖晃率		电子产品质量检验			

内容			
序号	位号	编号	标值
1			
2			
3			
4			
5			
6			

操作步骤：

① 按照下列测试系统框图连接复读机，测试仪器和假负载工装。

② 复读机通电，仪器通电。

③ 将抖晃测试带放在被测复读机上放音，从带速抖晃仪上直接读出抖晃率。测试应从测试带带头和带尾两处进行，取较差值。

测试带 → 被测复读机 → 假负载 → 抖晃仪

序号	工具、夹具、仪器	数量
6		
5		
4		
3	测试带	1
2	抖晃仪	1
1	假负载	1

更改	序号	更改日期	更改依据	具体措施	签名	确认

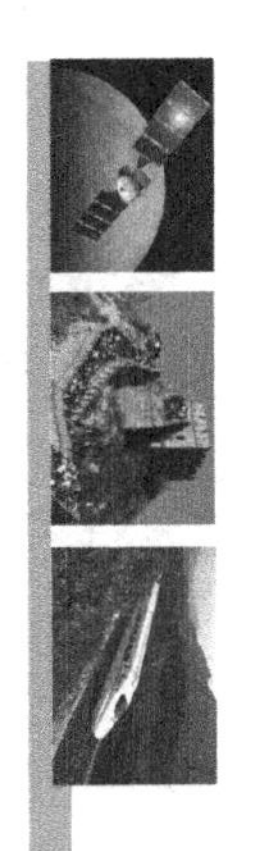

表 10-17　复读机抖晃率测试作业注意书

工程编号：J1104	确认部门			发行：检验 QM
	电子产品检验	批　准	审　核	制　定

序　号	注意事项	适用机型	实施日期
1	电路连接好以后再打开电源		
2	抖晃仪的量程选择尽可能使被测数值在仪表满刻度的 2/3 以上		
3	被测复读机的音量放在额定放音状态		
4			
5			

图　解

复读机扬声器插座 —复读机连接线→ 假负载 → 抖晃仪

备　注

表 10-18　复读机放音通道频率响应测试操作指导书

机　型	工程编号	工程内容	操作指导书	电子类专业	制　定	审　核	批　准
	J1105	复读机放音频率响应		电子产品质量检验			

内容：

序号	位号	编号	标值
1			
2			
3			
4			
5			
6			

操作步骤：

① 按照下列测试系统框图连接复读机，测试仪器和假负载工装。

② 复读机通电，仪器通电。

③ 调节复读机音量旋钮，使复读机输出端处于额定放音状态。

④ 选择频响测试带，测得各频率点输出电平。

注：这里的示波器起监视波形的作用

序号	工具、夹具、仪器	数量
6		
5		
4	示波器	1
3	测试带	1
2	毫伏表	1
1	假负载	1

更改：

序号	更改日期	更改依据	具体措施	签名	确认

表 10-19　复读机放音通道频率响应测试作业注意书

<table>
<tr><td rowspan="3" colspan="2">工程编号：J1106</td><td colspan="3">确 认 部 门</td><td colspan="2">发行：检验 QM</td></tr>
<tr><td>电子产品检验</td><td>批　准</td><td>审　核</td><td colspan="2">制　定</td></tr>
<tr><td></td><td></td><td></td><td colspan="2"></td></tr>
<tr><td>序　号</td><td colspan="3">注意事项</td><td colspan="2">适用机型</td><td>实施日期</td></tr>
<tr><td>1</td><td colspan="3">电路连接好以后再打开电源</td><td colspan="2"></td><td></td></tr>
<tr><td>2</td><td colspan="3">电子毫伏表的量程选择尽可能使被测数值在仪表满刻度的 2/3 以上</td><td colspan="2"></td><td></td></tr>
<tr><td>3</td><td colspan="3">被测复读机的音量放在额定放音状态</td><td colspan="2"></td><td></td></tr>
<tr><td>4</td><td colspan="3">示波器起到监视波形的作用</td><td colspan="2"></td><td></td></tr>
<tr><td>5</td><td colspan="3"></td><td colspan="2"></td><td></td></tr>
<tr><td colspan="7">图　解</td></tr>
<tr><td colspan="7">复读机扬声器插座 —复读机连接线→ 假负载 → 毫伏表；假负载 → 示波器</td></tr>
<tr><td colspan="7">备　注</td></tr>
</table>

表 10-20　复读机放音通道信噪比测试操作指导书

机　型	工程编号	工程内容	操作指导书	电子类专业	制　定	审　核	批　准
	J1107	复读机放音通道信噪比		电子产品质量检验			

内容

序号	位号	编号	标值
1			
2			
3			
4			
5			
6			

操作步骤：

① 按照下列测试系统框图连接复读机、测试仪器、A 计权网络和假负载工装。
② 复读机通电，测量仪器通电。
③ 加无磁粉测试带，调节复读机的音量旋钮，使复读机输出电平为 0dB。
④ 保持音量开关不变，放无磁粉测试带，经 A 计权网络测试放音输出电平。
⑤ 此时电平表读数即为放音通道信噪比，用 dB 表示。

测试带 → 被测复读机 → 假负载 → A计权网络 → 交流毫伏表

序号	工具、夹具、仪器	数量
6		
5		
4	A 计权网络	1
3	无磁粉测试带	1
2	毫伏表	1
1	假负载	1

更改	序号	更改日期	更改依据	具体措施	签名	确认

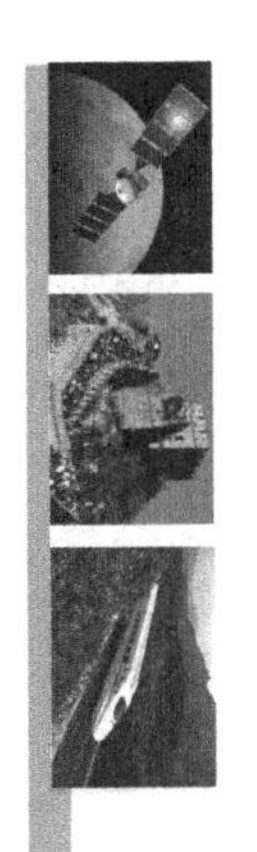

表 10-21　复读机放音通道信噪比测试作业注意书

<table>
<tr><td rowspan="3">工程编号：J1108</td><td colspan="3">确 认 部 门</td><td>发行：检验 QM</td></tr>
<tr><td>电子产品检验</td><td>批　准</td><td>审　核</td><td>制　定</td></tr>
<tr><td></td><td></td><td></td><td></td></tr>
<tr><td>序　号</td><td colspan="2">注意事项</td><td>适用机型</td><td>实施日期</td></tr>
<tr><td>1</td><td colspan="2">电路连接好以后再打开电源</td><td></td><td></td></tr>
<tr><td>2</td><td colspan="2">测试仪表的量程选择尽可能使被测数值在仪表满刻度的 2/3 以上</td><td></td><td></td></tr>
<tr><td>3</td><td colspan="2">被测复读机的音量放在输出 0dB 处</td><td></td><td></td></tr>
<tr><td>4</td><td colspan="2">测量噪声电平时用的是无磁粉测试带</td><td></td><td></td></tr>
<tr><td>5</td><td colspan="2"></td><td></td><td></td></tr>
<tr><td colspan="5">图　解</td></tr>
<tr><td colspan="5">复读机扬声器插座 —复读机连接线→ 假负载 → A计权网络 → 毫伏表</td></tr>
<tr><td colspan="5">备　注</td></tr>
</table>

表 10-22　复读机放音通道谐波失真测试操作指导书

机　　型	工 程 编 号	工 程 内 容	操作指导书	电子类专业	制　　定	审　　核	批　　准
	J1109	复读机放音通道谐波失真		电子产品质量检验			

内　　容			
序号	位号	编号	标值
1			
2			
3			
4			
5			
6			

操作步骤：

① 按照下列测试系统框图连接复读机、测试仪器、200Hz 高通滤波器工装和假负载工装。

② 复读机通电，测量仪器通电。

③ 调节复读机音量旋钮，使复读机输出音量最大。

④ 音频信号发生器通过线路输入端口将输入信号送到复读机的放音部分，信号频率为 1kHz，电平为 0dB，测试其谐波失真。

⑤ 此时电平表读数即为放音通道信噪比，用 dB 表示。

音频信号发生器 → 被测复读机放音部分 → 假负载 → 200Hz 高通滤波器 → 失真度仪

序号	工具、夹具、仪器	数量
6		
5		
4	音频信号发生器	1
3	高通滤波器	1
2	失真度仪	1
1	假负载	1

更改	序号	更改日期	更改依据	具体措施	签名	确认

表 10-23　复读机放音通道谐波失真测试作业注意书

<table>
<tr><td rowspan="3">工程编号：J1110</td><td colspan="3">确 认 部 门</td><td>发行：检验 QM</td></tr>
<tr><td>电子产品检验</td><td>批　准</td><td>审　核</td><td>制　定</td></tr>
<tr><td></td><td></td><td></td><td></td></tr>
<tr><td>序　号</td><td colspan="2">注意事项</td><td>适用机型</td><td>实施日期</td></tr>
<tr><td>1</td><td colspan="2">电路连接好以后再打开电源</td><td></td><td></td></tr>
<tr><td>2</td><td colspan="2">音频信号发生器的输出要调至标准要求</td><td></td><td></td></tr>
<tr><td>3</td><td colspan="2">被测复读机的音量放在最大位置</td><td></td><td></td></tr>
<tr><td>4</td><td colspan="2">低频干扰严重时，加 200Hz 高通滤波器</td><td></td><td></td></tr>
<tr><td>5</td><td colspan="2"></td><td></td><td></td></tr>
<tr><td colspan="5">图　解</td></tr>
<tr><td colspan="5">复读机扬声器插座 —复读机连接线→ 假负载 → 200Hz 高通滤波器 → 失真度仪</td></tr>
<tr><td colspan="5">备　注</td></tr>
</table>

附录A　LabVIEW软件功能与应用

1. 认识LabVIEW

LabVIEW 是美国国家仪器公司（National Instrument）推出的虚拟仪器开发平台，它具有直观、简便的编程方式，众多的源码级设备驱动程序，多种多样的对分析和表达功能的支持，为用户快捷地构建自己在实际生产中所需要的仪器系统创建了基本条件。

LabVIEW 是一种图像化的编程语言，它广泛地被工业界、学术界和研究实验室所接受，视为一个标准的数据采集和仪器控制软件。LabVIEW 集成了与满足 GPIB、VXI、RS-232 和 RS-485 协议的硬件及数据采集卡通信的全部功能。它还内置了便于应用 TCP/IP、ActiveX 等软件标准的库函数，是一个功能强大且应用灵活的软件。

利用 LabVIEW 可以方便地建立自己的虚拟仪器，其图形化的界面使得编程及使用过程都生动有趣。这种图形化的程序语言又称为"G"语言。使用这种语言编程时，基本上不写程序代码，取而代之的是流程图。它尽可能利用了技术人员、科学家、工程师所熟悉的术语、图标和概念，因此，LabVIEW 是一个面向最终用户的工具。它可以增强构建科学和工程系统的能力，提供实现仪器编程和数据采集系统的便捷途径。使用它进行原理研究、设计、测试并实现仪器系统时，可以大大提高工作效率。

LabVIEW 程序被称为虚拟仪器（Virtual Instrument，VI），这是因为程序的外观和操作方式都与示波器、万用表等实际仪器类似。LabVIEW 包括非常齐全的用于数据采集、分析、显示、存储和调试代码的工具。在 LabVIEW 中，使用者可以利用控制件和显示件建立用户界面，即前面板。控制件包括旋钮、按钮等输入控件，显示件包括图表、LED 等显示器。在完成用户界面的创建后，使用者可以通过 VI 和结构添加代码来控制前面板上的对象。这些控制设备等既可以和硬件进行通信，也可以和 GPIB、PXI、VXI、RS-232、RS-485 等仪器进行通信。

LabVIEW 程序易学易用，特别适合硬件工程师、实验室技术员、生产线工艺技术人员的学习和使用，可在很短的时间内被掌握并应用到实践中去。

2. LabVIEW的基本概念

1）前面板和后面板

用 LabVIEW 开发的应用程序称为 VI，VI 是由图标、连线及框图构成的应用程序，由 Front Panel（前面板）和 Block Diagram（后面板）两部分构成。

（1）前面板

前面板是应用程序的界面，是人机交互的窗口，主要由 Controls（控制量）和 Indicators（显示量）构成。当程序运行时，用户可以通过控制量（如用户输入数据的文本框及一些按钮、开关等）输入数据和控制程序的运行，而显示量（如显示波形的示波器控件等）则主要用于显示程序和控制程序运行的结果。如果将一个 VI 程序比做一台仪器，控制量就是仪器的数据输入端口和控制开关，用于给程序提供输入数据和控制信号，而显示量则是

仪器的显示窗口，用于显示经过程序分析、处理后的结果。如图 A-1 所示为用 LabVIEW 编写的程序的前面板，其中有 5 个控制量、5 个相应的旋钮和一个显示量（函数信号发生器面板）。这个程序将产生频率、相位、幅度、偏移、占空比可调的波形，并通过“波形显示”窗口显示出来，同时控制程序停止运行的“STOP”按钮也是一个“控制量”，而显示波形的“示波器窗口”则是显示量，控制量和显示量构成了一个 VI 的基本输入和输出组件。

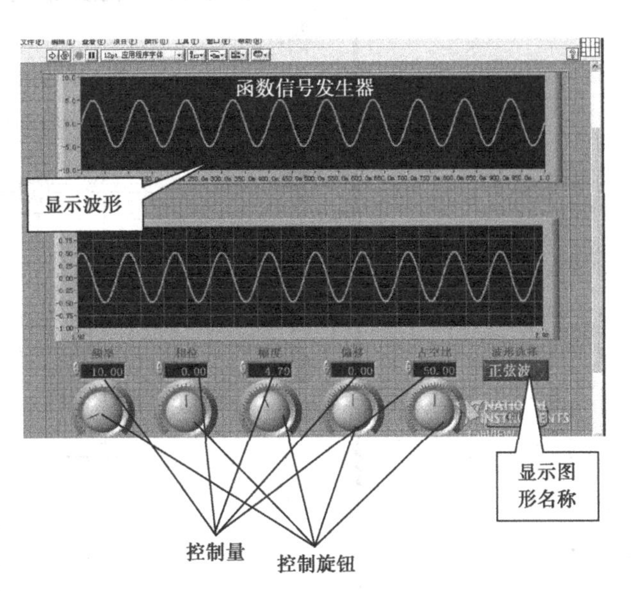

图 A-1　LabVIEW 程序前面板

在 LabVIEW 中，控制量可以接收用户输入的量，其背景是白色时，表示控制量的取值可以被用户改变；而显示量的背景则是灰色的，表明它的取值是不能被改变和调节的，只能作为程序运算结果的显示。

（2）后面板

LabVIEW 的后面板（程序框图）主要由一些节点、图标、连线和框图等元件组成。框图用来实现 LabVIEW 中的流程控制，如循环控制、顺序控制和条件分支控制等，编程者可以使用它们控制 VI 程序的执行方式。在 LabVIEW 中，框图的使用是保证结构化程序设计特征的重要手段。图 A-2 所示为 LabVIEW 程序的程序框图（后面板），它是 VI 的代码部分，也是 VI 的核心。图 A-2 中包含了 VI 程序框图的节点、端点、图框和连线 4 种元素，这些图标、连线和框图实质上是一些常量、变量、函数、VIs 和 Express VIs，正是它们构成了 VI 的主体。

2）节点

节点类似于文本语言程序的语句、函数或子程序。LabVIEW 有两种节点类型：函数节点和子 VI 节点。两者的区别在于：函数节点是 LabVIEW 以编译好了的机器代码供用户使用的，而子 VI 节点是以图形语言形式提供给用户的。用户可以访问和修改任一子 VI 节点的代码，但是无法对函数节点进行修改。图 A-2 所示的 VI 程序有两个功能函数节点，一个函数使两个数值相加，另一个函数使两个数相减。

3）端点

端点是只有一路输入/输出且方向固定的节点。LabVIEW 有三类端点——前面板对象端点、全局与局部变量端点和常量端点。对象端点是数据在框图程序部分和前面板之间传输的接口。一般来说，一个 VI 程序前面板上的对象（控制或显示）都在框图中有一个对象端点与之对应。当在前面板创建或删除面板对象时，可以自动创建或删除相应的对象端点。控制对象对应的端点在框图中用粗框框住，常量端点永远只能在 VI 程序框图中作为数据流源点。

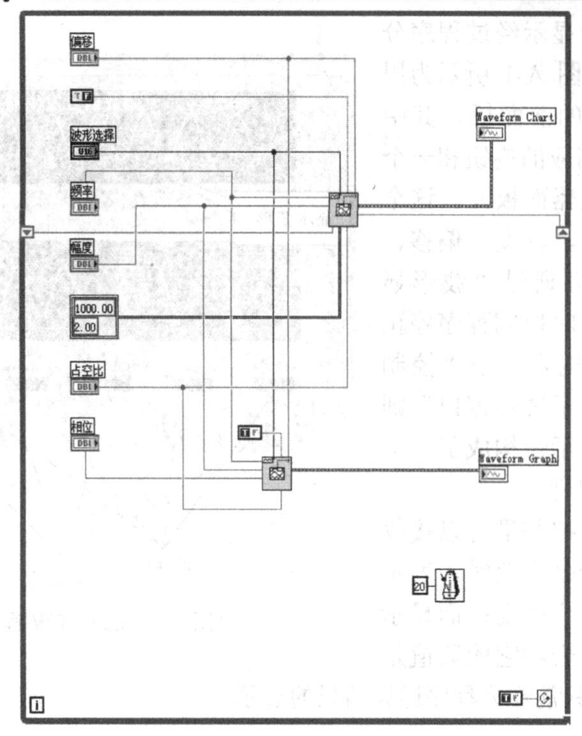

图 A-2　LabVIEW 程序后面板

4）图标

图标是 LabVIEW 作为 C 语言这种图形化编程语言的特色之一，是图形化了的常量、变量、函数、VIs 和 Express Vis。在一般情况下，LabVIEW 中的每一个图标至少有一个端口，用来向其他图标传递数据。图标也是 LabVIEW 实现程序结构控制命令的图形表示，如循环控制、条件分支控制和顺序控制等，编程人员可以使用它们控制 VI 程序的执行方式，其中代码接口节点（CIN）是框图程序与用户提供的 C 语言文本程序的接口。

5）连接器

连接器是与 VI 控件和指示器对应的一组端子。连接器是为 VI 建立的输入和输出口，这样 VI 就可以作为子 VI 使用。连接器从输入端子接收数据，并在 VI 执行完成时将数据传送到输出端子。在前面板上，每一个端子都与一个具体的控件或指示器相对应。连接器端子的作用与函数调用时子程序参数列表中的参数类似。它们是图标的数据端口间的数据通道，数据是单向流动的，从源端口向一个或多个目的端口流动。不同的线型代表不同的数据类型。

LabVIEW 8.5 中的数据类型包括整型、浮点型、布尔型、字符串型，数据类型通过不同的线型表示。在彩色显示器上，每种数据类型还以不同的颜色予以强调。图 A-3 所示为一些常用数据类型所对应的线型和颜色。

当需要连接两个端点时，在第一个端点上单击连线工具（从工具模板栏调用），然后移动到另一个端点，再单击第二个端点，端点的先后次序不影响数据流动的方向。

当把连线工具放在端点上时，该端点区域会闪烁，表示连线将会接通该端点，当把连线工具从一个端口接到另一个端口时，不需要按住鼠标键。当需要连线转弯时，单击一次鼠标，即可沿正交垂直方向弯曲连线，按空格键可以改变转角的方向。

	标量	一维数组	二维数组	
整型数				蓝色
浮点数				橙色
逻辑量				绿色
字符串				粉色
文件路径				青色

图 A-3 常用数据类型对应的线型和颜色

相对于传统仪器的组成，VI 的前面板作为一个仪器的操作面板，可用于信号的输入、结果的显示及控制仪器的运行；后面板相当于仪器中的电路和电路元件，主要用来进行信号的分析和处理。

前面板上的每一个控制量和显示量在后面板上都有一个对应的图标，如图 A-1 中波形的幅度、频率、相位、占空比和偏移。LabVIEW 正是利用这种对应关系在前面板和后面板之间传递数据的。VI 的前面板、后面板分别为人机交互界面和程序代码窗口，用 LabVIEW 编写程序的主要过程就是对前、后面板的编辑和调试。

6）子 VI 和子程序

在 LabVIEW 中也存在和其他编程语言一样的子程序概念，LabVIEW 中的子程序称做子 VI，与子程序类似。子 VI 是层次化和模块化 VI 的关键组件，使用子 VI 是一种有效的编程技术，它允许在不同的场合重复使用相同的代码。C 编程语言的分层特性就是在一个子 VI 中能够调用到另一个子 VI。在程序中使用子 VI 有以下优点：

（1）可以将一些代码封装成一个子 VI（一个图标），可以使程序的结构变得更加清晰。

（2）可以将整个程序划分为一个子 VI，每一个模块用一个或几个子 VI 实现，易于程序的编写和维护。

（3）可以将一些常用的功能编程为一个子 VI，使用者可在需要时直接调用，不必重新编写这部分程序，这样就可以通过子 VI 实现代码的重复使用。

子 VI 的使用对编写 LabVIEW 程序有非常多的益处，所以在使用 LabVIEW 编写程序时会经常使用子 VI。在 LabVIEW 中子 VI 也是以图标的形式出现的，在使用子 VI 时，需要先定义其数据输入和输出的端口，然后就可以将其作为一个普通的 VI 来使用。

3. 启动 LabVIEW 8.6

LabVIEW 8.6 启动后的程序界面如图 A-4 所示，通过该对话框可以选择多种方式来创建文件。

利用该对话框，用户可以创建不同类型的文件，其中新建 VI（LabVIEW 程序文件）是被经常使用的功能，它包括新建空白 VI（Blank VI）、基于模板创建（From Template）、Polymorphie VI（多态 VI）。如果选择创建空白 VI，则 VI 中的所有控件需要用户自行添加。如果选择从模板创建（From Template），则可以选择 4 种类型的 VI，它们分别是向导指南程序（Tutorial）、模拟程序（Simulated）、框架程序（Frameworks）、仪器（Instrument）

I/O 的输入与输出等。用户根据需要可以选择相应的模块进行程序设计，在各种模块中，LabVIEW 已经预先设置了一些组件构成应用程序的框架，用户只需要对程序进行一定的修改和功能上的增减就可以在模块的基础上构建自己的应用程序。

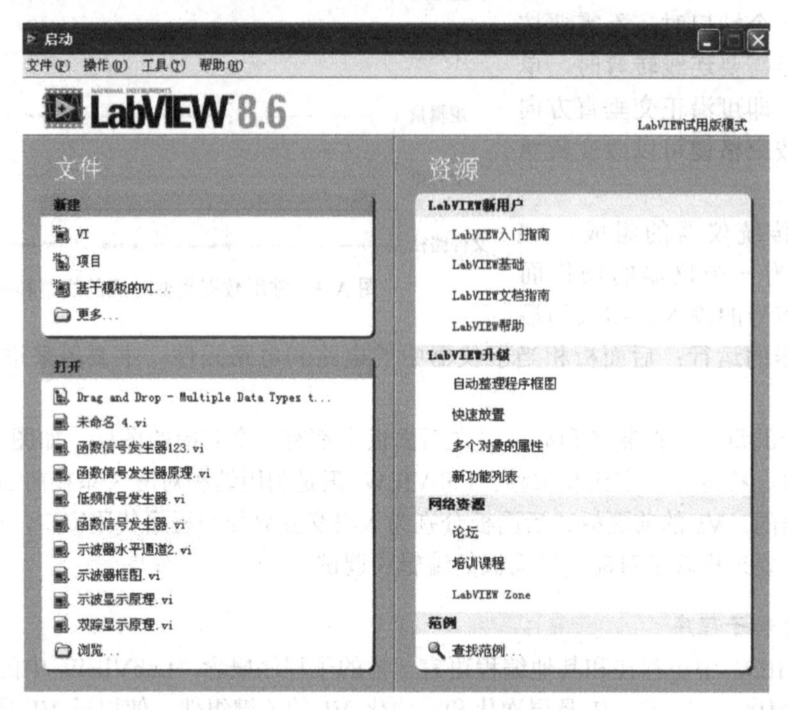

图 A-4 LabVIEW 8.6 启动后的程序界面

4．创建一个 VI 程序来产生信号并显示在前面板上

（1）在 LabVIEW 8.6 对话框中，单击“VI”选项，则同时显示前面板（Front Panel Preview）和后面板（Block Diagram Preview）。

VI 程序前面板的背面是灰色的，在界面上有控制件和显示件。前面板的标题栏说明了该窗口就是产生和显示信号 VI 的前面板。如果前面板被隐藏，可以选择“窗口”→“显示前面板”命令来显示它。当前状态为前面板时，可通过“查看”菜单打开控件中的模板，选取控件模板中的图形显示控件中的波形图子模块，并拖放在前面板上，如图 A-5 所示。

（2）VI 程序的程序框图（后面板）的背景是白色，包含控制前面板的 VI 和结构。程序框图的标题栏说明了该窗口是产生和显示 VI 的程序框图。当前状态为后面板时，可打开函数模板，选择函数模板中的仿真信号模板，并拖放在后面板上，进行必要的设置后，在后面板上进行连线。

注意： 如果程序框图隐藏，可以选择“窗口”→“显示后面板”命令来显示它。

（3）在前面板工具条内单击运行（RUN）按钮，或者选择菜单中的“操作”→“运行”命令，这时会在图表中显示一个正谐波，如图 A-6 所示。

（4）在前面板上单击停止（STOP）按钮，或者选择菜单中的“操作”→“停止”命令，可以停止 VI 运行。

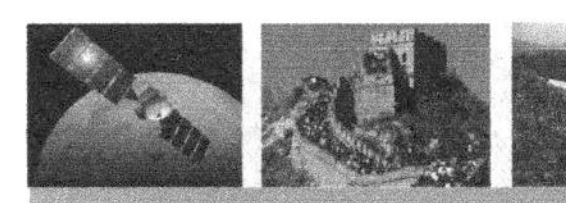

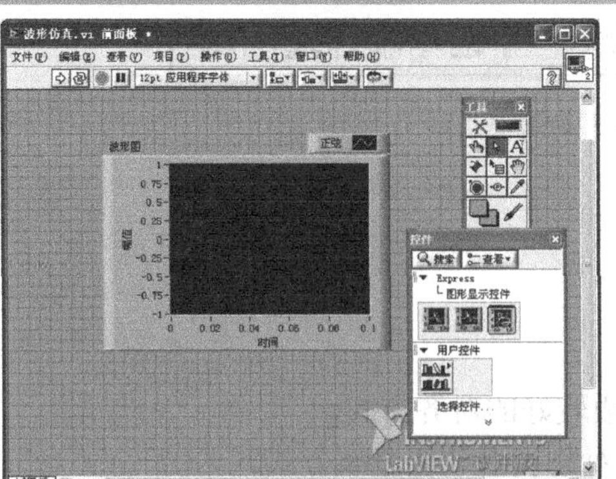

图 A-5 图形控件演示程序的前面板

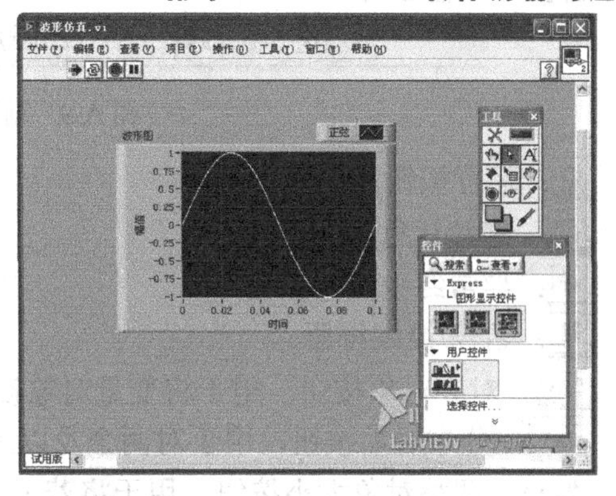

图 A-6 前面板正谐波显示

5．LabVIEW 8.6 前面板、后面板工具条

LabVIEW 8.6 中的操作模板分为工具（Tools）模板、控件（Control）模板和函数（Function）MOBAN，LabVIEW 程序的创建主要通过这三个模板完成。其中，工具模板提供了用于创建、修改和调试程序的基本工具；控件模板中涵盖了各种控制量（Controls），主要用来创建前面板中的对象，构建程序的界面；函数模板包含了编写程序过程中可能用到的函数和 VI 程序，主要用于构建程序框图（后面板）的对象。控件模板如图 A-7 所示，函数模板如图 A-8 所示。函数模板中的对象被分门别类地安排在不同的子模板中。

图 A-7 控件模板

图 A-8 函数模板

三个模板在启动 LabVIEW 时一般会同时出现，控件模板只有在激活前面板时才会显示；函数模板只有在激活后面板时才会显示。如果模板没有显示出来，可以在当前状态是前面板时通过“查看”菜单来显示工具模板和控制模板，在当前状态是后面板时通过“查看”菜单来显示函数模板和工具模板。

1）前面板工具条

前面板工具条如图 A-9 所示，其说明如下。

图 A-9　前面板工具条

：运行按钮。

：连续运行按钮。

：异常终止执行按钮。

：暂停/继续按钮。

：对齐对象按钮，用于将变量对象设置成较好的对齐方式。

：分布对象按钮，用于对两个及以上的对象设置最佳分布方式。

：调整对象大小按钮，用于将若干个前面板对象调整到同一大小。

2）后面板工具条

程序框图（后面板）工具条如图 A-10 所示，其说明如下。

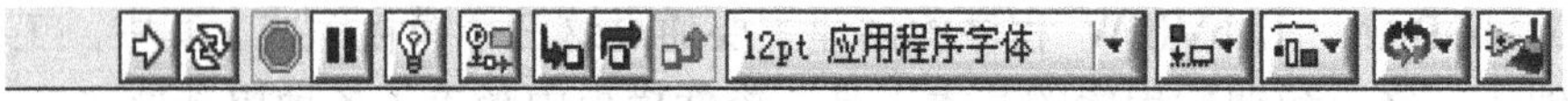

图 A-10　后面板工具条

：加亮执行按钮。当程序执行时，在框图代码上能够看到数据流，这对于调试和校验程序的正确运行是非常有用的。在加亮执行模式下，按钮转变成一个点亮的灯泡。

：保存连线值按钮。

：单步进入按钮。允许进入节点，一旦进入节点，就可以在节点内部单步执行。

：单步跳过按钮。在单步执行时不进入节点内部但有效地执行节点。

：单步跳出按钮。允许跳出节点，通过跳出节点可完成该节点的单步执行并跳转到下一个节点。

12pt 应用程序字体：文本设置按钮。

：下拉菜单。由于 LabVIEW 8.6 采用了中文界面，每一个下拉菜单的功能根据字面含义就能很容易理解。

6. LabVIEW 8.6 的功能模板、工具模板和控件模板

1）功能模板

功能模板（函数模板）是创建程序框图的工具，该模板上的每一个顶层图标都表示一个子模板。若功能模板不出现，则可以用窗口菜单下的显示程序框图打开它，也可以在程序窗口的空白处单击鼠标右键以弹出功能模板。

> **注意：**只有打开程序框图以后，才能出现功能模板。

功能模板中常用的子模板图标及功能介绍如下。

：结构子模板，包括程序控制结构命令，如循环控制等，以及全局变量和局部变量。

：数值运算子模板，包括各种常用的数值运算符，如+、−等，以及各种常见的数值运算式，如+1 运算；还包括数制转换、三角函数、对数、复数等运算，以及各种数值常数。

：布尔逻辑子模板，包括各种逻辑运算符及布尔常数。

：字符串运算子模板，包含各种字符串操作函数、数值与字符串之间的转换函数，以及字符（串）常数等。

：数组子模板，包括数组运算函数、数组转换函数，以及常数数组等。

：群子模板，包括群的处理函数及群常数等。这里的群相当于 C 语言中的结构。

：比较子模板，包括各种比较运算函数，如大于、小于、等于。

：时间和对话框子模板，包括对话框窗口、时间和出错处理函数等。

：文件输入/输出子模板，包括处理文件输入/输出的程序和函数。

：仪器控制子模板，包括 GPIB（488、488.2）、串行、VXI 仪器控制的程序和函数，以及 VISA 的操作功能函数。

：仪器驱动程序库，用于装入各种仪器驱动程序。

：数据采集子模板，包括数据采集硬件的驱动程序，以及信号调理所需的各种功能模块。

：信号处理子模板，包括信号发生、时域及频域分析功能模块。

：数学模型子模块，包括统计、曲线拟合、公式框节点等功能模块，以及数值微分、积分等数值计算工具模块。

：图形与声音子模块，包括 3D、OpenGL、声音播放等功能模块。

：通信子模板，包括 TCP、DDE、ActiveX 和 OLE 等功能的处理模块。

：应用程序控制子模块，包括动态调用 VI、标准可执行程序的功能函数。

：底层接口子模块，包括调用动态连接库和 CIN 节点等功能的处理模块。

：文档生成子模板。

：示教课程子模板，包括 LabVIEW 示教程序。

：用户自定义的子 VI 模板。

：选择…VI 子程序子模板，包括一个对话框，可以选择一个 VI 程序作为子程序（SUB VI）插入当前程序中。

2）工具模板

LabVIEW 8.6 的工具模板如图 A-11 所示，利用工具模板可以创建、修改 LabVIEW 中的对象，并对程序进行调试。工具模板是 LabVIEW 中实现对象进行编辑的工具。工具模板为编程者提供了各种用于创建、修改和调试 VI 程序的工具。如果该模板没有出现，可以在“查看”菜单下选择“工具模板”命令以显示该模板。当从模板内选择了一种工具后，鼠标箭头就会变成该工具相应的形状。当从“帮助”菜单下选择了“显示即时帮助”（Show Help Window）功能后，把工具模板内选定的任一种工具光标放在框图程序的子程序（Sub VI）或图标上，就会显示相应的帮助信息。工具模板中各种不同工具的图标及其相应的功能如下。

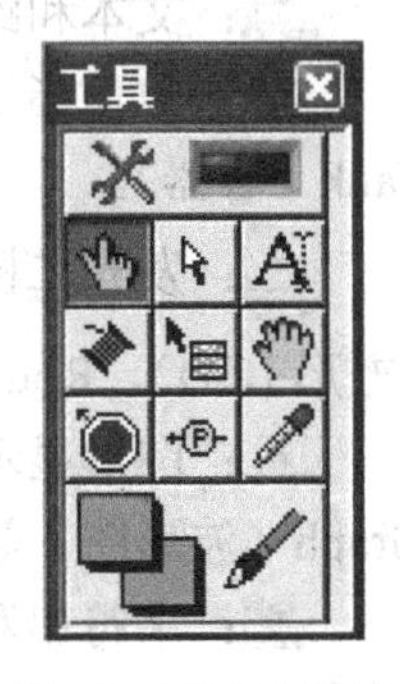

图 A-11　工具模板

：操作工具，使用该工具来操作前面板的控制和显示。使用它向数字或字符串控制中输入值时，工具会变成标签工具的形状。

：选择工具，用于选择、移动或改变对象的大小。当它用于改变对象的边框大小

时，会变成相应形状。

A：标签工具，用于输入标签文本或创建自由标签。当创建自由标签时它会变成相应形状。

：连线工具，用于在框图程序上连接对象。当联机帮助的窗口被打开时，把该工具放在任一条连线上，就会显示相应的数据类型。

：对象弹出菜单工具，用鼠标左键可以弹出对象的弹出式菜单。

：漫游工具，使用该工具可以不需要使用滚动条而在窗口中漫游。

：断点工具，使用该工具可在VI的框图对象上设置断点。

：探针工具，可以在框图程序内的数据流线上设置探针。程序调试员可以通过控针窗口来观察该数据流线上的数据变化状况。

：颜色提取工具，使用该工具来提取颜色用于编辑其他的对象。

：颜色工具，该工具用来给对象定义颜色。它也显示出对象的前景色和背景色。

3）控件模板

与工具模板不同，控件和函数模板只显示顶层子模板的图标。在这些顶层子模板中包含许多不同的控制或功能子模板，通过这些控制或功能子模板可以找到创建程序所需要的模板对象和框图对象。用鼠标单击顶层子模板图标可以展开对应的控制或功能子模板，只需按下控制或功能子模板左上角的大头针就可以把这个子面板变成浮动板留在屏幕上。

控件模板（Controls Palette）用来给前面板添加输入控制和输出显示。在控件模板中，按照所属的类别，各种控制量和显示量被分门别类地安排在不同的子模板（Express VI）中，各种子模板的图标、功能及其代表的控件如下。

：数值控件 Express VI，用于设计具有数值属性的控件，如 Slides（滑杆）、Knods（旋钮）、Dials Framed（拨码盘）、Color Box（调色板）等。

：按钮和开关 Express VI，用于设计前面板上的按钮和开关，如 Buttons（按钮）和 Switches（开关）等。

：用户自定义库 Express VI，用于显示 User.lib 目录下的控件。

：文本和路径 Express VI，用于设计等待用户输入的字符串和路径类型等对象。

：数值指示器 Express VI，用于设计显示数值量的指示器，如 Meter（指针表）和 Tank（容器）。

指示灯：发光二极管 Express VI，用于设计一些具有布尔数据类型属性的对象，如 Square（方形 LED）、Round（圆形 LED）等。

：图形显示 Express VI，用于显示波形数据和将数据以图形方式显示，如 Waveform Graph（波形图）等。

：字符串和文本 Express VI，用于显示字符串和文本，如 String（字符串）、Table（表格）、File Path（文件路径）等。

用控件模板可以给前面板的对象添加输入控制量和输出显示量，是用户设计前面板的工具。如果控件模板不显示，可以用“查看”菜单的“控件模板”打开它，也可以在前面板的空白处单击鼠标右键，以弹出控件模板。和下拉菜单一样，LabVIEW 8.6 采用了中文界面，各个控件的功能一目了然，控件模板有经典、新式、系统三种模板，如图 A-7 所示。

与控件模板对应的是函数模板，函数模板是创建程序框图的工具，即用于对后面板进行设计。该模板上的每一个顶层图标都表示一个子模板。若函数模板不出现，可以用“窗口”菜单下的“显示程序框图”功能打开它，也可以在程序框图窗口的空白处单击鼠标右键以弹出函数模板。在函数模板中按照功能分门别类地存放着一些函数、Express VI 和 VIs，如图 A-12 所示。

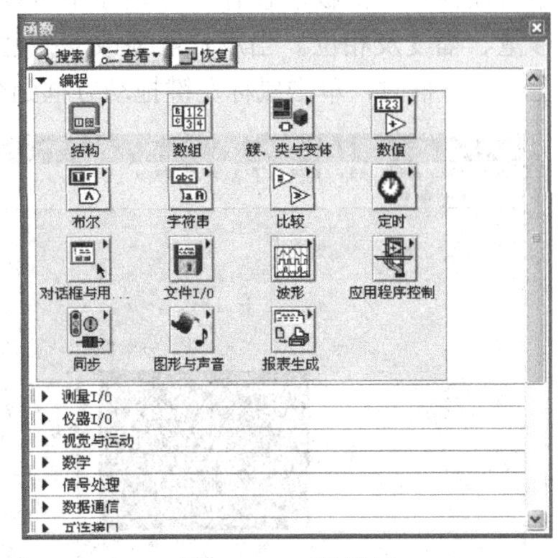

图 A-12　函数模板

7. 前面板的编辑和设计

LabVIEW 作为一种图形化的编辑语言，在图形界面的设计上有着显著的优势，可以设计出漂亮、大方而且方便、易用的程序界面（即程序的前面板）。利用 LabVIEW 所提供的专门用于前面板设计的控制量和显示量，可以构建出功能强大且非常美观的程序界面。

LabVIEW 8.6 所提供的专门用于前面板设计的控制量和显示量分门别类地安置在控件模板中，当用户需要使用时可以根据对象的类别从各个子模板中选取。前面板的对象按照其功能可以分为数值型、布尔型、字符型、数组型、图形型等多种类型，多数控件的本质区别在于它代表的数据类型不同，各个控件的属性和用途互有差异。下面介绍前面板的设计方法。

在 LabVIEW 中，Controls Palette（控件模板）用于数值型数据的控制和显示，包括 Numeric Controls（数值控制）子模板和 Numeric Indicators（数值显示）子模板，如图 A-13 和图 A-14 所示。

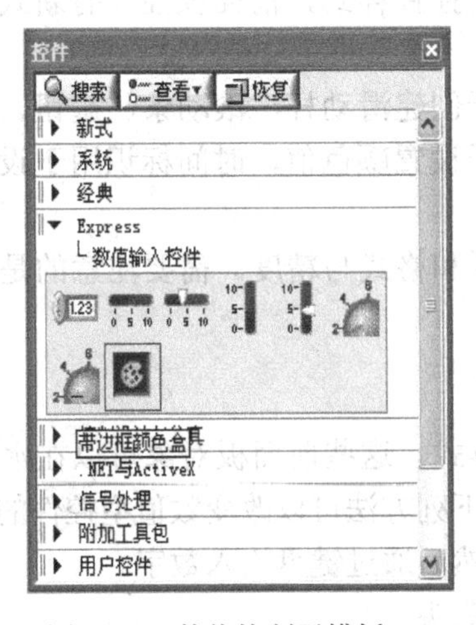

图 A-13　数值控制子模板

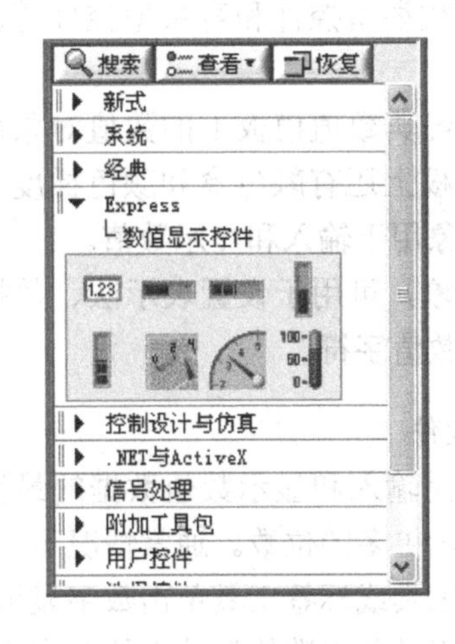

图 A-14　数值显示子模板

在 LabVIEW 控件模板的数值子模板中有各种用于数值型数据的控制量和显示量，它们可以非常形象地用文本框、滑动杆、拨码盘、温度计等来控制和现实数值型数据，利用这些控件可以构造出美观的程序界面。如图 A-15 和图 A-16 所示就是一个数值型控件演示程

序前面板和后面板的设计。在程序中可以通过数值型控制量控制波形的参数，如频率、偏移量、幅度及相位。当用户需要改变控件的大小时，可以将鼠标移动到控件附近；当控件上出现方框时，单击鼠标左键拖动方框到合适的位置，即可将控件放大或缩小。

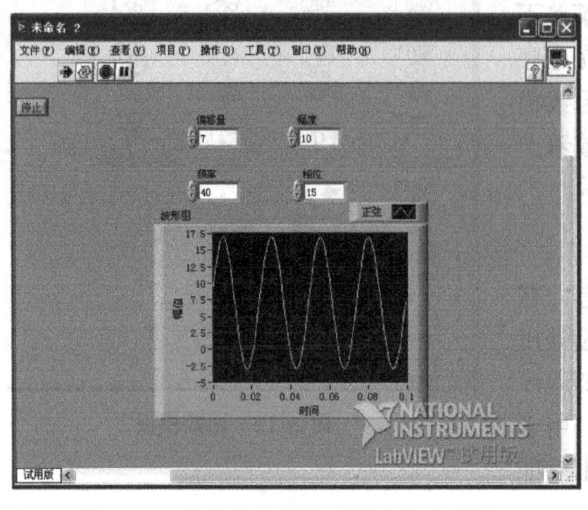

图 A-15　数值型控件演示程序的前面板

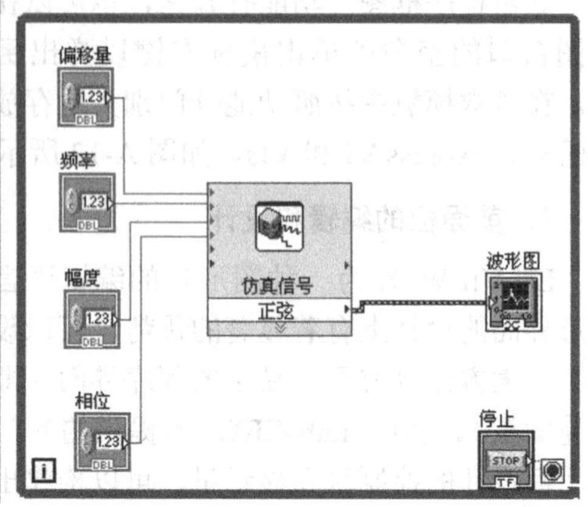

图 A-16　数值型控件演示程序的后面板

数值型控件中使用输入控制和输出显示来构成前面板。控制是用户输入数据到程序的接口，而显示是输出程序产生的数据接口。控制和显示的种类很多，可以从控件模板的各个子模板中进行选取。

位于前面板控件模板上的输入控件和显示控件可用于创建前面板。控件的种类有数值型控件（如滑动杆和旋钮）、图形和图表型控件、布尔型控件（如按钮和开关）、字符串型控件、路径型控件、数组型控件、簇型控件、列表框型控件、树形控件、表格型控件、下拉列表型控件、枚举型控件和容量型控件等。对于控件样式，前面板控件有新式、典型和系统三种样式。

位于数值和经典数值模板上的数值对象可用于创建滑动杆、滚动条、旋钮、转盘和数值显示框。该模板上还有颜色盒和颜色梯度，用于设置颜色值，时间标识用于设置时间和日期值，数值对象用于输入和显示数值。

对于数值对象，可用于设置表示法、数据范围和格式与精度。需要注意的是：数值对象只接收特定的数值字符。

1）数值型控件

数值型控件是输入和显示数值数据的最简单方式。这些前面板对象可以在水平方向上调整大小，以显示更多的位数。通常情况下，使用下列方法可以改变数值型控件的值。

（1）用操作工具或标签工具单击数字显示框，然后通过键盘输入数字。

（2）用操作工具单击数值型控件的递增或递减箭头。

（3）用操作工具或标签工具将光标放置于需要改变的数字右边，然后在键盘上按向上或向下箭头键。

两种最常用的前面板对象是数字控制和数字显示。若要在数字控制中输入或修改数值，需要用操作工具（见工具模板）单击控制部件和增减按钮，或者用操作工具或标签工

具双击数值栏输入数值进行修改。

从控件模板中找到数值控件子模板（控件→数值），用鼠标单击模板中相应的控件将其放置在前面板上，这时控件的标签处于编辑状态，可以修改标签的名称，同时在后面板上已经自动放置了和前面板上相对应的图标。当前面板上放置了很多对象时，可以通过双击该对象找到和它对应的在后面板上的图标，或者在控件上单击右键，选择“查找接线端”。

2）滑动杆控件

滑动杆控件是带有刻度的数值对象。滑动杆控件包括垂直和水平滑动杆、液罐和温度计。可使用下列方法改变滑动杆控件的值。

（1）使用操作工具单击或拖曳滑块至新的位置。

（2）与数值型控件中的操作相似，在数字显示框中输入新数据。

3）滚动条控件

与滑动杆控件相似，滚动条控件用于滚动数据的数值对象。滚动条控件有水平和垂直滚动条两种。使用操作工具单击或拖曳滑块至一个新的位置，单击递增或递减箭头，或单击滑块和箭头之间的空间都可以改变滑动条的值。

4）旋转型控件

旋转型控件包括旋钮、转盘、量表和仪表。旋转型对象的操作与滑动杆控件相似，都是带有刻度的数值对象。可使用下列方法改变旋转型控件的值。

（1）用操作工具单击或拖曳指针至一个新的位置。

（2）与数值控件中的操作类似，在数字显示框中输入新数据。

5）布尔型控件

在 LabVIEW 中，布尔型控件用于布尔型数据的控制和显示。作为控制量，布尔型控制量主要表现为一些开关和按钮，用来改变布尔型控制量的状态；作为显示量，布尔型控件则主要表现为如 LED 等用于显示布尔量状态的控件。下面用一个简单的程序来演示布尔型控件的使用方法，操作步骤如下。

（1）从控件模板的布尔模板中选取两个开关（Boolean）、两个按钮和两个 LED，分别放置在前面板的适当的位置，如图 A-17 所示。

（2）在后面板上，分别在开关 1 和按钮 1 上单击鼠标右键，从快捷菜单中选择“Change to Indicator”命令，将其转换为显示量，同时用连线工具分别将一个开关的数据输出端口和其中一个按钮及一个 LED 的输入端口数据相连，将另一个按钮开关的数据输出端口和另一个按钮及 LED 的输入端口数据相连。

（3）后面板在当前状态时，从函数（Functions）子模板的执行控制（Exection Control）子模板中选取循环控件，在后面板上拖动一个图框，使当前后面板上所有的控件都位于图框中。程序的后面板如图 A-18 所示。在程序中，可以用开关来控制按钮的状态，并且用 LED 来显示其状态的变化。用 STOP 按钮可终止程序的运行。

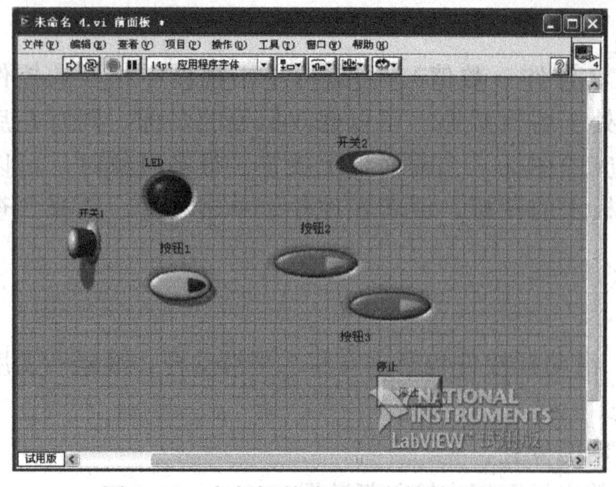

图 A-17　布尔控件演示程序的前面板

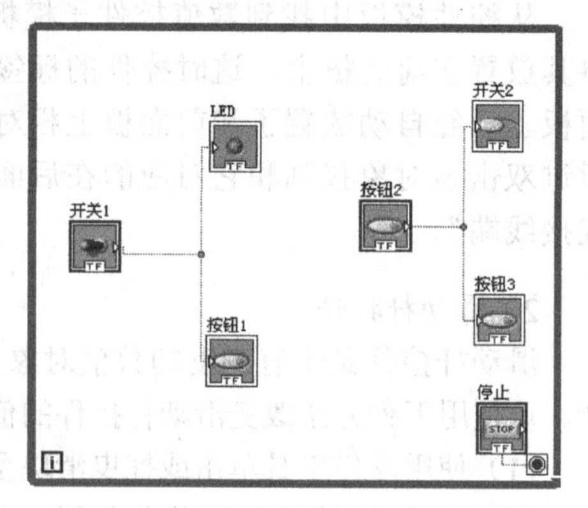

图 A-18　布尔控件演示程序的后面板

8．图形型控件的编辑

LabVIEW 中的图形型控件主要用于 LabVIEW 程序中数据的形象化显示，可以将程序中的数据流在形如示波器窗口的控件中显示，也可以利用图形型控件来显示图片和图像。在 LabVIEW 中用于图形显示的控件主要位于控件模板（Controls Palette）的图形显示量（Graph Indicators）子模板和图形（Graph）子模板中。这些图形控件主要包括波形图标（Waveform Chart）、波形图（Waveform Graph）及两坐标图（X-Y Graph）等，常用的控件为波形图（Waveform Graph）。

参考文献

[1] 李明生. 电子测量与仪器. 北京：高等教育出版社，2004.
[2] 范泽良，等. 电子测量与仪器. 北京：清华大学出版社，2010.
[3] 徐洁. 电子测量与仪器. 北京：机械工业出版社，2009.
[4] 管莉. 实用电子测量技术项目教程. 北京：科学出版社，2009.
[5] 李希文. 电子测量技术. 西安：西安电子科技大学出版社，2008.
[6] 张虹. 电子测量技术. 北京：北京航空航天大学出版社，2008.
[7] 周友兵. 电子测量与仪器. 北京：机械工业出版社，2011.